农产品食品检验员培训教材

农产品食品检验员

（三级 高级工）

李曙光 刘 肃 主编

科学出版社

北　京

内 容 简 介

本书依据《农产品食品检验员国家职业技能标准（2019 年版）》编写，专为农产品食品检验员高级工职业技能考试提供标准化和系统化的培训内容，旨在培养和提高检验人员的专业技能，确保其能够胜任高级别的食品检验工作，保障我国农产品食品的质量与安全。本教材分为基础理论篇和职业技能鉴定考核篇：第一章至第五章为基础理论篇，通过基础知识、样品准备及处理、样品检测、结果记录及数据处理、实验室安全管理及仪器设备维护五个部分对职业技能考核的基础理论部分进行全面讲解；第六章和第七章为职业技能鉴定考核篇，通过对职业技能鉴定试题分析和高级工操作技能考核试题两个部分对农产品食品检验员职业技能考核操作培训进行阐述。

本书是农产品食品检验员职业技能考核的专业考试用书，也是相关行业技术人员和管理人员的参考资料，同时也能满足相关单位开展农产品检验机构人员岗位培训的全面需求。

图书在版编目（CIP）数据

农产品食品检验员. 三级. 高级工 / 李曙光，刘肃主编. -- 北京：科学出版社，2025.7. --（农产品食品检验员培训教材）. -- ISBN 978-7-03-080363-4

Ⅰ. TS207.3

中国国家版本馆 CIP 数据核字第 2024JK3495 号

责任编辑：辛 桐 / 责任校对：赵丽杰
责任印制：吕春珉 / 封面设计：金舵手世纪

科 学 出 版 社 出版

北京东黄城根北街 16 号
邮政编码：100717
http:// www.sciencep.com

三河市中晟雅豪印务有限公司印刷
科学出版社发行 各地新华书店经销
*

2025 年 7 月第 一 版 开本：787×1092 1/16
2025 年 7 月第一次印刷 印张：24 1/2
字数：552 000

定价：98.00 元

（如有印装质量问题，我社负责调换）

销售部电话 010-62136230 编辑部电话 010-62135120

本书编写委员会

主　　编：

　　李曙光　北京科技职业大学

　　刘　肃　中国农业科学院

主　　审：

　　宋全厚　中国食品发酵工业研究院有限公司

副 主 编：

　　肖志勇　农业农村部农业环境质量监督检验测试中心（北京）

　　王　璐　农业农村部环境保护科研监测所（天津）

　　唐　竞　广州市海珠区淙学职业培训学校

　　黄　亮　江苏坤运互联科技集团有限公司

编　　委：

　　马丽艳　中国农业大学

　　汪　霞　中国兽医药品监察所

　　彭志通　广州市海珠区淙学职业培训学校

　　何　涛　中国农业大学

　　贾　丽　北京市科学技术研究院分析测试研究所

　　谢南南　中检科（上海）测试技术有限公司

　　刘　鑫　中国海关科学技术研究中心

　　于海龙　北京科技职业大学

　　蔡佳仲　广东云浮中医药职业学院

　　戴礼洪　农业农村部环境保护科研监测所（天津）

　　张卫锋　广州市农产品质量安全监督所

　　王　红　北京科技职业大学

　　王鹤佳　中国兽医药品监察所

郭伟鹏　广东省科学院微生物研究所

白新明　平凉市农产品质量安全与检验检测中心

蔡　军　北京科技职业大学

王亦琳　中国兽医药品监察所

马丽丽　北京市科学技术研究院分析测试研究所

叶　妮　中国兽医药品监察所

赵青松　北京华夏国林技术服务有限公司

孙经俊　北京华夏国林技术服务有限公司

姚小华　广东农工商职业技术学院

序 言

在全面建设社会主义现代化国家的新征程中，农产品与食品质量安全不仅关乎民众的生命健康与生活质量，更是国家稳定、社会和谐及经济可持续发展的基石。作为《"健康中国2030"规划纲要》实施的关键支撑、乡村振兴战略推进的质量保障以及生态文明建设的重要指标，农产品与食品质量的战略地位日益凸显，与农业现代化转型、乡村振兴战略实施、生态文明建设以及社会整体进步紧密相连，不仅直接关系人民的生命健康安全，更影响着国家形象与国际竞争力。在全球食品安全风险交织叠加、国内消费升级需求持续释放的双重背景下，构建现代化食品安全治理体系已成为新时代赋予我们的重大命题。

近年来，我国政府对农产品与食品质量安全给予了前所未有的重视，通过不断完善政策法规体系、强化科技创新驱动、优化市场监管机制，已取得了显著成效。然而，面对日益复杂多变的国际食品安全形势与国内民众不断提升的消费需求，持续强化专业人才培养、提升检验检测技术与能力，已成为迫在眉睫的任务，对于保障国家食品安全、促进农业与食品行业高质量发展具有重大意义。

在此背景下，"农产品食品检验员"系列培训教材应运而生，旨在为我国农产品与食品质量安全领域培养一批高素质、专业化的检验人才，进一步筑牢国家食品安全的坚固防线。本教材严格遵循《农产品食品检验员国家职业技能标准（2019年版）》，科学构建了一套完备、系统的知识体系，以满足行业发展的迫切需求。

全书精心划分为基础理论与职业技能鉴定考核两篇。基础理论篇系统梳理了专业知识架构，深入阐释安全规范准则，全面解读相关法律法规，为学员奠定坚实的理论基础；职业技能鉴定考核篇则紧贴实战需求，通过细致剖析职业技能鉴定试题、详解高级工操作技能考核要点，助力学员精准掌握考核标准，提升实操技能，以满足行业对高素质检验人才的需求。

在内容设计上，本教材深度践行理论与实践相结合的原则。既系统讲解基础知识、样品处理流程、检测技术原理等理论内容，又着重强化实验室安全管理、仪器设备维护等实践操作指导。通过丰富的案例分析与模拟实操训练，帮助读者实现从理论到实践的跨越，满足不同层次从业者的能力提升需求，为行业培养更多实战型、复合型人才。

从适用范围来看，本教材具有广泛的普适性与精准的针对性。它不仅是农产品食品检验员高级工职业技能考试的权威培训资料，适合中级持证人员进阶学习；同时，也为食品生产企业、监管部门、检测机构的高级技术人员提供了专业指导，对于提升整个行业的检验检测水平具有重要意义。此外，本教材还可为食品相关专业高校师生的教学科研提供参考，对参与农产品质量安全基层检测技术大比武的专业人员同样具有极高的实用价值。

　　教材编写团队始终秉持严谨治学的态度，以国家职业技能标准为纲，确保培训内容的标准化与系统化；以大量典型案例和考核试题为引，强化知识理解与应用；以行业实际需求为导向，突出重点内容讲解；以实用操作指南为依托，切实解决工作中的实际问题。我们期望本教材能够成为广大农产品食品检验从业者的得力助手，助力培养更多高素质专业人才，共同构筑起国家食品安全的坚固防线，为保障人民群众健康、推动农业与食品行业高质量发展贡献重要力量。

2025 年 4 月

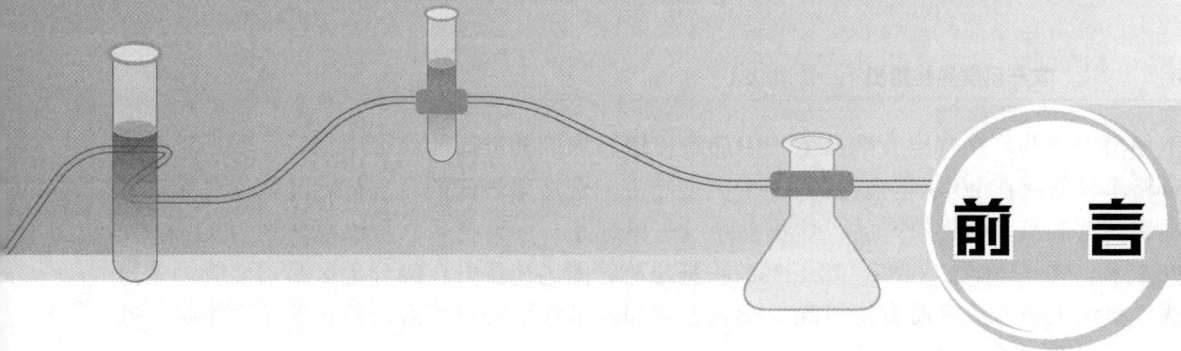

农产品和食品质量安全是关系到国计民生、社会稳定和人类健康的重要问题，是保障人民群众身体健康、促进经济社会发展、维护社会和谐稳定以及推动环境可持续发展的关键因素。随着全球化进程的加快和人民生活水平的提高，农产品和食品质量安全问题日益受到社会各界的广泛关注，不仅是农业现代化和食品工业发展的基础保障，更是实现乡村振兴战略、推动生态文明建设和满足人民群众美好生活需要的重要支撑。因此，必须秉持高度的使命感与责任感，以严谨科学的态度，精心设计并实施一系列全面、系统、高效的策略措施，确保农产品与食品质量安全得到坚实守护，为国家的长远发展、社会的和谐稳定以及人民的幸福生活构建坚不可摧的安全屏障。

当前我国农产品和食品质量安全整体呈现稳中向好的态势，在政策法规完善、科技创新驱动和市场监管强化的多重作用下，农产品和食品质量安全保障能力显著提升，主要呈现如下几个特征。

①总体水平稳步提升：2023 年全国主要食用农产品例行监测总体抽检合格率达 97.8%，已连续 8 年稳定在 97.4%以上。与此同时，2023 年全国市场监管部门完成食品安全监督抽检 699.7 余万批次，总体合格率为 97.27%，较上年上升 0.13 个百分点。②优质产品发展迅速：截至 2023 年底，全国绿色、有机、名特优新和地理标志农产品认证登记总数达 7.5 万个。2024 年上半年，全国绿色、有机、名特优新和地理标志农产品认证登记总数进一步增至 8 万个，每年向社会提供认证农产品实物总量超过 2 亿吨。③源头治理成效显著：截至 2023 年底，我国累计淘汰高毒高风险农药 58 种，畜禽粪污综合利用率超过 78%，畜禽养殖规模化率达到 71.5%，秸秆综合利用率超过 88%，农膜处置率稳定在 80%以上。④监管体系不断完善：我国已建立乡镇农产品质量安全网格化管理机制，推行食用农产品质量安全承诺达标合格证、重点农产品追溯管理等新制度。同时，农产品质量安全风险监测制度持续优化，风险评估和标准制定协同联动，及时发现和处置问题。

然而，在农产品和食品高质量发展的进程中，仍面临诸多复杂的挑战，主要体现在如下几个方面。①多环节风险因素仍在：在生产环节，农药、化肥、兽药的过量使用以及农业面源污染问题尚未完全解决；在加工环节，食品添加剂滥用和卫生条件不达标等问题仍需重点关注；在流通环节，冷链物流体系不完善和假冒伪劣产品流入市场的问题依然存在；在消费环节，则面临消费者食品安全知识不足和食品浪费现象的困扰。此外，在国际贸易中，因技术性壁垒和标准差异等带来的摩擦频频出现。②部分农产品风险仍在：现阶段食用农产品质量安全风险主要来源于农兽药残留超标、微生物污染、重金属污染、非法添加、环境因素导致的有害物质超标等。例如，极少数生产经营主体未按规范使用农兽药、在食用农产品生产中超量使用添加剂甚至添加非食用物质。③个别品类合格率较低：在 2023 年抽检的 33 大类食品中，合格率最低的后五位食品依次是餐饮食品、蔬菜制品、食用农产品、炒货食品及坚果制品、水果制品，合格率分别为 93.04%、96.23%、96.47%、97.68%、98.13%。④基层监管能力待提升：部分地区基层监管力量薄弱，执法人员专业素质有待提高，检测设备和技术水平相对落后，监管覆盖面不足，难以满足日益增长的监管需求。

总体来看，我国农产品和食品质量安全在保障水平和监管能力上取得了显著进步，但仍需持续加强源头治理、提升监管效能、推动产业升级，以应对现存挑战，进一步提升质量安全水平。鉴于农产品和食品质量安全检测是保障质量安全的重要手段，通过不断提升检测技术水平、完善检测体系、加强法律法规保障和社会共治，从源头治理、过程控制和终端把关等环节形成全方位的质量安全保障网，不仅有助于提升农产品和食品的质量安全水平，还能为农业现代化和食品工业高质量发展提供坚实支撑，最终实现人民群众"吃得放心、吃得健康"的美好愿景。

近年来随着法规标准的完善、科技设备的创新、监管体系的优化和国际合作的深化等，我国农产品食品质量安全检测取得很大进展，主要体现在以下几个方面。①检测体系不断完善：我国已经建立起较为完善的检测网络和技术支撑体系，涵盖生产、加工到销售各个环节，主要依托国家和地方两级检测机构。截至 2020 年底，全国共有农产品质量检测中心 2200 多个，检测人员近 2.41 万人，实现农产品检测体系建设地市全覆盖、县级基本覆盖。②检测标准日益丰富：截至 2020 年底，我国农兽药残留限量及配套检测方法食品安全国家标准总数达到 10 068 项，比"十二五"末期增加 4109 项，基本覆盖我国常用农兽药品种和主要食用农产品。③检测技术不断进步：检测方法和设备不断更新，如 LC-MS/MS、GC-MS、聚合酶链反应、免疫分析和高效液相色谱等技术被广泛应用于农产品检测中，提高了检测的准确性和效率。④总体形势持续向好：2024 年，我国主要农产品例行监测抽检合格率首次达到 98%。⑤政策支持力度加大：国家出台了一系列政策推动农产品检测行业发展，如《"十四五"认证认可检验检测发展规划》等。然而，仍存在诸多不足。①检测能力参差不齐：地区之间检测能力存在差异，发展较快的地区与较落后的地区在设备、技术、人才等方面差距明显。②检测标准有待统一：不同地区和不同产品的检测标准存在差异，影响了检测结果的一致性和可比性。③专业人才相对短缺：专业检测人员不足、资金紧张，且部分检测人员检测水平较低，有些还身兼数职。问题的存在也相应制约了我国农产品食品质量安全检测工作的进一步提升和发展。

因此，在当前农产品食品质量安全检测体系不断完善、行业需求日益增长、发展水平参差不齐的大背景下，一套全新的"农产品食品检验员"培训教材应运而生。这套教材凝聚了数十位专家学者的智慧，旨在为行业培养更多高素质的专业人才，推动我国农产品食品质量安全检测水平迈向更高台阶。教材编写团队由老中青三代专家组成，既有资深行业专家的深厚积累，也有年轻学者的创新思维，通过将实际工作经验与理论知识有机结合，教材力求突破传统教学模式的局限性，为从业人员提供更具实用价值的内容。教材以《中华人民共和国食品安全法》《中华人民共和国农产品质量安全法》等相关法律法规为依据，并参照最新的国家标准编写，章节设置与国标要求一一对应，确保内容的权威性和规范性。教材打破了传统教材"重理论、轻实践"的模式，通过大量真实案例和实际工作场景的分析，帮助读者将理论知识转化为实际操作能力。教材内容紧密结合实际工作场景，涵盖样品采集、检测操作、数据分析、报告撰写等全流程环节，无论是初入行业的新人，还是有一定经验的从业者，通过系统化的学习，都能从中获得实用的知识和技能，从而能够更好地胜任检测工作，提升服务质量。

目 录

基础理论篇

职业技能鉴定考核篇

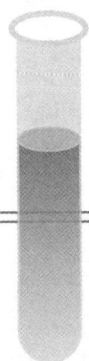

基础理论篇

第一章 基础知识

第一节 专业基础知识

微课

一、我国法定计量单位及使用规定

《中华人民共和国计量法实施细则》第二条规定："国家实行法定计量单位制度。法定计量单位的名称、符号按照国务院关于在我国统一实行法定计量单位的有关规定执行。"《检验检测机构资质认定评审准则》（2023 年）第十二条（六）规定"检验检测机构出具的检验检测报告，应当客观真实、方法有效、数据完整、信息齐全、结论明确、表述清晰并使用法定计量单位"。经 1984 年 1 月 20 日国务院第二十一次常务会议讨论，通过了国家计量局《关于在我国统一实行法定计量单位的请示报告》、《全面推行我国法定计量单位的意见》和《中华人民共和国法定计量单位》，为准确使用我国法定计量单位做出了规定和要求。贯彻执行我国法定计量单位制度，必须注意法定计量单位的名称、单位和词头符号的正确读法和书写，正确使用单位和词头。

在检测工作中，会随时遇到量和单位的问题，若使用中存在不规范的现象，会影响检测结果的质量，并给检测工作带来一定危害。因此，学习和掌握国家规定的量和单位的知识，是每一个质检工作者必须做到的。

（一）术语

（1）计量单位：计量单位是量的单位，一般简称单位。所谓单位，就是在同一类量中约定采用的一个特定量，用以定量表示具有相同量纲的量。

（2）基本单位：人为选定的、具有独立的定义，并能按照各种量间的关系构成其他单位基础的单位。

（3）SI 基本单位：经历届国际计量大会选择、修正，选定七个量的单位作为国际单位制的基本单位，并规定了它们的名称、符号和定义，称为 SI 基本单位。

（4）单位制：由计量单位组成的体系。

（二）我国法定计量单位

1. 法定单位的组成

我国法定计量单位（简称法定单位）是以国际单位制为基础，同时选用了一些非国际单位制的单位构成。国际单位制是在米制基础上发展起来的单位制，其国际简称为 SI。国际单位制包括 SI 单位、SI 词头和 SI 单位的十进倍数与分数单位三个部分。

我国的法定单位包括：

（1）国际单位制的基本单位（表 1.1.1）；

（2）国家选定的非国际单位制单位（表 1.1.2）；

（3）由以上单位构成的组合形式的单位；

（4）由词头和以上单位所构成的十进倍数和分数单位（词头见表 1.1.3）。

表 1.1.1　国际单位制的基本单位

量的名称	量的符号	单位名称	单位符号
长度	l	米	m
质量	m	千克（公斤）	kg
时间	t	秒	s
电流	I	安[培]	A
热力学温度	T	开[尔文]	K
物质的量	n	摩[尔]	mol
发光强度	I_v	坎[德拉]	cd

我国选定的非国际单位制的单位有 16 个，见表 1.1.2。其中有 10 个是国际计量大会认可与 SI 并用且被所有国家承认的单位（表 1.1.2 中前 10 个）；有 6 个是我国根据需要选定的法定单位（表 1.1.2 中的后 6 个）。

表 1.1.2　我国选定的非国际单位制单位

量的名称	量的符号	单位名称	单位符号	换算关系和说明
时间	t	分	min	1 min＝60 s
		[小]时	h	1 h＝60 min＝3600 s
		天，（日）	d	1 d＝24 h＝86 400 s
平面角*		[角]秒	″	$1''＝(\pi/648\,000)$ rad（π 为圆周率）
		[角]分	′	$1'＝60''＝(\pi/10\,800)$ rad
		度	°	$1°＝60'＝(\pi/180)$ rad
旋转速度		转每分	r/min	$1\ r/min＝(1/60)\ s^{-1}$
长度		海里	n mile	1 n mile＝1852 m（只用于航行）
速度	v, μ, w	节	kn	1 kn＝1 n mile/h＝(1852/3600) m/s（只用于航行）
质量	m	吨	t	$1\ t＝10^3\ kg$
		原子质量单位	u	$1\ u≈1.660\,540×10^{-27}\ kg$
体积	V	升**	l, L	$1\ L＝1dm^3＝10^{-3}\ m^3$
能	E	电子伏	eV	$1eV≈1.602\,177×10^{-19}J$
级差		分贝	dB	
线密度	ρ_l	特[克斯]	tex	1 tex＝1 g/km
面积		公顷***	hm^2	$1\ hm^2＝10^4\ m^2$

*平面角单位度、分、秒的符号，在组合单位中应采用（°）、（′）、（″）的形式。例如，不用°/s 而用（°）/s。

**升的符号中，小写字母 l 为备用符号。

***公顷的国际通用符号为 ha。

2. SI 词头

SI 单位的倍数单位 SI 词头用于构成倍数单位（十进倍数单位与分数单位），但不得单独使用。历届国际计量大会共规定了 24 个 SI 词头，见表 1.1.3。

表 1.1.3　用于构成十进倍数和分数单位的词头

所代表的因数	词头名称		词头符号
	英文名称	中文名称	
10^{30}	quetta	昆	Q
10^{27}	ronna	容	R
10^{24}	yotta	尧［它］	Y
10^{21}	zetta	泽［它］	Z
10^{18}	exa	艾［可萨］	E
10^{15}	peta	拍［它］	P
10^{12}	tera	太［拉］	T
10^{9}	giga	吉［咖］	G
10^{6}	mega	兆	M
10^{3}	kilo	千	k
10^{2}	hecto	百	h
10^{1}	deca	十	da
10^{-1}	deci	分	d
10^{-2}	centi	厘	c
10^{-3}	milli	毫	m
10^{-6}	micro	微	μ
10^{-9}	nano	纳［诺］	n
10^{-12}	pico	皮［可］	p
10^{-15}	femto	飞［母托］	f
10^{-18}	atto	阿［托］	a
10^{-21}	zepto	仄［普托］	z
10^{-24}	yocto	幺［科托］	y
10^{-27}	ronto	柔	r
10^{-30}	quecto	亏	q

3. SI 词头的应用

（1）SI 词头根据使用方便的原则选择。通过适当的选择，使数值处于使用范围内。

（2）SI 词头的选取，一般应使该量的数值处于 0.1～1000 范围内，如 1401 Pa→1.401 kPa，3.2×10^{-3} g→3.2 mg。

在计算中，为了方便，建议所有量均用 SI 词头表示，将词头用 10 的幂代替。

有些国际单位制以外的单位，可以按习惯用词头构成倍数单位，如 mCi、g/L、mL 等，但它们不属于国际单位制。

（三）我国法定计量单位的特点

（1）以国际单位制为基础，并结合我国实际情况制定，即我国法定计量单位除包括国际单位制的单位外，还包括一些由我国选定的非国际单位制的单位。

（2）对于组合单位，只规定"由以上单位构成的组合形式的单位"都属于法定单位，不规定具体组合形式。这是因为在实际中使用的组合单位形式多样，不可能也没有必要对其进行一一规定。如质量浓度的组合单位可写成 mg/L，也可写成 $mg \cdot L^{-1}$。

（3）国家选定的非国际单位制单位，虽有部分未经国际计量大会认可，但都是各国普遍采用的单位。对于有些在国际上有争议，或只被少数国家采用的单位，我国未选定作为法定单位，如英制单位。

（4）国际单位构成的原则，一个物理量只能有一个 SI 单位。但考虑我国人民的习惯，在我国的法定计量单位中规定"公斤"是"千克"的同义语，"公里"是"千米"的俗称。需要注意的是，现在还有人使用重量 W 代替质量 m，这是不对的。但是，随着计量单位的规范化，这一规定正在被淡化。作为质检机构，建议应严格按国际单位构成的原则，一个物理量只使用一个 SI 单位。

在检测工作中使用法定计量单位是强制性的，它们是科学技术语法的基础。所有技术文件如检验报告、原始记录、标准、各级教科书、论文等都必须采用。对于其他一些国家或国际组织制定的标准或流行的用法，可作为参考但不能作为使用量和单位的依据。如美国有些出版物仍使用"摩尔浓度"和符号"M"，而不使用我国规定的名称"B"（物质的量浓度）和符号"c_B"。也不能因为国外还使用"ppm、ppb"为理由而继续使用这些单位。

二、量和单位

（一）量及表示法

1. 量

量是可以定性和定量确定的现象、物质或物体的一种属性，分物理量和非物理量。本书讨论的是物理量。

物理量可以分为很多类，凡可以相互比较的量都称为同一类量，如长度、直径、距离等。

在同一类量中，选出某一特定的量作为一个称之为单位的参考量，则这一类量中任何其他量都可用这个单位与一个数的乘积来表示，而这个数就称为该量的数值，即：

$$量＝数值×单位$$

按照 GB 3101—1993 的规定，量和单位的正规表达方式为

$$A＝\{A\} \cdot [A]$$

式中，A——某一物理量的符号；

$[A]$——某一单位的符号；

$\{A\}$——以单位 $[A]$ 表示量 A 的数值。

如：$\lambda = 5.896 \times 10^{-7}$ m 中，λ 为物理量波长的符号，m 为长度单位米的符号，5.896×10^{-7} 为以米作单位时，这一波长的数值。

2. 量的表示法

（1）量用数值乘以单位来表示，数值在前，单位在后，且之间应留 1/4 字的空隙，但不得有任何表示相乘的符号，唯一例外的是平面角的单位度、分和秒，数值和单位间不留空隙。如 $l = 1205$ m 不能写成 $l = 1205$ m 或 $l = 1205 \times$ m。

（2）量用和数或差数表示时，应加圆括号，如 $l = 12$ m $- 7$ m $= (12 - 7)$ m，不能写成 $l = 12 - 7$ m；$t = 28.4$ ℃ ± 0.2 ℃ $= (28.4 \pm 0.2)$ ℃，不能写成 $t = 28.4 \pm 0.2$ ℃。

（3）如为无量纲量，其单位的名称是"一"，符号是"1"。表示时，不必写出 1，如 φ（HCl）$= 0.7$，不必写成 φ（HCl）$= 0.7 \times 1$。

说明：过去用 1% 和 1‰ 表示 0.01 和 0.001，现国家标准只采用 %，可代替数字 0.01，废除‰。如 $w_B = 0.067 = 6.7\%$。

百分、千分是纯数字，故说质量百分或体积百分无意义，也不可以在这些符号上加上其他信息，如%（m/m）、%（V/V）等。过去常用的质量百分浓度或体积百分浓度、百分含量应废除，应改为质量分数或体积分数。

如氯化钠在水中的质量百分浓度为 25%，应改为氯化钠在水中的质量分数 ω 为 0.25 或 ω（NaCl）$= 0.25 = 25\%$。

按规定，以前使用 ppm、ppb 等表示的稀溶液的浓度或杂质含量一律废除，分别以 10^{-6}、10^{-9} 代替，ppm 可用 mg/kg、mg/L 等代替，ppb 可用 μg/kg、μg/L 等代替。ppm、ppb 既不是计量单位，也不是数学符号，仅是一些英文词组的缩写。ppm（parts per million）指百万分之一，即 10^{-6}。ppb（parts per billion）在我国、美国、法国等国，指 10^{-9}，而在英国、德国、意大利等国则指 10^{-12}，因此易造成混淆，必须废除。

（二）表示量、单位和数值的原则

1. 表示量的原则

量值的大小和单位的选择无关，单位变化时，只是数值发生变化，但量值不变。如 c（NaOH）$= 2.5$ mol/L $= 2500$ mmol/L。

按照这一原则，在表达量值时，不允许包含或暗含特定的单位，即给量定义时不能涉及单位。

2. 表示数值的原则

数值要用量除以单位来表示，数值＝量/单位。有两种表示方法，如钠谱线波长：

$$\text{a.} \ \lambda/\text{nm} = 589.6; \qquad \text{b.} \ \{\lambda\}_{\text{nm}} = 589.6$$

一般推荐用第一种方式 a. 表示。$\lambda_{(\text{nm})}$、λ_{nm}、λ，nm 等写法均不符合规定。

特别是在图表中，以往的写法往往不符合标准，见表 1.1.4。

表 1.1.4　GB 标注法和习惯标注法的比较

	溶液体积	样品质量	溶液质量浓度	温度
GB 标注法	V/mL	m/g	$\rho/(\text{mol}\cdot\text{L}^{-1})$	$t/℃$
习惯标注法	V，mL V（mL）	m，g m（g）	ρ，mol·L^{-1} ρ（mol·L^{-1}）	℃

3. 表示单位的原则

给单位定义时可以涉及单位，但绝不可修饰单位。如将 7.5 mL 无水乙醇用水定容至 100 mL，不能表示成乙醇的浓度为 7.5%（V/V）；应表示成乙醇的体积分数 $\varphi(\text{C}_2\text{H}_5\text{OH})=$ 7.5%。乙醇的浓度为 7.5%（V/V），这种表示法的错误在于把"%"作为单位使用（实际单位是一），并且在单位上又加上了 V/V 信息，对单位进行了修饰。

（三）量及符号的使用原则

1. 量的符号

用拉丁字母或希腊字母表示，不论大、小写，一律用斜体，如质量 m，体积 V，浓度 c。pH 是唯一的例外，用正体。

常见错误：量的符号不用斜体，而用正体，如质量用 m，体积用 V。符号大小写不正确，如浓度用 C。

2. 量的符号可加下标

在某些情况下，不同的量有相同的符号或对同一量有不同的应用或要表示不同的值，可采用下标予以区分。

（1）同一符号代表不同的量，如相对分子质量 M_r，摩尔质量 M_B。

（2）同一量有不同的应用，如 P 表示标准大气压，P_{amb} 表示环境压力。

（3）表示不同的量，如 B 的浓度 c_B，$c(\text{NaOH})$，$c(\text{HCl})$。

3. 量符号的选用

一个量有两个符号时，若符号之间用逗号隔开，各符号可任意选用，若有的符号置于括号中，则优先使用不带括号的符号，如 B 的摩尔分数 $x_B(y_B)$。

4. 组合量符号的使用方法

（1）相乘构成的组合量，其符号有三种表示法，可任选，如 $m=nM=n\cdot M=n\times M$。

（2）相除构成的组合量，其符号有两种表示法，可任选，如 $c=n/V=n\cdot V^{-1}$。

（3）由乘除构成的量，为避免混淆，其符号中可加括号，同一行中不得有多于一条的斜线，如 $c_B=(m/M_B)/V=mM_B^{-1}V^{-1}$，不得写成 $c_B=m/M_B/V$。

5. 下标书写规则

（1）一般的下标为正体，如摩尔体积 V_m。

（2）用量的符号作为下标时，下标写成斜体，如定压热容 C_P，质量流量 q_m。

（3）同时有两个下标代表不同含义时，其间用逗号隔开，如相对密度 $d_{(\text{H}_2\text{O}, 20\ ℃)}$，元素符号、数值和单位用正体。

（四）单位名称的使用规则

（1）单位名称一般只用于口述和叙述性文字中，不得用于公式、图表中，在公式中不应出现中文。如ρ_B＝0.4 千克/升，流量＝12 升/秒，均为不正确的写法。

（2）组合单位的名称顺序，与其符号一致。乘号无对应的名称，除号的名称为"每"，但只能用一次。如浓度单位符号：mol/L，单位名称：摩尔每升（不是每升摩尔）；比热容单位符号：J/（kg·K），单位名称：焦耳每千克开尔文（不是焦耳每千克每开尔文）。

（3）组合单位名称，按符号顺序写。各组成单位名称间不得加任何数学符号。如：电阻率单位名称：欧姆米，写作：欧姆米，不得写作：欧姆-米，欧姆·米。

（五）单位符号的使用规则

（1）单位符号一律用正体字母表示，一般用小写字母（体积 L 除外），若单位名称来源于人名时，则其符号的第一字母用大写。如：米，m；开［尔文］，K；帕斯卡，Pa。

（2）单位符号的读法应按名称读，不得按字母读。如：μL 读微升，不得读缪升。

（3）单位符号的写法：①无复数形式，如15 g，15 gs（错）；②符号后不得加标点或省略号（句子需要者除外），如16 s，16 s.（错）；③符号与数字间留 1/4 字空格。

（4）组合单位的写法：①相乘构成的——两种任选：Nm 或 N·m；②相除构成的——三种任选：g/mol，g·mol^{-1}，g mol^{-1}；③不应在组合单位中同时使用单位符号和中文符号，如速度单位不能写成 km/小时；④可用汉字与符号构成组合单位，如元/d。

单位名称的简称可作为该单位的中文符号，但中文符号只在小学、初中教科书及普通刊物中在必要时使用，在科研报告中应使用单位符号。

三、标准物质和基准物质

（一）标准物质

1. 标准物质的定义

标准物质是具有一种或多种足够均匀和确定了的特性，用于校准测量装置、评价测量方法或给材料赋值的一种材料或物质。

有证标准物质是附有证书的参考物质，某一种或多种特性值用建立了溯源的程序确定，使之可溯源到准确复现的表示该特性值的测量单位，每一种有证的特性值都附有给定置信水平的不确定度。

标准样品是具有足够均匀的一种或多种化学的、物理的、生物学的、工程技术的或感官的等性能特征，经过技术鉴定，并附有说明有关性能数据证书的一批样品。

注意：标准样品可以是纯的或混合的气体、液体或固体，也可以是一件制品或图像。有效期内的标准样品必须具有良好的均匀性与稳定性。

参考标准是指在给定地区或在给定组织内，通常具有最高计量学特性的测量标准，在该处所做的测量均从它导出。参考标准是具有量值功能的实验室的最高计量标准，由能够提供溯源的机构，即法定计量技术机构进行检定或校准。

在化学分析实验室中，总是使用标准物质来进行定量。参考标准仅用于校准而不用于其他目的，除非能证明作为参考标准的性能不会失效。

我国标准物质是由全国标准物质管理委员会负责组织和审查制定的，由国际技术监督局标准司批准标准物质的发布。

2. 标准物质的基本特征

（1）标准物质的材质应是均匀的，这是最基本特性之一。

（2）标准物质在有效期内，性能应是稳定的，标准物质的特性量值应保持不变。物质的稳定性是有条件的、是相对的，是指在一定条件下的稳定性。使用注意事项和保存条件，在标准物质证书上明确地写明，使用者应严格执行，否则标准物质的有效期就无法保证。在此要注意区别保存期限和使用期限，如一瓶标准物质密封保存可能 5 年有效，但开封之后，反复使用它，也许 2 年就变质失效。

（3）标准物质必须具有量值的准确性，量值准确是标准物质的另一个基本特征，标准物质作为统一量值的一种计量的"量具"去校准器具、评价测量方法和进行量值传递。

（4）标准物质必须有证书，它是该标准物质的属性和特征的主要技术文件，是生产者向使用者提供的计量保证书，是使用标准物质进行量值传递或进行量值追溯的凭据。证书上注明该标准物质的标准值及定值准确度。

注：在某些教材或资料上还存有"在标准物质证书和标签上均有 CMC 标记"的说明。但随着我国新的法律、法规的出台，该说法早已过时。根据国家市场监督管理总局关于取消标准物质审批事项的通知，标准物质证书中的"制造计量器具许可证"CMC 标志需取消。2019 年 1 月，国家市场监督管理总局批准发布了《标准物质证书和标签要求》（JJF 1186—2018），该规范中规定了标准物质证书相关内容及格式要求。

（5）标准物质必须有足够的产备量，能成批生产，用完后可按规定的精度重新制备，以满足测量工作的需要。生产标准物质必须由国家主管单位授权。

3. 标准物质的分类与分级

1）标准物质的分类

根据《标准物质管理办法》第二条的规定：用于统一量值的标准物质，包括化学成分分析标准物质、物理特性与物理化学特性测量标准物质和工程技术特性测量标准物质。按标准物质的属性和应用领域可分成 13 大类，即：

（1）钢铁成分分析标准物质；

（2）有色金属及金属中气体成分分析标准物质；

（3）建材成分分析标准物质；

（4）核材料成分分析与放射性测量标准物质；

（5）高分子材料特性测量标准物质；

（6）化工产品成分分析标准物质；

（7）地质矿产成分分析标准物质；

（8）环境化学分析标准物质；

（9）临床化学分析与药品成分分析标准物质；

（10）食品成分分析标准物质；

（11）煤炭石油成分分析和物理特性测量标准物质；

（12）工程技术特性测量标准物质；

（13）物理特性与物理化学特性测量标准物质。

标准物质的分类编号见表 1.1.5。

表 1.1.5　标准物质的分类编号

一级标准物质		二级标准物质	
标准物质分类号	标准物质分类名称	标准物质分类号	标准物质分类名称
GBW01101～GBW01999	钢铁	GBW（E）010001～GBW（E）019999	钢铁
GBW02101～GBW02999	有色金属	GBW（E）020001～GBW（E）029999	有色金属
GBW03101～GBW03999	建筑材料	GBW（E）030001～GBW（E）039999	建筑材料
GBW04101～GBW04999	核材料与放射性	GBW（E）040001～GBW（E）049999	核材料与放射性
GBW05101～GBW05999	高分子材料	GBW（E）050001～GBW（E）059999	高分子材料
GBW06101～GBW06999	化工产品	GBW（E）060001～GBW（E）069999	化工产品
GBW07101～GBW07999	地质	GBW（E）070001～GBW（E）079999	地质
GBW08101～GBW08999	环境	GBW（E）080001～GBW（E）089999	环境
GBW09101～GBW09999	临床化学与医药	GBW（E）090001～GBW（E）099999	临床化学与医药
GBW10101～GBW10999	食品	GBW（E）100001～GBW（E）109999	食品
GBW11101～GBW11999	能源	GBW（E）110001～GBW（E）119999	能源
GBW12101～GBW12999	工程技术	GBW（E）120001～GBW（E）129999	工程技术
GBW13101～GBW13999	物理学与物理化学	GBW（E）130001～GBW（E）139999	物理学与物理化学

注：1. 一级标准物质的编号是以标准物质代号"GBW"冠于编号前部，编号的前两位数是标准物质的大类号，第三位数是标准物质的小类号，第四、五位数是同一类标准物质的顺序号。生产批号用英文小写字母表示，排于标准物质编号的最后一位，生产的第一批标准物质用 a 表示，第二批用 b 表示，批号顺序与英文字母顺序一致。

2. 二级标准物质的编号是以二级标准物质代号"GBW（E）"冠于编号前部，编号的前两位数是标准物质的大类号，第三～六位数为该大类标准物质的顺序号。生产批号的表示方法与一级标准物质相同，如 GBW（E）110007a 表示煤炭石油成分分析和物理特性测量标准物质类的第 7 顺序号，第一批生产的煤炭物质性质和化学成分分析标准物质。

2）标准物质的分级

我国将标准物质分为一级与二级，它们都符合"有证标准物质"的定义。

（1）一级标准物质。用绝对测量法或两种以上不同原理的准确可靠的方法定值。在只有一种定值方法的情况下，用多个实验室以同种准确可靠的方法定值；准确度具有国内最高水平，均匀性在准确度范围之内；稳定性在一年以上或达到国际上同类标准物质的先进水平；包装形式符合标准物质技术规范的要求。

一级标准物质代号为 GBW，由国务院计量行政部门批准、颁布并授权生产。一级标准物质主要用于评价标准方法、仲裁分析、为二级标准物质定值，是传递量值的依据。一级标准物质定值的准确度应满足实际工作测量的需求，一般要高于现场测量准确度的 2～3 倍。

（2）二级标准物质。用与一级标准物质进行比较测量的方法或一级标准物质的定值方法定值；准确度和均匀性未达到一级标准物质的水平，但能满足一般测量的需要；稳定性在半年以上，或能满足实际测量的需要；包装形式符合标准物质技术规范的要求。

二级标准物质代号为GBW（E），由国务院计量行政部门批准、颁布并授权生产。二级标准物质主要用于研究与评价分析方法，现场实验室的质量保证及不同实验室之间的质量保证。二级标准物质准确度低于一级标准物质，但能起到量值传递作用。二级标准物质通常称为工作标准物质，产品批量较大的、分析实验室中所用的标准样品大都是二级标准物质。

国家市场监督管理总局标准技术管理司管理的标准物质，代号为GSB。

中国计量科学研究院的标准物质，代号为BW，未通过国家市场监督管理总局批准，没有取得有证标准物质编号。

除以上标准物质外，还有参考品，国内外厂家生产的标准品等，但没有通过相关部门、权威机构的审核。

3）标准物质的作用

（1）用于校准分析仪器。理化测试仪器及成分分析仪器一般都属于相对测量仪器，如酸度计、电导率仪、折射仪、色谱仪等，使用前，必须用标准物质校准后方可进行测定工作。

（2）用于评价分析方法。在被测样品中加入已知量的标准物质，然后做对照试验，计算标准物质的回收率，根据回收率的高低，判断分析过程是否存在系统误差及该方法的准确度。

（3）用于实验室内部或实验室之间的质量保证。

4）标准样品的作用

标准样品主要用来评定标准分析检测方法，包括国际标准、国家标准、行业标准及某个专业技术领域中公认的分析检测方法的有效性，即检测分析结果的溯源性和离散性。

标准样品还被用来校准检测分析仪器，以确保该检测分析仪器示值的有效性，给材料赋值，以确保该量值的有效性。标准样品通常也被用来评定实验室的技术能力、考核操作人员技术水平、开发制定新的标准检测分析方法等。

4. 化学分析中使用标准物质应注意的问题

（1）以保证测量的可靠性为原则。

（2）标准物质的有效期。

（3）标准物质的不确定度。

（4）标准物质的溯源性。

质控样不可代替标准物质。参考标准不能作为标准物质使用。

（二）基准物质

基准物质是一种高纯度的，其组成与它的化学式高度一致的化学稳定的物质。其应该符合以下要求。

（1）组成与它的化学式严格相符。

（2）纯度足够高。

（3）应该很稳定。

（4）参加反应时，按反应式定量地进行，不发生副反应。

（5）有较大的式量，在配制标准溶液时可以称取较多的量，以减少称量误差。

基准物质用来直接配制标准溶液，但在较多情况下，它常用来校准或标定某未知溶液的浓度。

常用的基准物质有银、铜、锌、铝、铁等纯金属及氧化物、重铬酸钾、碳酸钾、氯化钠、邻苯二甲酸氢钾、草酸、硼砂等纯化合物。

（三）高纯试剂

高纯试剂不是指试剂的主体含量，而是就试剂的某些杂质的含量而言。高纯试剂等级表达方式有数种，其中之一是以"9"表示，如用 99.9%、99.999%等表示。"9"的数目越多表示纯度越高，这种纯度是由 100%减去杂质的质量百分数计算出来的。

（四）专用试剂

专用试剂是指具有专门用途的试剂。例如，仪器分析专用试剂中色谱分析标准试剂、气相色谱载体及固定液、薄层分析试剂等。与高纯试剂相似之处是，专用试剂不仅主体含量较高，而且杂质含量很低。

与高纯试剂的区别是，在特定的用途中有干扰的杂质成分只需控制在不致产生明显干扰的限度以下。

四、物质量的表示方法

在化学分析中，物质的含量用质量分数、物质的量浓度、质量浓度、体积分数、体积比和滴定度表示。

1. 质量分数

质量分数是指物质中某种成分的质量与该样品中总物质质量之比，用符号 ω 表示，质量分数是无量纲量，单位为 1。

质量分数在质检工作中应用非常普遍，如测定样品中的水分、灰分、药物残留量等，都是测定某一组分占混合物的比例，因此检测结果都应用质量分数表示。如：豇豆中克百威残留量为 0.34 mg/kg；猪肉中莱克多巴胺残留量为 0.34 μg/kg；蔬菜中铅的含量为 0.27 mg/kg。

2. 物质的量浓度

物质的量浓度是以单位体积溶液里所含溶质 B（B 表示各种溶质）的物质的量来表示溶液组成的物理量，叫作溶质 B 的物质的量浓度，用符号 c_B 表示，单位为摩尔每升（mol/L）。

物质的量浓度是一种常用的溶液浓度的表示方法。按规定，"浓度"二字单独使用时，就是指物质的量浓度。

浓度是溶液中溶剂和溶质的相对含量。物质的量浓度公式中的体积是指溶液的体积，而不是溶剂的体积。在一定物质的量浓度溶液中取出任意体积的溶液，其浓度不变，但所含溶质的物质的量或质量因体积的不同而不同。

溶质的量是用物质的量来表示的，不能用物质的质量来表示。例如，配制 1 mol/L 的氯化钠溶液时，氯化钠的式量为 23＋35.5＝58.5，故称取 58.5 g 氯化钠，加水溶解，定容至 1000 mL 即可获得 1 mol/L 的氯化钠溶液。

溶质可以是单质、化合物，也可以是离子或分子等其他特定组合，如 $c(NaCl)$。

非电解质在其水溶液中以分子形式存在，溶液中溶质微粒的浓度即为溶质分子的浓度。如 1 mol/L 乙醇溶液中，乙醇分子的物质的量浓度为 1 mol/L。

强酸、强碱、可溶性盐等强电解质在其水溶液中以阴离子和阳离子形式存在，各种微粒的浓度要根据溶液的浓度和溶质的电离方程式来确定。

c_B 是含有物质的量的一个导出量，故说到 c_B 时，必须指明基本单元。

如可以说硫酸溶液的浓度为 0.1 mol/L，记为 $c(H_2SO_4)＝0.1$ mol/L，1/2 硫酸溶液的浓度为 0.2 mol/L，记为 $c(1/2H_2SO_4)＝0.2$ mol/L，但不可以说硫酸溶液的浓度为 0.1 mol/L，因未指明基本单元，其含义不确切。

3. 质量浓度

质量浓度指质量除以混合物的体积，用符号 ρ_B 表示，为防止与表示混合物中某组分自身密度相混淆，有时用 r_B 来表示组分 B 的质量浓度。

ρ_B 的 SI 单位为 kg/m^3，化学分析中常用 g/L 表示。

在化学分析中，使用最多的就是质量浓度，一般单位为 mg/L 或 μg/L。例如，配制质量浓度为 100 mg/L 的氧乐果标准溶液。

以前表示浓度为 20%氢氧化钠溶液，现应表示为质量浓度为 200 g/L 氢氧化钠溶液。因为"%"是无量纲的，而浓度是有量纲的，故不能用"%"表示溶液的浓度。

目前存在问题最多的就是不能区分浓度和质量浓度。一般在标准滴定溶液中使用浓度，而元素分析、农兽残分析中都是使用质量浓度。

4. 体积分数

体积分数是指溶质的体积与溶液总体积之比，用符号 φ 表示。体积分数是无量纲量，单位为 1。

例如，70 mL 无水乙醇加入 100 mL 容量瓶中，用水定容，应写成：$\varphi(C_2H_5OH)＝0.70＝70\%$，称为乙醇的体积分数 φ 为 0.70 或 70%。

5. 体积比

体积比是指某物质的体积与另一物质的体积之比，用符号 Ψ 表示，体积比是无量纲量，单位为 1。

例如，流动相溶液：$\Psi(CH_3OH＋H_2O)＝80＋20$，将 80 mL 甲醇加到 20 mL 水中，混匀。

目前有些检测人员不能区分体积分数和体积比，如在液相色谱梯度洗脱条件将 A 相和 B 相用"%"错误地表示，见表 1.1.6。

表 1.1.6 梯度洗脱条件

时间/min	流速/（mL/min）	A/%	B/%
0.00	0.25	10	90
1.00	0.25	10	90
8.00	0.25	75	25
8.10	0.25	95	5
14.00	0.25	95	5
14.10	0.25	10	90
20.00	0.25	10	90

"%"表示的是体积分数，而流动相是体积比。正确的表示如表 1.1.7 所示。

表 1.1.7 流动相及其梯度条件（$V_A + V_B$）

时间/min	V_A	V_B
0	25	75
3	25	75
7	95	5
12	95	5
12.5	25	75
15	25	75

GB/T 20001.4—2015 中规定，如果溶液由一种特定溶液稀释配制，按下列方法表示："稀释 $V_1 \rightarrow V_2$"表示，将体积为 V_1 的特定溶液稀释为总体积为 V_2 的最终混合物；"$V_1 + V_2$"表示，将体积为 V_1 的特定溶液加到体积为 V_2 的溶剂中。

6. 滴定度

滴定度是指与 1 mL 标准溶液相当的待测组分的质量，用 $T_{B/A}$ 表示，常用单位为 g/mL。A 为标准溶液，B 为待测组分。

如：$T_{NaOH/HCl} = 0.04$ g/mL，表示 1 mL 盐酸标准溶液相当于 0.04 g 氢氧化钠。

五、分析方法标准

（一）基本概念

方法标准或称标准方法是按照对象分类法进行分类的八类标准中的一类。它是对各项技术活动的方法中的重复性事物和概念所做的统一规定，包括试验、检验、分析、抽样、统计、计算、作业等标准。

检验检测方法包括标准方法、非标准方法和自制方法。使用有效标准是检验结果合法性的前提，而所有的标准都会被修订，检验检测机构必须采取有效措施进行跟踪查询。

标准方法指标准化组织发布的方法，包括：国内标准，如国家标准、行业标准、地方标准、企业标准、团体标准；境外标准，如国际标准、区域标准、国际权威团体标准、被广泛采用的境外标准。

国务院行政主管部门以文件、技术规范等形式发布的检验检测方法等视同标准方法管理。

检验检测机构应优先使用标准方法，并应确保使用标准的最新有效版本，除非该版本不适宜或不可能使用。

检测方法形式一般有两种，专门单列的分析方法标准和包含在产品标准中的分析方法标准。

《检验检测机构资质认定管理办法》第十九条规定："检验检测机构应当在资质认定证书规定的检验检测能力范围内，依据相关标准或者技术规范规定的程序和要求，出具检验检测数据、结果。"

在从事常规分析的操作过程中，常常会发现由于种种原因，要对采用的分析方法标准进行一些较小的改变，如试样称量、pH 值、试剂纯度等一个至几个变量微小变化，这种改变都必须经过确认，以证明可以满足预期的用途，并征得有关技术负责人和客户的同意后，方可改变操作规程。若擅自修改正在使用的分析方法标准，或未经准许使用别的分析方法是不允许的。由此产生的后果，要负法律责任。

《检验检测机构资质认定评审准则》附件 4 的 33）规定："检验检测机构对新引入或者变更的标准方法进行方法验证并保留方法验证记录，方法验证记录可以证明人员、环境条件、设备设施和样品符合相应方法要求，检验检测的数据、结果质量得到有效控制。检验检测机构在使用非标方法前应当进行确认、验证，并保留相关方法确认记录和方法验证记录。"

对于检测方法验证可参考以下标准进行：

《实验室质量控制规范　食品理化检测》（GB/T 27404—2008）；

《实验室质量控制规范　食品微生物检测》（GB/T 27405—2008）；

《合格评定　化学分析方法确认和验证指南》（GB/T 27417—2017）；

《化学分析方法验证确认和内部质量控制要求》（GB/T 32465—2015）；

《化学分析方法验证确认和内部质量控制实施指南　色谱分析》（GB/T 35655—2017）；

《食品安全国家标准　微生物检验方法验证通则》（GB 4789.45—2023）。

（二）农产品食品检测常用标准

与农产品食品检测相关的标准编号有：

GB——国家标准；

SN——商业检验行业标准；

NY——农业行业标准；

SC——水产行业标准；

GH——供销合作行业标准；

SB——中国商业联合会行业标准；

LY——林业行业标准。

（三）农产品食品检测常用基础标准

《有关量、单位和符号的一般原则》（GB 3101—1993）；

《物理化学和分子物理学的量和单位》（GB 3102.8—1993）；

《标准编写规则　第 4 部分：试验方法标准》（GB/T 20001.4—2015）；

《分析实验室用水规格和试验方法》（GB/T 6682—2008）；

《数值修约规则与极限数值的表示和判定》（GB/T 8170—2008）；

《实验室质量控制规范　食品理化检测》（GB/T 27404—2008）；

《检测实验室中常用不确定度评定方法与表示》（GB/T 27411—2012）；

《检测实验室安全》（GB/T 27476）；

《合格评定　化学分析方法确认和验证指南》（GB/T 27417—2017）；

《化学分析方法验证确认和内部质量控制实施指南　色谱分析》（GB/T 35655—2017）；

《化学分析方法验证确认和内部质量控制要求》（GB/T 32465—2015）；

《化学试剂　标准滴定溶液的制备》（GB/T 601—2016）；

《化学试剂　杂质测定用标准溶液的制备》（GB/T 602—2002）；

《化学试剂　试验方法中所用制剂及制品的制备》（GB/T 603—2023）；

《常用玻璃量器检定规程》（JJG 196—2006）；

《农产品检测样品管理技术规范》（NY/T 3304—2018）。

六、数字、有效数字和有效位数

在检测工作中，要进行量的测量和量值的计算，检测工作中常用的数字主要有阿拉伯数字、汉字数字，以及数字的有效修约。

（一）阿拉伯数字

1. 应使用阿拉伯数字的情况

带有计量单位的数值，必须使用阿拉伯数字，如 32.4 m，1.042 g；一般的计数，也应使用阿拉伯数字，如 46，1/2；年代、年、月、日和时刻，应用阿拉伯数字表示，如 90 年代，2003 年 6 月 12 日，下午 4 点 25 分等。

2. 书写阿拉伯数字时应遵循以下原则

（1）表示小数点的标号，我国规定使用齐线圆点，如：8.9，0.45。不使用齐线逗点（ISO 标准和欧洲许多国家使用齐线逗点）。

（2）小数点前和后的数字，如超过四位数字（包括四位），应以小数点为准，每三位为一节，节与节之间空 1/4 个字的空，不用逗号（已废除），如：12.525 7，73 620 等。

（3）带有单位符号的数值，数值与单位符号（包括%）之间要留有 1/4 个字的空，如：200 mm，24.8 %，0.5 mol/L。

最容易犯的错误是超过四位的数字，每三位之间不空 1/4 个字的空。数值和单位符号之间不留有 1/4 个字的空。这类错误在原始记录和检验报告中出现最多。

例如：加水定容至 1000 mL；称取样品质量为 1.2456 g，储存温度为 15℃。

正确的写法为：加水定容至 1000 mL；称取样品质量为 1.245 6 g，储存温度为 15 ℃。

（4）为清晰起见，数和数值相乘应使用符号"×"，而不使用圆点，如：写作 1.8×10^{-2}（不写作 $1.8 \cdot 10^{-2}$）。

（5）年份不能简写，如 2003 年不能写成 03 年。

在原始记录或检验报告签日期时，各质检机构应按统一的标准执行，如写成 2024-06-04 或 2024/06/04，不能写成 2024-6-4 或 2024，6，4。

（二）汉字数字

在检测中也会遇到使用汉字数字的情况。

（1）数字作为词素构成定型的词、词组、惯用语等时，如三氧化二铁、十水硫酸钠、磷酸二氢钾、"十四五"规划等。

（2）邻近的数字并列连用，表示概数时，如二三米、七八百元等。

（3）表示非物理量的数（相对物理量的数值而言），数字一至九宜用汉字，大于九的数字一般用阿拉伯数字表示，如："选五根 5 m 长的水管""选 15 根 5 m 长的水管"。

（4）星期几用汉字，如星期一、星期五。

（三）准确数值

在分析工作中，测量或运算时所涉及的数值有两类，一类是准确数值，另一类是有效数字。

测量数值中所有的常数，都是准确数值，如圆周率 π、自然对数的底 e 等。

非测量数值，如单位的倍数、简单的个数，也都是准确数值。如：1 kg＝1000 g，1 m＝100 cm，6/4＝1.5，平行测定的次数 n＝3 等。

定义值也是准确数值，如：1 d＝24 h，1 h＝60 min。

准确数值有效数字的位数为无限多，需要几位就看作几位。

（四）有效数字

有效数字是在测量和运算中得到的、具有实际意义的数值。有效数字其最后一位允许是可疑、不确定的，其余数字都必须是可靠的、准确的。

所谓可疑数字，除另有说明外，一般可理解为该数字上有±1 单位的误差，或在其后一位的数字上有±5 单位的误差。

例如：测定值为 12.84，可理解为它为 12.83～12.85，或理解为它为 12.835～12.845。有效数字通常体现测量值的可信程度。

（五）有效位数

有效数字的位数，简称为有效位数，是指包括全部准确数字和一位可疑数字在内的所有数字的位数。要正确判断和写出测量数值的有效数字，应明确以下几点：

（1）1～9 各个数字，无论在一个数值中的什么位置，都是有效数字。

（2）一个数值中的"0"是否为有效数字，有下列几种情况：

①"0"在数值的中间，是有效数字，因为它代表了该位数值的大小，如：12.01，3012，10.012。

②"0"在数值的前面，则都不是有效数字，因为这时 0 只起到定位的作用，并不代表量值的大小，如：0.24 g，0.0225。

③"0"在数值的后面，若属于规范的写法，则都应是有效数字。但由于一些习惯写法和不规范的写法，则需要具体分析。

④"0"在小数点后，都是有效数字，如：2.400，0.050。2.400 中 4 后面的两个 0 都是有效数字；0.050 中 5 后面的一个 0 也是有效数字。

⑤"0"在整数的尾部，是否为有效数字需要具体分析。例如，24 000，可能三个零都是有效的，记为 24 000 是正确的，它是五位有效数字；若有两个零是无效的，应记为 $240×10^2$ 或 $2.40×10^4$，它为三位有效数字；若三个零都是无效的，应记为 $24×10^3$ 或 $2.4×10^4$，它为两位有效数字。

⑥ 若一个数值的第一位数字大于或等于 8，则该数值的有效数字位数可多计一位。例如，9.46 m，表面上看是三位有效数字，但可当作四位有效数字对待。

⑦ pH、pM 有效数字位数，只计小数点后面的位数，与整数部分无关，整数部分只与幂数有关。如 pH＝12.25，$[H^+]＝5.6×10^{-13}$ mol/L。有效数字是两位，而不是四位。

七、检测数据及处理

（一）误差检验

根据误差的性质，可将误差分为三类：系统误差——可定误差、随机误差——偶然误差、粗差——过失误差。

1. 系统误差——可定误差

在重复性条件下，对同一被测量进行无限多次测量所得结果的平均值与被测量的真值之差。系统误差仅与无限多次测量所得结果的平均值有关，而与在重复性条件下得到的不同测量结果无关。因此，重复性条件下得到的不同测量结果应该具有相同的系统误差。

1）系统误差的类别

系统误差包括以下四种：

（1）方法误差：拟定的分析方法本身不十分完善所造成。例如，反应不能定量完成，有副反应发生，滴定终点与化学计量点不一致，存在干扰组分等。

（2）仪器误差：主要是仪器本身不够准确或未经校准引起的。例如，量器（容量瓶、滴定管等）和仪表刻度不准。

（3）试剂误差：由于试剂不纯和试验用水中含有微量杂质所引起。

（4）操作误差：主要指在正常操作情况下，由于分析工作者掌握操作规程与控制条件不当所引起的，如滴定管读数总是偏高或偏低。

2）系统误差的特点

（1）按一定规律重复出现。它的变异是同一方向的，即导致结果偏高的误差总是偏高，偏低的总是偏低。重复测定时也会重复出现。

（2）不服从正态分布。

（3）相当于不准确度。

（4）可以校正。

3）系统误差的校正

系统误差如在允许误差范围内，一般不予校正。如果很大，须用下列方法检验并予以校正。

（1）对照试验。即用标准样品（或参比样品）或标准方法（或参比方法）进行对照，或由本单位不同人员或不同单位进行对比分析（所谓"内检"或"外检"），都可以检验或校正分析结果的误差。

（2）空白试验。即除了不加样品以外，完全按照测定的同样操作步骤和条件测定，所得结果为空白试验值。用它可以校正样品测定值，从而减少试剂、仪器和滴定终点等造成的误差。

（3）仪器校准。即必要时对试验中所用的衡器、量器如砝码、容量瓶、吸量管、滴定管等进行校正，以减少仪器产生的误差。

2. 随机误差——偶然误差

随机误差——偶然误差是指测量结果与在重复性条件下，对同一待测量进行无限多次测量所得结果的平均值之差。

在重复性条件下得到的不同测量结果具有不同的随机误差，但有相同的系统误差。

随机误差的特点是：①不能估计，无法避免；②趋于正态分布，具有对称性、有界性、单峰性；③不易纠正，但可以控制在一定范围之内。

随机误差一般服从正态分布，可以用仔细地进行多次平行测定取其平均值的方法来减少误差。

3. 粗差——过失误差

粗差——过失误差是指在相同观测条件下做一系列的观测，其绝对值超过限差的测量偏差。它产生的最普遍原因是观测时的仪器精度达不到要求、技术规格的设计和观测程序不合理，以及观测者粗心大意和仪器故障或技术上的疏忽等。含有粗差的测量数据绝不能采用。

（二）误差的表示方法

1. 准确度与误差

准确度表示分析结果与真实值接近的程度。准确度的大小，用绝对误差或相对误差表示。若以 x 表示测量值，以 μ 代表真实值，则绝对误差和相对误差的表示方法如下：

$$绝对误差＝x－\mu$$

$$相对误差＝\frac{x－\mu}{\mu}\times100\%$$

同样的绝对误差，当被测定物的质量较大时，相对误差就比较小，测定的准确度就比较高。因此，用相对误差来表示各种情况下测定结果的准确度更为确切些。

绝对误差和相对误差都有正值和负值。正值表示试验结果偏高，负值表示试验结果偏低。真实值实际上很难得到，一般将标准物质的定值看作真实值，误差常用于标准物质检测的判断。

2. 精密度与偏差

对于不知道真实值的场合，可以用偏差的大小来衡量测定结果的好坏。偏差是指测定值 x_i 与测定的平均值 $\bar{x}$ 之差，它可以用来衡量测定结果的精密度。

精密度是指在同一条件下，对同一样品进行多次重复测定时各测定值相互接近的程度，偏差越小，说明测定的精密度越高。

精密度可以用绝对偏差、相对平均偏差、标准偏差与相对标准偏差来表示。

1）绝对偏差和平均偏差

测量值与平均值之差称为绝对偏差。绝对偏差越大，精密度越低。若令 $\bar{x}$ 代表一组平行测定的平均值，则单个测量值 x_i 的绝对偏差 $d＝x_i－\bar{x}$，d 值有正有负。各单个偏差绝对值的平均值称为平均偏差，即

$$\bar{d}=\frac{\sum\limits_{i=1}^{n}|x_i－\bar{x}|}{n}$$

式中，n——测量次数。

2）相对平均偏差

平均偏差在平均值中所占的百分率称为相对平均偏差，即

$$\frac{\bar{d}}{\bar{x}}\times100\%=\frac{\sum\limits_{i=1}^{n}|x_i－\bar{x}|/n}{\bar{x}}\times100\%$$

3）标准偏差

使用标准偏差是为了突出较大偏差的存在对测量结果的影响，其计算公式为

$$S=\sqrt{\frac{\sum\limits_{i=1}^{n}(x_i－\bar{x})^2}{n-1}}$$

4）相对标准偏差

相对标准偏差又称为变异系数，其计算公式为

$$RSD=\frac{S}{\bar{x}}\times100\%$$

（三）检测方法中精密度的表示

1. 概念

精密度是指在规定条件下，对同一或类似被测对象重复测量所得数值或测得的量值间的一致程度。精密度的获得包括重复性和再现性两种方式。

（1）重复性条件下的精密度：是在相同测量程序或测试方法；同一操作员；在同一条件下使用同一测量或测试设施；同一地点；在短时间间隔内的重复。

（2）再现性条件下的精密度：是由不同的操作员按相同的方法，使用不同的测试或测量设施，对同一测试/测量对象观测以获得独立测试/测量结果的观测条件。

2. 精密度的表示方法

检测方法的精密度按照《标准编写规则　第4部分：试验方法标准》（GB/T 20001.4—2015）中附录B的规定，有三种表示方法。

1）重复性

（1）当精密度用绝对项表示时：在重复性条件下获得的两次独立测试结果的绝对差值不大于……，以不大于……的情况不超过5%为前提。

（2）当精密度用相对项表示时：在重复性条件下获得的两次独立测试结果的绝对差值不大于这两个测定值的算术平均值的……%，大于这两个测定值的算术平均值的……%的情况不超过5%为前提。

（3）当精密度与分析浓度有关时：在重复性条件下获得的两次独立测试结果的测定值，在以下的平均值差范围内，这两个测试结果的绝对差值不超过重复性限（r），超过重复性限（r）的情况不超过5%。

2）再现性

（1）当精密度用绝对项表示时：在再现性条件下获得的两次独立测试结果的绝对差值不大于……，以不大于……的情况不超过5%为前提。

（2）当精密度用相对项表示时：在再现性条件下获得的两次独立测试结果的绝对差值不大于这两个测定值的算术平均值的……%，大于这两个测定值的算术平均值的……%的情况不超过5%为前提。

（3）当精密度与分析浓度有关时：在再现性条件下获得的两次独立测试结果的测定值，在以下的平均值差范围内，这两个测试结果的绝对差值不超过再现性限（R），超过再现性限（R）的情况不超过5%。

3. 检测方法标准中常用精密度的表示方法

在检测方法标准中，GB 5009系列标准的精密度大部分都是用相对相差表示的，如在重复性条件下获得的两次独立测试结果的绝对差值不大于这两个测定值的算术平均值的15%。

在GB 23200.108以后的系列农药残留检测方法标准中，精密度都是用重复性限表示的。因为在检测方法标准中要求做二次平行试验，GB/T 20001.4—2015规定的精密度适用于检测方法标准，是对二次检测结果的精密度进行判断。

目前兽药残留检测的一些方法中，标准精密度也是用重复性限表示。重复性限的大小与检测结果高低有关。检测结果数值低，重复性限就相对较宽，检测结果数值高，重复性限就相对较窄。这种表示比较科学合理，这也是今后检测方法精密度多采用的方式。

八、理化检测基础知识

（一）酸、碱概念

1. 酸

化学上是指在水溶液中电离时产生的阳离子都是氢离子的化合物。可分为无机酸、有机酸。酸碱质子理论认为能释放出质子的物质总称为酸。路易斯酸碱理论认为亲电试剂或电子受体都是路易斯酸。

2. 碱

在酸碱电离理论中，碱指在水溶液中电离出的阴离子全部都是 OH^- 的物质；在酸碱质子理论中碱指能够接受质子的物质；在酸碱电子理论中，碱指电子给予体。

（二）化学反应

化学反应的基本类型有化合反应、分解反应、置换反应和复分解反应。

1. 化合反应

由两种或者两种以上的物质生成一种新物质的反应。例如：

$$C + O_2 \xrightarrow{\text{点燃}} CO_2$$

2. 分解反应

一种物质分解成两种或者两种以上物质的反应。例如：

$$2H_2O \xrightarrow{\text{电解}} 2H_2 \uparrow + O_2 \uparrow$$

3. 置换反应

一种单质和一种化合物反应，生成另一种单质和另一种化合物的反应。例如，高温条件下：

$$SiO_2 + 2C = Si + 2CO \uparrow ; \quad 8Al + 3Fe_3O_4 = 4Al_2O_3 + 9Fe$$

4. 复分解反应

一种化合物和另一种化合物反应，互相交换成分，生成两种新的化合物的反应。例如：

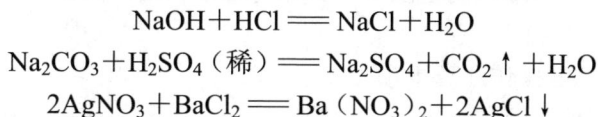

$$NaOH + HCl = NaCl + H_2O$$
$$Na_2CO_3 + H_2SO_4 （稀） = Na_2SO_4 + CO_2 \uparrow + H_2O$$
$$2AgNO_3 + BaCl_2 = Ba（NO_3）_2 + 2AgCl \downarrow$$

根据复分解反应趋于完成的条件，复分解反应的发生需要一定的条件。生成物中必须有沉淀或气体或水或弱电解质。

（三）滴定分析法

滴定分析法（又称容量分析法）是化学分析中最常用的方法。将已知准确浓度的试剂溶液（标准滴定溶液）滴加到待测溶液中，使滴加的试剂与待测物质按照化学计量关系定量反应，然后根据标准溶液的浓度和体积计算出待测物质含量的分析方法称为滴定分析法。

通常已知准确浓度的试剂溶液称为滴定剂。将滴定剂由滴定管滴加到被测溶液中的过程叫滴定。

当滴入滴定剂的物质的量与待测物的物质的量正好符合滴定反应式中的化学计量关系时，称反应到达化学计量点。

化学计量点一般需要根据指示剂颜色的变化来判断，但是指示剂的变色点不一定恰好符合化学计量点。因此在滴定分析中，根据指示剂的颜色突变而停止滴定的那一个点称为滴定终点。

滴定终点与化学计量点之间的误差称滴定误差。化学反应式是滴定分析的基础，根据滴定反应的化学反应类型不同，常用滴定分析法可分为酸碱滴定法、配位滴定法、氧化还原滴定法、沉淀滴定法等。

1. 滴定分析须满足的条件

滴定分析法并非适用于所有化学反应，化学反应要用滴定分析法必须满足以下三个条件。

（1）化学反应要定量完成。即化学反应严格按照化学反应计量关系进行，反应彻底（定量程度达到99%以上），这是定量计算的基础。

（2）化学反应速率快。如果化学反应速率较慢，应采取适当措施，如加热、使用催化剂等提高反应速率。

（3）有合适的确定滴定终点的方法，即指示剂要选择合适。对于酸碱滴定来说，酸碱反应进行较快，一般都能满足滴定分析速度的要求，酸碱反应的完全程度与酸碱强弱和浓度等因素有关，酸碱越弱，浓度越稀，反应进行得越不完全，即弱酸或弱碱不能用滴定分析法进行测定。

2. 酸碱滴定法

1）酸碱滴定法的原理

酸碱滴定法是基于酸碱反应的滴定分析方法，也叫中和滴定法。该方法简便快速，是广泛应用的分析方法之一。一般酸、碱以及能与酸、碱直接或间接发生酸碱中和反应的物质，几乎都可以用酸碱滴定法滴定。作为标准物质的滴定剂应选用强酸或强碱，如盐酸、氢氧化钠等。

2）酸碱滴定法的操作注意事项

（1）摇瓶时，使溶液向一个方向做圆周运动，但是勿使瓶口接触滴定管，溶液也不得溅出。

（2）要将滴定管固定在滴定管夹上，平视读数。

（3）注意观察液滴落点周围溶液颜色变化。开始时应边摇边滴，滴定速度可稍快，但是不要形成水流。滴定时要不断振荡锥形瓶，接近终点时要放慢速度，一滴一滴地加入并边滴边振荡直至溶液出现明显的颜色变化，准确到达终点为止。

（4）当看到加入一滴标准溶液时，溶液变色并在半分钟内不褪色，即说明已达到滴定终点。

注：空气中的二氧化碳对滴定可能产生影响，这与滴定终点的 pH 有关。若终点 pH<5，则基本无影响；若 pH 较高，则需要用煮沸溶液的方法消除其影响。

3. 氧化还原滴定法

1）氧化还原滴定原理

氧化还原反应是指在反应前后元素的化合价具有相应的升降变化的化学反应。氧化还原反应的本质是：凡有电子得失或共用电子对偏移的一类反应称为氧化还原反应，得失电子数相等。

2）常用的氧化还原滴定法

（1）高锰酸钾滴定法。高锰酸钾滴定法是一种用高锰酸钾溶液作滴定剂的容量分析方法。

高锰酸钾是一种强氧化剂，它的氧化能力和还原产物与溶液的酸度有关。在强酸性溶液中，高锰酸钾与还原剂作用被还原为 Mn^{2+}。

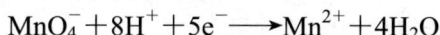

$$MnO_4^- + 8H^+ + 5e^- \longrightarrow Mn^{2+} + 4H_2O$$

在 pH>12 的强碱性溶液中用高锰酸钾氧化有机物时，由于在强碱性（大于 2 mol/L 氢氧化钠）条件下的反应速度比在酸性条件下更快，所以常利用高锰酸钾在强碱性溶液中与有机物的反应来测定有机物。

（2）重铬酸钾法。重铬酸钾是一种常用的氧化剂，它具有较强的氧化性，在酸性介质中 $Cr_2O_7^{2-}$ 被还原为 Cr^{3+}，其电极反应如下：

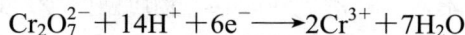

$$Cr_2O_7^{2-} + 14H^+ + 6e^- \longrightarrow 2Cr^{3+} + 7H_2O$$

重铬酸钾的基本单元为 1/6 重铬酸钾。

（3）碘量法。碘量法是利用 I_2 的氧化性和 I^- 的还原性来进行滴定的方法，其基本反应是

$$I_2 + 2e^- \longrightarrow 2I^-$$

碘量法既可测定氧化剂，又可测定还原剂。I_3^-/I^- 电对反应的可逆性好，副反应少，又有很灵敏的淀粉指示剂指示终点，因此碘量法的应用范围很广。

4. 络合滴定法（配位滴定法）

配位滴定法是以形成配合物反应为基础的滴定分析方法，又称络合滴定法。例如：

$$Ag^+ + 2CN^- \Longrightarrow [Ag(CN)_2]^-$$

当滴定到化学计量点时，稍过量的 $AgNO_3$ 标准溶液与 [Ag(CN)_2]^- 反应生成 Ag[Ag(CN)_2] 白色沉淀，使溶液变混浊，指示滴定终点的到达。

$$Ag+[Ag(CN)_2]^- = Ag[Ag(CN)_2]\downarrow（白色沉淀）$$

5. 沉淀滴定法

沉淀滴定法是以沉淀反应为基础的一种滴定分析方法。虽然沉淀反应很多，但不是所有的沉淀反应都可用于沉淀滴定分析，因为很多沉淀的组成不恒定，易形成过饱和溶液，共沉淀等副反应比较严重。用于滴定分析的沉淀反应必须符合下列几个条件：

（1）沉淀反应必须迅速，并按一定的化学计量关系进行。

（2）生成的沉淀应具有恒定的组成，而且溶解度很小。

（3）能够有适当的指示剂或其他方法确定滴定终点。

（4）沉淀的吸附现象不影响滴定终点的确定。

（四）重量分析法

1. 重量分析法的分类

重量分析法是用适当的方法先将试样中待测组分与其他组分分离，然后用称量的方法测定该组分的含量。根据分离方法的不同，重量分析法常分为三类。

（1）沉淀法。沉淀法是重量分析法中的主要方法，这种方法是利用试剂与待测组分生成溶解度很小的沉淀，经过滤、洗涤、烘干或灼烧成为组成一定的物质，然后称其质量，再计算待测组分的含量。

（2）气化法。利用物质的挥发性质，通过加热或其他方法使试样中的待测组分挥发逸出，然后根据试样质量的减少，计算该组分的含量；或者用吸收剂吸收逸出的组分，根据吸收剂质量的增加计算该组分的含量。

（3）电解法。利用电解的方法使待测金属离子在电极上还原析出，然后称量，根据电极增加的质量，求得其含量。

2. 重量分析法优缺点

重量分析法是经典的化学分析法，它通过直接称量得到分析结果，不需要从容量器皿中引入许多数据，也不需要标准试样或基准物质做比较。对高含量组分的测定，重量分析法比较准确，一般测定的相对误差不大于 0.1%。对高含量的硅、磷、钨、镍、稀土元素等试样的精确分析，至今仍常使用重量分析法。但重量分析法的不足之处是操作较烦琐，耗时长，不适于生产中的控制分析；对低含量组分的测定误差较大。

3. 重量分析法对沉淀的要求

1）对沉淀形式的要求

（1）沉淀的溶解度要小，以使沉淀反应有足够的完全度。如果沉淀不完全，就会造成分析误差。

（2）沉淀要纯净，要尽量避免杂质对沉淀的污染，以免引起测定误差，同时沉淀要易于过滤和洗涤。要得到纯净并易于过滤的沉淀，就要根据晶形沉淀和无定形沉淀的不同特点而选择适当的沉淀条件。

（3）沉淀要易于转化为称量形式。

2）对称量形式的要求

（1）称量形式的实际组成必须与化学式完全相符，这是对称量形式最基本的要求。如果组成与化学式不相符，则不可能得到正确的分析结果。

（2）称量形式必须稳定。稳定是指称量形式不易吸收空气中的水分和二氧化碳，在干燥或灼烧时不易分解等。称量形式如果不稳定，就无法准确称量。

（3）称量形式的分子量应比较大。称量形式的分子量越大，被测组分在其中的相对含量越小，越可以减少称量时的相对误差，提高分析的准确度。

4. 重量分析法注意事项

（1）沉淀法测定，取供试品应适量。取样量多，生成沉淀量也较多，致使过滤洗涤困难，带来误差；取样量少，称量及各操作步骤产生的误差较大，使分析的准确度较低。

（2）不具挥发性的沉淀剂，用量不宜过量太多，以过量20%～30%为宜。过量太多，生成络合物，产生盐效应，增大沉淀的溶解度。

（3）加入沉淀剂时要缓慢，使生成较大颗粒。

（4）沉淀的过滤和洗涤，采用倾注法。倾注时应沿玻璃棒进行。沉淀物可采用洗涤液少量多次洗涤。

（5）洗涤后的沉淀，除吸附大量水分外，还可能有其他挥发性杂质存在，必须用烘干或灼烧的方法除去，使之具有固定组成，才可进行称量。干燥温度与沉淀组成中含有的结晶水直接相关，结晶水是否恒定又与换算因数紧密联系，因此，必须按规定要求的温度进行干燥。

（6）灼烧这一操作是将带有沉淀的滤纸卷好，置于已灼烧至恒重的坩埚中，先在低温条件下使滤纸碳化，再高温灼烧。灼烧后冷却至适当温度，再放入干燥器继续冷至室温，然后称量。

九、实验室常用玻璃器皿

（一）实验室常用玻璃器皿的分类

玻璃具有很高的化学稳定性、热稳定性，很好的透明性，一定的机械强度，良好的绝缘性和易清洗等特点。所以，成为化学分析实验室最普遍使用的器皿。

一般将化学分析实验室中常用的玻璃器皿按用途和结构特征分为八类。

（1）烧器类。指能直接或间接地进行加热的玻璃器皿。例如，烧杯、烧瓶、试管、锥形瓶、碘量瓶、蒸发器、曲颈瓶等。

（2）量器类。指用于准确测量或粗略量取液体体积的玻璃器皿。例如，量杯、量筒、容量瓶、滴定管、吸量管等。

（3）瓶类。指用于存放固体或液体化学药品、化学试剂、水样等的容器。例如，试剂瓶、广口瓶、细口瓶、称量瓶、滴瓶、洗瓶等。

（4）管、棒管类、棒类。有冷凝管、分馏管、离心管、比色管、虹吸管、连接管、调药棒、搅拌棒等。

（5）有关气体操作使用的仪器。指用于气体的发生、收集、储存、处理、分析和测量等的玻璃器皿。例如，气体发生器、洗气瓶、气体干燥瓶、气体的收集和储存装置、气体处理装置和气体的分析、测量装置等。

（6）加液器和过滤器类。主要包括各种漏斗及与其配套使用的过滤器具。例如，漏斗、分液漏斗、布氏漏斗、砂芯漏斗、抽滤瓶等。

（7）标准磨口玻璃仪器类。是指那些具有磨口和磨塞的单元组合式玻璃器皿。上述各种玻璃器皿根据不同的应用场合，可以具有标准磨口，也可以具有非标准磨口。

（8）其他类。指除上述各种玻璃器皿之外的一些玻璃制器皿。例如，酒精灯、干燥器、结晶皿、表面皿、研钵、玻璃阀等。

实验室常用玻璃器皿见表 1.1.8。

表 1.1.8　实验室常用玻璃器皿

名称	规格	主要用途、性能	使用注意事项
烧杯	玻璃品质：硬质或软质；容量（mL）：5、10、25、50、100、150、200、250、300、400、500、600、800、1000、2000、3000、5000	反应容器，如配制溶液、溶样等	（1）硬质的可以加热至高温，但软质的要注意勿使温度变化过于剧烈；（2）加热时应置于石棉网上，使其受热均匀，一般不可烧干；（3）烧杯所盛反应液体不超过烧杯容量的 2/3；（4）不可用烧杯做量器来配制标准溶液
锥形瓶	玻璃品质：硬质或软质；容量（mL）：50、100、250、500、1000	反应容器，摇荡方便，口径小，减少反应物因蒸发而造成的损失，可用于容量分析滴定	（1）硬质的可以加热至高温，但软质的要注意勿使温度变化过于剧烈；（2）加热时应置于石棉网上，使其受热均匀，一般不可烧干，磨口锥形瓶加热时要打开塞，非标准磨口锥形瓶要保持原配塞；（3）滴定时用手腕旋转摇动锥形瓶
碘量瓶	玻璃品质；容量（mL）：50、100、250、500、1000	碘量法或其他生成挥发性物质的定量分析	（1）塞子及瓶口边缘磨口勿擦伤，以免产生漏隙；（2）加热时应置于石棉网上，使其受热均匀，一般不可烧干，磨口碘量瓶加热时要打开塞，非标准磨口碘量瓶要保持原配塞
圆（平）底烧瓶	玻璃品质；容量（mL）：250、500、1000；可配橡皮塞号：5~6、6~7、8~9	长时间加热及蒸馏液体时用；平底烧瓶又可自制洗瓶	一般避免直接火焰加热，隔石棉网或各种加热套，加热浴加热
圆底蒸馏烧瓶	玻璃品质；容量（mL）：30、60、125、250、500、1000	蒸馏，也可作少量气体发生反应器	同圆底烧瓶

续表

名称	规格	主要用途、性能	使用注意事项
凯氏烧瓶	玻璃品质；容量（mL）：50、100、300、500	消解有机物质	置石棉网上加热，瓶口方向勿对向自己及他人
洗瓶	有塑料和玻璃两种；容量（mL）：250、500、1000	用三级水洗涤容器、沉淀或用洗涤液洗涤沉淀	（1）不可装自来水；（2）玻璃制的带磨口塞，可置石棉网上加热；（3）聚乙烯制的不可加热
量筒、量杯	玻璃品质；容量（mL）：5、10、25、50、100、250、500、1000、2000；量出式、量入式	粗略地量取一定体积的液体用	（1）不能做反应容器用；（2）不能加热或烘烤；（3）量筒的最低刻度线应从标称容量的10%起向上分度；（4）量筒的标称容量为 20 ℃的体积数
容量瓶（量瓶）	玻璃品质；容量（mL）：1、2、5、10、20、25、50、100、200、250、500、1000、2000、5000；量入式，无色、棕色	配制标准溶液或被测溶液	（1）不能盛热溶液或加热或烘烤；（2）磨口塞必须密合，要保持原配，避免打碎、遗失和搞混；（3）使用之前需试漏，漏水的不能用
滴定管（碱式、酸式）	玻璃品质；容量（mL）：5、10、25、50、100；无色、棕色，量出式	（1）容量分析滴定时用；（2）取得准确体积的液体时用	（1）酸式的活塞要原配，避免打碎、遗失和搞混，漏水的不能使用；不能加热；不能长期存放碱液。（2）碱式的不能盛放与橡皮作用的标准溶液。（3）用滴定管时要洗洁净，液体下流时管壁不得有水珠悬挂，全管不得留有气泡，用盛装液润湿3～4次
微量滴定管	玻璃品质；容量（mL）：1、2、5、10；量出式	微量或半微量分析滴定操作时用	只有活塞式，活塞要原配，漏水的不能使用，不能加热，不能长期存放碱液

续表

名称	规格	主要用途、性能	使用注意事项
自动滴定管	玻璃品质； 滴定管容量 25 mL，储液瓶容量 1000 mL； 量出式	自动滴定；可在滴定液需隔绝空气的操作时使用	活塞要原配；漏水的不能使用；不能加热；不能长期存放碱液；注意成套保管，另外，要配打气用双连球
单标线吸量管	玻璃品质； 容量（mL）：1、2、5、10、15、20、25、50、100； 量出式	准确地移取一定量的液体	（1）不能加热或烘干； （2）注意移液管的选取，如移取 5 mL 液体，选 5 mL 移液管； （3）移取前用待移取液润湿移液管 2~3 次； （4）吸取的溶液放出时管尖端的液体不得吹出，若有"吹"字的需吹出
分度吸量管	玻璃品质； 容量（mL）：0.1、0.2、0.25、0.5、1、2、5、10、25、50； 完全流出式、不完全流出式	准确地移取各种不同体积的液体	（1）不能加热或烘干； （2）使用前观察有无破损、污渍、规格等； （3）洗涤干净后，需用移取液体润湿 3 次，再吸取待移取液体； （4）吸取的溶液放出时管尖端的液体不得吹出，若有"吹"字的需吹出
称量瓶	扁形容量（mL）：10、15、30　｜瓶高（mm）：20、25、30　｜直径（mm）：35、40、50 高形容量（mL）：10、20　｜瓶高（mm）：40、50　｜直径（mm）：25、30	扁形用作测定水分或在烘箱中烘干基准物，高形用于称量基准物、样品	不可盖紧磨口塞烘烤，磨口塞要原配
试剂瓶、细口瓶、广口瓶、下口瓶	玻璃品质； 容量（mL）：30、60、125、250、500、1000、2000、10 000、20 000； 无色、棕色	（1）细口瓶用于存放液体试剂； （2）广口瓶用于装固体试剂； （3）棕色瓶用于存放见光易分解的试剂	（1）不能加热； （2）不能在瓶内配制在操作过程放出大量热量的溶液； （3）磨口塞要保持原配； （4）不要长期存放碱性溶液，存放时应使用橡皮塞
滴瓶	玻璃品质； 容量（mL）：30、60、125； 无色、棕色	盛装需滴加的试剂	（1）不能加热； （2）不能在瓶内配制在操作过程放出大量热量的溶液； （3）磨口塞要保持原配； （4）不要长期存放碱性溶液

续表

名称	规格	主要用途、性能	使用注意事项
漏斗	玻璃品质； 长颈：口径 50、60、75 mm，管长 150 mm， 短颈：口径 50、60 mm，管长 90、120 mm； 锥体均为 60°	（1）长颈漏斗用于定量分析，过滤沉淀；短颈漏斗用作一般过滤； （2）在引导液体或粉末状固体入小口容器中时用	（1）不可直接火上加热； （2）用时放在漏斗架上，漏斗颈尖端必须紧靠承接容器的壁
分液漏斗	玻璃品质； 容量（mL）：50、100、250、500、1000； 有球形、梨形、管形等； 玻璃活塞或聚四氟乙烯活塞	（1）分开两种互不相溶的液体； （2）用于萃取分离和富集； （3）制备反应中加液体	（1）磨口旋塞必须原配，漏水的漏斗不能使用； （2）活塞上需涂凡士林，使活塞转动灵活； （3）不能盛热溶液； （4）萃取时，振荡初期应放气数次，以免漏斗内压力过大； （5）长期不用的，磨口处需垫一块纸
试管（普通试管、离心试管）	玻璃品质：硬质或软质； 普通试管 口径（mm）×长度（mm）： 10×75、10×100、 12×75、12×100、 16×100、16×125 等离心试管； 容量（mL）：5、10、15； 带刻度、不带刻度	普通试管适用于一般实验室的正常使用，包括试样的蒸沸；离心试管可在离心机中借离心作用分离溶液和沉淀	（1）硬质玻璃制的试管可直接在火焰上加热，但不能骤冷；加热液体时，液体不得超过容积的 2/3；加热要均匀，试管应倾斜约 45°。 （2）离心试管只能水浴中加热，不能直接加热
比色管	玻璃品质； 容量（mL）：10、25、50、100； 带刻度、不带刻度、具塞、不具塞	光度分析	（1）不可直接用火加热，非标准磨口塞必须原配； （2）注意保持管壁透明，不可用去污粉刷洗，以免磨伤透光面
冷凝管	玻璃品质； 全长（mm）：320、370、490； 直形、球形、蛇形、空气冷凝管	（1）用于冷却蒸馏出的液体； （2）蛇形管适用于冷凝低沸点液体蒸气； （3）空气冷凝管用于冷凝沸点 150 ℃以上的液体蒸气	（1）不可骤冷骤热； （2）注意从下口进冷却水，上口出水
抽滤瓶	玻璃品质； 容量（mL）：250、500、1000、2000	抽滤时接收滤液	属于厚壁容器，能耐负压；不可加热

续表

名称	规格	主要用途、性能	使用注意事项
表面皿	玻璃品质； 直径（mm）：45、60、75、90、100、120	（1）可做烧杯及漏斗的盖子等； （2）用来进行点滴反应； （3）观察小晶体结晶过程	（1）不可直接火上加热； （2）做盖子时直径要略大于所盖容器直径
研钵	瓷质、厚玻璃品质、玛瑙； 内底及棒均匀磨砂，直径（mm）：70、90、105	研磨固体试剂及试样等用	（1）不能撞击；不能烘烤。 （2）不能研磨与玻璃作用的物质
砂芯玻璃滤器	玻璃品质； 容量（mL）：10、15、30； 滤板号 1#～6#	重量分析中烘干需称量的沉淀	（1）滤器使用前用强酸处理再用水洗净，必须抽滤； （2）不能骤冷骤热； （3）不能过滤氢氟酸、碱等； （4）用毕立即洗净

（二）实验室常用玻璃器皿的使用

1. 滴定管

滴定管是滴定操作时准确测量放出标准溶液体积的一种量器。滴定管的管壁上有刻度线和数值，最小刻度为 0.1 mL，"0" 刻度在上，自上而下数值由小到大，可估读到 0.01 mL。滴定管根据其构造分为酸式滴定管、碱式滴定管和酸碱通用滴定管三种。酸式滴定管下端有玻璃旋塞，用以控制溶液的流出。碱式滴定管下端连有一段橡胶管，管内有玻璃珠，用以控制液体的流出。橡胶管下端连一尖嘴玻璃管。酸式滴定管只能用来盛装酸性溶液或氧化性溶液，碱式滴定管只能用来盛装碱性溶液或非氧化性溶液，凡能与橡胶起作用的溶液均不能使用碱式滴定管。酸碱通用滴定管下端的旋塞为聚四氟乙烯材料，耐酸碱，可盛装酸性溶液、氧化性溶液和碱性溶液。

1）使用前的准备

（1）洗涤。一般可直接用自来水冲洗或用肥皂水、洗衣粉水泡洗，但不可用去污粉刷洗。若油污严重，洗涤时可用铬酸洗液洗涤。洗涤时将酸式滴定管内的水尽量除去，关闭活塞，倒入 10～15 mL 洗液于滴定管中，两手端住滴定管，边转动边向管口倾斜直至洗液布满全部管壁为止，立起后打开活塞，将洗液放回原瓶中。如果滴定管油垢较严重，必须用较多洗液充满滴定管浸泡十几分钟或更长时间，甚至用温热洗液浸泡一段时间。洗液放出后，先用自来水冲洗，再用三级水淋洗 3～4 次。碱式滴定管的洗涤方法与酸式滴定管基本相同，但要注意铬酸洗液不能直接接触橡胶管，否则橡胶管会变硬损坏。简单方法是将橡胶管连同尖嘴部分一起拔下，在滴定管下端套上一个滴瓶塑料帽，然后装入洗液洗涤，浸泡一段时间后放回原瓶中，然后先用自来水冲洗，再用三级水淋洗 3～4 次备用。酸碱通用滴定管的洗涤方法与酸式滴定管基本相同。

（2）试漏。酸式滴定管使用前应检查玻璃活塞配合是否紧密。如不紧密将会出现漏水现象，则不宜使用。为了使玻璃活塞转动灵活并防止漏水，需在活塞上涂以凡士林。为了防止在滴定过程中活塞脱出，可用橡皮筋将活塞扎住。碱式滴定管不需涂凡士林，主要是要检查橡胶管是否已老化、玻璃珠的大小是否合适，必要时要进行更换。

（3）装标准溶液。先用待装标准溶液淋洗滴定管 2~3 次，即可装入标准溶液至"0"刻线以上。检查尖嘴内是否有气泡。如有气泡，将影响溶液体积的准确测量。排除气泡的方法是：用右手拿住滴定管无刻度部分使其倾斜约 30°，左手迅速打开旋塞，使溶液快速冲出，将气泡带走。碱式滴定管应按图 1.1.1 所示的方法，将橡胶管向上弯曲，用力捏挤玻璃珠外橡胶管使溶液从尖嘴喷出以排出气泡。碱式滴定管的气泡一般是藏在玻璃珠附近，必须对光检查橡胶管内气泡是否完全赶尽，赶尽后再调节液面至 0.00 mL 处，或记下初始读数。装标准溶液时应从盛标准溶液的容器内直接将标准溶液倒入滴定管中，以免浓度发生改变。

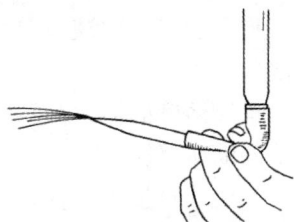

图 1.1.1　碱式滴定管赶气泡方法

2）滴定

进行滴定操作时，应将滴定管夹在滴定管架上。对于酸式滴定管和酸碱通用滴定管，左手控制活塞，大拇指在管前，食指和中指在后，三指轻拿活塞柄，手指略微弯曲，向内扣住活塞，避免产生使活塞拉出的力，然后向里旋转活塞使液滴出。

对于碱式滴定管，用左手拇指和食指捏住玻璃珠靠上部位，向手心方向捏挤橡胶管，使其与玻璃珠之间形成一条缝隙，溶液即可流出。滴定前，先记下滴定管液面的初始读数，滴定时，应使滴定管尖嘴部分插入锥形瓶口（或烧杯）下 2 cm 处。滴定速度不能太快，以 3~4 滴/s 为宜，切不可呈液柱流下。边滴边摇（或用玻璃棒搅拌烧杯中的溶液），并向同一方向做圆周旋转（不应前后振动以免溶液溅出）。临近终点时，应一滴或半滴地加入，并用洗瓶加入少量水，冲洗锥形瓶内壁，使附着的溶液全部流下，然后摇动锥形瓶，观察终点是否已达到，至终点时停止滴定。

3）读数

读取滴定管的读数时，视线要与滴定管垂直。对于无色溶液或浅色溶液，应读弯月面切线。对于有色溶液，应使视线与液面两侧的最高点相切。有一种蓝线衬背的滴定管，无色溶液有两个弯月面相交于滴定管蓝线的某一点。

4）滴定操作注意事项

（1）滴定管在装满滴定液后，管外壁的溶液要擦干，以免流下或溶液挥发而使管内溶液降温（在夏季影响尤大）。手持滴定管时，也要避免手心紧握装有溶液部分的管壁以免手温高于室温（尤其在冬季）而使溶液的体积膨胀（特别是在非水溶液滴定时），造成读数误差。

（2）每次滴定应从零刻度开始，以使每次测定结果能抵消滴定管的系统误差。

（3）滴定管用毕，应倒去管内剩余溶液，用水洗净。装入三级水至刻度线以上，用大试管套在管口上。这样，下次使用前可不必再用洗液清洗。

（4）滴定管长时间不用时，酸式滴定管活塞部分应垫上纸：否则，时间一久，塞子不易打开。碱式滴定管不用时应拔下橡胶管，蘸些滑石粉保存。

（5）试验完成后，滴定管应垂直倒立放置。

2. 吸量管

1）吸量管的分类和分级

吸量管分单标线吸量管（大肚吸量管）和分度吸量管两种。按精度的高低分为 A 级和 B 级，A 级精度较高，B 级精度低。

2）吸量管的使用

吸量管在吸取液体前，应先吸入被移取液体（吸量管体积的 1/3 左右）进行润洗，润洗次数为 2～3 次。

承接溶液的器皿倾斜成约 30°，吸量管直立，管下端紧靠接收容器内壁，放开食指，让溶液沿瓶壁流下。

吹出式吸量管，管口上刻有"吹"或"blow out"，使用时必须使管内的溶液全部流出，末端的溶液也需用洗耳球吹出。

3）吸量管使用注意事项

（1）吸量管不应在烘箱中烘干。

（2）吸量管不能移取太热或太冷的溶液。

（3）吸取同一溶液应尽可能使用同一支吸量管。

（4）吸量管在使用完毕后，应立即用自来水及实验用水冲洗干净，置于吸量管架上。

（5）在使用吸量管时，为了减少测量误差，宜每次都应以最上面刻度（0 刻度）处为起始点。

（6）应根据所吸取液体的体积选用不同类型的吸量管，如吸取 1 mL、5 mL、10 mL、20 mL 和 25 mL 液体时，选用单标线吸量管，吸取其他体积液体时，选用分度吸量管。

（7）吸取标准溶液时，不能直接插到标准溶液瓶中。

（8）用分度吸量管吸取部分体积溶液时，靠壁但不需要停留，用单标线吸量管吸取溶液时，靠壁并在液体全部放完后停留 15 s。

3. 容量瓶

容量瓶的使用步骤如下。

（1）将容量瓶和塞子用绳拴好。

（2）检查是否漏液。

（3）洗涤，用洗液润洗或浸泡。

（4）中混，溶液体积到瓶体积的 3/4 时，不盖塞子进行平摇。

（5）定容，用溶液加到刻度线，盖上塞子，上下倒置 10 次，在倒置状态下至少停留 10 s。

注意：容量瓶是量器，不是容器，不能作为溶液储存的容器。作为量器，不能加热也不能放在冰箱中储存。

4. 量筒

向量筒中注入液体时，量筒略倾斜，量筒口紧贴试剂瓶口，使液体缓缓流入。待注入的量稍少于所需量时，垂直量筒，用滴管加到所需量，静置 1 min 后读数，将液体倒出后等待 30 s。手持量筒的位置应在量筒最高刻度之上。要根据所量取的体积选用不同体积的量筒。

注意：量筒是量器，不能加热也不能冷冻。不能在量筒中进行化学反应。

5. 分液漏斗

分液漏斗的操作：

（1）活塞涂油（聚四氟乙烯塞子不需要）。

（2）漏液检查。

（3）加入液体。将试样溶液加入分液漏斗内，再加入萃取溶剂，液体总体积不能超过总容积的 3/4。

（4）振荡操作。把分液漏斗倾斜，使漏斗放液口朝上，从外向里轻摇，旋开旋塞，缓慢放气，继续振摇，使液体充分混合，振摇过程中注意放气。不能用力过大，防止造成乳化。

（5）静置。振摇完毕将分液漏斗放在漏斗架上静置，将塞子上的空气孔与分液漏斗的上口空气孔对齐，如是聚四氟乙烯塞子，将塞子取下放在滤纸上。

（6）液体分离。液体分成清晰的两层后，就可进行分离。下层液体应经旋塞放出，待液体放出 2/3 后，静置 1 min，再放剩下的液体，当下层液面快到活塞口时，放慢液体流出速度。上层液体应从上口倒出。

6. 漏斗

漏斗用于定量分析，过滤沉淀。

1）漏斗的使用

将过滤纸连续两次对折，叠成 90°圆心角形状；把叠好的滤纸按一侧三层，另一侧一层打开，呈漏斗状，撕去三层的一角；把漏斗状滤纸装入漏斗内，滤纸边要低于漏斗边 2 mm，加少许水润湿，沿玻璃棒向漏斗口内倒入试样，试样体积不要超过滤纸高度的 3/4。

2）布氏漏斗的使用

将布氏漏斗安装在抽滤瓶上，漏斗颈口斜面需朝向抽滤瓶的支管口，确保连接紧密，铺上滤纸（滤纸的大小以将布氏漏斗上的孔洞全部遮住即可），用少量水润湿，开启减压装置，将试样匀浆倒入布氏漏斗中，抽滤。

（三）玻璃器皿的洗涤

在实际检测工作中，洗净玻璃器皿不仅是一项实验前必须做的准备工作，也是一项技术性的工作。玻璃器皿的洗涤是否符合要求，会直接影响检验结果的可靠性。一般来说，附着在玻璃器皿上的污物有尘土、其他不溶性物质、可溶性物质、有机物质及油污等。根据具体情况，选择不同的洗涤方法。

1. 常用玻璃器皿的洗涤方法

（1）水刷洗。实验室应预先准备一些用于洗涤各种形状仪器的毛刷，根据仪器的种类和规格，选择合适的毛刷如试管刷、烧杯刷、瓶刷等。玻璃器皿刷洗之前应倾尽器皿中的试剂，然后用毛刷蘸水刷洗器皿，用水冲去可溶性物质及表面黏附的灰尘。所用的烧杯、锥形瓶、试管、表面皿、试剂瓶等，先用自来水冲洗。若未洗净，根据油污选择洗液洗涤，再用自来水冲洗干净。最后用三级水润湿2～3次。

（2）用洗涤液刷洗。用毛刷蘸取洗涤液刷洗，边刷边用水冲洗，当器壁上不挂水珠，表明器皿已洗干净。温热的洗涤液去油能力更强，必要时可将器皿短时间浸泡，再用自来水冲净洗涤液，最后用三级水洗3次至器壁上不挂水珠。

（3）用还原剂洗去氧化剂，如二氧化锰的洗涤。

（4）进行定量分析时，即使少量杂质对分析结果的准确性也有影响。可用铬酸洗液浸泡容量器皿，再用自来水、三级水刷洗干净。去污粉因含有细沙等固体摩擦物，有损玻璃，如滴定管、容量瓶、吸量管等有精密刻度的仪器不要使用去污粉刷洗。

（5）滴管、吸量管等器皿浸于温热的洗涤剂水溶液中，在超声波清洗器中洗数分钟，洗涤效果极佳，既省时、省事，又提高了效率。洗涤后再用自来水冲净洗涤液，最后用三级水洗3次。

（6）不能用毛刷刷洗的器皿，如容量瓶、刻度吸管等，可先用自来水冲洗沥干后，再用重铬酸钾洗液浸泡过夜，取出用自来水冲洗，最后用三级水冲洗3次。

玻璃器皿洗净的标志是器壁上水分布均匀，即不聚成水珠也不成股流下。总之，洗涤过程中自来水和蒸馏水都应按照"少量多次"的原则使用。洗净的器皿倒置时，水流出后器壁应不挂水珠，再用少量三级水刷洗仪器2～3次，洗去自来水带来的杂质，放置备用。

2. 常用的洗涤液

针对玻璃器皿及沾污物的物理性质和化学性质，选择不同洗涤液，通过物理或化学作用能有效地除去污物和干扰粒子。几种常用的洗涤液见表1.1.9。

表1.1.9　几种常用的洗涤液

洗涤液及其配制	使用方法及注意事项
铬酸洗液 20 g 研细的重铬酸钾溶于 40 mL 水中，加热溶解。冷却后，慢慢加入 360 mL 硫酸中	用于洗涤器壁残留油污，用少量铬酸洗液刷洗或浸泡过夜，洗液可重复使用，洗液由红棕色变绿色即失效； 注意铬酸洗液具有强腐蚀性，防止灼伤皮肤。储存瓶要密封，以防吸水失效。洗涤废液经处理解毒方可排放（因铬有毒，尽量不用）。需强调的是，玻璃器材放入洗液前应干燥，因为带水器材放入洗液易使洗液变绿失效
合成洗涤剂 主要是洗衣粉、去污粉（碳酸钠、白土、细沙等）、洗洁精等	一般的器皿都可以用，有效地去除油污及某些有机化合物
盐酸溶液 化学纯的盐酸与水（1＋1）的体积比进行混合	多种金属氧化物及金属离子
盐酸-乙醇溶液 化学纯的盐酸和乙醇（1＋2）的体积比进行混合	用于洗涤被染色的吸收池、比色管、吸量管等。洗时最好将器皿浸泡一定时间，然后用水冲洗
纯酸洗液 （1＋1）、（1＋2）或（1＋9）的盐酸和硝酸溶液	用于除去汞、铅等重金属杂质离子，洗净的器皿泡于纯酸洗液中24 h

续表

洗涤液及其配制	使用方法及注意事项
氢氧化钠洗液 10%氢氧化钠水溶液	洗油污及某些有机物，水溶液加热（可煮沸）使用，其去油效果较好；注意，煮的时间太长会腐蚀玻璃。氢氧化钠洗液储于塑料瓶中或储液瓶带胶塞
氢氧化钠-乙醇（或异丙醇）洗液 120 g 氢氧化钠溶于 150 mL 水中，用95%乙醇或工业乙醇（96%～97%）稀释至 1 L	用于洗去油污及某些有机物。精密玻璃量器，不可长时间浸泡，以免腐蚀玻璃，影响量器精度。注意储液瓶带胶塞
碱性高锰酸钾洗液 30 g/L 的高锰酸钾溶液和 1 mol/L 的氢氧化钠的混合溶液	清洗油污或其他有机物，洗后容器沾污处有棕色二氧化锰析出，再用浓盐酸或草酸洗液、硫酸亚铁、亚硫酸钠等还原剂去除
酸性草酸或酸性羟胺洗液 称取 10 g 草酸或 1 g 盐酸羟胺，溶于 10 mL（1+4）盐酸溶液中	洗涤氧化性物质如二氧化锰、三价铁等，必要时加热使用
硝酸-氢氟酸洗液 50 mL 氢氟酸、100 mL 硝酸和 350 mL 水混合，储于塑料瓶中盖紧	利用氢氟酸对玻璃的腐蚀作用有效地去除玻璃、石英皿表面的金属离子，不可用于洗涤量器、玻璃砂芯滤器、吸收池及光学玻璃零件。使用时特别注意安全，必须戴防护手套
碘-碘化钾溶液 1 g 碘和 2 g 碘化钾混合研磨，溶于水中，用水稀释至 100 mL	洗涤用过硝酸银滴定液后留下的黑褐色沾污物，也可用于擦洗沾过硝酸银的白瓷水槽
有机溶剂 汽油、二甲苯、乙醚、丙酮、二氯乙烷等	可洗去油污或可溶于该溶剂的有机物，用时要注意其毒性及可燃性
硝酸洗液 常用体积比（1+4）或（1+9）	浸泡、清洗测定金属离子的器皿。一般浸泡过夜，取出用自来水冲洗，再用二级水冲洗

要注意在使用各种性质不同的洗液时，一定要把上一种洗液除去后再用另一种，以免相互作用，生成的产物更难洗净。洗液的使用要考虑能有效地除去污染物，不引进新的干扰物质（特别是微量分析），又不应腐蚀器皿。强碱性洗液不应在玻璃器皿中停留超过 20 min，以免腐蚀玻璃。

需要指出的是，洗液并不是万能的，对不同的污染应采用不同的洗涤方法，如被氯化银沾污的器皿，用洗液洗是无效的，此时可用氨水或硫代硫酸钠溶液洗涤；又如被二氧化锰沾污的器皿，应用盐酸-亚硝酸钠的酸性溶液洗涤。铬酸洗液因其中含有的六价铬和三价铬有毒，污染环境，应尽可能不使用，近年来多以合成洗涤剂、有机溶剂等来去除油污，但有时仍要用到铬酸洗液。

3. 特殊玻璃器皿的洗涤方法

1）特殊的洗涤方法

（1）水蒸气洗涤主要指成套的组合玻璃器皿，将器皿安装起来，用水蒸气蒸馏洗涤一定时间。如凯氏定氮仪，在使用前用装置本身发生的蒸汽处理 5 min 以上。

（2）做微量元素分析用的玻璃器皿，要求洗去微量的杂质离子，可用盐酸溶液（1+1）、10%硝酸溶液，浸泡 8 h 以上，再用一级水洗净。测磷用的器皿不可用含磷酸盐的洗涤剂洗涤。测铬、锰的器皿不可用铬酸洗液、高锰酸钾洗液洗涤。测锌、铁用的玻璃器皿酸洗后不能再用自来水冲洗，必须直接用二级水洗涤。

（3）测定分析水中微量有机物的器皿可用铬酸洗液浸泡 15 min 以上，然后用自来水、一级水洗净。

（4）痕量物质提取的索氏提取器，在分析样品前需先用己烷和乙醚分别回流 3～4 h。

（5）进行荧光分析时，玻璃器皿应避免使用含有荧光增白剂的洗衣粉洗涤，以免给分析结果带来误差。

（6）沾有细菌的器皿，可在 170 ℃用热空气灭菌 2 h 或高压灭菌锅 121 ℃灭菌 20 min。

（7）有机物严重沾污的器皿可置于高温炉中于 400 ℃加热 15～30 min。

2）砂芯玻璃滤器的洗涤

（1）新的滤器使用前应以热的盐酸或铬酸洗液浸泡、边抽滤边清洗，再用自来水、三级水洗净。滤器可正置或倒置用水反复抽洗。

（2）根据不同的沉淀物选用适当的洗涤剂先溶解沉淀，或反复用水抽洗沉淀物，再用三级水抽洗干净，于 110 ℃缓慢升温烘干，升温和冷却过程都要缓慢进行，以防裂损。然后保存在有盖的容器中，否则积存的灰尘和沉淀堵塞滤孔很难洗净。表 1.1.10 列出的洗涤砂芯滤板的洗涤液可供选用。

表 1.1.10　洗涤砂芯玻璃滤器常用的洗涤液

沉淀物	洗涤液
AgCl	（1＋1）氨水或 10%硫代硫酸钠水溶液
BaSO$_4$	100 ℃硫酸或用 EDTA-氨水溶液（3% EDTA 二钠盐 500 mL 与氨水 100 mL 混合）加热近沸
汞渣	热硝酸
有机物质	铬酸洗液浸泡或温热洗液抽洗
脂肪	四氯化碳等适当的有机溶剂
氧化铜	热氯酸钾与盐酸混合液
蛋白质	热氨水或热盐酸
铝质或硅质残渣	2%氢氟酸，随后用硫酸，用二级水漂洗，再用丙酮反复漂洗至无酸
细菌	化学纯硫酸 5.7 mL，化学纯硝酸钠 2 g，二级水 94 mL 充分混匀，抽气并浸泡 48 h 后以热蒸馏水洗净

3）比色皿的洗涤

比色皿是光度分析最常使用的器皿，按材质分为玻璃和石英两类，使用时要注意保护好透光面，拿取时手指应捏住毛玻璃面，不要接触透光面。玻璃或石英吸收池在使用前要充分洗净，根据污染情况，采用能溶解中和的方法进行清洗，原则上是不能损坏比色皿的结构和透光性能。比色皿的洁净与否是影响测定准确度的因素之一，因此，必须选择正确的洗涤方法。

对于测定溶液为酸性的，可用弱碱溶液洗涤，也可以用冷的或温热的（40～50 ℃）阴离子表面活性剂的碳酸钠溶液（2%）浸泡，经水冲洗后，再于过氧化氢和硝酸混合溶液（5＋1）中浸泡 0.5 h。对于有色物质的污染可用盐酸-乙醇溶液（1＋1）或硝酸溶液浸泡、洗涤，也可用超声波清洗机清洗。铬酸洗涤液不宜用于洗涤比色皿，易造成比色皿胶接面裂开而损坏，同时可能残存微量铬，在紫外区有吸收，影响测定。

比色皿用自来水、二级水充分洗净后倒立在纱布或滤纸上控去水，如急用，可用乙醇、乙醚润洗后用吹风机吹干。测定前用柔软擦镜纸吸去比色皿外壁的液珠，轻轻擦拭至透明。

（四）常用玻璃器皿的干燥和存放

1. 玻璃器皿的干燥

玻璃器皿的干燥方法主要有以下五种。

1）晾干

不急用的器皿，可在实验室用水刷洗后，倒置于干净的实验柜或容器架上控去水分，然后自然晾干。

2）烘干

洗净的玻璃器皿控去水分，放在电热干燥箱中烘干，烘箱温度为 $105\sim120\,^{\circ}\mathrm{C}$，烘 1 h 左右。放置容器时应注意平放或使容器口朝下，也可以在电热干燥箱的搁板上放一个瓷盘，以接收器皿上滴下的水珠，防止水珠滴到电炉丝上损坏电炉丝。称量用的称量瓶等在烘干后要放在干燥器中冷却和保存。砂芯玻璃滤器、带实心玻璃塞的及厚壁的仪器烘干时要注意慢慢升温并且温度不可过高，以免烘裂。玻璃量器的烘干温度不得超过 $150\,^{\circ}\mathrm{C}$。用乙醇等有机溶剂润洗过的仪器，不能立即放入烘箱，以免爆炸，应晾干。

注意：玻璃量器如容量瓶、滴定管、吸量管、比色管和量筒不能用烘干法干燥。

3）烤干

烧杯或蒸发皿可置于石棉网上用火烤干。试管可以直接用小火烤干，先将试管微倾斜，管口向下，并不时来回移动试管，水珠消失后，再将管口朝上，以便水汽逸出。

4）吹干

急需干燥又不便于烘干或烤干的玻璃器皿，可以使用电吹风机吹干。开始先用冷风，然后吹入热风至干燥。

5）用有机溶剂干燥

一些带有刻度的玻璃器皿，不能用加热方法干燥，否则，影响其精密度，可将少量乙醇、丙酮等有机溶剂倒入器皿中，把器皿倾斜，转动器皿，使器壁上的水与有机溶剂混合，然后倾出，少量残留在仪器内的混合液，很快挥发使仪器干燥。要求通风良好，要防止中毒，避免明火。

2. 玻璃器皿的保管

实验室里玻璃器皿要分门别类地存放，以便取用。玻璃器皿应按种类、规格顺序存放，尽可能倒置，既可自然控干，又能防尘。如烧杯可倒扣于器皿柜中，量筒、烧瓶等可倒插于搁板的孔中，锥形瓶可倒插于沥水架上。常用的玻璃器皿的保管方法有以下几种。

1）吸量管

吸量管可用纸包住两端，置于吸量管架上。

2）滴定管

实验完成后洗去内装的溶液，用二级水刷洗后注满二级水，夹在滴定管夹上，盖上玻璃短试管或塑料套管，也可倒置夹于滴定管夹上。

3）比色皿

实验完成后用自来水、二级水洗净，在瓷盘或塑料盘中下垫滤纸，倒置晾干后收于比色皿盒或洁净的器皿中。

4）带磨口塞的器皿

带磨口塞的器皿不要存放强碱溶液。因为玻璃中的二氧化硅与碱反应生成硅酸钠（俗称水玻璃，是一种黏合剂）会使磨口处粘连。

容量瓶、比色管、酸式滴定管、分液漏斗等在清洗前就用小线绳或塑料细套管把塞和管口拴好，以免打破塞子、丢失或互相弄混。需长期保存的磨口仪器要在塞间垫一张纸片，以免日久粘住。长期不用的滴定管要除掉凡士林后垫纸，用橡皮筋拴好活塞保存。磨口塞间如有沙砾不要用力转动，以免损伤其精度，也不要用去污粉擦洗磨口部位。

5）成套仪器

如凯氏定氮仪、索氏萃取器、蒸馏水器等用完要立即洗净、晾干，放回原有的包装盒里保存。

十、实验室常用加热、冷却方式

1. 实验室常用加热方式

实验室常用加热方式有煤气灯、酒精灯、电热板、消解炉、水浴、沙浴、油浴、电热套（用于有机溶液）。

加热有机试剂时应选择水浴、沙浴、电热套。加热有机试剂不可使用电热板、酒精灯。进行元素分析时，样品的消化可以使用高温电炉、电热板、消解炉、烘箱和微波消解炉等加热方式。

2. 实验室常用冷却方式

实验室常用的冷却方式有：空气冷却法、水浴冷却法、混合冷却法、冰袋冷却法、循环水冷却法等。

十一、实验室常用干燥方式和干燥剂

1. 实验室常用干燥方式

（1）常压干燥（在一个大气压条件下的干燥方法）。

（2）减压干燥（在密闭容器中抽真空后进行干燥的方法）。

（3）喷雾干燥（于干燥室中将稀料经雾化后，在与热空气的接触中，水分迅速气化）。

（4）沸腾干燥又名流化干燥。

（5）冷冻干燥又称升华干燥（将含水物料冷冻到冰点以下，使水转变为冰，然后在较高真空下将冰转变为蒸气而除去的干燥方法）。

2. 实验室常用干燥剂

1）无水氯化钙

价廉、吸水能力强，是最常用的干燥剂之一，与水化合可生成一、二、四或六水化合物（在 30 ℃以下）。它只适用于烃类、卤代烃、醚类等有机物的干燥，不适于醇、胺和某些醛、酮、酯等有机物的干燥，因为能与它们形成络合物。也不宜用作酸（或酸性液体）的干燥剂。

2）无水硫酸镁

它是中性盐，不与有机物和酸性物质起作用。可作为各类有机物的干燥剂，它与水生成 $MgSO_4 \cdot 7H_2O$（48 ℃以下）。价格较低廉，吸水量大，故可用于不能由无水氯化钙来干燥的许多化合物。

3）无水硫酸钠

它的用途和无水硫酸镁相似，价廉，但吸水能力和吸水速度都差一些。与水结合生成 $Na_2SO_4 \cdot 10H_2O$（37 ℃以下）。当有机物水分较多时，常先用本品处理后再用其他干燥剂处理。

4）无水碳酸钾

吸水能力一般，与水生成 $K_2CO_3 \cdot 2H_2O$，作用缓慢，可用于干燥醇、酯、酮、腈类等中性有机物和生物碱等一般的有机碱性物质。但不适用于干燥酸、酚或其他酸性物质。

十二、农产品和食品质量安全

1. 农产品

《中华人民共和国农产品质量安全法》第二条定义"农产品，是指来源于种植业、林业、畜牧业和渔业等的初级产品，即在农业活动中获得的植物、动物、微生物及其产品"。

农产品包括植物源的谷物、油料、蔬菜、水果、茶叶等，动物源的包括畜禽产品、乳、蛋、蜂产品、水产品等，微生物源的包括食用菌等。不包括经过加工的产品，如小麦属于农产品，而小麦粉就属于食品，稻谷属于农产品，而大米就属于食品。

2. 食品

《中华人民共和国食品安全法》第一百五十条规定"食品，指各种供人食用或者饮用的成品和原料以及按照传统既是食品又是中药材的物品，但是不包括以治疗为目的的物品"。

3. 农产品安全

《中华人民共和国农产品质量安全法》第二条规定"农产品质量安全，是指农产品质量达到农产品质量安全标准，符合保障人的健康、安全的要求"。

农产品质量安全，就是指农产品的可靠性、使用性和内在价值，包括在生产、储存、流通和使用过程中形成、残存的营养、危害及外在特征因子，既有等级、规格、品质等特性要求，也有对人、环境的危害等级水平的要求。

"安全性要求"需要由法律规范，实行强制监管来保障，如有害重金属元素含量、农兽药残留、致病性微生物等；对于"非安全性要求"，有部分指标需要法规标准规范，如生鲜奶蛋白质含量、油料作物脂肪含量等。多数口感、色香味指标没有法规标准规范，需要通过生产者树立产品品牌、全社会评价和消费者认可来决定。

4. 食品安全

目前国际上对食品安全最具代表性的定义有两种。

世界卫生组织（World Health Organization，简称 WHO）的定义为：食品安全是指食品当按照其预期用途进行制作和（或）食用时，不会对消费者产生危害的保证。

ISO 22000 中的定义为：食品安全是食品在按照预期用途制备或食用时不会对消费者造成伤害的概念，但不包括与人类健康相关的其他方面，如营养不良。

《中华人民共和国食品安全法》对食品安全的定义为：食品安全是指食品无毒、无害，符合应当有的营养要求，对人体健康不造成任何急性、亚急性或者慢性危害。

食品安全的含义至少有三层：

第一层是食品数量安全，即一个国家或地区能够生产民族基本生存所需的膳食需要。要求人们既能买得到又能买得起生存生活所需要的基本食品。

第二层是食品质量安全。指提供的食品在营养、卫生方面满足和保障人群的健康需要，食品质量安全涉及食物的污染、是否有毒、添加剂是否违规超标、标签是否规范等问题，需要在食品受到污染界限之前采取措施，预防食品的污染和遭遇主要危害因素侵袭。

第三层是食品可持续安全。这是从发展角度要求食品的获取需要注重生态环境的良好保护和资源利用的可持续。

食品安全是相对的。食品的相对安全性，是指一种食物或成分在合理食用和正常食量的情况下不会导致对健康的损害。

十三、食品污染物

1. 食品污染物的定义

1983 年，联合国粮食及农业组织（Food and Agriculture Organization of the United Nations，简称 FAO）和世界卫生组织（WHO）国际食品添加剂法典委员会（Codex Committee on Food Additives，简称 CCFA）第十六次会议规定：凡不是有意加入食品中，而是在生产、制造、处理、加工、填充、包装、运输和储藏等过程中带入食品的任何物质都称为污染物，但不包括昆虫碎体、动物毛发和其他不寻常的物质。

污染物可包括：化肥、农药、抗生素、激素、药物和包装材料溶出物等。

《食品安全国家标准　食品中污染物限量》（GB 2762—2022）中对污染物的定义为：食品在从生产（包括农作物种植、动物饲养和兽医用药）、加工、包装、储存、运输、销售，直至食用等过程中产生的或由环境污染带入的、非有意加入的化学性危害物质。

2. 食品受污染主要来源

1）细菌性污染

细菌性污染是涉及面最广、影响最大、问题最多的一种污染，大部分食品卫生问题是由于生物因素引起的。生物性污染最主要的是致病性细菌问题，主要包括沙门菌、金黄色葡萄球菌、肉毒杆菌、大肠埃希菌 O157、李斯特菌等。

2）真菌毒素污染

真菌广泛存在于自然界中，其产生的毒素致病性强，此外真菌还广泛用于食品工业，存在新菌种的使用、菌种的变异、已使用的菌种是否产毒等问题，如黄曲霉可产生黄曲霉毒素，米曲霉可产生 3-硝基丙酸、曲酸、圆弧偶氮酸等，具有非常强的致病性。

3）病毒性污染

病毒性污染是指病毒对环境、生物体等造成的有害污染情况。病毒是一种个体微小，结构简单，只含一种核酸（DNA 或 RNA），必须在活细胞内寄生并以复制方式增殖的非细胞型生物。当这些病毒出现在它们原本不应大量存在或者对其他生物产生危害的环境中时，就产生了病毒性污染。

4）寄生虫

寄生虫污染是指寄生虫及其虫卵、幼虫等进入环境、食品、水源或寄生于生物体，从而对人体健康、动物健康以及生态环境造成危害的现象。寄生虫是一类在其他生物（宿主）体内或体表生存，并从宿主获取营养的生物。生吃水产品甚至其他一些动物肉类的行为在部分地区较普遍，使人们患寄生虫病的危险性大为增加，部分地区的食物源性寄生虫发病率也逐年增加。

5）农兽药污染

农兽药污染是指在农业生产过程中，农药和兽药使用不当，导致这些化学物质在农产品、土壤、水体、大气以及生态环境中残留，并对生态系统和人类健康产生有害影响的现象。随着高效、低毒、低残留农药的研制和一些高毒高残留农药被禁止使用，农药在食品中的残留问题也将得到改善。兽药在食品中的残留成为食品污染的新焦点。

6）重金属污染

重金属污染是指由汞（Hg）、镉（Cd）、铅（Pb）、铬（Cr）、砷（As）等重金属或其化合物进入环境，造成空气、土壤、水体等环境介质的污染，并且通过各种途径进入生物体内，对生态系统和人类健康产生危害的现象。这些重金属在自然界中原本就存在，但由于人类活动如工业生产、矿产开采、农业活动等，使其在环境中的浓度超出了正常范围。

7）其他化学物污染

目前，直接应用于食品的化学物质（如食品添加剂）以及间接与食品接触的化学物质（如塑化剂）日益增多。全球销售的化学物质已达 5 万多种，其中食品添加剂估计有上千种。人类长期接触这些化学物质后可能引起毒性（包括致畸、致癌等）反应。

十四、农药及农药残留

1. 农药

用于预防、消灭或控制危害农业、林业的病、虫、草及其他有害生物，以及有目的调节植物、昆虫生长的化学合成或者来源于生物、其他天然物质或者几种物质的混合物及其制剂。

2. 农药残留

农药使用后残存在生物体、农副产品和环境中的微量农药原体、有毒代谢物、降解物和杂质的总称。

3. 禁止使用的农药

到 2023 年，农业农村部发布的禁用农药有 52 种，农药名单如下：

六六六、滴滴涕、毒杀芬、二溴氯丙烷、杀虫脒、二溴乙烷、除草醚、艾氏剂、狄氏剂、汞制剂、砷类、铅类、敌枯双、氟乙酰胺、甘氟、毒鼠强、氟乙酸钠、毒鼠硅、甲胺磷、对硫磷、甲基对硫磷、久效磷、磷胺、苯线磷、地虫硫磷、甲基硫环磷、磷化钙、磷化镁、磷化锌、硫线磷、蝇毒磷、治螟磷、特丁硫磷、氯磺隆、胺苯磺隆、甲磺隆、福美胂、福美甲胂、三氯杀螨醇、林丹、硫丹、氟虫胺、杀扑磷、百草枯、灭蚁灵、氯丹、2,4-滴丁酯、甲拌磷、甲基异柳磷、水胺硫磷、灭线磷、溴甲烷。

注：2,4-滴丁酯过渡期至 2023 年 1 月 29 日，过渡期内处于登记有效期内可按登记要求使用。甲拌磷、甲基异柳磷、水胺硫磷、灭线磷过渡期至 2024 年 9 月 1 日，过渡期内禁止在蔬菜、瓜果、茶叶、菌类、中草药材上使用，禁止用于防治卫生害虫，禁止用于水生植物的病虫害防治。甲拌磷、甲基异柳磷过渡期内禁止在甘蔗上使用。过渡期后禁止销售和使用上述 5 种农药。溴甲烷仅可用于"检疫熏蒸处理"。

4. 在部分范围内禁止使用的农药

到 2023 年，农业农村部发布的在部分范围内禁止使用的农药有 16 种，具体如下。

氧乐果、灭多威、涕灭威：禁止在蔬菜、瓜果、茶叶、菌类、中草药材上使用，禁止用于防治卫生害虫，禁止用于水生植物的病虫害防治。

克百威：禁止在蔬菜、瓜果、茶叶、菌类、中草药材、甘蔗上使用，禁止用于防治卫生害虫，禁止用于水生植物的病虫害防治。

内吸磷、硫环磷、氯唑磷：禁止在蔬菜、瓜果、茶叶、中草药材上使用。

乙酰甲胺磷、丁硫克百威、乐果：禁止在蔬菜、瓜果、茶叶、菌类、中草药材上使用。

毒死蜱、三唑磷：禁止在蔬菜上使用。

丁酰肼（比久）：禁止在花生上使用。

氰戊菊酯：禁止在茶叶上使用。

氟虫腈：禁止在所有农作物上使用（玉米等部分旱田种子包衣除外）。

氟苯虫酰胺：禁止在水稻上使用。

5. 农药的分类

我国现有农药有效成分 710 余种，其中常用农药 300 余种，其来源、使用目的、作用方式都不尽相同。一般来说，可根据农药的来源、防治对象、作用方式、化学结构等对农药进行分类。

1）按照来源分类

农药可以分为矿物源农药、化学合成农药、生物源农药。

2）按照防治对象分类

农药可以分为杀虫剂（包括杀螨剂、杀软体动物剂）、杀菌剂（包括杀线虫剂）、除草剂、植物生长调节剂、杀鼠剂等。

3）按照作用方式分类

可以分为胃毒性农药、触杀性农药、内吸性农药、保护性农药、熏蒸性农药、特异性农药（驱避、引诱、拒食、生长调节等）。

4）按照农药的化学结构分类

可以分为有机氯类、有机磷类、拟除虫菊酯类、氨基甲酸酯类、酰胺类、三唑类、烟碱类等多类农药。

6. 农药的毒性

世界卫生组织推荐的农药危害分级标准，于 1975 年的世界卫生立法会议通过，主要根据农药的急性经口和经皮 LD_{50} 值（大鼠）（表 1.1.11 和表 1.1.12）。

表 1.1.11　农药危害分级

级别符号语	经口半数致死量/（mg/kg）	级别符号语	经口半数致死量/（mg/kg）
剧毒	≤5	中等毒	50～500
高毒	5～50	低毒	>500

表 1.1.12　部分农药的毒性

化合物名称	LD_{50} 值/（mg/kg）	化合物名称	LD_{50} 值/（mg/kg）
氯化钠	3 750	百菌清	10 000
氯吡脲	4 918	氯氰菊酯	251
腐霉利	6 800	二嗪磷	66
吡虫啉	450	多效唑	2 000
啶虫脒	217	噻虫胺	>5 000
烯酰吗啉	3 900	灭蝇胺	>3 387

表 1.1.12 中列出部分经常检测出的农药，根据毒性的判定依据，大部分农药都属于中等或低毒农药，氯吡脲（俗称膨大剂）的毒性比食盐还低。

十五、兽药及兽药残留

1. 兽药

兽药是指用于预防、治疗、诊断动物疾病或者有目的地调节动物生理机能的物质（含药物饲料添加剂），主要包括血清制品、疫苗、诊断制品、微生态制品、中药材、中成药、化学药品、抗生素、生化药品、放射性药品及外用杀虫剂、消毒剂等。

2. 兽药残留

兽药残留是指食品动物用药后，动物产品的任何可食用部分中所有与药物有关的物质的残留，包括药物原形或/和其代谢产物。

3. 兽药的分类

兽药种类较多，主要用于家畜、家禽、水产品等食品动物以及犬、猫等非食品动物。动物性食品中兽药残留问题主要针对用于家畜、家禽、水产品等食品动物的化学药品、抗生素、杀虫剂等，与犬、猫等非食品动物用药无关。

（1）按照作用与用途，兽药可分为神经系统药物、呼吸系统药物、消化系统药物、生殖系统药物、解热镇痛药物、抗微生物药物和抗寄生虫药物等。

（2）按照化学结构，兽药可分为β-内酰胺类药物、氨基糖苷类药物、大环内酯类药物、四环素类药物、酰胺醇类药物和多肽类药物等。

（3）按照我国批准使用情况，兽药可分为禁用药物、停用药物、允许作为治疗使用但在动物性食品中不得检出的药物、允许使用但规定了最大残留限量的药物、允许使用但用途有特殊规定的药物（产蛋供人食用的动物产蛋期不得使用、产奶供人食用的动物泌乳期不得使用）以及允许使用且不需要制定最大残留限量的药物（豁免药物）。

4. 禁用兽药

农业农村部第 250 号公告，食品动物中禁止使用的药品及其他化合物清单（21 项）：酒石酸锑钾；β-兴奋剂类及其盐、酯；汞制剂：氯化亚汞（甘汞）、乙酸汞、硝酸亚汞、吡啶基乙酸汞；毒杀芬（氯化烯）；卡巴氧及其盐、酯；呋喃丹（克百威）；氯霉素及其盐、酯；杀虫脒（克死螨）；氨苯砜；硝基呋喃类：呋喃西林、呋喃妥因、呋喃它酮、呋喃唑酮、呋喃苯烯酸钠；林丹；孔雀石绿；类固醇激素：乙酸美仑孕酮、甲基睾丸酮、群勃龙（去甲雄三烯醇酮）、玉米赤霉醇；甲喹酮；硝呋烯腙；五氯酚酸钠；硝基咪唑类：洛硝达唑、替硝唑；硝基酚钠；己二烯雌酚、己烯雌酚、己烷雌酚及其盐、酯；锥虫砷胺；万古霉素及其盐、酯。

5. 停用药物

2017 年农业部第 2292 号公告对洛美沙星、培氟沙星、氧氟沙星和诺氟沙星四种兽药，农业部第 2638 号公告对喹乙醇、氨苯胂酸和洛克沙胂三种兽药在食品动物上停止使用做出了规定。

6. 兽药残留的危害

兽药残留的危害主要包括急性中毒、"三致"作用、变态反应、激素样作用、人体肠道菌群失衡、细菌耐药性增加、生态环境毒性和影响食品出口贸易等。

十六、生物毒素

1. 生物毒素的概念

生物毒素又称天然毒素，是指生物来源并不可自复制的有毒化学物质，包括动物、植物、微生物产生的对其他生物种有毒害作用的各种化学物质。

生物毒素的种类繁多，几乎包括所有类型的化合物。

2. 生物毒素的分类

根据毒素产生的生物分类，分为细菌毒素、真菌毒素、植物毒素、动物毒素。

根据致病作用，生物毒素可分为：引起光敏反应的毒素、引起神经系统病变的毒素、引起胃肠道和肝脏病变的毒素、致癌的毒素。

1）引起光敏反应的毒素

食物中的光敏性物质进入体内后，容易引发日光性皮炎等症状，如裸露部位皮肤的红肿、起疹，并伴有明显瘙痒、烧灼或刺痛感等症状。比如新鲜木耳中含有光敏物质卟啉，食用后经阳光照射会发生日光性皮炎。光敏性食物：紫云英、芹菜、萝卜叶、菠菜、荞麦、无花果、柑橘等。

2）引起神经系统病变的毒素

神经毒素是对神经组织有毒性或破坏性的内毒素，可使周围神经（如髓鞘、脑和脊髓及其他组织）产生脂肪变性。多为天然存在，如肉毒梭菌产生的肉毒毒素、破伤风梭菌产生的破伤风毒素、产气荚膜梭菌产生的多种毒素等。

3）引起胃肠道和肝脏病变的毒素

肠道毒素被吸收以后随血液流经全身，会对全身的器官有所损伤，如呕吐毒素；还能影响肝脏的解毒功能，加重肝脏的负担。比如夹竹桃，全株都有剧毒，中毒早期有恶心、呕吐、腹泻的症状，最后累及心脏；黄曲霉素、蓖麻毒素等都能导致肝脏细胞癌变。

4）致癌的毒素

黄曲霉素、赭曲霉毒素等容易污染谷物、玉米，是一些地方致癌的罪魁祸首，目前发现的植物性致癌毒素有百余种，有千里光碱、野百合碱等，还有一些海洋生物毒素等对细胞的癌变有强促进作用。

十七、食品添加剂

1. 食品添加剂的定义

《食品安全国家标准 食品添加剂使用标准》（GB 2760—2024）中对食品添加剂的定义为：为改善食品品质和色、香、味，以及为防腐、保鲜和加工工艺的需要而加入食品中的人工合成或者天然物质。食品用香料、胶基糖果中的基础剂物质、食品工业用加工助剂也包括在内。食品添加剂的允许使用情况应符合 GB 2760—2024 的规定。

2. 食品添加剂使用原则

食品添加剂使用时应符合以下基本要求：

（1）不应对人体产生任何健康危害；

（2）不应掩盖食品腐败变质；

（3）不应掩盖食品本身或加工过程中的质量缺陷或以掺杂、掺假、伪造为目的而使用食品添加剂；

（4）不应降低食品本身的营养价值；

（5）在达到预期效果的前提下尽可能降低在食品中的使用量。

3. 食品添加剂的主要作用

1）防止变质

如防腐剂可以防止由微生物引起的食品腐败变质，延长食品的保存期，同时还具有防止由微生物污染引起的食物中毒作用。

2）改善食品的感官性状

适当使用着色剂、护色剂、漂白剂、食用香料以及乳化剂、增稠剂等食品添加剂，可以明显提高食品的感官质量，满足人们的不同需要。

3）保持或提高食品的营养价值

在食品加工时适当地添加某些属于天然营养范围的食品营养强化剂，可以大大提高食品的营养价值，这对防止营养不良和营养缺乏、促进营养平衡、提高人们健康水平具有重要意义。

4）增加食品的品种和方便性

食品在生产过程中，添加着色、增香、调味乃至其他食品添加剂，生产出多种色、香、味俱全的产品，正是这些众多的食品，尤其是方便食品的供应，给人们的生活和工作带来极大的方便。

5）有利于食品加工

在食品加工中使用消泡剂、助滤剂、稳定和凝固剂等，可有利于食品的加工操作。

6）满足其他特殊需要

食品应尽可能满足人们的不同需求。例如，糖尿病人不能吃糖，则可用无营养甜味剂或低热能甜味剂，如三氯蔗糖制成无糖食品供应。

十八、食品溶剂残留

目前油脂加工采用萃取法，我国采用以己烷为主要成分的"6 号溶剂"作为食用油的萃取剂，因此在油品中存在溶剂残留的问题。再者油脂工业机械设备所使用的润滑油，极易渗漏混入油品中，成为食油中苯并［a］芘含量偏高的原因之一。

《食品安全国家标准　植物油》（GB 2716—2018）规定：食用植物油（包括调和油）中的溶剂残留量应≤20 mg/kg；另外，压榨油溶剂残留量不得检出（检出值<10 mg/kg 时，视为未检出）。

溶剂残留量的现行有效检测方法为《食品安全国家标准　食品中溶剂残留量的测定》（GB 5009.262—2016），采用顶空气相色谱法进行检测。

十九、食品中霉菌和酵母菌

1. 霉菌

1）霉菌的定义

霉菌为丝状真菌的统称。凡是在营养基质上能形成绒毛状、网状或絮状菌丝体的真菌（除少数外），统称为霉菌。

2）霉菌的形态特征

霉菌的个体形态特征：霉菌绝大多数都是多细胞的微生物，由菌丝构成，菌丝可无限伸长和产生分支，分支的菌丝相互交织在一起，形成菌丝体。霉菌的菌丝有两类：一类菌丝中无隔膜，整个菌丝体可看作一个多核的单细胞，如低等种类的根霉、毛霉、犁头霉等霉菌的菌丝均无隔膜；另一类菌丝体有隔膜，每一段就是一个细胞，整个菌丝体是由多细胞构成，多数霉菌属这一类。

霉菌的菌丝细胞都由细胞壁、细胞膜、细胞质、细胞核和其他内含物组成。菌丝的宽度一般为 $2\sim10\ \mu m$，比细菌或放线菌宽几倍至几十倍，细胞壁的厚度为 $100\sim250\ nm$，成分各有差异，大部分霉菌细胞壁由几丁质组成，几丁质是由 N-乙酰葡糖胺以 β-1,4-糖苷键连接的多聚体。少数低等的水生性较强的霉菌，细胞壁以纤维素为主。霉菌的菌丝，从功能上已经分化成特殊的结构和组织。在固体培养基上，一部分菌丝伸入培养基内吸收营养，称为营养菌丝；另一部分菌丝伸出培养基外，称为气生菌丝。一部分气生菌丝到一定生长阶段，分化为繁殖菌丝，产生各种孢子。有的霉菌（如根霉），在营养菌丝上会产生须状的假根伸入基质内；某些寄生霉菌，菌丝还可以分化出指头状的吸器，伸入寄主细胞中吸取养料。霉菌菌丝的特征，是鉴定霉菌、分类的依据之一。

霉菌菌落的形态特征。霉菌在固体培养基上生长繁殖，经过一定时间后，可以逐渐看到由菌丝聚合而成的群体出现，这就是霉菌的菌落。由于霉菌的菌丝细胞较粗长，生长速度较快，所以形成比放线菌更为疏松和大型的菌落；同时由于菌丝的粗细、菌丝组合的紧密程度、菌丝伸展的长度等差异，即可出现不同的外观形状，如蜘蛛网状、棉絮状、颗粒状、羊毛状、皮革状、丝绒状等。由于霉菌形成的孢子有不同形状、构造与颜色，所以菌落表面往往呈现出肉眼可见的不同结构与色泽特征。营养菌丝和气生菌丝的颜色也有所不同，前者还会分泌不同的水溶性色素扩散到培养基中。因此菌落的正反面呈现不同的色泽。霉菌菌落所呈现的形状、大小、颜色、纹饰以及结构等特征，对不同种类的霉菌来说，有很大的差异，可作为鉴定和分类的又一项依据。

2. 酵母菌

1）酵母菌的定义

酵母为一种单细胞真菌，在有氧和无氧环境下都能生存，属于兼性厌氧菌，常用于食品发酵和制作酒类等。

2）酵母菌的形态特征

酵母菌的个体形态特征。酵母细胞的形态多样，有普通球形、椭圆形、卵圆形、柠檬形和腊肠形。有些酵母细胞与其子代细胞连在一起成为链状，称为假丝酵母。酵母细胞的直径一般为 $1\sim5\ \mu m$，长 $5\sim30\ \mu m$ 或更长。发酵工业上通常使用面包酵母和啤酒酵母，细胞平均直径为 $4\sim8\ \mu m$，长 $5\sim16\ \mu m$。

酵母菌菌落的形态特征。酵母菌菌落表面一般是光滑、湿润及黏稠的，也有粗糙粉粒的，或有皱褶的、边缘整齐，或带丝状。菌落较大、较厚，大多数不透明，呈油脂状或蜡脂状，白色、奶油色，只有少数呈红色。

3. 食品中霉菌和酵母计数的意义

各类食品由于遭到霉菌和酵母菌的污染，常常会发生霉变。有些霉菌代谢产物有毒，还会引起各种急性和慢性中毒，特别是有些霉菌毒素具有强烈的致癌性，一次大量食入或长期少量食入，皆有可能诱发癌症。目前，已知的产毒霉菌（如青霉、曲霉和镰刀菌等）在自然界中分布较广，对食品的侵染机会也多。因此，对食品加强霉菌的检验，在食品卫生学上具有重要的意义。

霉菌和酵母菌计数主要作为判定食品被霉菌和酵母菌污染程度的标志，以便对被检样品进行卫生学评价时提供依据。

二十、食品中乳酸菌

乳酸菌为一类能利用可发酵碳水化合物产生大量乳酸的细菌的统称，是需氧或兼性厌氧、不能液化明胶、不产生吲哚、多数无动力、革兰氏阳性、无芽孢、过氧化氢酶阴性、硝酸还原酶阴性及细胞色素氧化酶阴性反应的细菌。

乳酸菌的分布广泛。通常存在于肉、乳和蔬菜等食品及其制品中，也广泛存在于畜禽肠道、空气、土壤、植物体表等。在人体内，主要分布于口腔、胃肠道、皮肤和生殖道等微生态系统中，其中口腔、小肠和大肠是乳酸菌最主要的集中栖息地，包括多种乳酸菌，如双歧杆菌、嗜酸乳杆菌、干酪乳杆菌等。对人体健康有益，但需要达到一定的数量，才有可能到达并定植在人体肠道内，抑制有害菌的增殖和活动，维持肠道的微生态平衡。

乳酸菌的分类多样。从形态而言，可分成球菌、杆菌，其中球形乳酸菌包括链球菌、明串珠菌属、片球菌。杆状菌包括乳球菌、乳杆菌、双歧杆菌等。从生长温度上而言，可分成高温型、中温型。从发酵类型而言，可分成同型发酵、异型发酵。从来源而言，大体上可分为动物源乳酸菌和植物源乳酸菌。依据《伯杰氏系统细菌学手册》中的生化分类法，乳酸菌又可分为乳杆菌属、链球菌属、明串珠菌属、双歧杆菌属和片球菌属，共 5 个属。

乳酸菌在食品工业中的应用非常广泛。包括乳制品加工（酸奶、活性乳酸菌饮料、奶油和干酪等）、果蔬（泡菜、醋饮等）及谷物制品（发酵豆乳、纳豆等）加工、发酵肉制品加工、调味品生产、天然食品防腐剂和生产乳酸等。

乳酸菌在促进动物生长、调节胃肠道正常菌群、维持微生态平衡、改善胃肠道功能、提高食物消化率和生物效价、降低血清胆固醇、控制内毒素、抑制肠道内腐败菌生长、提高机体免疫力等诸多方面具有较强的生理功能，而相应的功能需要其达到一定的数量。所以作为含活性乳酸菌的食品，应突出乳酸菌并保持一定的活菌数。由于产品中活乳酸菌的数量直接影响产品质量，因此乳酸菌计数已成为评价该类产品能否合格的重要指标，对食品加强乳酸菌检验也具有重要的意义。

第二节 安全基础知识

一、实验室基本要求

1. 室内环境

分析实验室用房的地面宜坚实耐磨、防水防滑、不起尘、不积尘；墙面宜密实、光洁、无眩光、防潮、不起尘、不积尘；顶棚宜光洁、无眩光、不起尘、不积尘。

对洁净度、防尘等要求高的实验用房及附属区域，其地面、墙面和顶棚应做整体式防水饰面。特殊实验室的内部装修应遵循国家现行的相关标准。室内应减少凸出物，加强隐蔽措施。

使用强酸、强碱的实验室地面应具有耐酸、碱腐蚀的性能；用水量较多的实验室地面应设地漏。分析实验室必须保持整洁、有序。地面无试剂、杂物，试验台干净整洁，室内物品摆放有序，不影响通行。实验室应配备冰箱、冰柜用以保存样品和试剂。冰箱、烘箱周围不得堆放易燃物。

对分析实验室内部不同功能的区域，尤其是进行具有高毒性和"三致效应"的环境污染物分析场所，应进行分隔并设置明显的标志加以区分。对进入不同区域的人员、设备和分析项目存在干扰的情况进行控制，如使用警示标识或门禁，以避免实验室环境发生交叉或外来干扰。

2. 通风

当分析实验室内产生有毒有害气体、蒸气、粉尘等污染物时，应有足够的排风设施，以保护检测人员身体健康和仪器设备。局部排风的目的是将污染物在其产生的地方将其排除，使实验室内空气污染减到最低。通风柜是最常使用的局部排风系统之一。可使用其他类型的局部排风系统，如通风槽、排风罩等。

使用对人体有害的生物、化学试剂和腐蚀性物质的实验室，其排风系统不应利用建筑物的结构风道作为实验室排风系统的风道。

设在建筑物室内的竖向排风管应设在排风管井内。水平风管在与竖向排风管连接处应设防火阀。当接触强腐蚀性物质的排风管道采用分层设置独立系统，且其水平风管不跨越防火分隔，竖向风管安装在具有足够耐火极限的管井内时，系统风管可不设防火阀。排风口宜向上排风，不能侧排，并设有防雨措施。

通风系统应与空调系统综合设计，减少通风系统对空调系统的影响，降低通风空调系统的综合能耗。

有机废气和无机废气的排风设施一定要分开，避免在排风过程中易燃易爆有机试剂与强氧化性无机试剂混合发生爆炸。排风管道应使用耐腐蚀的材料。

排风机宜设置在实验室房间之外，当风机数量较多时，应设在专用的风机房内。排风机应使用抗腐蚀的材料，特别是排除无机酸气的风机。当排风系统风机噪声超过国家现行相关标准规定的允许排放限值时，应采取消声降噪措施。排风机应采取隔振措施。

通风柜的设置应避开主要人流及主要出入口，并应避开送风口及外窗气流的干扰；通风柜的选择及布置应结合实验室的布局设计确定，如色谱仪器室的通风装置与有机样品前处理室的通风柜应接近，共同使用一个通风管道；消化室与光谱仪器室的通风柜应接近，共同使用一个通风管道。设置空气调节的实验室宜采用节能型通风柜；通风柜内衬板及工作台面，应具有耐腐、耐火、耐高温及防水等性能，并采用盘式工作台面并设杯式排水斗。通风柜外壳应具有耐腐、耐火及防水等性能。通风柜内的公用设施管线应暗敷，向柜内伸出的龙头配件应具有耐腐及耐火性能，各种公用设施的开闭阀、电源插座及开关等应设于通风柜外壳上或柜体以外易操作部位；通风柜柜口窗扇以及其他玻璃配件，应采用透明安全玻璃。

消化室用通风柜台面应使用陶瓷台面，防酸碱，好清理，也可购置专用通风柜，有酸气冷凝回收装置。消化室用通风柜柜门的五金配件宜采用喷涂环氧树脂的不锈钢，防止酸的腐蚀。有机前处理通风柜内应有水源和照明装置，无机前处理通风柜内应有照明装置，不宜加水龙头，因为无机前处理通风柜主要是用于高温消化，用的是各类酸，不用水，安装水龙头后存在被腐蚀和烤坏的风险。

通风柜要求其通风量为 $0.35\sim0.65$ m³/s，开启通风柜的柜门，通风量会有变化，因此建议使用变频风机。

局部排风罩（万向抽气罩）一般用于液相色谱仪，设置在仪器上方，因为液相分析时流动相主要是甲醇和乙腈，其蒸气对人体有害。局部排风罩关节一般采用 PP 材料，伸缩导管采用 PVC 材料，可 360°旋转调节方向。

原子吸收分光光度计和原子荧光光度计一般使用金属局部排风罩，电感耦合等离子发射光谱仪和电感耦合等离子发射质谱仪一般使用金属软管排除废气。

当排风系统排出的有害物浓度超过国家现行相关标准规定的允许排放限值时，应采取净化措施。实验室产生的废气要经过环保处理。实验室废气排放有以下几种。

（1）无机样品消化时产生的酸气。排放的方式是通过通风柜将酸气排放到酸雾净化塔中（放在楼顶上），用水淋洗将酸气冷凝和用碱中和，达到排放标准后排放，排放的管道不能与市政管道合并。

（2）有机样品处理时产生的废气。有机试剂沸点低，易挥发，且都有毒性，因此操作都应在通风柜内进行。排放的方式是通过通风柜将废气排放到废气吸收装置中（放在楼顶上），用活性炭、碳化纤维等材料将废气吸附，处理后的废气达到《环境空气质量标准》（GB 3095—2012）的要求。

（3）仪器工作时产生的废气。质谱仪有机械泵，在使用时产生的废气必须排除。目前许多单位都是在墙上或玻璃上打个孔，将废气管通到室外。在实验室新建或装修时，要考虑这部分废气的排放问题。如果是新建实验室，可将废气排放管预留在墙体内，在仪器放置地点留有一个接口；如果是改造，可新装配排气管，通到主排气风道中。电子捕获检测器排出的废气，可直接通到仪器上方的排风罩中。

分析实验室的排气一定要关注环保要求，应安装相应的净化装置。

3. 电气

分析实验室用电分为仪器设备用电和照明用电,仪器设备用电与照明用电应分设线路。不同电压或频率的线路应分别单独敷设,不应在同一导管或线槽内敷设。电梯用电一定要与仪器设备用电分开。

分析实验室因有各种设施和仪器等方面的要求,用电功率较大,远大于一般的办公用电。供电功率应根据用电总负荷设计,并留有余地。

电源应采用三相五线制预留电缆提供,中性线和接地线不能混用。实验室应有单相和三相电源;整个实验室要有总闸,各个房间应有分闸。实验室供配电线路宜采用铜导体。

要了解每个房间所需功率,应了解所放置仪器设备的功率是多少,以及铜线的负荷是多少。铜线每个平方可承载的功率约为 1000 W,电流 3~5 A。

电感耦合等离子发射光谱质谱仪、电感耦合等离子发射质谱仪和原子吸收分光光度计属于功率比较大的仪器,因此电线的截面面积大于 $8\ mm^2$,要能满足 40 A 电流的要求。对于功率大的仪器和设备,不能使用插座和插头,否则很易烧坏或引起火灾。像等离子发射光谱质谱仪、等离子发射光谱仪和原子吸收分光光度计、烘箱、高温电炉、电热板、消化炉等高功率的设备应直接连到空气开关上。

电源插座应根据仪器设备的要求,配置 16 A 和 10 A 两种,一般配置 16 A。实验室内的明、暗插座距地面的高度一般不低于 0.3 m。

对一些精密、贵重仪器设备,如质谱类仪器,要求提供稳压、恒流、稳频、抗干扰的电源,必要时须建立不中断供电系统,配备不间断电源等。

4. 给水排水

分析实验室都应有供排水装置,仪器室不需要供排水装置,防止水泄漏对仪器造成损害。

分析实验室的给水和排水管道应沿墙柱、管井、实验台夹腔、通风柜内衬板等部位布置,不应露明敷设在有恒温恒湿要求的房间内以及贵重仪器设备的上方。

给水系统的选择,应根据科研、生产、生活、消防各项用水对水量、水压、水质和水温的要求,并结合室外给水系统,经技术经济比较后确定。

仪器、设备所需冷却水宜采用循环冷却水系统。实验室内,在遇水会迅速分解、燃烧、爆炸或损坏的物品的存储或实验区不得布置给水和排水管道。

样品库房内不应设置除消防以外的给水点,给水排水管道不应穿越库区。

排水设施应保障实验室污水、废水、生活污水和雨水及时排放。实验室专用排水管的通气管与卫生间通气管应分别设置。实验室污水、废水应和生活污水分质排放。腐蚀性污水的排水系统应采取防腐措施。实验室应设置实验室污水处理设备,经过处理后的污水达到排放标准后才能排放。产生废液的实验室应对废液分类收集并加以处理。对于较纯的溶剂废液或贵重试剂,应在确保安全的前提下,经过技术经济比较后回收利用。

5. 消防

分析实验室内消防系统应符合下列规定。

（1）实验用房的消火栓宜设置在洁净区的楼梯出口附近或走廊，当必须设置在洁净区内时，应满足洁净区的洁净要求。

（2）设置自动喷水灭火系统的洁净室和清洁走廊宜采用隐蔽式喷头。

（3）设置自动喷水灭火系统的科研建筑的大型仪器室、洁净室宜采用预作用自动喷水灭火系统。重要的档案室、信息中心以及特别重要的设备室应设置气体灭火系统。

（4）每个房间和楼道都要配备消防装置。

（5）灭火器应放在位置明显且便于取用的地点，且不影响安全疏散。

（6）灭火器的摆放应稳定，其铭牌朝外，灭火器箱不得上锁。

（7）仪器室不能用水消防喷淋，不能使用泡沫灭火器，应使用二氧化碳灭火器，以免损坏贵重仪器设备。

（8）除配备消防装置外，还应配置灭火沙和灭火毯。

6. 温度和湿度

分析实验室温度控制在 20～26 ℃，湿度控制在 30%～65%范围为宜。设置空气调节的实验室应尽可能集中布置。室内温湿度基数、洁净度、使用频次和消声要求等相近的实验室宜相邻布置。当建筑规模较小或使用比较分散，设置集中空气调节不合理时，可采取分散式空气调节系统。对有温、湿度精度要求的实验室和试验室，应设置恒温恒湿空调系统。有洁净度要求的实验室，应设置相应等级的洁净空调系统。

仪器室不宜使用吸顶空调。

7. 接地

分析实验室按具体要求，可设置实验室工作接地、供电电源工作接地、保护接地、静电接地、实验室特殊防护接地及防雷接地。

分析实验室工作接地的接地电阻值，应按实验仪器、设备的具体要求确定，当无特殊要求时，不宜大于 4 Ω。供电电源工作接地及保护接地的接地电阻值不应大于 4 Ω。实验室特殊防护接地电阻值按具体要求确定。防雷接地电阻值应符合现行国家标准《建筑物防雷设计规范》（GB 50057—2010）的有关规定。

二、实验室组成和布局要求

（一）实验室的基本组成

实验室一般包括接样室、样品贮存室、样品制备室、无机样品前处理室、有机样品前处理室、天平室、高温室、消化室、光谱仪器室、色谱仪器室、小型仪器室、显微镜室、无菌室、标准溶液储存配制室、试剂药品库、气瓶室、清洗室、档案室、工作人员办公室等。各类用房区分明确，联系方便，互不干扰。

分析实验室宜设男女更衣间、淋浴室，有洁净要求的更衣间应分设外出服更衣间与工作服更衣间，更衣间内应设更衣柜及换鞋柜。更衣室每人使用面积不小于 0.6 m^2。

（二）实验室布局要求

1. 实验室门

实验室门洞至少有一个门宽度不应小于 1.50 m，高度不应小于 2.10 m。实验室的门扇应设观察窗、闭门器及门锁，门锁及门的开启方向宜开向疏散方向。有大型仪器设备进出或工作人员密集的实验室建议根据大型仪器设备尺寸、样品和工作人数增加门洞宽度、走道净宽。

公共建筑内房间的疏散门数量应经计算确定且不应少于两个，符合下列条件之一的房间可设置一个疏散门：位于两个安全出口之间或袋形走道两侧的房间，对于教学建筑，建筑面积不大于 75 m²；对于其他建筑或场所，建筑面积不大于 120 m²。位于走道尽端的房间，建筑面积小于 50 m² 且疏散门的净宽度不小于 0.90 m，或由房间内任一点至疏散门的直线距离不大于 15 m、建筑面积不大于 200 m² 且疏散门的净宽度不小于 1.40 m。

2. 实验室窗

设置采暖和空调的实验室，在满足采光要求下，应尽量减少外窗的面积。外窗应有良好的密封性和隔热性，且宜设置不少于 1/3 窗面积的开启窗扇。

根据工艺要求设置的大门及观察窗，应满足相应的防火、隔声、防爆、屏蔽等要求。

底层、半地下室及地下室的外窗建议采取防虫及防啮齿动物的措施，外门采取防虫及防啮齿动物的措施。

3. 实验室内设备、试验台的布局要求

试验台一般分为全木、钢木和全钢三种，目前使用比较多的是钢木和全钢结构。钢木结构的主架一般为 40 mm×60 mm×1.5 mm 的方钢管，要经过化学防锈处理。台面一般使用实芯理化板，一般试验台为 12.7 mm 即可，仪器台可使用 19 mm。仪器台不宜安装固定的抽屉，一般使用方钢管做支架，抽屉可采用推拉可移动式的，试验台柜门的铰链开启角度最好大于 90°，与柜门面水平角小于 15°时，柜门可自动关闭。

分析实验室内设备、试验台的布局考虑的因素如下。

（1）在实验室设计阶段，要注意人工操作和工作流程，包括交通路线、交通流量和反复操作。

（2）工作台之间或工作台与放置在地板上的设备之间的工作区域的最小宽度建议满足如下条件：

① 沿两侧墙布置的实验台、通风柜或实验仪器设备与房间中间布置的岛式或半岛式中央实验台、通风柜或实验仪器设备之间的净距不应小于 1.5 m。岛式实验台端部与外墙之间的净距不应小于 0.6 m。

② 实验台之间或实验台与实验仪器设备之间的净距不应小于 1.5 m，当连续布置两台及以上岛式实验台时，其端部与外墙之间的净距不应小于 1.0 m。

③ 实验台与墙平行布置时，与墙之间的净距不应小于 1.2 m。实验台不宜与外窗平行布置。需与外窗平行布置时，其与外墙之间的净距不应小于 1.3 m。

④ 不宜沿有窗外墙布置边实验台，不应沿有窗外墙布置需要公用设施供应的边实验台。

⑤ 沿侧墙布置的边实验台的端部与墙之间的净距不宜小于 1.2 m。中央试验台的端部与走道墙之间的净距不应小于 1.2 m。当实验室设置内凹外开门时，则实验台端部与内凹门的墙垛之间的净距不应小于 1.2 m。实验室一侧墙或两侧墙靠近走道墙部位开设通向其他空间的门时，实验台端部与走道墙之间的净距离不应小于 1.2 m。

⑥ 当通风柜的操作面与实验台端部相对布置时，其间的净距不应小于 1.2 m。

⑦ 实验室的边实验台上方宜设置嵌墙式或挂墙式物品柜（架），物品柜（架）底距地面不应小于 1.2 m。

（3）工作台和其他大型设备的布置尽量使得试验人员能不被妨碍地工作或避免遭受来自实验室其他工作人员的打扰。未经过相应的风险评价，实验室布局完成后工作台和其他大件设备尽量不再移动。工作台的高度和宽度的设计需考虑工作类型。

（4）绝大部分试验操作都是在工作台的正上方进行的。为了使该空间最大化，工作台高度尽量设置为使用者使用方便的最低高度。坐着进行试验操作时，建议工作台的高度为 0.7～0.75 m。

（5）若实验员站立进行试验操作，建议工作台的高度设为 0.8 m。

（6）整个实验室内，不同的工作台和写字台采用的高度，建议有统一的要求。

注意：考虑工作台上方可使用的空间。例如，高的仪器应放置在较低的平台上，以便使用者能够安全方便地操控整个仪器。

（7）适当考虑人类工效学和光线问题，一般实验室照度标准为 300 lx，天平室和仪器室为 500 lx。非实验区和走道的照度不宜低于实验区照度的 1/3。重要实验场所应设置应急照明。带显示器设备的照度建议调整到使用者在过度使用情况下导致用眼伤害的可能性最低。

（8）固定安装的装置或难以移动的装置周围建议留有足够的维修空间。

（9）工作台的放置一般不宜平行于有采光的外墙，为了在工作发生危险时易于疏散，工作台之间的走道方向应与门垂直，建议全部通向走廊。

（10）放置大型设备的仪器台一般有供电、供气、供水线路的使用需求，所以靠墙放置的仪器台建议留出与墙不少于 0.5 m 的距离做管线通道，方便管线的安装、维护。

4. 防盗与报警

分析实验室的防盗与报警考虑的因素如下。

（1）放射性物质贮存场所，需设置防盗门窗、防盗摄像头及报警装置等设施。

（2）集中放置易燃、易爆气瓶的房间，需设置泄漏报警装置，气体管道需设置低压报警装置。

（3）对限制人员进入的实验区或房间需在其明显部位或门上设置警告装置或标志。

（4）建议设置专用房间对防盗与报警进行监控。

5. 防火与疏散

分析实验室的防火与疏散考虑的因素如下。

（1）有贵重仪器设备的实验室的隔墙需采用耐火极限不低于 1 h 的非燃烧体。

（2）易发生火灾、爆炸、化学品伤害等事故的实验室的门建议向疏散方向开启。

（3）大型电子机房、重要资料、记录储存区域尽量不使用传统水喷淋。

（三）天平室的要求

天平室的前室面积不小于 6 m²，宜布置在北面，外窗宜做双层密闭窗并设窗帘。天平室与前室用玻璃墙分隔，宜采用推拉门。天平台面和台座应做隔振处理，天平台沿墙放置时，应与墙脱开。天平室温度应控制在 18～26 ℃，湿度小于 75%，且不能有空气对流，还要防止振动、灰尘等方面的影响。

（四）仪器室基本要求

仪器室要求具有防火、防震、防电磁干扰、防噪声、防潮、防腐蚀、防尘、防有害气体侵入的功能，应尽量远离消化室，以防止酸、碱、腐蚀性气体等对仪器的损害，远离辐射源；避免阳光直射在仪器上，避免影响电路系统正常工作的电场及磁场存在。

仪器室应使用仪器台，支架为方钢，台面不与抽屉连接，防止推拉抽屉时产生振动，抽屉可做成推拉式。

室温尽可能保持恒定。温度宜控制在 20～30 ℃，有条件的控制在 18～25 ℃。湿度在 60%～70%，需要恒温的仪器室可安装双层门窗及空调装置。

仪器室可用水磨石地或防静电地板（如 PVC 材料），不推荐使用地毯，因地毯易积聚灰尘，还会产生静电。

仪器室的供电电压应稳定，一般允许电压波动范围为 ±10%。必要时要配备附属设备（如稳压电源等）。为保护质谱分子涡轮泵，质谱仪可采用不间断电源。应设计有地线，接地电阻小于 4 Ω。

仪器室应置于阴面，不被阳光直射，一是保护仪器，二是节能。仪器室不能有水源。室内要有良好的通风。仪器上方应安装局部排气罩。仪器室应配备二氧化碳灭火器。质谱仪仪器室应设置废气排放管道。

三、实验室危险化学品的安全管理

（一）危险化学品的分类

危险化学品是指具有毒害、腐蚀、爆炸、燃烧、助燃等性质，对人体、设施、环境具有危害的剧毒化学品和其他化学品。根据《危险货物分类和品名编号》（GB 6944—2012），将危险化学品按其危险性划分为 9 类：

第 1 类　爆炸品；

第 2 类　气体；

第 3 类　易燃液体；

第 4 类　易燃固体、易于自燃的物质、遇水放出易燃气体的物质；

第 5 类　氧化性物质和有机过氧化物；

第 6 类　毒性物质和感染性物质；

第 7 类　放射性物质；

第 8 类　腐蚀性物质；

第 9 类　杂项危险物质和物品，包括危害环境物质。

在这 9 类危险化学品中，检测实验室经常遇到的主要是易燃、易爆、腐蚀性物质、毒害性物质和感染性物质，以及氧化性物质和有机过氧化物。

（二）易燃化学品

易燃化学品主要有以下几类。

1. 易燃气体

易燃气体有氢气、一氧化碳、甲烷、乙烷、丁烷、天然气、乙烯、丙烯、乙炔等。易燃气体的存放规范应注意以下几点。

（1）易燃气体与助燃气体混合，遇到火源易着火甚至爆炸，应隔离存放。

（2）剧毒、易燃、氧化性气体不得与甲类自燃物同储，与乙类自燃物、遇水易燃物应隔离存放。

（3）剧毒、易燃气体不得与硝酸、硫酸等强酸同储，与氧化性气体应隔离存放。

2. 易燃液体

易燃液体有汽油、正戊烷、环戊烷、环戊烯、乙醛、丙酮、乙醚、石油醚、苯、粗苯、甲醇、乙醇等。

易燃液体不仅本身易燃，而且还具有一定的毒性，如甲醇、苯等。原则上应单独存放，因条件限制不得不与其他危险品同储时，易燃液体的存放规范应注意以下几点。

（1）不得与甲类自燃物同储，与乙类自燃物隔离存放。

（2）与腐蚀品如溴、氢氧化钠、硝酸等不可同库储存，量很少时也应隔离存放，并保持 2 m 以上距离。

（3）含水的易燃液体和需要加水存放和运输的易燃液体，不得与遇湿易燃品同储。

3. 易燃固体

易燃固体有赤磷、硫磺、松香、樟脑、镁粉等。易燃固体的存放规范应注意以下几点。

（1）因为易燃固体性质不稳定，可以自行氧化燃烧，所以不能同库储存，与乙类自燃物隔离存放。

（2）易燃固体和遇湿易燃物品的灭火方法不同，并且有些化学性质相互抵触，因此也不能同库储存。

（3）易燃固体都有较强的还原性，与氧化剂接触或混合有起火爆炸的危险，所以不能同库储存。

（4）易燃固体与具有氧化性的腐蚀性物品不可同库储存，与其他酸性腐蚀物品可同库隔离储存。

（5）易燃固体与金属氨基化合物类、金属粉末、磷的化合物不宜同库储存，因为灭火方法和储存保养条件不同。

4. 可自燃的物质

可自燃的物质有植物油、动物油、脂肪、煤、木炭、锯末、干草、粮食、黄磷、磷化氢、铝粉等。可自燃的物质存放规范应注意以下几点。

（1）甲类自燃物不得与爆炸品、氧化剂、氧化性气体、易燃液体、易燃固体同库储存。

（2）可自燃的物质与溴、硝酸、氢氧化钠等具有较强氧化性质的物品不能同库存放，与盐酸、甲酸和碱性腐蚀品也不能同库储存，条件限制的也要隔离存放。

5. 遇水会放出易燃气体的物质

遇水会放出易燃气体的物质有钾、钙、钠、碳化钙等。遇水会放出易燃气体的物质存放规范应注意以下几点。

（1）存放此类物质的仓库或场所应保持干燥，相对湿度一般应控制在 75% 以下，防止水分进入引发危险。同时要有良好的通风条件，以排除可能产生的易燃气体，防止其积聚形成爆炸性混合物。

（2）这类物质应单独存放于专门的仓库或储存区域，与其他类别危险化学品及普通物品隔离，防止相互接触发生反应。例如，电石（碳化钙）遇水产生乙炔气体，应与酸类、氧化剂等分开存放。

（3）任何物质如在环境温度下遇水发生剧烈反应并且所产生的气体通常显示自燃的倾向，或在环境温度下遇水容易起反应，释放易燃气体的速度大于或等于每千克物质每分钟释放 10 L，应划为 I 类包装；任何物质如在环境温度下遇水容易起反应，释放易燃气体的最大速度大于或等于每千克物质每小时释放 20 L，并且不符合 I 类包装的标准，应划为 II 类包装；任何物质如在环境温度下遇水反应缓慢，释放易燃气体的最大速度大于或等于每千克物质每小时释放 1 L，并且不符合 I 类或 II 类包装的标准，应划为 III 类包装。

（三）易爆化学品

在实验室中经常遇到的易爆化学品有以下七种。

（1）高氯酸、高氯酸盐及氯酸盐：高氯酸、氯酸钾、氯酸钠、高氯酸钾、高氯酸锂、高氯酸铵、高氯酸钠。

（2）硝酸及硝酸盐类：硝酸、硝酸钾、硝酸钡、硝酸锶、硝酸钠、硝酸银、硝酸铅、硝酸镍、硝酸镁、硝酸钙、硝酸锌、硝酸铯。

（3）重铬酸盐类：重铬酸锂、重铬酸钠、重铬酸钾、重铬酸铵。

（4）过氧化物与超氧化物：过氧化氢溶液、过氧乙酸、过氧化钾、过氧化钠、过氧化锂、过氧化钙、过氧化锌、过氧化镁、过氧化钡、过氧化锶、过氧化氢尿素、过氧化二异丙苯、超氧化钾、超氧化钠。

（5）硝基类化合物：硝基甲烷、硝基乙烷、硝化纤维素。

（6）燃料还原剂类：环六亚甲基四胺、甲胺、乙二胺、硫磺、铝粉、金属锂、金属钠、金属钾、金属锆粉、锑粉、镁粉、镁合金粉、锌粉或锌尘、硅铝粉、硼氢化钾、硼氢化钠、硼氢化锂。

（7）其他：苦氨酸钠、高锰酸钾、高锰酸钠。

（四）腐蚀性物质

腐蚀品是指能灼伤人体组织并对金属等物品造成损坏的固体或液体。与皮肤接触 4 h 内出现可见坏死现象，或温度在 55 ℃时，对 20 号钢的表面均匀腐蚀率超过 6.25 mm/年的固体或液体。

腐蚀品主要有强烈的腐蚀性，如硫酸、盐酸、硝酸、氢氧化钠、氢氧化钾等，同时具有强氧化性，如硫酸、硝酸、氯磺酸等都是氧化性很强的物质，与还原剂接触易发生强烈的氧化还原反应，放出大量热量。

腐蚀性物品与其他物品之间，腐蚀性物品中的有机与无机腐蚀品之间，酸性与碱性物品之间，可燃性固体之间，都应单独仓房存放，不可同储。

（五）毒性物质

毒性物质是指吞食、吸入或与皮肤接触后可能造成死亡或严重受伤或损害人类健康的物质。剧毒化学品是检测中常遇到的一类毒性物质，其具有以下特点。

（1）剧烈的毒害性，少量进入机体即可造成中毒或死亡；

（2）相当多的剧毒化学品具有隐蔽性，即多为白色粉状、块状固体或无色液体，易与食盐、糖、面粉等混淆，不易识别；

（3）剧毒化学品还具有易爆、易腐蚀等特性，如液氯、四氧化锇、三氟化硼等；

（4）一些剧毒化学品与其他物质混合时反应剧烈，甚至可产生爆炸，如氰化物与硝酸盐等混合时反应就相当剧烈；

（5）一些剧毒化学品与其他物质作用产生剧毒气体，如氰化物与酸接触生成剧毒氰化氢气体，磷化铝与水或水蒸气作用生成易燃、剧毒的磷化氢气体；

（6）无机剧毒化学品多为含有氰基、汞、磷、砷、硒、铅等的化合物；

（7）有机剧毒化学品多为含有磷、汞、铅、氰基、卤素、硫、硅、硼等的化合物；

（8）生物碱为含有氮、硫、氧的碱性有机物。

毒性物质的存放应注意以下问题。

（1）无机毒性物质与无机氧化剂应隔离存放；

（2）无机毒性物质与氧化（助燃）气体应隔离存放，与不燃气体可同库存放；有机毒性物质与不燃气体应隔离存放；

（3）液体的有机毒性物质与可燃液体可隔离存放；

（4）有机毒性物质的固体与液体之间，以及与无机毒性物质之间，均应隔离存放。

（六）感染性物质

感染性物质是指已知或有理由认为含有病原体的物质。感染性物质主要有两类，一类是以某种形式运输的感染性物质，在与之发生接触（发生接触，是在感染性物质泄漏到保护性包装之外，造成与人或动物的实际性接触）时，可造成健康的人或动物永久性伤残、生命危险或致命残疾；另一类是除上述物质以外的感染性物质。

感染性物质具有以下特点。

（1）生物危害性。感染性物质含有能够引起人类或动物疾病的微生物（如细菌、病毒、立克次氏体、寄生虫、真菌等）或其毒素。这些微生物具有致病能力，一旦进入人体或动物体，就可能引发各种感染症状。

（2）传染性。感染性物质能够在宿主之间传播。传播途径多种多样，包括接触传播（直接接触如皮肤接触，间接接触如通过污染的物体表面）、飞沫传播（如通过咳嗽、打喷嚏产生的飞沫传播病毒）、空气传播（微生物可以在空气中悬浮并传播，如结核分枝杆菌）、经口传播（如摄入被污染的食物或水而感染病原体）等。

（3）对环境条件的敏感性。感染性物质的活性和生存能力受环境因素的影响，如温度、湿度、pH等。大多数微生物在适宜的温度范围内才能良好生长和繁殖。

（4）多样性。感染性物质所包含的病原体种类繁多。从微生物的种类看，有细菌、病毒、真菌等不同类型。细菌又包括革兰氏阳性菌和革兰氏阴性菌，它们在细胞壁结构、致病机制等方面有差异。

（5）潜在的隐匿性。有些感染性物质可能在宿主内潜伏一段时间后才发病。

感染性物质的存放应注意以下问题。

（1）设施与环境要求。

专用储存区域：感染性物质应该存放在专门的、独立的区域，该区域需要有明确的标识，以警示人员注意生物危害。

安全防护等级匹配：根据感染性物质的危害程度，选择合适的实验室生物安全防护等级（BSL）的设施进行存放。

温度和湿度控制：许多感染性物质对环境条件敏感，需要严格控制温度和湿度。一般来说，常见的细菌和病毒样本适宜保存在低温环境下，如−20 ℃或−80 ℃的冰箱中，以保持其活性和稳定性。

通风良好：储存区域需要有良好的通风系统，以防止有害气体的积聚。通风系统应能有效排出可能从样本中释放出的气溶胶等有害物质，并且要经过高效空气过滤器（HEPA）过滤，以防止病原体扩散到外部环境。

（2）容器要求。

密封性能好：感染性物质必须存放在密封容器中，以防止泄漏。对于液体样本，容器的密封方式要能够承受一定的压力变化，避免在温度变化或运输过程中出现泄漏。

耐腐蚀性：如果感染性物质具有腐蚀性，如一些含有强酸或强碱的样本用于处理病原体，容器材料需要具备耐腐蚀性。

标识清晰：容器表面应贴有明确的标签，包括感染性物质的名称、来源、危险等级、日期等信息。

（3）分类存放。

按病原体种类分类：不同种类的病原体应分开存放，避免交叉污染。

按危险等级分类：根据感染性物质的危险等级（如我国将病原微生物分为4类，第1类危险程度最高）进行分层存放。高危险等级的病原体样本应存放在更安全、防护更严格的区域，远离低危险等级的样本。

（4）人员与操作管理。

限制人员进入：只有经过培训并获得授权的人员才能进入感染性物质存放区域。这些人员需要熟悉生物安全操作规程，能够正确处理和应对可能出现的紧急情况。

操作规范：在存放和取用感染性物质时，必须严格遵守无菌操作和生物安全操作规范。操作人员应穿戴适当的个人防护装备，如手套、防护服、口罩和护目镜等。

应急处理预案：制定针对感染性物质泄漏等紧急情况的处理预案。预案应包括应急处理流程、人员疏散路线、消毒方法和医疗救治措施等内容。

（七）氧化性物质和有机过氧化物

氧化性物质是指本身未必燃烧，但通常因放出氧可能引起或促使其他物质燃烧的物质（如非金属单质：氧气、氯气等）；高价盐：MnO_4^-、$Cr_2O_7^{2-}$、Fe^{3+} 等。有机过氧化物是指含有两价过氧基（—O—O—）结构的有机物质，如非有机物等；有机过氧化物：H_2O_2 中的 H 被有机基因置换而形成含有—O—O—的有机化合物。

氧化性物质和有机过氧化物的存放应注意以下问题。

（1）甲类无机氧化剂与有机氧化剂特别是有机过氧化物不能同库储存。

（2）甲类氧化剂与易燃或剧毒气体不可同库储存，因为甲类氧化剂的氧化能力强，与剧毒气体或易燃气体接触易引起燃烧或爆炸；乙类氧化剂与压缩和液化气体可隔离储存，保持 2 m 以上的间距。

（3）无机氧化剂与有毒品应隔离储存，有机氧化剂与有毒品可以同库隔离储存，但与有可燃性的毒害品不可同库储存。

（4）有机过氧化物不能与溴、硫酸等氧化性腐蚀品同库储存，无机氧化剂不能与松软的粉状物同库储存。

四、化学试剂使用注意事项

（1）使用危险化学品时应佩戴防护手套。

（2）禁止品尝化学试剂。不要直接俯向容器口去嗅化学试剂的气味，而应保持适当距离摆动手掌将少许气味引向鼻孔。不要闻未知毒性的试剂。

（3）禁止口吸吸管移取酸、碱、有毒液体，应该用洗耳球吸取。

（4）对于低沸点的液体（如乙醚、丙酮、四氯化碳等），容器内不可盛得过满，不可置于日晒或高温处。开启这类容器时勿使瓶口正对人身。

（5）装有化学试剂的容器必须立即贴好标签（包括试剂名称、纯度、相对分子质量、密度等），使用时应仔细阅读标签。

（6）量取化学试剂时，若遗洒在实验台面和地面，须及时清理干净。

（7）不要用乙醇等有机溶剂擦洗溅在皮肤上的药品，这种做法反而增加皮肤对药品的吸收速度。

（8）一旦眼内溅入任何化学药品，立即用大量水缓缓彻底冲洗。实验室内应备有专用洗眼水龙头。洗眼时要保持眼皮张开，可由他人帮助翻开眼睑，持续冲洗 15 min。

（9）忌用稀酸中和溅入眼内的碱性物质，反之亦然。对因溅入碱金属、溴、磷、酸、碱或其他刺激性物质的眼睛灼伤者，急救后必须迅速送往医院检查治疗。

（10）尽量避免吸入任何药品和溶剂蒸气。处理具有刺激性的、恶臭的和有毒的化学药品时，如硫化氢、二氧化氮、氯气、溴水、一氧化碳、二氧化硫、盐酸、氢氟酸、硝酸、发烟硫酸等，必须在通风橱中进行。

（11）不准将食物带入实验室，不准在实验室内吃食物、饮水和吸烟。

（12）离开实验室时，脱去工作服，洗手或下班后洗澡，保持个人卫生。

（13）打开包装、转移内容物、分配化学试剂或取样均不应在存储危险化学物质的橱柜中操作。

（14）应对化学品包装进行严格检查以确保其完整性。泄漏或危险的包装应转移至安全处重新包装或处理。标签应重新加贴，如有需要，需清楚地辨别包装的内容物。

五、实验室安全管理

（1）严禁化验人员将与检验无关的物品带入化验室。

（2）凡从事各种产品检验的工作人员，都应熟悉所使用的药品的性能，仪器、设备的性能及操作方法和安全事项。

（3）进行检验时，应严格按照操作规程和安全技术规程进行，掌握各类事故的处理方法。

（4）为检测人员配备足够的个人防护用具，要求并监督其在从事检测活动时佩戴适合的防护用具、执行准确的实验操作规程，避免人员伤害事故的发生。

（5）进行检验时，劳动保护用具必须穿戴整齐。

（6）所有药品、样品必须贴有醒目的标签，注明名称、浓度、配制时间以及有效日期等，标签字迹要清楚。

（7）禁止用手直接接触化学药品和危险性物质，禁止用口或鼻嗅的方法去鉴别物质。如工作需要，必须嗅闻时，用右手微微扇风，头部应在侧面，并保持一定距离。严禁用烧杯等器具作餐具或饮水，严禁在实验室内饮食。

（8）用吸量管吸取有毒或腐蚀性液体时，管尖必须插入液面以下，防止夹带空气使液体冲出，用橡皮吸球吸取，禁止用嘴代替吸球。

（9）易挥发或易燃的液体储瓶，在温度较高的场所或当液体储瓶的温度较高时，应经冷却后方可开启。

（10）凡参加实验项目的人员，必须熟悉所使用物质的性质，操作规程、方法和安全注意事项。

（11）在进行有危险性工作时，应采取安全措施，参加人员不得少于2人。

（12）加热试管内的溶液时，管口不得对着面部，加热时要不停地摇晃，以防止因上下温度不均发生沸腾而引起的烫伤，加热蒸馏结束后应先拿出冷凝管后移开热源，以防产生倒吸使仪器破裂。

（13）在移动热的液体时，应使用隔热护具轻拿轻放，稳定可靠。

（14）工作服一旦被酸、碱、有毒物质及致病菌等沾污时必须及时处理。

（15）停电停水时，要及时切断电源，关闭水阀。

（16）废酸废碱、有机溶剂以及易燃物质，必须经过中和处理后，方可倾倒于指定地点，禁止直接倾入水槽中。

（17）化验工作结束后，所有仪器设备要清洗干净，切断电源，关闭水、电、气阀门，溶液、试剂和仪器应放回规定地点。

（18）下班时，应检查电源是否切断，水、气阀门是否关闭。

（19）实验室内应设置沙箱、灭火器等消防器材。当室内发生易燃易爆气体大量泄漏的危险情况时，应立即停止动用明火及能产生火花的工作，立即关闭阀门，打开门窗，加快通风。

（20）实验室所在区域的走道、楼梯、出口、消防安全通道等须保持畅通，严禁堆放物品，消防器材不得随意移位、损坏和挪用。

（21）实验室电路走线应合理，符合安全规定；电源插头、插座、电线等应安全牢固，需要接地的电器应接装地线。在同一电源上，不能同时使用过多仪器设备，以免造成负荷过大。使用电器设备时，要检查电源电压是否与使用设备的电压相符。

（22）实验用热源应置于远离易燃材质材料和试剂的位置，在使用高压、燃气、电热设备时，检测人员不得离开；使用完毕或停电时应立即切断电源。

（23）严禁在实验室进食食物，在使用化学药品后需先洗净双手方能进食，食物不得贮存在有化学药品的冰箱或储藏柜内。

（24）凡使用与空气混合后能发生爆炸的混合物时，必须在通风橱内进行操作。严禁在火源附近进行易燃易爆物质的操作。酸、苯、甲苯、丙酮、汽油等易燃物质，其附近不得有明火。

（25）溶解化学物品和稀释浓溶液时，必须在耐热容器和硬质玻璃器具中进行。稀释浓酸时，必须将酸注入水中，用玻璃棒缓慢不停地进行搅拌，禁止将水直接注入酸中，稀释时，应缓慢进行，若温度过高应待冷却后再进行。

（26）凡是经常使用强酸、强碱和有化学烧伤危险的化学品的实验室，在出口处就近宜设置喷淋装置和洗眼器，并设置灭火装置。

（27）必须放置少量日常使用危险化学品的实验室，应设置 24 h 通风的专用化学品储存柜或通风柜。

（28）氢气和氮气的存放间应有每小时不低于三次的换气通风装置。

六、实验室安全防护知识

（一）实验室安全防护的种类

实验室安全防护的内容很多，主要是防盗、防火、防爆、防水、防触电、防中毒和防创伤等。

（二）防毒常识

化学药品中的绝大多数是有毒物品，只不过是毒性的程度不同而已，工作人员必须严格遵守实验室中的有关安全操作规程的各项规定。此外应做到以下几点。

（1）检测工作开始之前，应先了解所用药品的毒性及防护措施。

（2）操作有毒气体（如二氧化氮、氯气、溴水、盐酸和氢氟酸等）应在通风橱内进行。

（3）苯、四氯化碳、乙醚、硝基苯等的蒸气会引起中毒。它们虽有特殊气味，但久嗅会使人嗅觉减弱，所以应在通风良好的情况下使用。

（4）有些药品（如苯、汞等）能透过皮肤进入人体，应避免与皮肤接触。

（5）氰化物、高汞盐［$HgCl_2$、$Hg(NO_3)_2$ 等］、可溶性盐（$BaCl_2$）、重金属盐（如镉、铅盐）、三氧化二砷等剧毒药品，应妥善保管，使用时要特别小心。

（6）有毒物品应贮存在阴凉、通风、干燥的场所，不要露天存放，不要接近酸类物质。

（7）剧毒性药品必须由专人管理，制定严格的保管和使用制度，设置安全的存放地点和专柜加锁。

（8）有毒药品的配制和转移必须在通风橱内进行，凡必须使用防毒面具的工作地点应悬挂备用的防毒面具及呼吸罩。

（9）定期检查毒性物质在空气中的浓度。

（10）实验人员必须穿工作服，应该一直佩戴护目镜（平光玻璃或有机玻璃眼镜），防止眼睛受刺激性气体熏染，防止任何化学药品特别是强酸、强碱、玻璃屑等异物进入眼内。

（11）禁止用手直接取用任何化学药品，使用有毒物品时除用药匙、量器外必须佩戴橡皮手套，实验后马上清洗仪器用具，立即用肥皂洗手。

（12）严禁在酸性介质中使用氰化物。

（13）通风橱开启后，不要把头伸入橱内，并保持实验室通风良好。

（三）防火常识

1. 火灾的分类

火灾是指在时间和空间上失去控制的燃烧造成的灾害，根据《火灾分类》（GB/T 4968—2008），火灾根据可燃物的类型和燃烧特性，分为 A、B、C、D、E、F 六大类。

A 类火灾：指固体物质火灾。如木材、棉、毛、麻、纸张及其制品等燃烧的火灾。

B 类火灾：指液体火灾或可熔化的固体物质火灾。如汽油、煤油、柴油、原油、甲醇、乙醇、沥青、石蜡等燃烧的火灾。

C 类火灾：指气体火灾。如煤气、天然气、甲烷、乙烷、丙烷、氢气等燃烧的火灾。

D 类火灾：指金属火灾。如钾、钠、镁、钛、锆、锂、铝、镁合金等燃烧的火灾。

E 类火灾：指带电物体的火灾。如发电机房、变压器室、配电间、仪器仪表间和电子计算机房等在燃烧时不能及时或不宜断电的电气设备带电燃烧的火灾。

F 类火灾：指烹饪器具内的烹饪物（如动植物油脂）火灾。

实验室常见的是 A、B、C、D、E 五类火灾。

2. 灭火器使用注意事项

（1）灭火器使用时，一般在离燃烧物 5 m 左右的地方使用，对于射程较短的灭火器，可在 2 m 左右的地方使用。

（2）喷射时，应采取由近到远、由外至里的方法。

（3）灭火时，人要站在上风口。

（4）不要与水同时使用，以免降低灭火效果。

（5）扑灭电器火灾时，应先切断电源，以免触电。

（6）持喷筒的手应握住胶质喷管处，以免冻伤。

3. 实验室防火注意事项

（1）防止煤气管漏气，使用煤气后一定要把阀门关好。

（2）许多有机溶剂（如乙醚、丙酮、乙醇、苯等）非常容易燃烧，使用时室内不能有明火、电火花或静电放电。实验室内不可存放过多这类药品，用后要及时回收处理，不可倒入下水道，以免聚集引起火灾。

（3）有些物质（如磷、钠、钾、电石及金属氢化物等）在空气中易氧化自燃，还有一些金属（如镁、锌、铝等）粉末也易在空气中氧化自燃。这些物质要隔绝空气保存，使用时要特别小心。

4. 防爆常识

可燃气体与空气混合，当两者比例达到爆炸极限时，受到热源（如电火花）的诱发，就会引起爆炸。一些气体与空气混合的爆炸极限见表 1.2.1。

表 1.2.1　与空气混合的某些气体的爆炸极限（20 ℃，101.325 kPa）

气体类型	爆炸高限（体积）/%	爆炸低限（体积）/%	气体类型	爆炸高限（体积）/%	爆炸低限（体积）/%
氢	74.2	4.0	醋酸	—	4.1
乙烯	28.6	2.8	乙酸乙酯	11.4	2.2
乙炔	80.0	2.5	一氧化碳	74.2	12.5
苯	6.8	1.4	水煤气	72	7.0
乙醇	19.0	3.3	煤气	32	5.3
乙醚	36.5	1.9	氨	27.0	15.5

（1）氢、乙烯、乙炔、苯、乙醇、乙醚、乙酸乙酯、一氧化碳、水煤气和氨气等可燃性气体与空气混合至爆炸极限，一旦有热源诱发，极易发生支链爆炸。

（2）过氧化物、高氯酸盐、乙炔铜、三硝基甲苯等易爆物质，受震或受热可能发生热爆炸。

（3）防止爆炸，主要是防止可燃性气体或蒸气散失在空气中，保持室内通风良好。大量使用可燃性气体时，严禁使用明火和可能产生电火花的电器。

（4）强氧化剂和强还原剂必须分开存放，使用时轻拿轻放，远离热源，预防热爆炸。

（5）久藏的乙醚使用前应除去其中可能产生的过氧化物。

（6）进行容易引起爆炸的实验，应有防爆措施。

5. 防灼伤常识

除高温以外，液氮、强酸、强碱、强氧化剂、溴、磷、钠、钾、苯酚、醋酸等物质都会灼伤皮肤，应注意不要让皮肤与之接触，尤其要防止溅入眼中。

6. 防辐射常识

（1）检测实验室的辐射，主要是电磁辐射、X 射线等，长期反复接受电磁辐射、X 射线照射，会导致疲倦、记忆力减退、头痛、白细胞降低等。

（2）防护的方法：避免身体各部位（尤其是头部）直接受到 X 射线照射。

七、实验室安全设备

《检测实验室安全　第 1 部分：总则》（GB/T 27476.1—2014）对于实验室安全设备有如下规定。

1. 实验室安全设备的配置和使用原则

（1）实验室应配备必要的安全设备，并确保实验室区域所有人员在需要时能够获得相关安全设备。

（2）安全设备应定期检查和维护，必要时更换。

（3）应规定和执行与实验室良好工作行为一致的实验室服装、饰品（如珠宝）、发型和鞋的要求。

（4）应为实验室人员和参观者提供防护服和安全设备。对于参观者的要求可根据其活动和风险大小有所改变。

（5）应制定相关的安全设备采购、验收等文件，以确保实验室采购和使用的安全设备符合要求。

（6）安全设备的安装、调试、使用和维护应由具备资格的人员进行。

（7）安全设备在使用前，人员应经过相关培训。

（8）应考虑设备维护人员的安全，安全措施应提前告知维护人员。

（9）用于紧急事故处理的设备，如没有得到授权，严禁用作其他用途。

2. 实验室区域常用安全设备

实验室区域常用安全设备有：灭火器；充足的急救设施和物品；合适的溢出处理桶。使用有害物质的实验室应配置洗眼和安全喷淋装置，从实验室到达该设施的通道应保持通畅。

3. 实验室区域外的其他安全设备

除实验室内的安全设备外，在每个主实验室或综合实验室的入口通道处宜设有一个安全站，里面包含与工作类型相应的安全设备，如眼护具；安全帽；一次性衣物；灭火器（适用于电和化学类火灾）；化学泄漏物的吸收材料；防护手套，如隔热、耐化学腐蚀合适类型的手电筒，如适用于危险区域；护听器；适当时，维护良好的自给式呼吸器。

八、试剂药品库的管理制度

1. 试剂药品库环境设施要求

（1）贮存化学危险品的库房必须安装通风和温度调节设备，并注意设备的防护措施。

（2）贮存化学危险品的建筑通风排风系统应设有导除静电的接地装置。

（3）通风管应采用非燃烧材料制作。

（4）通风管道不宜穿过防火墙等防火分隔物，如必须穿过时应用非燃烧材料分隔。

（5）贮存化学危险品建筑采暖的热媒温度不应过高，热水采暖不应超过 80 ℃，不得使用蒸汽采暖和机械采暖。

（6）采暖管道和设备的保温材料，必须采用非燃烧材料。

（7）化学危险品贮存建筑物、场所消防用电设备应能充分满足消防用电的需要。

（8）化学危险品贮存区域或建筑物内输配电线路、灯具、火灾事故照明和疏散指示标志，都应符合安全要求。

2. 试剂药品库管理要求

（1）遇火、遇热、遇潮能引起燃烧、爆炸或发生化学反应、产生有毒气体的化学危险品不得在露天或在潮湿、积水的建筑物中贮存。

（2）盛装有毒物质的容器，在标签应注明"有毒"或"剧毒"字样和醒目的危险标志。

（3）凡毒性化学品应分类贮存，不得与易燃易爆物品及气化腐蚀性等化学品贮存在同一库房。

（4）建立健全有毒药品管理制度，入库、发放时必须认真检查记录，定期清点，账物必须一致，发现数量不符时应立即认真追查原因，及时报告，毒品应配备两名专人进行管理，坚持双人两锁两本账制度。

（5）有毒药品库严禁非保管人员入库，保证有毒药品库绝对安全。

（6）各部门领取有毒药品必须由两名可靠的专人负责，并填写领取单。

（7）有毒药品的发放与领取应加强计划管理，使用部门（单位）领导应严格履行有毒药品领用审批手续。

（8）使用部门按检验的需要定期编制计划送相应部门。

（9）化学试剂在贮存过程中要采用合理适当的贮存条件，避免化学试剂及其容器被阳光直射，防止药品和试剂的分解。受日光照射能发生化学反应引起燃烧、爆炸、分解、化合或能产生有毒气体的化学危险品应贮存在一级建筑物中。其包装应采取避光措施。

（10）根据危险品特性和仓库条件，必须配置相应的消防设备、设施和灭火药剂。并配备经过培训的兼职和专职的消防人员。

（11）化学品的存储，包括废物，应根据化学品的性质和相互间反应活性进行存放。不相容（如果混合则易引起危险热量或气体的放出或生成一种腐蚀性物质，或产生理化反应降低包装物强度的现象）的化学品应分开存放（如氧化剂与还原剂），如凭借化学试剂柜或采用空间隔离。不相溶的液体应提供独立的溢出物收集区。不相溶化学品如存在于同一工作区域，应采取预防措施，防止不慎接触或混合。

九、实验室化学溢出物的管理

1. 基本要求

应防止化学品泄漏或溢出，如有泄漏或溢出应及时进行控制，并按相关化学品信息进行处理，实验室对溢出物的处理取决于溢出物的危害（毒性、腐蚀性、可燃性及环境危害性等）和溢出物的量。溢出物可能造成环境污染和交叉污染的后果，溢出物的风险评价应考虑上述后果。低风险的、低挥发性的溢出物可以通过擦拭除去。对大量高风险的或高挥发性的溢出物，清洁人员要穿戴防护服和呼吸保护装置后方可进行清洁工作。

液体挥发与空气中尘埃相结合后，大颗粒的悬浮尘埃会迅速沉淀下来，但是小颗粒的尘埃会悬浮在空中很长时间，并有可能随通风系统飘到其他地方。在实验室内一旦发生液体的泄漏，应考虑潜在的空气尘埃问题。

2. 控制预案

实验室有关溢出物的控制应制定相应预案，包括培训实验室人员正确地处理事故，编写操作规程，为受训的处理人员提供有关信息的来源以帮助他们能够正确地了解特殊的环境情况等，应对溢出评价结果进行审查。一旦发生泄漏或溢出事故，应立即执行应急预案，并考虑通知应急服务机构。

应急处置材料和设备包括："不得进入"标志或隔离带；相关危险的标志；提供大量合适类型的吸收材料或溢出处理工具箱；合适的个体防护装备。应急处置材料和设备应存放于合适易取的地方。

3. 化学溢出物的处置

当有大量化学溢出物时，应关闭实验室内所有燃烧器具和火源，切断所有产热较大的电器或可产生电火花的装置（如有刷电机的离心机），打开窗户通风。利用最近的安全通道疏散人员，人员离开后马上关门，并通知专业人员进行处理。

当有少量化学溢出物时，留下相关人员（至少2人），其他人员撤离可能受化学溢出物影响的区域。如果化学溢出物是易燃液体，应立即关闭、隔离或移开火源。打开窗户通风。处理溢出物时，应戴乳胶手套、口罩和穿实验服。如果溢出物为吸收性有毒化学品，还应佩戴有滤器的口罩。

化学溢出物的处置方法主要有中和反应法、氧化反应法、还原反应法、吸附方法等。

（1）中和反应法。如果化学溢出物是酸性或碱性化学品，可考虑用中和反应将之中和，从而将有毒物改变性质转化为低毒或无毒的物质。酸性物质的中和剂包括石灰、苏打灰、碳酸钙、小苏打和石灰石。由于高浓度的强酸与水产生剧烈反应，因此只能使用干性中和剂。碱性物质的中和剂可使用稀释的盐或乙酸。含砷溢出物的处理，可使用硫化锌溶液和稀盐酸溶液。在中和溢出物化学品之前，应先用沙子或黏土等不助燃的物质将其围堵，再缓缓加入中和剂。

当反应完成后，用不助燃的物质吸附吸收，铲起装入适当容器中。工作人员在操作过程中应穿戴个人防护装备。

（2）氧化反应法。氧化反应可处理的溢出物有氰化物溶液、苯酚及其他有机化合物。但氧化反应在处理过程中可能产生大量热量、有毒中间体或有毒气体，因此处理人员要经过专业培训，或在专业人员的指导下操作。含氰溢出物的处理，可用硫酸亚铁稀溶液或用氢氧化钠稀溶液处理，也可用氢氧化钙覆盖方法处理。

（3）还原反应法。还原反应可处理的溢出物通常是重金属溶液，如水银、铅或铬。与氧化反应一样，在处理过程中可能产生大量热量、有毒中间体或有毒气体，因此处理人员要经过专业培训，或在专业人员的指导下操作。对于汞溢出物，可用锌粉覆盖形成汞齐或用高含量的硫化钙覆盖。汞盐用硫化锌稀溶液沉淀处理。含汞废物可用带活性炭的真空吸尘器吸收泄漏的汞蒸气进行处理。

（4）吸附方法。①吸附棉。化学溢出物的处置常用的是吸附棉。吸附棉可吸附或吸收石油烃类、各类酸性（包括氢氰酸）和碱性危险化学品。但吸附棉吸附的液体易从本体再溢出，吸附的液体化学活性和 pH 都没有改变，毒性依然存在。所以对用完的吸附棉要慎重处理，防止二次泄漏。②吸附剂。通常用于溢出物处理的吸附剂主要有四类。第一类是活性炭类，包括活性炭、碳化纤维和碳分子筛；第二类是无机吸附剂，如黏土、沙子、二氧化硅、蛭石、硅酸钙、硅胶、活性氧化铝、分子筛等；第三类是有机吸附剂，如谷壳、锯末、棉花、稻草、玉米芯碎片、粗麸皮等；第四类是合成吸附剂，可以吸附、吸收、中和、固化所有的液体和半固化物质（氢氰酸除外），是一种安全、方便的吸附材料。

十、实验室安全工作行为

对于那些由于身体状况，可能影响到其在实验室安全工作的能力或可能增加危险性的人员，需告知相关人员。下列内容适用于所有使用和进入实验室的人员。

（1）确保消防逃生通道时刻畅通。

（2）对潜在危险源时刻保持高度警惕。

（3）从事某项实验前，了解该项操作的潜在危险源，并掌握适当的安全预防措施。

（4）将所有的实验物质都视为有害，除非已确定其是安全的。

（5）根据所进行的实验类型选用合适的防护服和防护装备，个体防护装备应便于实验人员获得。

（6）及时向有关人员报告危险、失误、事故和伤害。

（7）人员服装需适合于实验室工作，如穿着防滑、密封的鞋类。不要在实验室中穿露趾的鞋子。

（8）确保宽松服饰、领带、长发远离开动中设备。不要在实验室化妆或佩戴隐形眼镜，只能佩戴那些不容易被设备卡住、不受有害物质或化学品污染的首饰，或者已经隔离这些危害。

（9）保持工作台面、架子和橱柜的干净整洁。仪器和试剂在使用后需清洁，并立即收好。

（10）在实验室工作区域内只储存所需的最少量的化学物品。

（11）妥善管理，包括立即清理溢出物、处理连包装在内的废弃物等。

（12）无论化学品的浓度高低，接触化学品后需清洗接触过的皮肤。建议在离开实验室前洗手。

（13）使用安全容器来传递化学品，用容量为 2 L 或以上的玻璃或塑料器皿。不要同时传递相互间可能发生化学反应的化学物质。传递材料时采取恰当的保护措施，如使用封闭性的容器。

（14）特殊的废弃物如碎玻璃器皿、注射器针头或放射性物质，需放在指定类型的容器中分类处理。

（15）不要在实验室内准备、处理、储存或消耗个人用食品或饮料；实验室中使用的冰箱、冷柜、烘箱和微波炉上应标明严禁用于个人制作食物或饮料。

（16）不要将个人消费的食品或饮料储存在用于存放实验室材料的冰箱、冷柜、橱柜里。

（17）不要在实验室从事一些冒失性活动，不要在实验室或走廊中奔跑。

（18）不要在实验室内和储存区域附近吸烟。

（19）开、关实验室门或进、出实验室时需小心谨慎。

（20）在隔离区工作时应为隔离状态下工作的员工提供呼救方式，并在工作期间应随时以适当的方式监视呼救。

（21）定期检查和复核内务环境和要求，给所有安全设施加贴标签并确保其良好的运行状态。

（22）定期检查安全设备以确保其正确使用和维持良好状态。

第三节　相关法律法规条款

与农产品食品检验员相关的法律法规有以下内容。

一、《中华人民共和国劳动法》相关条款

第三条　劳动者享有平等就业和选择职业的权利、取得劳动报酬的权利、休息休假的权利、获得劳动安全卫生保护的权利、接受职业技能培训的权利、享受社会保险和福利的权利、提请劳动争议处理的权利以及法律规定的其他劳动权利。

劳动者应当完成劳动任务，提高职业技能，执行劳动安全卫生规程，遵守劳动纪律和职业道德。

第五条　国家采取各种措施，促进劳动就业，发展职业教育，制定劳动标准，调节社会收入，完善社会保险，协调劳动关系，逐步提高劳动者的生活水平。

第六十六条　国家通过各种途径，采取各种措施，发展职业培训事业，开发劳动者的职业技能，提高劳动者素质，增强劳动者的就业能力和工作能力。

第六十七条　各级人民政府应当把发展职业培训纳入社会经济发展的规划，鼓励和支持有条件的企业、事业组织、社会团体和个人进行各种形式的职业培训。

第六十八条　用人单位应当建立职业培训制度，按照国家规定提取和使用职业培训经费，根据本单位实际，有计划地对劳动者进行职业培训。

从事技术工种的劳动者，上岗前必须经过培训。

第六十九条　国家确定职业分类，对规定的职业制定职业技能标准，实行职业资格证书制度，由经备案的考核鉴定机构负责对劳动者实施职业技能考核鉴定。

二、《中华人民共和国劳动合同法》相关条款

第二条　中华人民共和国境内的企业、个体经济组织、民办非企业单位等组织（以下称用人单位）与劳动者建立劳动关系，订立、履行、变更、解除或者终止劳动合同，适用本法。

国家机关、事业单位、社会团体和与其建立劳动关系的劳动者，订立、履行、变更、解除或者终止劳动合同，依照本法执行。

第三条　订立劳动合同，应当遵循合法、公平、平等自愿、协商一致、诚实信用的原则。

依法订立的劳动合同具有约束力，用人单位与劳动者应当履行劳动合同约定的义务。

第六十六条　劳动合同用工是我国的企业基本用工形式。劳务派遣用工是补充形式，只能在临时性、辅助性或者替代性的工作岗位上实施。

前款规定的临时性工作岗位是指存续时间不超过六个月的岗位；辅助性工作岗位是指为主营业务岗位提供服务的非主营业务岗位；替代性工作岗位是指用工单位的劳动者因脱产学习、休假等原因无法工作的一定期间内，可以由其他劳动者替代工作的岗位。

用工单位应当严格控制劳务派遣用工数量，不得超过其用工总量的一定比例，具体比例由国务院劳动行政部门规定。

三、《中华人民共和国食品安全法》相关条款

第三条　食品安全工作实行预防为主、风险管理、全程控制、社会共治，建立科学、严格的监督管理制度。

第十四条　国家建立食品安全风险监测制度，对食源性疾病、食品污染以及食品中的有害因素进行监测。

国务院卫生行政部门会同国务院食品安全监督管理等部门，制定、实施国家食品安全风险监测计划。

国务院食品安全监督管理部门和其他有关部门获知有关食品安全风险信息后，应当立即核实并向国务院卫生行政部门通报。对有关部门通报的食品安全风险信息以及医疗机构报告的食源性疾病等有关疾病信息，国务院卫生行政部门应当会同国务院有关部门分析研究，认为必要的，及时调整国家食品安全风险监测计划。

省、自治区、直辖市人民政府卫生行政部门会同同级食品安全监督管理等部门，根据国家食品安全风险监测计划，结合本行政区域的具体情况，制定、调整本行政区域的食品安全风险监测方案，报国务院卫生行政部门备案并实施。

第十五条　承担食品安全风险监测工作的技术机构应当根据食品安全风险监测计划和监测方案开展监测工作，保证监测数据真实、准确，并按照食品安全风险监测计划和监测方案的要求报送监测数据和分析结果。

食品安全风险监测工作人员有权进入相关食用农产品种植养殖、食品生产经营场所采集样品、收集相关数据。采集样品应当按照市场价格支付费用。

第二十五条　食品安全标准是强制执行的标准。除食品安全标准外，不得制定其他

食品强制性标准。

第二十六条　食品安全标准应当包括下列内容：

（一）食品、食品添加剂、食品相关产品中的致病性微生物，农药残留、兽药残留、生物毒素、重金属等污染物质以及其他危害人体健康物质的限量规定；

（二）食品添加剂的品种、使用范围、用量；

（三）专供婴幼儿和其他特定人群的主辅食品的营养成分要求；

（四）对与卫生、营养等食品安全要求有关的标签、标志、说明书的要求；

（五）食品生产经营过程的卫生要求；

（六）与食品安全有关的质量要求；

（七）与食品安全有关的食品检验方法与规程；

（八）其他需要制定为食品安全标准的内容。

第二十七条　食品安全国家标准由国务院卫生行政部门会同国务院食品安全监督管理部门制定、公布，国务院标准化行政部门提供国家标准编号。

食品中农药残留、兽药残留的限量规定及其检验方法与规程由国务院卫生行政部门、国务院农业行政部门会同国务院食品安全监督管理部门制定。

屠宰畜、禽的检验规程由国务院农业行政部门会同国务院卫生行政部门制定。

第二十九条　对地方特色食品，没有食品安全国家标准的，省、自治区、直辖市人民政府卫生行政部门可以制定并公布食品安全地方标准，报国务院卫生行政部门备案。食品安全国家标准制定后，该地方标准即行废止。

第八十四条　食品检验机构按照国家有关认证认可的规定取得资质认定后，方可从事食品检验活动。但是，法律另有规定的除外。

食品检验机构的资质认定条件和检验规范，由国务院食品安全监督管理部门规定。

符合本法规定的食品检验机构出具的检验报告具有同等效力。

县级以上人民政府应当整合食品检验资源，实现资源共享。

第八十五条　食品检验由食品检验机构指定的检验人独立进行。

检验人应当依照有关法律、法规的规定，并按照食品安全标准和检验规范对食品进行检验，尊重科学，恪守职业道德，保证出具的检验数据和结论客观、公正，不得出具虚假检验报告。

第八十六条　食品检验实行食品检验机构与检验人负责制。食品检验报告应当加盖食品检验机构公章，并有检验人的签名或者盖章。食品检验机构和检验人对出具的食品检验报告负责。

第八十七条　县级以上人民政府食品安全监督管理部门应当对食品进行定期或者不定期的抽样检验，并依据有关规定公布检验结果，不得免检。进行抽样检验，应当购买抽取的样品，委托符合本法规定的食品检验机构进行检验，并支付相关费用；不得向食品生产经营者收取检验费和其他费用。

第八十八条　对依照本法规定实施的检验结论有异议的，食品生产经营者可以自收到检验结论之日起七个工作日内向实施抽样检验的食品安全监督管理部门或者其上一级食品安全监督管理部门提出复检申请，由受理复检申请的食品安全监督管理部门在公布的复检机构名录中随机确定复检机构进行复检。复检机构出具的复检结论为最终检验结论。复检机构与初检机构不得为同一机构。复检机构名录由国务院认证认可监督管理、食品安全监督管理、卫生行政、农业行政等部门共同公布。

采用国家规定的快速检测方法对食用农产品进行抽查检测，被抽查人对检测结果有异议的，可以自收到检测结果时起四小时内申请复检。复检不得采用快速检测方法。

第九十条 食品添加剂的检验，适用本法有关食品检验的规定。

四、《中华人民共和国农产品质量安全法》相关条款

第二条 本法所称农产品，是指来源于种植业、林业、畜牧业和渔业等的初级产品，即在农业活动中获得的植物、动物、微生物及其产品。

本法所称农产品质量安全，是指农产品质量达到农产品质量安全标准，符合保障人的健康、安全的要求。

第四条 国家加强农产品质量安全工作，实行源头治理、风险管理、全程控制，建立科学、严格的监督管理制度，构建协同、高效的社会共治体系。

第十六条 国家建立健全农产品质量安全标准体系，确保严格实施。农产品质量安全标准是强制执行的标准，包括以下与农产品质量安全有关的要求：

（一）农业投入品质量要求、使用范围、用法、用量、安全间隔期和休药期规定；

（二）农产品产地环境、生产过程管控、储存、运输要求；

（三）农产品关键成分指标等要求；

（四）与屠宰畜禽有关的检验规程；

（五）其他与农产品质量安全有关的强制性要求。

《中华人民共和国食品安全法》对食用农产品的有关质量安全标准作出规定的，依照其规定执行。

第四十八条 农产品质量安全检测应当充分利用现有的符合条件的检测机构。

从事农产品质量安全检测的机构，应当具备相应的检测条件和能力，由省级以上人民政府农业农村主管部门或者其授权的部门考核合格。具体办法由国务院农业农村主管部门制定。

农产品质量安全检测机构应当依法经资质认定。

第四十九条 从事农产品质量安全检测工作的人员，应当具备相应的专业知识和实际操作技能，遵纪守法，恪守职业道德。

农产品质量安全检测机构对出具的检测报告负责。检测报告应当客观公正，检测数据应当真实可靠，禁止出具虚假检测报告。

第五十条 县级以上地方人民政府农业农村主管部门可以采用国务院农业农村主管部门会同国务院市场监督管理等部门认定的快速检测方法，开展农产品质量安全监督抽查检测。抽查检测结果确定有关农产品不符合农产品质量安全标准的，可以作为行政处罚的证据。

第五十一条 农产品生产经营者对监督抽查检测结果有异议的，可以自收到检测结果之日起五个工作日内，向实施农产品质量安全监督抽查的农业农村主管部门或者其上

一级农业农村主管部门申请复检。复检机构与初检机构不得为同一机构。

采用快速检测方法进行农产品质量安全监督抽查检测，被抽查人对检测结果有异议的，可以自收到检测结果时起四小时内申请复检。复检不得采用快速检测方法。

复检机构应当自收到复检样品之日起七个工作日内出具检测报告。

因检测结果错误给当事人造成损害的，依法承担赔偿责任。

第六十五条 农产品质量安全检测机构、检测人员出具虚假检测报告的，由县级以上人民政府农业农村主管部门没收所收取的检测费用，检测费用不足一万元的，并处五万元以上十万元以下罚款，检测费用一万元以上的，并处检测费用五倍以上十倍以下罚款；对直接负责的主管人员和其他直接责任人员处一万元以上五万元以下罚款；使消费者的合法权益受到损害的，农产品质量安全检测机构应当与农产品生产经营者承担连带责任。

因农产品质量安全违法行为受到刑事处罚或者因出具虚假检测报告导致发生重大农产品质量安全事故的检测人员，终身不得从事农产品质量安全检测工作。农产品质量安全检测机构不得聘用上述人员。

农产品质量安全检测机构有前两款违法行为的，由授予其资质的主管部门或者机构吊销该农产品质量安全检测机构的资质证书。

五、《中华人民共和国产品质量法》相关条款

第二条 在中华人民共和国境内从事产品生产、销售活动，必须遵守本法。

本法所称产品是指经过加工、制作，用于销售的产品。

建设工程不适用本法规定；但是，建设工程使用的建筑材料、建筑构配件和设备，属于前款规定的产品范围的，适用本法规定。

第十三条 可能危及人体健康和人身、财产安全的工业产品，必须符合保障人体健康和人身、财产安全的国家标准、行业标准；未制定国家标准、行业标准的，必须符合保障人体健康和人身、财产安全的要求。

禁止生产、销售不符合保障人体健康和人身、财产安全的标准和要求的工业产品。具体管理办法由国务院规定。

第十五条 国家对产品质量实行以抽查为主要方式的监督检查制度，对可能危及人体健康和人身、财产安全的产品，影响国计民生的重要工业产品以及消费者、有关组织反映有质量问题的产品进行抽查。抽查的样品应当在市场上或者企业成品仓库内的待销产品中随机抽取。监督抽查工作由国务院产品质量监督部门规划和组织。县级以上地方产品质量监督部门在本行政区域内也可以组织监督抽查。法律对产品质量的监督检查另有规定的，依照有关法律的规定执行。

国家监督抽查的产品，地方不得另行重复抽查；上级监督抽查的产品，下级不得另行重复抽查。

根据监督抽查的需要，可以对产品进行检验。检验抽取样品的数量不得超过检验的合理需要，并不得向被检查人收取检验费用。监督抽查所需检验费用按照国务院规定列支。

生产者、销售者对抽查检验的结果有异议的，可以自收到检验结果之日起十五日内向实施监督抽查的产品质量监督部门或者其上级产品质量监督部门申请复检，由受理复

检的产品质量监督部门作出复检结论。

第十九条 产品质量检验机构必须具备相应的检测条件和能力，经省级以上人民政府产品质量监督部门或者其授权的部门考核合格后，方可承担产品质量检验工作。法律、行政法规对产品质量检验机构另有规定的，依照有关法律、行政法规的规定执行。

第二十条 从事产品质量检验、认证的社会中介机构必须依法设立，不得与行政机关和其他国家机关存在隶属关系或者其他利益关系。

第二十一条 产品质量检验机构、认证机构必须依法按照有关标准，客观、公正地出具检验结果或者认证证明。

产品质量认证机构应当依照国家规定对准许使用认证标志的产品进行认证后的跟踪检查；对不符合认证标准而使用认证标志的，要求其改正；情节严重的，取消其使用认证标志的资格。

六、《中华人民共和国计量法实施细则》相关条款

第四条 计量基准器具（简称计量基准，下同）的使用必须具备下列条件：

（一）经国家鉴定合格；

（二）具有正常工作所需要的环境条件；

（三）具有称职的保存、维护、使用人员；

（四）具有完善的管理制度。

符合上述条件的，经国务院计量行政部门审批并颁发计量基准证书后，方可使用。

第十一条 使用实行强制检定的计量标准的单位和个人，应当向主持考核该项计量标准的有关人民政府计量行政部门申请周期检定。

使用实行强制检定的工作计量器具的单位和个人，应当向当地县（市）级人民政府计量行政部门指定的计量检定机构申请周期检定。当地不能检定的，向上一级人民政府计量行政部门指定的计量检定机构申请周期检定。

第二十九条 为社会提供公证数据的产品质量检验机构，必须经省级以上人民政府计量行政部门计量认证。

第三十条 产品质量检验机构计量认证的内容：

（一）计量检定、测试设备的性能；

（二）计量检定、测试设备的工作环境和人员的操作技能；

（三）保证量值统一、准确的措施及检测数据公正可靠的管理制度。

七、《中华人民共和国标准化法》相关条款

第二条 本法所称标准（含标准样品），是指农业、工业、服务业以及社会事业等领域需要统一的技术要求。

标准包括国家标准、行业标准、地方标准和团体标准、企业标准。国家标准分为强制性标准、推荐性标准，行业标准、地方标准是推荐性标准。

强制性标准必须执行。国家鼓励采用推荐性标准。

第十条 对保障人身健康和生命财产安全、国家安全、生态环境安全以及满足经济

社会管理基本需要的技术要求，应当制定强制性国家标准。

国务院有关行政主管部门依据职责负责强制性国家标准的项目提出、组织起草、征求意见和技术审查。国务院标准化行政主管部门负责强制性国家标准的立项、编号和对外通报。国务院标准化行政主管部门应当对拟制定的强制性国家标准是否符合前款规定进行立项审查，对符合前款规定的予以立项。

省、自治区、直辖市人民政府标准化行政主管部门可以向国务院标准化行政主管部门提出强制性国家标准的立项建议，由国务院标准化行政主管部门会同国务院有关行政主管部门决定。社会团体、企业事业组织以及公民可以向国务院标准化行政主管部门提出强制性国家标准的立项建议，国务院标准化行政主管部门认为需要立项的，会同国务院有关行政主管部门决定。

强制性国家标准由国务院批准发布或者授权批准发布。

法律、行政法规和国务院决定对强制性标准的制定另有规定的，从其规定。

第十一条 对满足基础通用、与强制性国家标准配套、对各有关行业起引领作用等需要的技术要求，可以制定推荐性国家标准。

推荐性国家标准由国务院标准化行政主管部门制定。

第十二条 对没有推荐性国家标准、需要在全国某个行业范围内统一的技术要求，可以制定行业标准。

行政标准由国务院有关行政主管部门制定，报国务院标准化行政主管部门备案。

第十三条 为满足地方自然条件、风俗习惯等特殊技术要求，可以制定地方标准。

地方标准由省、自治区、直辖市人民政府标准化行政主管部门制定；设区的市级人民政府标准化行政主管部门根据本行政区域的特殊需要，经所在地省、自治区、直辖市人民政府标准化行政主管部门批准，可以制定本行政区域的地方标准。地方标准由省、自治区、直辖市人民政府标准化行政主管部门报国务院标准化行政主管部门备案，由国务院标准化行政主管部门通报国务院有关行政主管部门。

第十八条 国家鼓励学会、协会、商会、联合会、产业技术联盟等社会团体协调相关市场主体共同制定满足市场和创新需要的团体标准，由本团体成员约定采用或者按照本团体的规定供社会自愿采用。

制定团体标准，应当遵循开放、透明、公平的原则，保证各参与主体获取相关信息，反映各参与主体的共同需求，并应当组织对标准相关事项进行调查分析、实验、论证。

国务院标准化行政主管部门会同国务院有关行政主管部门对团体标准的制定进行规范、引导和监督。

第十九条 企业可以根据需要自行制定企业标准，或者与其他企业联合制定企业标准。

第二十一条 推荐性国家标准、行业标准、地方标准、团体标准、企业标准的技术要求不得低于强制性国家标准的相关技术要求。

国家鼓励社会团体、企业制定高于推荐性标准相关技术要求的团体标准、企业标准。

八、食品安全国家标准与农产品质量安全标准

截至 2025 年 3 月，我国共发布食品安全国家标准 1660 项，其中通用标准 15 项、食

品产品标准 72 项、特殊膳食食品标准 10 项、食品添加剂质量规格及相关标准 643 项、食品营养强化剂质量规格标准 79 项、食品相关产品标准 18 项、生产经营规范标准 39 项、理化检验方法标准 267 项、寄生虫检验方法标准 6 项、微生物检验方法标准 46 项、毒理学检验方法与规程标准 29 项、农药残留检测方法标准 120 项、兽药残留检测方法标准 95 项、被替代（拟替代）和已废止（待废止）标准 221 项。其中与食用农产品质量直接相关的通用标准有以下几项。

1. 《食品安全国家标准　食品添加剂使用标准》（GB 2760—2024）

该标准于 2025 年 2 月 8 日实施，规定了食品添加剂的使用原则、允许使用的食品添加剂品种、使用范围及最大使用量或残留量。2024 年版本与 2014 版本相比，食品添加剂的定义增加了营养强化剂；纳入了自 GB 2760—2014 实施以来国家卫生健康委员会（原国家卫生和计划生育委员会）以公告形式批准使用的食品添加剂品种和使用规定；根据对食品添加剂安全性和工艺必要性的最新评估结果，修订了部分食品添加剂的品种和/或使用规定；为进一步规范食品用香料的使用，修订了食品用香料、香精的使用原则；根据目前食品工业的发展现状及发展趋势，修改了食品类别等。

该标准是食品添加剂能否在食用农产品或加工食品上使用的重要指引。

2. 《食品安全国家标准　食品中真菌毒素限量》（GB 2761—2017）

标准中规定了食品中黄曲霉毒素 B_1、黄曲霉毒素 M_1、脱氧雪腐镰刀菌烯醇、展青霉素、赭曲霉毒素 A 及玉米赤霉烯酮六种真菌毒素的限量指标。

标准的应用原则第三条规定：食品类别（名称）说明（附录 A）用于界定真菌毒素限量的适用范围，仅适用于本标准。当某种真菌毒素限量应用于某一食品类别（名称）时，则该食品类别（名称）内的所有类别食品均适用，有特别规定的除外。如藜麦在标准的食品类别中未提及，但藜麦属于谷物，所以可以用谷物的限量进行判定。

食品中真菌毒素的检测方法标准：

1）黄曲霉毒素 B_1

《食品安全国家标准　食品中黄曲霉毒素 B 族和 G 族的测定》（GB 5009.22—2016）。

《粮油检验　粮食中黄曲霉毒素 B_1、B_2、G_1、G_2 的测定　超高效液相色谱法》（LS/T 6128—2017）。

《粮油检验　粮食中黄曲霉毒素 B_1 测定　胶体金快速定量法》（LS/T 6111—2015）。

2）黄曲霉毒素 M_1

《食品安全国家标准　食品中黄曲霉毒素 M 族的测定》（GB 5009.24—2016）。

《牛乳中黄曲霉毒素 M_1 的快速检测　双流向酶联免疫法》（NY/T 1664—2008）。

《商品化试剂盒检测方法　黄曲霉毒素 M_1 方法一》（SN/T 4534.1—2016）。

3）脱氧雪腐镰刀菌烯醇

《食品安全国家标准　食品中脱氧雪腐镰刀菌烯醇及其乙酰化衍生物的测定》（GB 5009.111—2016）。

《出口食品中脱氧雪腐镰刀菌烯醇、3-乙酰脱氧雪腐镰刀菌烯醇、15-乙酰脱氧雪腐镰刀菌烯醇及其代谢物的测定　液相色谱-质谱/质谱法》（SN/T 3137—2012）。

《粮油检验 粮食中脱氧雪腐镰刀菌烯醇的测定 超高效液相色谱法》（LS/T 6127—2017）。

4）展青霉素

《食品安全国家标准 食品中展青霉素的测定》（GB 5009.185—2016）。

5）赭曲霉毒素 A

《食品安全国家标准 食品中赭曲霉毒素 A 的测定》（GB 5009.96—2016）。

《粮油检验 粮食中赭曲霉毒素 A 的测定 超高效液相色谱法》（LS/T 6126—2017）。

6）玉米赤霉烯酮

《食品安全国家标准 食品中玉米赤霉烯酮的测定》（GB 5009.209—2016）。

7）伏马菌素

《食品安全国家标准 食品中伏马菌素的测定》（GB 5009.240—2023）。

8）T-2 毒素

《食品安全国家标准 食品中 T-2 毒素的测定》（GB 5009.118—2016）。

9）桔青霉素

《食品安全国家标准 食品中桔青霉素的测定》（GB 5009.222—2016）。

3. 《食品安全国家标准 食品中污染物限量》（GB 2762—2022）

标准中规定了食品中铅、镉、汞、砷、锡、镍、铬、亚硝酸盐、硝酸盐、苯并［a］芘、N-二甲基亚硝胺、多氯联苯、3-氯-1,2-丙二醇的限量指标。

"可食用部分"是指食品原料经过机械手段（如谷物碾磨、水果剥皮、坚果去壳、肉去骨、鱼去刺、贝去壳等）去除非食用部分后，所得到的用于食用的部分。

GB 2761—2017 和 GB 2762—2022 标准中规定的食品中污染物限量如无特别规定的，均是以食品的可食用部分计算。

《食品安全国家标准 食品中农药最大残留限量》（GB 2763—2021）中规定的限量是按取样部位计算。

《食品安全国家标准 食品中兽药最大残留量》（GB 31650—2019）中规定的限量是按食品动物的动物性食品取样部位计算。

动物性食品包括：畜禽的肌肉、脂肪/皮＋脂、肝脏、肾脏、奶、蛋、可食下水等；水产品的皮和肉；蜂产品的蜂蜜、蜂王浆等。

GB 2762—2022 中规定的污染物是指除农药残留、兽药残留、生物毒素和放射性物质以外的污染物。

限量：污染物在食品原料和（或）食品成品可食用部分中允许的最大含量水平。

标准的应用原则规定：食品类别（名称）说明（附录 A）用于界定污染物限量的适用范围，仅适用于本标准。当某种污染物限量应用于某一食品类别（名称）时，则该食品类别（名称）内的所有类别食品均适用，有特别规定的除外。如仙人掌在食品类别中未提及，但仙人掌属于其他新鲜蔬菜，可以用其他新鲜蔬菜的限量进行判定。

对于肉类干制品、干制水产品、干制食用菌，限量指标对新鲜食品和相应制品都有要求的情况下，干制品中污染物限量应以相应新鲜食品中污染物限量结合其脱水率或浓缩率折算。脱水率或浓缩率可通过对食品的分析、生产者提供的信息以及其他可获得的数据信息等确定。有特别规定的除外。如食用菌中铅的限量为 1 mg/kg，这是指新鲜食用菌，如果测定干香菇，则限量值要结合其脱水率或浓缩率折算。

在 GB 2762—2022 中水产动物及其制品、肉食性鱼类及其制品规定了甲基汞的限量。

在 GB 2762—2022 中稻谷、糙米、大米、水产动物及其制品、鱼类及其制品、水产调味品、鱼类调味品、婴幼儿谷类辅助食品、添加藻类的产品、婴幼儿罐装辅助食品、以水产及动物肝脏为原料的产品制定了无机砷的限量。

食品污染物的检测方法标准有以下几种。

（1）铅：《食品安全国家标准　食品中铅的测定》（GB 5009.12—2023）。

（2）镉：《食品安全国家标准　食品中镉的测定》（GB 5009.15—2023）。

（3）总汞、甲基汞：《食品安全国家标准　食品中总汞及有机汞的测定》（GB 5009.17—2021）。

（4）总砷、无机砷：《食品安全国家标准　食品中总砷及无机砷的测定》（GB 5009.11—2024）。

（5）锡：《食品安全国家标准　食品中锡的测定》（GB 5009.16—2023）。

（6）镍：《食品安全国家标准　食品中镍的测定》（GB 5009.138—2017）。

（7）铬：《食品安全国家标准　食品中铬的测定》（GB 5009.123—2023）。

（8）亚硝酸盐、硝酸盐：《食品安全国家标准　食品中亚硝酸盐与硝酸盐的测定》（GB 5009.33—2016）。

（9）苯并（a）芘：《食品安全国家标准　食品中苯并（a）芘的测定》（GB 5009.27—2016）。

（10）N-二甲基亚硝胺：《食品安全国家标准　食品中 N-亚硝胺类化合物的测定》（GB 5009.26—2016）。

（11）多氯联苯：《食品安全国家标准　食品中指示性多氯联苯含量的测定》（GB 5009.190—2014）。

（12）3-氯-1,2-丙二醇：《食品安全国家标准　食品中氯丙醇及其脂肪酸酯含量的测定》（GB 5009.191—2016）。

元素检测主要使用原子吸收分光光度计和原子荧光光度计。除以上标准外，还有使用 ICP 和 ICP-MS 进行多元素测定的标准《食品安全国家标准　食品中多元素的测定》（GB 5009.268—2016）。

4.《食品安全国家标准　食品中农药最大残留限量》（GB 2763—2021）和《食品安全国家标准　食品中 2,4-滴丁酸钠盐等 112 种农药最大残留限量》（GB 2763.1—2022）

GB 2763—2021 标准中包括了 564 种农药（在我国已登记的农药 428 种，禁限用农药 49 种，我国禁用外未登记的农药 87 种，豁免制定限量的低风险农药 44 种）在食品中的 10 092 项最大允许残留限量标准。

目前在我国登记的农药有 710 种左右，禁用农药 50 种，部分禁用（限用农药）32 种。

GB 2763—2021 标准中，涉及的农产品和食品包括：蔬菜、水果、干制蔬菜、干制水果、坚果、谷物、油料和油脂、糖料、饮料类、调味料、水产品、生乳、哺乳动物肉类、哺乳动物脂肪、禽肉类、内脏、蛋类、药用植物等。

国家农残限量标准体系包括：正式限量（以残留数据为基础制定）；临时限量；进口限量；豁免残留限量；一律限量（农药已登记，但作物没有登记）。临时限量的法律效力同正式限量。

当存在下述情形时，豁免制定残留限量：当农药毒性很低，按照标签规定使用后，食品中农药残留不会对健康产生不可接受风险时；当农药的使用仅带来微小的膳食摄入风险时。

GB 2763.1—2022 标准包括了 112 种农药，最大允许残留限量值 290 项。

GB 2763.1—2022 范围中规定：GB 2763—2021 规定的同一农药和食品的限量值与本文件不同时，以本文件为准。

与 GB 2763—2021 版标准相比，新增加的农药种类有 20 个，其他绝大多数都是经常使用的农药，只是增加了适用的范围和修改了部分限量值。

GB 2763—2021 标准范围中写明"如某种农药的最大残留限量应用于某一食品类别时，在该食品类别下的所有食品均适用，有特别规定的除外"。

如在西葫芦上检测出氰霜唑，在 GB 2763—2021 中没有规定限量，但在瓜类蔬菜上规定其限量值是 0.09 mg/kg，由于西葫芦属于瓜类蔬菜，所以可以按瓜类蔬菜的限量值对西葫芦进行判定。

植物源食品农残检测方法目前应用最多的是 GB 23200.113—2018 和 GB 23200.121—2021，这两个标准经过修订，检测参数 GB 23200.113—2018 从原来的 208 个增加到 242 个，GB 23200.121—2021 从原来的 331 个增加到 352 个。

今后农药残留检测方法标准的编号均为 GB 23200 系列。

5. 《食品安全国家标准　食品中兽药最大残留限量》（GB 31650—2019）和《食品安全国家标准　食品中 41 种兽药最大残留限量》（GB 31650.1—2022）

GB 31650—2019 标准中规定了 267 种（类）兽药在畜禽产品、水产品、蜂产品中的 2191 项残留限量及使用要求，基本覆盖了我国常用兽药品种和主要食品动物及组织。

标准中涉及的兽药有：已批准动物性食品中最大残留限量的兽药 104 种；允许用于动物食品，但不需要制定最大残留限量的兽药 154 种；允许做治疗用，但不得在动物食品中检出的兽药 9 种。

靶组织：肌肉、脂肪、肝、肾、奶、蜂蜜、蛋、皮＋肉（一般指鱼的带皮肌肉组织）。

GB 31650.1—2022 标准中规定了蛋鸡产蛋期禁用兽药有 25 种。食品动物停用的喹诺酮类药物有 4 种。农业农村部公告试行标准转化为食品安全国家标准的药物有 7 种。转化 CAC 限量标准的药物有 5 种。

动物源食品中非法添加物主要有：苏丹红；孔雀石绿（防治鱼的水霉病）；皮革水解蛋白；三聚氰胺；β-内酰胺酶（水解内酰胺酶类抗生素）。

与植物源农残检测方法不同，动物源食品中兽药残留检测方法多为单残留检测，多残留检测的参数不超过 20 个。检测方法一般使用内标法进行定量。

今后兽药残留检测方法标准的编号：畜禽组织为 GB 31613 系列，水产品为 GB 31656 系列，蜂产品为 GB 31657 系列，动物性食品为 GB 31658 系列，奶和奶粉为 GB 31659 系列。

九、食品安全国家标准的检测方法标准

《中华人民共和国食品安全法》第二十五条规定："食品安全标准是强制执行的标准。除食品安全标准外，不得制定其他食品强制性标准。"凡是涉及食品安全的指标，都必须制定为食品安全国家标准。

GB 5009 系列标准是食品安全国家标准的检测方法标准，为强制性标准，主要为通用标准。目前标准数量从 GB 5009.1—2003～GB 5009.299—2024，内容主要涉及的有理化、营养、元素、污染物、生物毒素、食品添加剂、非法添加物、农药残留、兽药残留等指标。按类别可分为十大类。

GB 23200 系列标准是食品安全国家标准，主要涉及植物源性食品中农药残留量的测定方法。

GB 4789 系列标准是食品微生物学检验标准。

1. 食品通用

通用标准主要包括理化、营养、元素、污染物、生物毒素、食品添加剂、非法添加物的检测，是 GB 5009 系列中数量最多的标准，主要包括：

《食品卫生检验方法　理化部分　总则》（GB/T 5009.1—2003）。

《食品安全国家标准　食品中水分的测定》（GB 5009.3—2016）。

《食品安全国家标准　食品中铅的测定》（GB 5009.12—2023）。

《食品安全国家标准　食品中黄曲霉毒素 B 族和 G 族的测定》（GB 5009.22—2016）。

《食品安全国家标准　食品中苯并（a）芘的测定》（GB 5009.27—2016）。

《食品安全国家标准　食品中阿斯巴甜和阿力甜的测定》（GB 5009.263—2016）。

2. 粮油

《食品安全国家标准　食用油中极性组分（PC）的测定》（GB 5009.202—2016）。

《食品安全国家标准　动植物油脂水分及挥发物的测定》（GB 5009.236—2016）。

《食品安全国家标准　动植物油脂中聚二甲基硅氧烷的测定》（GB 5009.254—2016）。

3. 果蔬及其制品

《蔬菜、水果卫生标准的分析方法》（GB/T 5009.38—2003）。

《水果和蔬菜中多种农药残留量的测定》（GB/T 5009.218—2008）。

《食品安全国家标准　水果、蔬菜及其制品中甲酸的测定》（GB 5009.232—2016）。

4. 调味品

《酱油卫生标准的分析方法》（GB/T 5009.39—2003）。

《酱卫生标准的分析方法》（GB/T 5009.40—2003）。

《食醋卫生标准的分析方法》（GB/T 5009.41—2003）。

《食品安全国家标准 味精中谷氨酸钠的测定》（GB 5009.43—2023）。

《食品安全国家标准 铁强化酱油中乙二胺四乙酸铁钠的测定》（GB 5009.249—2016）。

5. 水产及其制品

《食品安全国家标准 贝类中失忆性贝类毒素的测定》（GB 5009.198—2016）。
《食品安全国家标准 水产品中河豚毒素的测定》（GB 5009.206—2016）。
《食品安全国家标准 贝类中腹泻性贝类毒素的测定》（GB 5009.212—2016）。
《食品安全国家标准 贝类中麻痹性贝类毒素的测定》（GB 5009.213—2016）。
《食品安全国家标准 水产品中西加毒素的测定》（GB 5009.274—2016）。

6. 豆制品

《非发酵性豆制品及面筋卫生标准的分析方法》（GB/T 5009.51—2003）。

《发酵性豆制品卫生标准的分析方法》（GB/T 5009.52—2003）。

《食品安全国家标准 大豆制品中胰蛋白酶抑制剂活性的测定》（GB 5009.224—2016）。

7. 饮料、酒

《冷饮食品卫生标准的分析方法》（GB/T 5009.50—2003）。

《食品安全国家标准 饮料中咖啡因的测定》（GB 5009.139—2014）。

《蒸馏酒与配制酒卫生标准的分析方法》（GB/T 5009.48—2003）。

《发酵酒及其配制酒卫生标准的分析方法》（GB/T 5009.49—2008）。

《食品安全国家标准 酒和食用酒精中乙醇浓度的测定》（GB 5009.225—2023）。

8. 保健食品

《保健食品中褪黑素含量的测定》（GB/T 5009.170—2003）。

《保健食品中超氧化物歧化酶（SOD）活性的测定》（GB/T 5009.171—2003）。

《保健食品中肌醇的测定》（GB/T 5009.196—2003）。

《保健食品中维生素 B_{12} 的测定》（GB/T 5009.217—2008）。

9. 包装容器

《食品包装用聚乙烯树脂卫生标准的分析方法》（GB/T 5009.58—2003）。

《食品包装用聚苯乙烯树脂卫生标准的分析方法》（GB/T 5009.59—2003）。

《食品安全国家标准 食品接触材料及制品迁移试验预处理方法通则》（GB 5009.156—2016）。

10. 农兽残

《植物性食品中氯氰菊酯、氰戊菊酯和溴氰菊酯残留量的测定》（GB/T 5009.110—2003）。

《植物性食品中三唑酮残留量的测定》（GB/T 5009.126—2003）。

《动物性食品中有机氯农药和拟除虫菊酯农药多组分残留量的测定》（GB/T 5009.162—2008）。

《食品安全国家标准　动物源性食品中全氟辛烷磺酸（PFOS）和全氟辛酸（PFOA）的测定》（GB 5009.253—2016）。

十、检测实验室安全标准

实验室的安全是检测工作最重要的要求，进入实验室的每个检测人员都必须进行实验室安全相关知识的培训，考核合格后才能上岗，并在检测工作中认真执行。检测实验室安全国家标准是《检测实验室安全》（GB/T 27476），标准分为如下几个部分。

《检测实验室安全　第 1 部分：总则》（GB/T 27476.1—2014）；

《检测实验室安全　第 2 部分：电气因素》（GB/T 27476.2—2014）；

《检测实验室安全　第 3 部分：机械因素》（GB/T 27476.3—2014）；

《检测实验室安全　第 4 部分：非电离辐射因素》（GB/T 27476.4—2014）；

《检测实验室安全　第 5 部分：化学因素》（GB/T 27476.5-2014）；

《检测实验室安全　第 6 部分：电离辐射因素》（GB/T 27476.6—2020）；

《检测实验室安全　第 7 部分：工效学因素》（GB/T 27476.7—2022）。

第二章　样品准备及处理

第一节　常用前处理设备

一、高速匀浆机

高速匀浆机在样品的处理上主要有两种作用。一是用于样品的粉碎匀浆，一般为营养调理机或细胞破壁机，其转速要求在 25 000 r/min 以上，这样能将样品充分粉碎匀浆。二是用于样品的提取，用于样品提取的高速匀浆机主要用于农兽残样品的提取，其方法称为组织捣碎法或称匀浆提取法。一般操作是样本加提取剂后高速捣碎，使溶剂与微细试样反复紧密接触、萃取，从而提取出检测成分。此法的优点是简便、快速、效果好。

许多农兽残检测方法都是使用高速匀浆机进行样品的提取。具体操作步骤如下：

（1）安装好实验需要的转头。

（2）转头深入待匀浆样品中，不能接触杯壁，打开电源开关。

（3）调节速度旋钮至所需要转速。

（4）实验结束后，转头先用自来水清洗干净，然后用有机试剂清洗，擦干。

高速匀浆机操作注意事项：

（1）开机之前，注意电源与电机上的电压是否相符。

（2）由于电机转速高，如连续使用会使电机烧坏，因此使用时间以 3 min 为限，停止 5 min 后方可使用。

（3）机器不宜空转，使用时必须放入少量液体或油脂。

（4）放入物料时须缓缓加入，先开慢挡，后开快挡，但慢挡只能作起步作用，不宜常用。

二、旋转蒸发仪

旋转蒸发仪主要用于在减压条件下连续蒸馏大量易挥发性溶剂。其基本原理就是减压蒸馏，也就是在减压情况下，当溶剂蒸馏时，蒸馏烧瓶在连续转动，瓶内溶液在负压下在旋转烧瓶内进行加热扩散蒸发。旋转蒸发器系统可以密封减压至 53.33～79.99 kPa；同时用加热浴加热蒸馏瓶中的溶剂；同时还可进行旋转，使溶剂的液面不断更新，增大蒸发面积。此外，在高效冷却器作用下，可将热蒸气迅速液化，回收溶剂。

旋转蒸发仪的主要部件包括：带有标准磨口接口的梨形或茄形蒸发瓶；回流蛇形冷凝管、真空泵、在线加料阀、循环水冷却器、真空泵及水浴。温度对溶剂的蒸发速度有很大的影响。蒸发瓶转速一般推荐设置在 50～160 r/min 范围内。

旋转蒸发仪的操作步骤如下。

（1）高低调节：手动升降，转动机柱上面的手轮，顺转为上升，逆转为下降；电动升降，手触上升键主机上升，手触下降键主机下降。

（2）冷凝器上有两个外接头是接冷却水用的，一头接进水，一般接自来水，另一头接出水，最好使用冷却循环系统。上端口装抽真空接头，接真空泵皮管抽真空用。

（3）将水浴温度调节到规定温度。

（4）放浓缩瓶，溶液量一般不超过 2/3 为适宜，打开真空泵，开动电机转动蒸馏烧瓶，然后慢慢往右旋至所需要的转速，一般大蒸发瓶用中、低速，黏度大的溶液用较低转速。

（5）浓缩结束时，应先停止旋转，再关闭真空泵或通大气，以防蒸馏烧瓶在转动中脱落。

旋转蒸发仪的操作注意事项：

（1）玻璃件有污垢时，可用温热的盐酸溶液洗涤。

（2）每次使用后，抬起蒸发瓶，延长仪器使用寿命。

（3）正常使用的仪器，需要 1～2 年更换一次旋转密封圈。

（4）水浴锅的水最好使用经过处理的、硬度较低的水，以防结垢或生锈，并注意使用完后清洗锅体，除垢。

（5）在旋蒸黏度较大的样品时，应适当降低旋转速度。

（6）使用时要先抽小真空，再开旋转，以防蒸馏烧瓶滑落；停止时，先停旋转，手扶蒸馏烧瓶，通大气，待真空度降到 0.04 MPa 左右再停真空泵，以防蒸馏瓶脱落及倒吸。

（7）水浴通电前必须加水，不允许无水干烧。

（8）旋转蒸发仪冷却尽量使用循环冷却系统，将温度设置在 4 ℃左右。

三、氮吹仪

氮吹仪主要是用于液相色谱、气相色谱及质谱分析中的样品的浓缩，具有省时、操作方便、容易控制等特点。

1. 氮吹仪的原理

将氮气吹入加热样品的表面，加强周围的空气流动和升高温度可以使样品中的溶剂快速蒸发而进行样品浓缩。氮气是一种不活泼的气体，能起到隔绝空气的作用，防止氧化。氮吹仪和旋转蒸发仪都可以进行样品浓缩，但氮吹仪能同时浓缩多个样品，使样品浓缩时间大为缩短。

2. 氮吹仪的种类

氮吹仪分为干式氮吹仪和水浴全自动式氮吹仪两种，区别如下。

（1）温度范围：干式的温度范围是室温～150 ℃，水浴全自动式氮吹仪为室温～100 ℃。

（2）加热方式：干式的是铝块加热，水浴全自动式的是直接用水加热，如图 2.1.1 和图 2.1.2 所示。

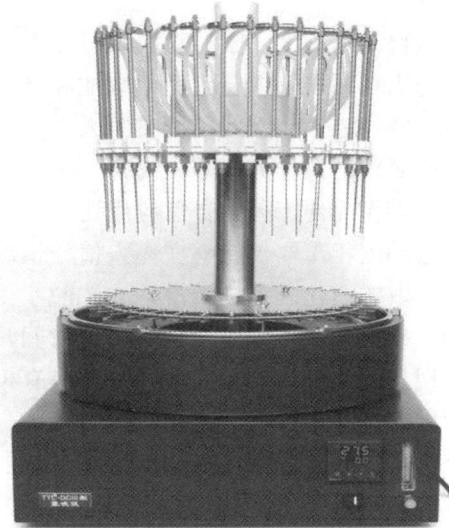

图 2.1.1　干式氮吹仪　　　　　　　　图 2.1.2　水浴全自动式氮吹仪

注意： 进行农残检测样品浓缩时，不推荐使用干式氮吹仪，因为干式的是铝块加热，是将试管插入铝块孔径中，浓缩操作的关键点是将样品浓缩至近干，而干式试管在孔径底部，无法及时观测到浓缩情况，往往易造成浓缩至干，造成被测组分的损失。如使用量较大的话，建议选购一个氮气发生器，氮吹仪使用氮气纯度为 99%或 99.9%便可。

3.　水浴全自动式氮吹仪的使用

（1）氮吹仪安装好后，底盘支撑在恒温水浴内，打开水浴电源，设定水浴温度。

（2）提升氮吹仪，将需要蒸发浓缩的样品分别安放在样品定位架上，并由托盘托起，其中托盘和定位架高低可根据样品试管的大小调整。

（3）打开流量计针阀，氮气经流量计和输气管到达配气盘，配气后送往各样品位上方的针阀管。通过调节针阀管针阀，调节氮气流量。

四、固相萃取仪

固相萃取是近年发展起来的一种样品预处理技术，主要用于样品的分离、纯化和浓缩，与传统的液液萃取法相比较可以提高分析物的回收率，更有效地将分析物与干扰物组分分离，减少样品预处理过程，操作简单、省时、省力。广泛地应用在医药、食品、环境、商检、化工等领域。

1.　固相萃取的原理

固相萃取仪是按照固相萃取的原理对液体样品进行前处理，主要包括活化、上样、淋洗及洗脱等步骤。其基本原理为使用溶剂或缓冲溶液将固相萃取柱进行活化，然后将样品加入到固相萃取小柱中，当样品通过固相萃取小柱的固定相后，待分析物会被吸收而保留到固定相上，接下来使用清洗程序将可能的干扰物去除，最后使用强溶剂将固相萃取小柱固定相上的被分析物洗脱下来并进行收集。

2. 固相萃取仪种类

按照自动化程度，固相萃取仪可分为手动和全自动两大类。

手动固相萃取仪主要包括萃取池和真空泵两个部件。手动固相萃取仪不能显示固相萃取各步骤的流速，因此需要实验人员进行多次摸索，比如根据液滴的滴落速度来估算出方法所要求的最佳流速等。另外，不能实现无人值守。但由于手动固相萃取仪价格比较低廉，操作简便，因此目前应用还是比较广泛的。

全自动固相萃取仪能够在无人值守情况下自动化运行固相萃取方法的各个步骤，包括固相萃取的活化、上样、淋洗、洗脱步骤，以及样品的切换。多通道固相萃取仪适合于处理大批量样品，可以节约更多的时间，特别是上样的时间。全自动固相萃取仪不仅可以实现自动化处理、无人值守，还具有模块扩展功能，比如可以与浓缩仪联用，直接完成萃取、浓缩全过程。甚至可以直接与分析仪器连接，完成样品分析。由于价格比较高，全自动固相萃取仪在应用上受到一定的限制。

3. 固相萃取仪的使用步骤

（1）小心地取出固相萃取装置，轻放于工作台上。

（2）小心地取出固相萃取装置上盖板（轻拿轻放以免碰坏小管），将标准试管插入真空仓内隔板孔中，然后，将上盖板盖好，并保证盖板下导流管与试管一一对应好，盖板方形密封圈与真空仓有很好的密封性。如果不易密封，可用橡皮箍箍紧，以增加密封性。

（3）将固相萃取小柱插入到上盖萃取孔中或阀孔内（将调节阀旋钮旋到直立打开状态）；用胶管连接萃取装置和真空泵，拧紧压力调节阀门。

（4）将需要净化的样品或试剂分别注入到萃取柱中，启动真空泵，则净化柱中的样品将在负压力的作用下通过净化柱流到下面的试管中。此时可通过调节减压阀来调节控制液体流速。

（5）待针管内液体抽完后关闭真空泵，将净化柱从装置上拔下，取下装置上盖板，拔出试管。

4. 固相萃取仪使用注意事项

（1）不得使用不兼容的溶剂。例如，四氢呋喃（THF），会对仪器的管路和阀门造成腐蚀；而强的无机或有机酸、碱会腐蚀仪器的金属部件。具体需参考供应商提供的使用说明书。

（2）宜使用色谱纯级的溶剂，以保证阀、过滤器和滤片的正常工作。

（3）每天检查溶剂，确保在使用过程中不会出现溶剂不足的情况。

（4）每天检查废液瓶，确保没有溢出并及时清空。

（5）检查氮气、真空压力，确保在设备要求的范围内。

（6）对仪器中的关键部件，如收集单向阀、上样阀、真空管路与系统等需要定期进行清洁和维护，确保系统处于最佳运行状态。

（7）向该装置提供的真空压力不应大于 0.1 MPa。

（8）固相萃取小柱与接头应安装配合好，当发现系统总是达不到设定压力时，请检查各接头是否拧紧，气压盖密封垫是否平整。

（9）玻璃器件在操作过程中请一定放置平当。

（10）系统配有 12 个流量阀开关，当某一路不使用时，可将其关闭，以保证系统保持一定压力。

五、离心机

离心机常用于沉淀与溶液、不易过滤的各种黏度较大的溶液、乳浊液、油类溶液及生物制品等的分离。离心机分离的效率主要取决于产生的离心力的大小，而离心力的大小则取决于被分离物质的质量密度差异和电动机的转速以及转动半径等。

1. 离心机的类型

实验室常用离心机有普通离心机、台式高速离心机、高速冷冻离心机、高速冷冻离心机等。普通式离心机通常为转速可调 0～8000 r/min。另有超高速离心机，最高转速可达 120 000 r/min；高速冷冻离心机转速 24 000 r/min，温度−20～40 ℃。这类离心机备有多种型号的转子，可根据需要更换。

2. 离心机的基本参数

离心机的基本参数由主机和转子决定，它包括最高转速、最大制备容量、最大相对离心力场、速度控制精度、温度控制精度、温度控制范围、加减速度时间、整机振动和噪声等。

3. 普通离心机使用注意事项

（1）离心机应放在稳固的台面上，以防离心机滑动或震动，出现事故。

（2）开机前应检查转头安装是否牢固，机腔有无异物掉入。开动离心机时应逐渐加速，当发现声音不正常时，要停机检查，排除故障（如离心管不对称、质量不等，离心机位置不水平或螺帽松动等）后再工作。

（3）离心管要对称放置，如为单数不对称时，应再加一个空管装入相同质量的水，调整使其质量对称。

（4）离心机的套管要保持清洁，套管底应垫上泡沫塑料等软料，以免离心管破碎。

（5）挥发性或腐蚀性液体离心时，应使用带盖的离心管，并确保液体不外漏，以免腐蚀机腔或造成事故。

（6）关闭离心机时要逐渐减速，直至自动停止，不要用强制方法使其停止。

（7）密封式的离心机在工作时要盖好盖，确保安全。

（8）不得使用老化、变形、有裂纹的离心管。

六、高温箱式电阻炉

高温箱式电阻炉（马弗炉）常用于质量分析中沉淀灼烧、灰分测定与有机物质的炭化等。

电热式结构的马弗炉，最高使用温度为 950 ℃，其炉膛是用耐高温的氧化硅结合体制成。炉膛四周都有电热丝，通电后整个炉膛周围加热均匀。炉膛的外围包以耐火土、耐火砖、石棉板等，以减少热量损失。炉膛须进行温度控制，温度控制器由一块毫伏表和一个继电器组成，连接一支相匹配的热电偶进行温度控制。通常在升温之前，将控温指针拨到预定温度的位置，从到达预定温度时起，计算灼烧时间。化验室常用的马弗炉通常配的是镍铬-镍硅热电偶，测温范围为 0～1300 ℃。

马弗炉使用注意事项有以下几点。

（1）马弗炉必须放在稳固的水泥台上或特制的铁架上，周围不要存放化学试剂及易燃易爆物品。热电偶棒从高温炉背后的小孔插入炉膛内，将热电偶的专用导线接在温度控制器的接线柱上。注意正、负极不要接错，以免温度指针反向而损坏。

（2）马弗炉要用专用电闸控制电源，不能用直接插入式插头控制。要查明马弗炉所需的电源电压、配置功率、熔断器、电闸是否合适，并接好地线，避免危险。炉前地上铺一块厚胶皮，这样操作时较安全。

（3）在马弗炉内进行熔融或灼烧时，必须严格控制操作条件、升温速率和最高温度，以免样品飞溅、腐蚀和粘接炉膛。如灼烧有机物、滤纸等，必须预先炭化。在做灰化试验时，一定要先将样品在电炉上充分炭化后，再放入马弗炉中，以防炭的积累损坏加热元件。

（4）马弗炉使用时，要有人经常照看，防止自控失灵，造成事故。晚间无人时，切勿使用马弗炉。

（5）灼烧完毕，应先拉开电闸，切断电源。不应立即打开炉门，以免炉膛突然受冷碎裂。通常先开一条小缝，让其降温加快，待温度降至 200 ℃时，开炉门，用长柄坩埚钳取出被灼烧物体。

（6）新的炉膛必须先在低温烘烤数小时，以防炉膛受潮后因温度的急剧变化而破裂。保持炉膛内干净平整，以防坩埚与炉膛粘接。为此，在炉膛内垫耐火薄板，以防偶然发生溅失损坏炉膛，并便于更换。

七、微波消解仪

微波消解法的原理是在 2450 MHz 的微波电磁场作用下，样品与酸的混合物通过吸收微波能量，使介质中的分子间相互摩擦，产生高热。同时，交变的电磁场使介质分子产生极化，由极化分子的快速排列引起张力。由于这两种作用，样品的表面层不断搅动破裂，产生新的表面与酸反应。由于溶液在瞬间吸收辐射能，因而分解快速。特别是将微波消解法和密闭增压酸溶解法相结合的方法，使两者的优点得到了充分发挥。

微波消解仪由微波炉、抽气模式的电源和消化容器三部分组成。消化时容器内的压力可达约 11 MPa。消解溶剂，可用硝酸、过氧化氢、盐酸和氢氟酸等，其中在农产品和食品检验中，最常用的是硝酸。微波消解仪可用于水、泥渣、沉积物、食品、生物样品、金属、玻璃、岩石、煤、水泥等的消化。试样分解后的溶液经稀释后，可直接用原子吸收光谱仪、原子荧光光谱仪或等离子体发射光谱仪进行测定。

1. 微波消解法与经典消解法相比具有的优点

（1）样品消解时间从几小时缩短至数十分钟。

（2）由于使用消化试剂量少，因而消化样品有较低的空白值。

（3）由于使用密闭容器，样品交叉污染的机会少，同时也消除了常规消解时产生大量酸气对实验室环境的污染。另外，密闭容器减少了或消除了某些易挥发元素如硒、汞和砷等的消解损失。

因此微波消解法是一种快速、安全、可以大大节省劳力的消解方法。但设备相对较贵。目前大多数公司生产的微波消解系统均用微机进行温度、压力的安全控制，同时可进行几个甚至是几十个样品自动消解。

2. 微波消解仪在使用中的注意事项

（1）根据样品的性质及所测元素的含量，称取适合的样品质量，设置最适用的消解程序。

（2）微波消解是属于高频（2450 MHz）发射的仪器，必须有良好的地线。定期检查仪器的"接地"是否可靠、正确，请确保仪器有良好的接地（小于 10 Ω）。

（3）为保证仪器的正常工作，建议定期清洁腔体底板，以防止转子上的白色陶瓷滚珠粘连，影响转子转动的灵活性。

（4）注意定期检查温度传感器是否工作正常。可以用冷水和热水分别测定低温及高温，并用普通温度计对比判断。

（5）仪器外壳、内腔壁勿用硬尖工具擦洗，只能用软布浸取离子水擦除灰尘、水和酸。

（6）使用转子前，确保转子架、外罐、弹簧片、容器外壁干净无水。

（7）温度传感器的陶瓷管内不能有水，如有则用风筒吹干，否则会引起陶瓷管损坏。

（8）聚四氟乙烯消解管每次使用前，要用酸液浸泡，然后水洗，一级水冲洗，淋干。清洗内罐时，禁用毛刷，可用棉棒擦拭。对于密封效果不好、容器口已变形的消解罐，建议不要再使用。

（9）禁止使用脏的内罐、盖子及外罐。因为它会吸收微波而引起罐子泄压。

（10）微波消解仪的聚四氟乙烯内罐在使用一段时间以后可能会发黄，主要原因是吸附了氮氧化物和氯气等极性的物质所致。

（11）硫酸沸点为 340 ℃，高于聚四氟乙烯罐子的最大工作温度（300 ℃），故不能单独使用硫酸进行样品的微波消解。

（12）禁止空罐运行。

（13）在使用微波消解仪设备时要留意将设备密封好，尤其设备的腔门须能够关好，以避免在使用过程中损坏设备，甚至造成不安全因素的存在。

3. 微波消解仪操作中应避免的错误操作

（1）使用空白样品罐作为主控罐（主要是针对采用热电偶控温型的微波消解仪）。

（2）样品罐未对称摆放。

（3）内罐外壁、外罐内壁沾染有水分或试剂即再次进行微波消解。

（4）使用高氯酸。

（5）称样量过大。

（6）设备故障，自行拆卸仪器。

八、电热板和石墨消解炉

1. 电热板

在元素分析中，电热板常作为样品湿消解的设备（图 2.1.3）。电热板多为扁薄的板状设计，结构简单，散热均匀，易于安装和方便使用。电热板采用不锈钢、陶瓷等材质作为外层壳体，电热合金丝被封闭于电热板的内部，因此为封闭式加热，加热时无明火、无异味，安全性较好，适用于各种工作环境。

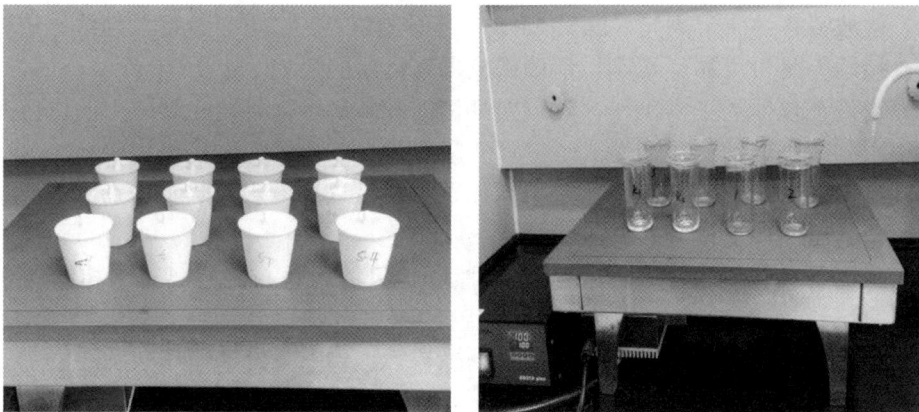

图 2.1.3　电热板

常见的电热板有不锈钢电热板、陶瓷电热板、硅橡胶电热板、碳晶电热板和碳纤维电热板等，其主要区别是外层壳体材质不同或内层发热材料不同，如不锈钢电热板和陶瓷电热板属于外壳材质不同，其余的几种为发热材料不同。

电热板使用注意事项：

（1）电热板放置的工作平台，台面要平整，材料必须耐热。

（2）设备工作时必须放置在平稳、耐热工作台上，不能把加热板贴放在地板等有真空的地方，加热板温度较高，要小心操作，谨防烫伤。

（3）使用前后请把工作面擦拭干净，其上不允许有水滴、污物、积垢和其他异物残留。

（4）放置装样容器或其他器皿，应在加热前放置在工作面，以防爆裂。

（5）禁止在燃气、易爆物品附近使用，使用前接好地线。由于电热板功率较大，因此电源应连接空气开关，不要使用电源插头。

（6）要搬动或接触机器，切记切断电源，待加热板完全冷却至室温。

（7）如不使用机器时切记切断电源，以免发生危险和意外。

（8）为延长发热体及机器的寿命，禁止在高温（300 ℃以上）连续长时间使用机器，一般情况下，机器连续工作时间不应超过 8 h。

（9）加热时应在通风橱中操作。

2. 石墨消解炉

石墨消解炉是一种广泛应用于实验室的前处理设备，与电热板作用相同，常作为样品湿消解的设备，也可以用于微波消解后的赶酸。石墨消解炉有手动（图 2.1.4）和全自动（图 2.1.5）两种。石墨消解炉有 4～60 孔不同的规格。

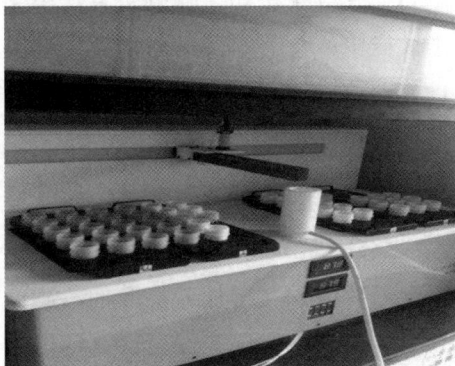

图 2.1.4　手动石墨消解炉　　　　　　图 2.1.5　全自动石墨消解炉

石墨消解炉与电热板比较具有加热均匀、升温速度快、可同时消解多个样品的特点。

全自动石墨消解炉具有分区消解的功能，一部分消解植物样品，一部分消解环境样品。同时全自动石墨消解炉具有自动加酸、自动程序升温消解、自动赶酸和定容的功能，目前在实验室的样品消化工作中得到了普遍的运用。

石墨消解炉使用注意事项与电热板基本相同。

九、压力消解罐

压力消解罐（又称高压消解罐或密闭微波消解罐），是实验室常用样品前处理消解装置。其典型结构包括：反应内衬，高纯度聚四氟乙烯（PTFE）材质，具有化学惰性和耐腐蚀特性；保护外套，不锈钢合金材质，提供机械支撑和压力保护；密封系统，包含 PEEK 材质的螺旋盖、弹性体密封圈和压力释放阀；辅助配件，防爆膜、温度/压力传感器接口等。

将样品和消解试剂加入消解罐后，置于保护套内加固，放入 100～200 ℃ 烘箱内并不时转动，当消解罐内的温度达到 100～200 ℃ 时进行消化。该法试剂用量少、消化快速、无污染和损失，待测元素能定量保留在消解液中。但是要注意消解罐密封良好，否则，消解液外溢会造成消化失败。

压力消解罐使用时的注意事项：

（1）消解罐内盛溶液量一般不得超过容器容积的 1/3；

（2）消解试剂加入后建议浸泡过夜处理，如使用到过氧化氢，用量不宜过多，不宜用高氯酸；

（3）须严格限制样品量，未知样品应试探性逐渐增加样品量；

（4）为防止危险，可分阶段加热。

第二节　样品前处理方法

一、样品提取方法

提取是化学分析中用溶剂把农药从试样中提取出来的步骤。残留分析试样中农兽药含量甚微，提取效率的高低直接影响结果的准确性。应根据试样类型、农兽药种类，试样中脂肪、水分含量和最终测定方法等来选择提取方法和提取溶剂，以便尽可能完全地提取出试样中所含的农药，而尽量少地提取出干扰物质。

1. 组织捣碎法

组织捣碎法又称匀浆提取法，优点是简便、快速、效果好。一般操作是样本加提取剂后高速捣碎，使溶剂与微细试样反复紧密接触、萃取，从而提取出检测成分的方法。

2. 振荡浸取法

样本粉碎或匀浆后加入提取剂，通过一定时间的振荡浸泡，从而将农兽残组分提取出来的方法。此法操作简便，提取效果取决于样品的细度和振荡时间。

3. 索氏提取法

把样本放入提取器滤纸筒中，选用适当溶剂，利用虹吸原理连续提取检测成分的提取方法。一般在研究某一农药残留量时，常用这种方法来作对照标准。

4. 加速溶剂萃取或加压液体萃取

在较高的温度（50～200 ℃）和压力（1000～3000 Pa）下用有机溶剂萃取固体或半固体的自动化方法。液体的溶解能力远大于气体的溶解能力，因此增加萃取池中的压力使溶剂温度高于其常压下的沸点。该方法的优点是有机溶剂用量少、快速，基质影响小，回收率高和重现性好。

5. 超临界流体萃取

超临界流体萃取，通常简称为超临界萃取，是一种将超临界流体作为萃取剂，把一种成分（萃取物）从混合物（基质）中分离出来的技术。二氧化碳（CO_2）是最常用的超临界流体。超临界流体二氧化碳萃取与化学法萃取相比有以下突出的优点。

（1）可以在接近室温（35～40 ℃）及二氧化碳气体笼罩下进行提取，有效地防止了热敏性物质的氧化和逸散。因此，在萃取物中保持着药用植物的全部成分，而且能把高沸点、低挥发度、易热解的物质在其沸点温度以下萃取出来。

（2）使用超临界流体萃取是最干净的提取方法，由于全过程不用有机溶剂，因此萃取物绝无残留溶媒，同时也防止了提取过程对人体的毒害和对环境的污染，是 100%的纯天然。

（3）萃取和分离合二为一，当饱含溶解物的二氧化碳-SCF 流经分离器时，由于压力下降使得二氧化碳与萃取物迅速成为两相（气液分离）而立即分开，不仅萃取效率高而且能耗较少，节约成本。

（4）二氧化碳是一种不活泼的气体，萃取过程不发生化学反应，且属于不燃性气体，无味、无臭、无毒，故安全性好。

（5）二氧化碳价格便宜，纯度高，容易取得，且在生产过程中可循环使用，从而降低成本。

（6）压力和温度都可以成为调节萃取过程的参数。通过改变温度或压力达到萃取目的。压力固定，改变温度可将物质分离；反之温度固定，降低压力使萃取物分离，因此工艺简单易掌握，而且萃取速度快。

6. 超声波辅助提取

主要是依据物质中有效成分的存在状态、极性、溶解性等，在超声波作用下快速地进入溶剂中，得到多成分混合的提取液，再将提取液以适当方法分开、精制、纯化处理。

超声波辅助提取有以下优点：

（1）缩短提取时间和提高提取效率。

（2）超声波提取不对提取物的结构、活性产生影响。

（3）应用广泛，不受成分极性、分子质量大小的限制，适用于绝大多数有效成分的提取。

（4）操作简单易行、提取料液杂质少、有效成分易于分离、纯化。

7. 微波辅助萃取法

微波辅助萃取法是在密闭的容器内，直接利用微波能加热的特殊性来加强溶剂的提取效率，使化合物从基质中快速分离的技术，适用于萃取固体和半固体物质如土壤、沉积物等样品。

二、样品浓缩方法

农兽残检测样品的浓缩经常使用的浓缩方法有旋转蒸发法和氮气吹干法。

1. 旋转蒸发法

其特点是可以边减压边旋转，故温度变化不大时，热量传递较快，使蒸馏能快而平稳地进行，而不发生暴沸；旋转蒸发器的特点是浓缩速度快，且回收率高。

2. 氮气吹干法

利用空气或氮气流吹带出溶剂的浓缩方法，适用于体积小、易挥发的提取液，操作简便，可同时处理多个样品，但对于蒸气压较高的农药就容易损失。

其他浓缩方法还有 K-D 浓缩法、红外加热旋转浓缩、真空离心浓缩等，但在农兽残检测样品中现在不经常使用。

三、样品净化方法

农兽残分析中常用的净化方法有液-液分配法、常规柱层析法、固相萃取法、分散固相萃取法等。

1. 液-液分配法

液-液分配法是利用样品中的农兽药和干扰物在互不相溶的两种试剂（试剂对）中分配系数的差异，进行分离和净化的方法。

液-液分配操作步骤有多种模式：①等体积一次萃取；②等体积多次萃取；③不等体积一次萃取；④不等体积多次萃取。具体采用哪种萃取方式，应根据组分的性质和组分在互不相溶的两种试剂中的分配系数决定。

在农药残留检测的净化步骤中，很少使用液-液分配法，而在兽残检测的净化步骤中还经常使用。

2. 常规柱层析法

常规柱层析法主要是指常规吸附柱层析，是利用色谱原理在开放式柱中将农兽药与杂质分离的净化方法。

常规柱层析一般使用直径 0.2～2 cm，长 10～20 cm 的玻璃柱，以吸附剂作固定相，溶剂作流动相，将样品提取浓缩液加入柱中，使其被吸附剂吸附，再向柱中加入淋洗溶剂，使用极性稍强于提取剂的溶剂淋洗，极性较强的农兽药先被淋洗下来，样品中的杂质被保留在吸附剂上，从而达到分离净化的效果。

常用的吸附剂有硅胶、弗罗里硅土、氧化铝、PSA 硅烷基化键合硅胶、十八烷基硅烷键合硅胶、碳基吸附材料等。

3. 固相萃取法

固相萃取是采用柱吸附、选择性洗脱的方法对样品进行富集、分离和净化，是一种包括液相和固相的物理萃取过程。

通常的方法是使液体样品溶液通过吸附剂，保留其中被测物质，再选用适当强度溶剂淋洗杂质，然后用少量溶剂迅速洗脱被测物质，从而达到分离净化与浓缩的目的。

固相萃取的具体步骤如下。

1）柱子预处理（固定相活化）

活化的目的是创造一个与样品溶剂相容的环境并去除柱内所有杂质。

通常需要两种溶剂来完成上述任务，第一种溶剂（初溶剂）用于净化固定相，另一种溶剂（终溶剂）用于建立一个合适的固定相环境使样品分析物得到适当的保留。

注意：终溶剂不应强于样品溶剂，若使用太强的溶剂，将降低回收率。

另外，在活化的过程中和结束时，固定相都不能抽干，因为这将导致填料床出现裂缝，从而得到低的回收率和重现性，样品也没能得到应有的净化。

如果在活化步骤中出现干裂，所有活化步骤都得重复。

2）样品过柱

样品过柱步骤指样品加入到固相萃取柱并迫使样品溶剂通过固定相的过程，这时分析物和一批样品干扰物保留在固定相上。

为了保留分析物，溶解样品的溶剂必须较弱。如果溶剂太强，分析物将不被保留，结果回收率将会很低，这一现象叫穿漏。尽可能使用最弱的样品溶剂，可以使溶质得到最强的保留或者说最窄的谱带。

3）固相萃取柱淋洗

分析物得到保留后，通常需要淋洗固定相以洗掉不需要的样品组分，淋洗溶剂的洗脱强度是略强于或等于上样溶剂。淋洗溶剂应有效洗掉尽可能多的非目标干扰物质，同时确保其强度不足以导致任何目标分析物的丢失或洗脱。

注意：淋洗时不宜使用太强溶剂，否则会将强保留杂质洗下来。使用太弱溶剂，会使淋洗体积加大。可改为强、弱溶剂混用；但混用或前后使用的溶剂必须互溶。

4）固相萃取柱干燥

柱子干燥的目的是除去残留的水分及水溶性干扰物。对于 GC 和 GC/MS，样品中过多的水分会对分析柱造成致命性的损害。同时，对于洗脱液需要进行溶剂置换或浓缩至近干的样品，过多的水分不利浓缩。

一般在真空或加压的条件下，3～5 min 的干燥时间足够。过分干燥会造成目标化合物的流失。

如果最后的洗脱剂为缓冲溶液或水溶性有机溶剂，而且分析手段为反相 HPLC，SPE 柱上的水分对目标化合物的洗脱影响不大，这时省略柱子干燥这个步骤。

5）洗脱

淋洗过后，将分析物从固定相上洗脱。洗脱剂选择的原则有以下三点。

（1）洗脱剂对目标化合物必须有足够的洗脱强度，以便以尽可能小的体积将目标化合物洗脱下来。这样洗脱组分中目标化合物的浓度高，无须进行浓缩或简单浓缩就可以进行下一步分析。

（2）洗脱剂必须有足够的选择性，将目标化合物洗脱下来，而把保留性强的杂质留在柱子上。如果样品基质复杂，为了选择性地洗脱目标化合物，洗脱剂的强度尽可能低。

（3）洗脱剂应尽可能与分析检测仪器相适应，以方便下一步的分析。

注意：进行固相萃取操作时，主要注意在净化过程中和结束时，淋洗液的液面不能低于固相萃取柱上层筛板，否则会导致填料床出现裂缝，从而得到低的回收率和重现性，样品也没得到应有的净化。如果在净化步骤中出现干裂，所有步骤都得重复。

4. 分散固相萃取法

分散固相萃取是利用固相分散材料与样品或样品提取剂充分接触，通过吸附其中的杂质而达到净化的目的，或利用固相吸附剂吸附目标分析物，然后再进行解析而达到净化的目的。

将固相吸附剂加入提取液中有两种方法：一是将固相吸附剂直接加入样品中，加入提取溶剂，经过振荡、涡旋等步骤，固相吸附剂和样品充分接触，吸附其中的杂质，离心，过滤，分离提取剂中的分析物；二是先将含有分析物的样品用合适的提取剂进行提取，然后在一定量的提取剂中加入少量固相吸附剂，经过振荡、涡旋、离心等步骤，分离提取剂中的分析物。目前农兽残样品的净化主要使用的是第二种方式。

四、不同净化材料去除杂质的类型

不同净化材料去除农残检测中杂质的类型见表 2.2.1。

表 2.2.1　不同净化材料去除杂质的类型

分类	净化材料	除杂类型	基质类型	农药类型
非极性	$C_2 \sim C_{18}$	除脂肪、甾体化合物、挥发油、油脂	水/蔬菜水果/谷物/动物组织/生物样品	所有
极性	硅胶	除碳水化合物、甘油三酯、自由脂肪酸、生物碱、黄酮、氨基酸、强心苷、醌类、甾体化合物	蔬菜水果/豆类/动物组织	所有
	Florisil			
	NH_2/PSA			
	聚酰胺/氧化铝			
离子交换性	阳：胺类/嘧啶类	无电荷转移	动物组织/生物样品	有电荷转移
	阴：磺酸/羧酸			
吸附性	活性炭，石墨炭黑多碳纳米管	极性基团多、芳香基团多和分子量大的一些色素类、胡萝卜素、固醇	蔬菜水果	除平面性分子以外

五、样品消解方法

1. 干灰化法

1）干灰化法的适用范围及优缺点

干灰化法是利用高温除去样品中的有机质，剩余的灰分用酸溶解，作为样品待测溶液。该法适用于食品和植物有机物含量多的粉末状样品测定。

大多数金属元素含量分析适用干灰化，但在高温条件下，汞、铅、镉、锡、硒等易挥发损失，该法不适用。同时该法也不适用于土壤和矿质样品的消解。

该法主要优点是能处理较大样品量，称量方便，酸用量少，操作简单，处理过程不用实验人员看管，安全。

干灰化法的缺点是由于使用瓷坩埚易被污染，平行不好做。坩埚易倒，从马弗炉中取时不方便。消化周期长，中途如果灰化效果不好还需要加入助灰化剂。高温引起挥发损失，被测元素可能与容器起反应使回收率降低。灰化时可能形成难溶的复杂硅酸盐，尤其是富含硅、铁的样品，即使用盐酸长时间消煮也不溶解。

2）干灰化法操作注意事项

（1）样品在用高温电炉灰化以前，必须先在电热板上低温碳化至无烟（预灰化），然后移入冷的高温电炉中，缓缓升温至预定温度（500～550 ℃），否则样品因燃烧而过热导致金属元素挥发。

（2）如同时灰化许多试样，应常变换坩埚在高温电炉中位置，使样品均匀受热，防止样品局部过热。

（3）应保证瓷皿的釉层完好，如使用有蚀痕或部分脱釉的瓷皿灰化试样时，器壁更易吸附金属元素，形成难溶的硅酸盐而导致损失。

（4）加酸溶液溶解时应沿坩埚壁加入，防止灰分"飞溅"。

（5）低温碳化（防爆燃）和高温灰化时均应加盖。

（6）注意不同分析所允许的消化条件，防止挥发损失。

（7）含油脂成分较高的食品，如植物油，碳化时非常容易暴沸，同时易燃，因此不建议采用干灰化法。

（8）灰化温度要准确控制，防止温度偏高引起元素损失。

（9）灰化完成后样品要溶解，溶解的目的是使被测组分完全进入溶液，因此有时需要通过加热、搅拌来完成溶解。这点容易被忽视，尤其是测定铁含量较高的样品时，在高温下生成的铁的氧化物即使在酸性条件下也是很难溶解完全。

（10）含糖、蛋白质、淀粉较多的样品碳化时会迅速发泡溢出，可加几滴辛醇再进行碳化，以防止炭粒被包裹，灰化不完全。

（11）含磷较多的谷物及制品，在灰化过程中的磷酸盐会包裹沉淀，可加几滴硝酸或过氧化氢，加速炭粒氧化，蒸干后再继续灰化。

（12）灰化是否完全通常以灰分的颜色判断。当灰分呈白色或灰白色但不含炭粒，则认为灰化完全。

（13）样品量，干样一般不超过 10 g，鲜样不超过 50 g。样品量过大，易引起灰化困难或时间太长，会引入新的误差。样品量太少，也会引入样品不均匀性的误差。

（14）灼烧温度不能过低或过高。过低时，残留碳，吸附被测金属且难以酸溶，灰化时间长。灼烧温度过高时，某些待测组分（铅、镉等）挥发，且产生磁效应，腐蚀坩埚壁。

2. 湿消解法

1）湿消解法原理及酸的作用

湿消解法或湿氧化法用于生物样品处理，属于氧化分解法。用液体或液体与固体混合物作氧化剂，在一定温度下分解样品中的有机质，为加速氧化进行，可同时加入各种催化剂，这种破坏食品中有机物质的方法就叫作湿法消化。

湿消解法是元素消解最常用的方法，也是目前实验室使用最普遍的一种方法。

湿消解法常用的氧化剂有硝酸、硫酸、高氯酸、过氧化氢和高锰酸钾等。湿消解法则是依靠氧化剂的氧化能力来分解样品，温度并不是主要因素。

含有大量有机物的生物样品通常采用混酸进行湿法消解。其中沸点在 120 ℃ 以上的硝酸是广泛使用的预氧化剂，它可破坏样品中的有机质；硫酸具有强脱水能力，可使有机物碳化，使难溶物质部分降解并提高混合酸的沸点。

热的高氯酸是最强的氧化剂和脱水剂，由于其沸点较高，可在除去硝酸以后继续氧化样品。在含有硫酸的混合酸中过氧化氢的氧化作用是基于过一硫酸的形成，由于硫酸的脱水作用，该混合溶液可迅速分解有机物质。

当样品基体含有较多的无机物时，多采用含盐酸的混合酸进行消解。氢氟酸主要用于分解含硅酸盐的样品。操作简便，可一次处理较大量样品，适用于生物样品中痕量金属元素分析。

2）湿法消解的优缺点

（1）优点。操作简便，可一次处理较大量样品，适用于生物样品中痕量金属元素分析。

（2）缺点。①若要将样品消解需要消耗大量的酸，且需高温加热（必要时温度＞300 ℃），从而导致器壁及试剂给样品带来沾污，消解前将所用容器用硝酸溶液（1＋1）加热清洗并将所用酸溶液进行亚沸蒸馏可除去其中的微量金属元素干扰。②某些混酸对消解后元素的光谱测定存在干扰，例如当溶液中含有较多的高氯酸或硫酸时会对元素的石墨炉原子吸收测定带来干扰，测定前将溶液蒸发至近干可除去此类干扰。③湿法消解时间长，比如猪肉含油脂比较多，相对蔬菜来说比较难消化，茶叶消解过程中会产生气泡，途中需取下冷却一下，白酒、黄酒在消解前需先蒸至小体积。

3）湿法消解注意事项

（1）硝酸-高氯酸法要注意观察，防止严重碳化，发生爆炸危险。

（2）如溶液颜色变深，应取下冷却到室温后，再补加硝酸，不可不冷却直接加硝酸，否则易引起爆炸。

（3）消解终点时，尽可能让高氯酸冒尽些，以减少基体干扰。

（4）开始消解时采用中温加热，防止暴沸、溅失损失。温度控制：As、Hg＜180 ℃；Pb、Cd、Cr＜220 ℃。

（5）酒类样品因其含有大量的乙醇，建议在加酸消解前先低温挥干部分液体（注意不能干涸）再消化，以防液体飞溅。

（6）水分含量高的样品如蔬菜水果，可将称量后的样品容器放入鼓风烘箱中于65～80 ℃烘干，或在电热板、消解炉上用低温烘干后再加入酸，防止冒泡。

（7）含油脂成分较高的食品，如植物油、桃酥等，在加入混合酸后，由于样品浮在混酸表面上，容易形成完整的膜，加热时液面上有剧烈的反应，容易造成暴沸或飞溅，因此建议样品称样量不高于 1 g（植物油最好为 0.1～0.2 g），同时要在消解过程中随时补加硝酸，一般来讲硝酸高氯酸混合液加入 15 mL，放置过夜让其缓慢氧化，次日消化中途还需要补加混合酸 10 mL 左右。

由于元素测定时消解器皿易引起污染，特别是铅的测定，因此在消化前要对所用器皿进行酸洗，如所用容器用硝酸溶液（1＋1）加热清洗。由于硝酸属于易制爆试剂，国家控制很严，且用硝酸溶液浸泡或清洗用量较大，因此目前用于植物性样品可以用一次性的聚丙烯塑料管进行消化（图 2.2.1）。耐高温的聚丙烯塑料管耐热温度在 130～140 ℃，一般消解温度不超过 130 ℃，可以很好地对植物性样品进行消化。由于是一次性使用，省去了使用后清洗的步骤，节省了酸和人工。

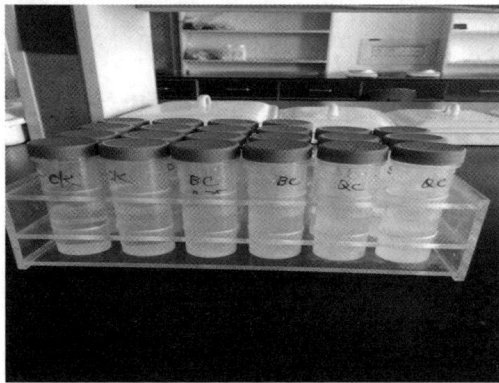

图 2.2.1　聚丙烯塑料消解管

3. 压力罐消解法

利用罐体内高温高压密封体系（强酸或强碱）的环境来达到快速消解难溶物质的目的，可使消解过程大为缩短，且使被测组分的挥发损失降到最小。

高压消解罐（图 2.2.2）外罐为不锈钢，

图 2.2.2　高压消解罐

内杯采用优质的聚四氟乙烯材质加工而成。将高压罐放入恒温干燥箱中，在 140～160 ℃ 下保持 3～4 h。

此方法与微波消解相似，适用于挥发性元素砷、汞的测定，也可用于其他元素的测定，一次可处理多个样品。

样品罐价格较高，与微波消解一样，消解后的赶酸比较麻烦。

4. 微波消解法

1）微波消解

微波消解通常是指利用微波加热封闭容器中的消解液和试样从而在高温增压条件下使各种样品快速溶解的湿法消化，它可以大大提高反应速度，缩短反应时间。微波消解有密闭容器反应和微波加热两个特点，决定了其完全、快速、低空白的优点，但不可避免地带来了高压（可能过压的隐患）、消化样品量小的不足。高压 [最高可达 100～150 bar（1 bar＝10^5 Pa）]、高温（通常 180～240 ℃）、强酸蒸气给操作者带来了安全方面的心理压力。

微波消解样品消解常用试剂是硝酸、盐酸、过氧化氢、氢氟酸等。磷酸、硫酸和高氯酸等高沸点和易爆试剂不能单独使用。

微波消解后一般要赶酸，其目的是降低试液的酸度，尽量与标准溶液一致，降低物理干扰，同时也保护仪器，特别是石墨管。

2）微波消解注意事项

（1）制样罐一般装有机物干样不超过 0.5 g。

（2）消解植物生物样品需加酸过夜。若用硝酸、过氧化氢消解，应先加硝酸静置 2 h 后再加过氧化氢并且过夜，以免反应过于剧烈。加完酸若需过夜，可盖上内塞和盖子，但不要拧紧。

（3）消解液总体积不得低于 6 mL，最佳 8 mL，不得超过 10 mL。

（4）将消解管装入转盘前检查外管壁是否有酸等液滴，若有需擦拭干净方可放入。

（5）消解前观察消解管高度是否在同一水平面上。

（6）消解结束后，温度大约 90 ℃，可再等 10～20 min 后取出。取出消解管后的所有步骤需在通风橱内进行，并且做好保护（口罩、眼镜）。

（7）左手握管，右手呈端酒杯状转动管盖，方向不可对自己或他人，对准通风橱内区，缓慢转动管盖，可听见放气声音，声音过后，不要打开盖子，轻轻顿消解管，使得管内塞和盖子上的液滴落入消解管底部。

特别注意，若没有放气声音，千万不要旋下管盖，可旋松管盖后轻轻顿管，直到内塞活动为止，若仍不能使内塞活动，应做好保护，小心打开管盖，用干布裹紧内塞取下。

（8）有机溶剂及其他易燃易爆的物质严禁进微波进行消解。

3）赶酸

湿消解法、压力罐消解法和微波消解法在消解完成后都必须赶酸，赶酸的目的是：

（1）赶酸主要是为了降低样品溶液中的酸浓度，让酸浓度达到与标准溶液酸度接近，最终在上机分析时达到一个理想的环境。

（2）赶酸还有一个目的就是降低酸度的同时能起到对仪器设备进行保护的作用，酸度太高会直接或者间接地影响仪器的使用寿命。

（3）如果不进行赶酸会导致溶液酸度太大对石墨管造成影响。

（4）如果消解液中有氢氟酸，不赶尽会对玻璃器皿（如仪器的雾化器）产生腐蚀。

六、实验室检测环境要求

1. 温度和湿度

（1）当检验检测工作对环境温度和湿度无特殊要求时，工作环境的温度宜维持在16～26 ℃，相对湿度宜维持在 30%～65%。

（2）仪器分析室要求按照仪器工作环境条件进行控温控湿，湿度大的地区，应装置除湿机。

（3）当检验检测工作对环境温度和湿度有特殊要求时，环境温度和湿度应符合相关国家标准或行业标准的规定。

（4）仪器室应避免阳光直射或受空调机的影响。

（5）仪器应装在远离窗户或风口处。

2. 空气质量

（1）一般实验室内空气质量应符合《室内空气质量标准》（GB/T 18883—2022）中的规定。

（2）对特定工作场所空气质量的要求包括以下两点。

① 涉及散发蒸气、有毒有害气体、粉尘、烟、雾和有害生物气溶胶等职业病危害因素的工作场所，应有足够的通风换气设备以及实验废气的排放管道，保持实验室内的空气新鲜洁净。进行农兽残检测或元素检测，除了称样外，其他操作都应该在通风橱内进行。

② 空气中的悬浮微粒含量不能影响检测结果。地板上、仪器周围或操作室内的尘土应用适当方式清扫干净并保持整洁；应避免含目标元素的物质（或粉尘）在操作室内弥散；外界吹入的风可能携入污染杂质。若空气中的尘土（常含有 Na、K、Ca、Mg、Fe、Zn、Pb、Cu、Cd、Si 和 Al）落入试样溶液或黏附在吸量管尖上再被带入溶液都会引起

污染，造成测量误差。

3. 噪声

检验检测房间允许噪声级不宜大于 55 dB。

4. 电磁辐射/静电

若电磁辐射对检测活动或仪器、设备造成不利影响时，应有适当的电磁屏蔽、吸收、接地、隔离或滤波之类设施。

若检测项目或所用的仪器及设备对静电敏感时，应安装适当的防静电工作台面、防静电地板、接地设施以及其他防静电用品。

七、样品检测对实验室用水和试剂的要求

1. 重金属检测试验用水和试剂要求

1) 试验用水

按照《分析实验室用水规格和试验方法》（GB/T 6682—2008）的要求，元素检测实验中用水应符合标准中规定二级水的要求，实际试验中最好使用一级水，特别是使用石墨炉原子吸收和等离子发射光谱质谱仪时。

2) 试验用试剂

试验用试剂为优级纯或光谱纯，如有条件也可使用 MOS 级（电子工业用高纯试剂）。

优级纯的硝酸中有很高的铬空白，而分析纯的过氧化氢中有很高的锡空白，优级纯和高纯的硝酸中含有较高的镉、汞和铅，而不同纯度的过氧化氢中镉、汞和铅的空白相差不大。

一般使用硝酸消解前，应检查酸的质量是否能满足检测要求，如果不满足需要对酸用酸纯化器进行纯化，达到要求后才能用于检测。

2. 农兽残检测试验用水和试剂要求

1) 试验用水

液相色谱检测实验中用水应符合 GB/T 6682—2008 规定一级水的要求。

2) 试验用试剂

农兽残检测用试剂的等级一般要求使用色谱纯、质谱纯试剂，专门进行农残检测的可使用农残级试剂。

第三节　检测后样品的处理

一、法律法规和相关标准的规定

1.《食品检验工作规范》

《食品检验工作规范》第十五条规定："检验机构应当建立超过保存期限的样品无害化处置程序并保存相关审批、处置记录。"

2.《食品安全抽样检验管理办法》

《食品安全抽样检验管理办法》第二十五条规定："食品安全监督抽检的检验结论合格的，承检机构应当自检验结论作出之日起 3 个月内妥善保存复检备份样品。复检备份样品剩余保质期不足 3 个月的，应当保存至保质期结束。合格备份样品能合理再利用、且符合省级以上市场监督管理部门有关要求的，可不受上述保存时间限制。

检验结论不合格的，承检机构应当自检验结论作出之日起 6 个月内妥善保存复检备份样品。复检备份样品剩余保质期不足 6 个月的，应当保存至保质期结束。"

3.《农产品检测样品管理技术规范》

《农产品检测样品管理技术规范》（NY/T 3304—2018）第 10 章"样品处置"中作出如下规定。

（1）样品应至少保存到检验报告异议期结束后或产品规定保质期。政府下达的指令性检测任务或约定检测任务，样品保存时间按任务实施方案或合同要求执行。

（2）按样品管理程序要求提出样品处置申请，批准后处置样品，并记录。

（3）样品处置应根据其特性，在保证对人员和环境健康安全没有影响的情况下，分类处理；当具有危害性的样品，实验室无法自行处理时，应交由专业废弃物处理机构处置，并保留处理记录。

4.《食品安全国家标准 食品微生物学检验 总则》（GB 4789.1—2016）

《食品安全国家标准 食品微生物学检验 总则》（GB 4789.1—2016）中规定检验后样品的处理应做到以下几点。

（1）检验结果报告后，被检样品方能处理。

（2）检出致病菌的样品要经过无害化处理。

（3）检验结果报告后，剩余样品和同批产品不进行微生物项目的复检。

5. 动物源性样品的处置

该类样品的处置可参考《农业部关于印发〈病死动物无害化处理技术规范〉的通知》。该技术规范适用于国家规定的染疫动物及其产品、病死或者死因不明的动物尸体、屠宰前确认的病害动物、屠宰过程中经检疫或肉品品质检验确认为不可食用的动物产品，以及其他应当进行无害化处理的动物及动物产品。

6. 实验室经检验不合格（或有害）的植物源、动物源性样品的处置

实验室危险废物的处置分为产生单位内部处置和委托处置。鼓励实验室危险废物产生单位在内部进行回收利用和无害化处置。

实验室危险废物也可委托具备相应处置资质的单位处置。实验室危险废物产生单位应对危险废物接收单位资质进行核实，并签订委托处置协议。

二、检测后样品的管理

检测后的样品由样品管理员保存，社会委托样品的保存期一般为自检测报告发出日

期起至报告复议期结束。

到期后应填写留样和备样的出库及处置记录。超过保存期的样品由样品管理人员申请，报技术负责人审核批准后，填写样品清理记录后按相关规定进行清理。记录保留至少六年。样品清理记录应包括申请人、批准人、清理样品名称、清理时间和清理方式等内容。

制备的样品可分为试样、留样和备样，但无论是试样、留样还是备样，应是均匀一致的样品，不能留原样。

样品管理员对样品进行保管，以保持样本完整性和不会改变其性状的条件。

留样和备样的处置由样品管理员统一处置，在存储过程中，应妥善保管，应注意防火、防尘、防水、防磕碰等，确保其不发生退化、丢失或损坏。

样品库应划分区域，分为"未检""在检""检毕""试样""留样""备样"样品区，分类保管，要保障样品不被混放、损坏或丢失。

按检测技术要求，试样制备后的样品中留出 2～3 份作为留样保留，留样数量应不少于供两次检测使用的样品量。

三、检测后样品保存条件

农兽药残留、生物毒素等检测的干制样品、匀浆样品均应保存在温度低于－18 ℃的冰柜中；常规项目样品、重金属检测用固体样品应在通风、干燥、阴凉处保存，匀浆样品也应保存在温度低于－18 ℃的冰柜中。

四、样品保留期限的管理

留存样品的保存期限除有明确规定（如检测标准方法规定、法律法规等）外，按下列规定执行：

（1）微生物检测样品以及样品经处理后存在挥发等复检没有意义的样品不留样。

（2）冷冻保存的样品留样时间为 3 个月（如蔬菜、冷冻食品、饮料、动物源性样品、植物源性样品等）。

（3）常温保存的样品留样时间为 3 个月（如加工食品）。

（4）未开封的奶粉样品留样时间为半年。

（5）留存样品数量应当满足检验、复检工作的需求。

（6）在规定保留期限内，超过保质期的易腐样品，保存至保质期结束。

（7）食品的保存期限应以包装标注的保质期为准。

特殊样品的贮存周期可参考下列规定进行：

（1）监控样品的留样期限按照监控的周期执行。

（2）行政执法部门（如地方质量技术监督局）送检的样品，签订委托检测协议时，确保双方达成共识。在完成一个执法周期或报告出具 10 个工作日内客户对检测结果不再提出异议即可处理。

（3）检测不合格和阳性样品以及法定检测样品保留时间可根据要求适当延长至半年。

（4）如与客户签订协议的，按照协议约定的期限进行保存处理。

（5）上述规定的样品保存期限均从检测报告出具时间算起。

第三章 样品检测

第一节 标准溶液配制

一、标准溶液配制方法

1. 标准溶液

使用特定材料，按照规定程序操作，得到的浓度或含量被准确确定且满足溯源性要求的溶液称为标准溶液。标准溶液一般分为三种：

（1）标准滴定溶液，单位为摩尔每升（mol/L）；

（2）农兽药标准溶液，单位为毫克每升（mg/L）或微克每升（μg/L）；

（3）元素（离子、化合物或基团）标准溶液，单位为毫克每升（mg/L）或微克每升（μg/L）。

2. 标准溶液配制方法

标准溶液的配制有两种方法。

（1）使用标准品配制。准确称取一定量的标准品（要根据标准品的纯度在称量时换算成100%）于小烧杯中，加溶剂溶解，然后转移到容量瓶中定容，混匀。

（2）购买经国家认证并授予标准物质证书的一定质量浓度的标准溶液。准确吸取一定体积的标准溶液于容量瓶中，加溶剂稀释后定容，混匀。

农兽药标准溶液质量浓度一般为500 mg/L～1000 mg/L，元素质量浓度一般为100 mg/L。

注意1：称取标准品时不能使用称量纸，应将标准品称量到玻璃容器中，加溶剂溶解后再转移到容量瓶中定容。实验室有条件的也可以直接称量，在称量中，直接转移至容量瓶中溶解定容。

注意2：吸取标准溶液时应使用吸量管，不宜使用移液器。

二、农兽药标准溶液的配制方法和有效期

农兽药标准溶液的配制方法见相应检测方法标准，以下举例说明。

1. 灭瘟素标准溶液配制

标准品：灭瘟素标准品（$C_{17}H_{26}N_8O_5$，CAS 号：2079-00-7），纯度≥99.6%。

（1）标准储备溶液（1000 mg/L）：准确称取10 mg（精确到0.1 mg）灭瘟素标准品于50 mL烧杯中，用乙腈溶液溶解并转移至10 mL容量瓶中，用乙腈定容至刻度，混匀。

（2）标准中间溶液（50 mg/L）：准确吸取2.5 mL标准储备溶液于50 mL容量瓶中，用乙腈定容至刻度，混匀。

（3）标准工作溶液（1 mg/L）：准确吸取 1.0 mL 标准中间溶液于 50 mL 容量瓶中，用乙腈定容至刻度，混匀。

注意：不能用标准储备溶液直接配制标准工作溶液，标准溶液的稀释倍数不能超过 100 倍，否则会引起较大误差。如果用标准储备溶液直接配制标准工作溶液，吸取的体积很小，而标准储备溶液的质量浓度很高，易造成误差。

2. 基质标准溶液的配制

由于在农兽残检测过程中存在一定的基质效应，用试剂配制标准溶液测定样品往往会造成检测结果偏高或偏低的现象，影响检测结果的准确性，因此在测定时要克服基质效应。克服基质效应的方法有许多，目前使用最多的是用基质配制标准溶液。配制基质标准溶液的方法有以下两种。

1）方法一：《食品安全国家标准　植物源性食品中 331 种农药及其代谢物残留量的测定　液相色谱-质谱联用法》（GB 23200.121—2021）

（1）选择与被测样品性质相同或相似的空白样品进行前处理，得到空白基质溶液。准确吸取一定量的混合标准溶液，逐级用空白基质溶液稀释成质量浓度为 0.002 mg/L、0.005 mg/L、0.01 mg/L、0.02 mg/L、0.05 mg/L、0.1 mg/L、0.2 mg/L 和 0.5 mg/L 的基质匹配标准工作溶液。

（2）吸取与样品同体积的空白基质溶液，用氮气吹干，用系列标准溶液复溶氮气吹干的空白基质溶液，配制成基质系列标准工作溶液。

2）方法二：《食品安全国家标准　植物源性食品中 208 种农药及其代谢物残留量的测定　气相色谱-质谱联用法》（GB 23200.113—2018）

准确吸取一定量的混合标准溶液，逐级用乙酸乙酯稀释成质量浓度为 0.005 mg/L、0.01 mg/L、0.05 mg/L、0.1 mg/L 和 0.5 mg/L 的标准工作溶液。空白基质溶液用氮气吹干，加入 20 μL 内标溶液，分别加入 1 mL 上述标准工作溶液复溶，过微孔滤膜配制成系列基质混合标准工作溶液。

3. 农兽药标准溶液的有效期

由于各种农兽药的稳定性不同，因此其有效期也不相同，具体见相应检测方法标准。如果标准中没有规定，可参考《实验室质量控制规范　食品理化检测》（GB/T 27404—2008）中的附录 C。

（1）500～1000 mg/L 标准储备液，保存在 0 ℃左右冰箱中，有效期 6 个月；

（2）0.5～1 mg/L 或适当浓度的标准工作溶液，保存在 0～5 ℃冰箱中，有效期 2～3 周。

农兽药标准溶液的有效期实际上应是检验检测机构通过试验自己确定的，因为各种农兽药的稳定性不同，不能给出一个统一的标准。

三、元素标准溶液的配制方法和有效期

元素标准溶液的配制方法见相应检测方法标准，以下举例说明。

1. 铅标准溶液的配制

1）标准储备溶液（1000 mg/L）

（1）准确称取 1.000 g 金属铅（99.99%）分次加少量硝酸溶液（1＋1）加热溶解，总量不超过 37 mL，移入 1000 mL 容量瓶中，加水至刻度，混匀。

（2）准确称取 1.5985 g（精确至 0.0001 g）硝酸铅，用少量硝酸溶液（1＋9）溶解，移入 1000 mL 容量瓶，加水至刻度，混匀。

2）铅标准中间溶液（10.0 mg/L）

准确吸取 1.00 mL 铅标准储备液（1000 mg/L）于 100 mL 容量瓶中，用硝酸溶液（5＋95）定容至刻度，混匀。

3）铅标准使用溶液（1.00 mg/L）

准确吸取 10.00 mL 铅标准中间液（10.0 mg/L）于 100 mL 容量瓶中，用硝酸溶液（5＋95）定容至刻度，混匀。

4）铅标准系列溶液

分别吸取铅标准使用液（1.00 mg/L）0 mL、0.2 mL、0.5 mL、1.0 mL、2.0 mL 和 4.0 mL 于 100 mL 容量瓶中，加硝酸溶液（5＋95）至刻度，混匀。此铅标准系列溶液的质量浓度分别为 0 μg/L、2.0 μg/L、5.0 μg/L、10.0 μg/L、20.0 μg/L 和 40.0 μg/L。

2. 元素标准溶液的有效期

元素标准溶液的有效期具体见相应检测方法标准。如果标准中没有规定，可参考 GB/T 27404—2008 附录 C。

（1）100 mg/L 标准储备液，保存在 0～5 ℃冰箱中，有效期 6 个月。

（2）1～10 mg/L 或适当质量浓度的标准工作溶液，保存在 0～5 ℃冰箱中，有效期为 1 个月。

四、理化检测标准溶液的配制方法和有效期

理化检测标准溶液的配制方法见相应检测方法标准，下面以苯甲酸、山梨酸和糖精钠标准溶液配制举例说明。

1. 标准品

（1）苯甲酸钠（C_6H_5COONa，CAS 号：532-32-1），纯度＞99.0%，或苯甲酸（C_6H_5COOH，CAS 号：65-85-0），纯度＞99.0%，或经国家认证并授予标准物质证书的标准物质。

（2）山梨酸钾（$C_6H_7KO_2$，CAS 号：590-00-1），纯度＞99.0%，或山梨酸（$C_6H_8O_2$，CAS 号：110-44-1），纯度＞99.0%，或经国家认证并授予标准物质证书的标准物质。

（3）糖精钠（$C_6H_4CONNaSO_2$，CAS 号：128-44-9），纯度＞99%，或经国家认证并授予标准物质证书的标准物质。

2. 标准溶液配制

（1）苯甲酸、山梨酸和糖精钠（以糖精计）标准储备溶液（1000 mg/L）：分别准确称取苯甲酸钠、山梨酸钾和糖精钠 0.118 g、0.134 g 和 0.117 g（精确到 0.0001 g），用水

溶解并分别定容至 100 mL，混匀。于 4 ℃贮存，保存期为 6 个月。

注意 1：当使用苯甲酸和山梨酸标准品时，需要用甲醇溶解并定容。

注意 2：糖精钠含结晶水，使用前需在 120 ℃烘 4 h，干燥器中冷却至室温后备用。

（2）苯甲酸、山梨酸和糖精钠（以糖精计）混合标准中间溶液（200 mg/L）：分别准确吸取苯甲酸、山梨酸和糖精钠标准储备溶液各 10 mL 于 50 mL 容量瓶中，用水定容，混匀。于 4 ℃贮存，保存期为 3 个月。

（3）苯甲酸、山梨酸和糖精钠（以糖精计）混合标准系列工作溶液：分别准确吸取苯甲酸、山梨酸和糖精钠混合标准中间溶液 0 mL、0.05 mL、0.25 mL、0.50 mL、1.00 mL、2.50 mL、5.00 mL 和 10.0 mL，用水定容至 10 mL，配制成质量浓度分别为 0 mg/L、1.00 mg/L、5.00 mg/L、10.0 mg/L、20.0 mg/L、50.0 mg/L、100 mg/L 和 200 mg/L 的混合标准系列工作溶液。临用现配。

理化指标标准溶液的有效期具体见相应检测方法标准。

五、标准溶液配制记录

配制标准溶液要进行记录，记录的内容包括以下方面。

1. 标准储备溶液

标准物质名称、标准物质唯一编号、称样量、溶解定容试剂名称、定容体积、定容后溶液的质量浓度、溶液的编号、有效期、配制人、配制日期、配制环境条件等。

2. 标准中间溶液

标准储备溶液名称、标准储备溶液编号、标准储备溶液的质量浓度、吸取体积、定容试剂名称、定容体积、定容后中间溶液的质量浓度、溶液的编号、有效期、配制人、配制日期、配制环境条件等。

3. 标准工作溶液

标准中间溶液名称、标准中间溶液编号、标准中间溶液的质量浓度、吸取体积、定容试剂名称、定容体积、定容后工作溶液的质量浓度、溶液的编号、有效期、配制人、配制日期、配制环境条件等。

每一级标准溶液都必须有编号，以作为量值溯源的依据。

六、标准物质和标准溶液的保存条件

1. 标准物质的保存条件

标准物质常见的保存条件一般如下。

（1）常温保存：阴凉干燥处，适用于化学性质比较稳定的产品。

（2）4 ℃冷藏：常温下不是很稳定的物质，保存于冰箱冷藏室。

（3）−20 ℃冷冻：化学性质不稳定，常温下容易分解的物质。

（4）−80 ℃保存：一些具有生物活性的物质等。

标准物质的保存条件应按照标准物质说明书的规定执行。

开瓶前厂家保证，标准物质的有效期开瓶前有效。开瓶后厂家一般不保证，开瓶后由于不可控因素增加，标准物质有可能会产生不稳定的情况，需要做标准品稳定性监测，即标准物质的期间核查。

标准物质购置后要进行统一编号，作为量值溯源的依据。

2. 溶液和标准溶液的保存条件

溶液要用带塞或带盖的试剂瓶盛装，根据它们的性质妥善保存，如见光易分解的溶液要装于棕色瓶中，并放置在暗处。

能吸收空气中二氧化碳并能腐蚀玻璃的强碱溶液要装在带橡胶塞的塑料瓶中。

酸标准滴定溶液配制后可放入磨口玻璃瓶中保存。

配制后的标准溶液不能保留在容量瓶中，应倒入棕色试剂瓶中，拧紧盖子，放入冰箱中保存。农兽药标准溶液在配制后应放入储液瓶中保存。元素标准溶液在配制后应放入玻璃或塑料试剂瓶中保存。

标准物质的存放要避免阳光直射、高温、潮湿的因素。标准储备溶液的保存条件同标准物质，标准中间溶液和标准工作溶液保存条件见相应检测方法标准。

第二节 气相色谱法

一、概述

1. 色谱法的概念

色谱法的分离是使混合物中各个组分在两相之间进行分配，其中一相是固定不动的，称之为固定相，另一相是载着混合物从固定相中经过的流体，称为流动相。当流动相中的样品混合物经过固定相时，由于各组分在性质和结构上的差异，致使其与固定相作用的大小及强弱不同，不同组分在固定相中滞留的时间也就不同，然后按先后不同的次序从固定相中流出从而被分离开。根据两相之间的分配原理而使混合物分离开的技术称为色谱分离技术或色谱法。目前，应用最广泛的色谱法是气相色谱法和高效液相色谱法。

2. 色谱法的分类

色谱法有多种类型，从不同的角度可以有不同的分类法。

（1）从流动相的存在状态来分，色谱法分为气相色谱法（流动相为气体的色谱法）和液相色谱法（流动相为液体的色谱法）。

（2）从固定相的存在状态区分的话，色谱法可进一步分为气-固色谱法（固定相为固体吸附剂）、气-液色谱法（固定相为涂渍在固体表面或柱内壁上的液体）和液-固色谱法、液-液色谱法等。

（3）从固定相的使用形式来分，色谱法又可分为柱色谱（固定相被装填在管柱中）、纸色谱（固定相为一种特殊的滤纸）、薄层色谱（固体粉末涂布在薄玻璃板上作为固定相）等。

（4）依据分离过程的机理来分，色谱法还可分为吸附色谱（利用吸附剂表面对不同组分物理吸附性能的差异进行分离）、分配色谱（利用不同组分在两相中有不同的分配来进行分离）、离子交换色谱（利用离子交换原理进行分离）、空间排阻色谱（也叫凝胶色谱，利用多孔性物质对不同大小分子的排阻作用进行分离）等。

二、气相色谱法的原理、适用范围和特点

1. 气相色谱法的原理

气相色谱法是以惰性气体为流动相，将汽化的样品带入色谱柱，基于样品中待测物质的溶解度、蒸气压、吸附能力、立体化学等物理化学性质的微小差异，导致在流动相和固定相之间的分配系数等参数有所不同，当两相做相对运动时，组分在两相间进行连续多次分配，从而达到彼此分离的目的。经过一定时间，试样中的各个组分彼此被拉开距离，即实现了分离，进而顺序流出色谱柱。

2. 气相色谱法的适用范围

被分离的组分无论是液体还是固体，只要在气相色谱工作温度下"汽化"，原则上都可以用气相色谱法进行分析。气相色谱法适用于沸点在 500 ℃ 以下，分子量小于 400 的农药，适用于热稳定性好、可挥发的物质。样品中某些组分因其某种性质，进行色谱分析有困难，若经适当处理，生成衍生物后提高热稳定性或降低沸点，也可用气相色谱法进行分析。

3. 气相色谱法的特点

气相色谱法具有分离效率高、选择性好、灵敏度高、分析速度快、样品用量少及多组分同时分析等特点，被广泛应用于石油化学、环境监测、农业食品和医药卫生等领域。但由于色谱图不能直接给出定性结果，气相色谱法难以直接对未知试样进行定性分析，必须用已知纯物质色谱图进行对照分析。此外，气相色谱法不能直接测定固体试样，因此不适用于热稳定性差、挥发性小的物质的分离分析。

三、气相色谱仪各部分结构及功能

气相色谱仪一般由五个基本单元所组成，即：
（1）气路系统，包括高压载气瓶、压力调节器、净化器、气流调节阀。
（2）进样系统，包括进样器、汽化室。
（3）分离系统，包括色谱柱、色谱柱箱及其温度控制装置。
（4）检测系统，包括检测器。
（5）数据处理系统，包括色谱工作站。
样品能否被分离取决于色谱柱，而分离后的组分能否被准确地检测出来又取决于检测器，色谱柱和检测器是气相色谱仪的关键核心部件。
各系统的结构及功能详细介绍如下。

1. 气路系统

气路系统主要是指载气连续运行的密闭管路。对于某些检测器，还需要使用一些辅

助气体，它们流经的管路也属于气路系统。对气路系统的基本要求是气密性好、气体清洁、气流稳定。气路系统可分为单柱单气路系统和双柱双气路系统两类。双气路系统可以补偿气流不稳及固定液流失对检测器产生的干扰，特别适于程序升温操作。

气相色谱法常用的载气有氮气、氢气、氦气、氩气，纯度大于 99.999%。

检测器辅助气体纯度大于 99.999%。

空气：零级空气。

压力要求：氢气供气压力 2～3 kg，其他气体 5 kg。

所有气体要求使用气体净化装置。气体净化器的目的是除去载气和检测器气体中的水分、氧气和烃类等杂质。

色谱柱与氧气和水分的持续接触，特别是在高温下，将会迅速导致色谱柱的严重损坏。如果气体在净化器之前接头处有泄漏，净化器还可以起到一定的保护作用。在净化器失效之前，由于泄漏而进入管道里的杂质都会被净化器吸附，这就创造了一个在色谱柱或仪器故障之前检查和排除泄漏的机会。

2. 进样系统

进样就是把样品定量地加到色谱柱柱头上，以便被流动相带入色谱柱中进行分离。进样系统包括进样器和汽化室两个部分。

1）进样系统分类及适用范围

（1）手动进样系统微量注射器。使用微量注射器抽取一定量的气体或液体样品注入气相色谱仪进行分析的手动进样。广泛适用于热稳定的气体和沸点一般在 500 ℃以下的液体样品的分析。

（2）液体自动进样器。液体自动进样器用于液体样品的进样，可以实现自动化操作，降低人为的进样误差，减少人工操作成本。适用于批量样品的分析。

（3）阀进样系统、气体进样阀。气体样品采用阀进样不仅定量重复性好，而且可以与环境空气隔离，避免空气对样品的污染。

（4）吹扫捕集系统。用于固体、半固体、液体样品基质中挥发性有机化合物的富集和直接进气相色谱仪进行分析。

（5）热解吸系统。用于气体样品中挥发性有机化合物的捕集，然后热解吸进气相色谱仪进行分析。

（6）顶空进样系统。顶空进样器主要用于固体、半固体、液体样品基质中挥发性有机化合物的分析，如水中 VOCs、茶叶中香气成分、合成高分子材料中残留单体的分析等。

（7）热裂解器进样系统。配备热裂解器的气相色谱称为热解气相色谱，理论上可适用于由于挥发性差依靠气相色谱还不能分离分析的任何有机物。

（8）冷柱上进样系统。冷柱上进样是将液体样品直接注入处于室温或更低温度下的气相色谱仪毛细管柱中，然后逐步升高温度使样品组分依次汽化通过毛细管柱进行分离，适用于热不稳定化合物的分析和痕量分析。

2）进样模式

（1）直接进样。直接进样是填充柱气相色谱法采用的进样方式，该进样方式有很好的定量精度和正确度，适用于痕量分析。

（2）冷柱头进样。冷柱头进样适用于大口径毛细管柱，是较高沸点和热不稳定样品常采用的进样方式。进样器的升温方式有恒温与程序升温两种方式，后者更理想。

（3）分流/不分流进样。分流/不分流进样是毛细管柱气相色谱法常采用的进样方式。

分流进样是样品在加热的汽化室内汽化，汽化后大部分通过分流器经分流管放空，只有极小部分被载气带入色谱柱，所以适用于浓度较高的样品。

不分流进样是进样时分流阀处于关闭状态，样品没有分流，当大部分样品进入色谱柱后才打开分流阀，使系统处于分流状态，由于大部分样品进入了色谱柱，所以适用于痕量分析。

（4）顶空进样。顶空进样是测定挥发性化合物所采用的一种从样品容器顶空部分抽取气态样品进样的技术，即气态进样。顶空进样分静态顶空和动态顶空。

静态顶空是用注射器直接吸取容器顶空中气体作为样品的方法。

动态顶空是采取吹出-吸附装置，也称吹扫-捕集方法。通气将挥发性组分吹出并捕集在吸附材料上，加热后快速升温将捕集到的挥发性组分转移到用干冰冷却的玻璃毛细管冷阱中，随后将冷凝的液体注入气相色谱仪中分析。

3）汽化室

汽化室的作用是将液体样品迅速、完全地进行汽化。对汽化室的要求是密封性好、体积小、热容量大、对样品无催化效应。简单的汽化室就是一段金属管，外套加热块。设计良好的汽化室，管内衬有玻璃管。汽化室的进样口用硅橡胶垫片密封，由散热式压盖压紧。

3. 分离系统

分离系统包括色谱柱、色谱柱箱和温度控制装置。色谱柱可分为填充柱和毛细管柱两类，都是由柱管和固定相构成的。柱管常用普通玻璃、石英玻璃或不锈钢材料制成。

在分离系统中，色谱柱箱其实相当于一个精密的恒温箱。因为柱温对分离影响很大，所以要求色谱柱箱温度梯度小，保温性能好，控温精度高，升温、降温速度快，既能保持恒温条件，也可以程序升温以满足色谱优化分离的需要。色谱柱箱的温度范围一般为室温至450 ℃。

色谱柱是组分分离的重要部分，色谱柱质量直接影响检测结果。衡量色谱柱好坏不仅看柱效，还要考虑其流失和柱寿命等。

普通填充柱的内径为2～4 mm，柱长为1～3 m，弯制成U形或螺旋形（以利于保温及减小体积），内填固定相。

毛细管柱也叫空心柱，柱内径为0.1～0.5 mm，柱长一般为15.0～30.0 m。固定液可直接涂渍在毛细管的内壁上，也可以涂渍在毛细管内壁载体涂层上。毛细管柱的突出特点是：分析速度快，分离效能高，但柱容量低。

一般测定有机磷采用 DB-17、DB-1701、RTX-5 SIL MS、RTX-OPP 等中极性柱子；测定菊酯类农药采用 DB-1、DB-5 等非极性或弱极性柱子。

注意： 新色谱柱含有溶剂和高沸点物质，所以基线不稳，出现鬼峰和噪声；旧柱长时间未用，也存在同样问题。一般采用升温老化，即从室温程序升温到最高温度，并在高温段保持 2 h 左右。新柱老化时，不要连接检测器。

4. 检测系统

检测器是色谱仪的核心部件。它的作用是将色谱柱分离后的各个组分按其特性及含量转换为相应的电信号，以便进行定性、定量分析。理想的检测器应该响应快、灵敏度高、噪声低、线性范围宽、通用性强、对流速和温度变化不敏感。因温度变化直接影响检测器的灵敏度和稳定性，所以检测器要装在检测室内，并由单独的温度控制器精密地控制其温度。

1）检测器的分类

（1）根据样品是否被破坏分为破坏性检测器和非破坏性检测器。破坏性检测器：氢火焰离子化检测器（FID）、氮磷检测器（NPD）、火焰光度检测器（FPD）、质谱检测器（MSD）、原子发射检测器（AED）；非破坏性检测器：热导检测器（TCD）、电子捕获检测器（ECD）。凡非破坏性检测器，均为浓度性检测器。

（2）根据响应值与时间的关系分为积分型检测器和微分型检测器。微分型检测器是目前色谱分析仪器中常用的一类检测器。这类检测器灵敏度高，能够显示某一物理量随时间变化的情况，即它所显示的信号表示在给定时间内每一瞬时通过检测器的量所得色谱图为峰形曲线。

（3）按检测原理的不同分为浓度型检测器和质量型检测器。其中，浓度型检测器测量的是载气中某组分浓度瞬间的变化，即检测器的响应值和组分的质量浓度成正比，如热导池检测器和电子捕获检测器等。质量型检测器测量的是载气中某组分进入检测器的速度变化情况，即检测器的响应值与单位时间内进入检测器的组分的质量成正比，如氢火焰离子化检测器和火焰光度检测器等。

（4）根据对被检测物质响应情况的不同分为通用型检测器和选择性检测器。①通用型检测器。例如，热导检测器（TCD）、氢火焰离子化检测器（FID）。②选择性检测器。例如，火焰光度检测器（FPD）、电子捕获检测器（ECD）、氮磷检测器（NPD）。

2）检测器的性能指标

对各种类型的色谱检测器的要求都是响应速度快、灵敏度高、敏感度低、稳定性好、线性范围宽，并以这些作为衡量检测器性能好坏的质量指标。

（1）灵敏度：灵敏度又称响应值，是指一定量的物质通过检测器时所给出的信号（响应）大小，常用 S 表示。

仪器的灵敏度用仪器检出限来衡量。仪器检出限是指检测器信号等于 3 倍噪声时，单位体积载气带入检测器的最小质量或单位时间进入检测器的最小质量。通常认为恰能鉴别的响应信号至少应等于检测器噪声的 3 倍。

（2）噪声和漂移：噪声是指没有样品通过检测器时，检测器输出的信号变化，以 ND

表示，噪声是检测器的本底信号；漂移是指基线在一定时间内对原点产生的偏离。

良好的检测器的噪声与漂移都应该很小，它们反映了检测器的稳定状况。

（3）线性范围：线性范围是指被测物质的量与检测器响应信号之间呈线性关系的范围，用最大允许进样量与最小检出量的比值来表示线性范围与定量分析有密切的关系。这个范围越大，越有利于准确定量。

3）常用气相色谱检测器

（1）热导检测器（thermal conductivity detector，TCD）。

热导是根据各种组分和载气的热导率不同，采用电阻温度系数高的热敏元件（热丝），通过惠斯顿电桥进行检测的。热导池由池体和热敏元件构成，可分为双臂热导池和四臂热导池两种。

载气的流速对输出信号有影响，因此载气流速要稳定。热导池检测器由于结构简单，灵敏度适宜，稳定性较好，而且对所有物质都有响应，因此是应用最广泛、最成熟的一种气相检测器，但主要缺点是热导池的死体积较大，且灵敏度较低。

（2）氢火焰离子化检测器（flame ionization detector，FID）。

氢火焰离子化检测器主要是利用氢火焰（氢气和空气燃烧产生火焰）作为能源，当有机物进入火焰，在高温下产生化学电离，电离产生的比基流高几个数量级的离子，在高压电场作用下定向移动，形成离子流，离子流经过微电流放大器放大，成为与进入火焰的有机化合物量成正比的电信号，再根据电信号定量分析。

氢火焰离子化检测器使用的气体有氮气、氢气和空气，其灵敏度与载气流量、氢气流量、空气流量均有关。一般氢气流量与空气流量之比为 1：10，氢火焰离子化检测器适用于可燃烧有机化合物如烃类化合物的检测。

（3）电子捕获检测器（electron capture detector，ECD）。

电子捕获检测器是放射性离子化检测器，是应用广泛的一种具有选择性、高灵敏度的浓度型检测器。它的选择性是指它只对具有电负性的物质（如含有含硫、磷、氮、氧、卤素化合物，金属有机物，含羟基、硝基、共轭双键化合物）有响应，电负性越强，灵敏度越高。其高灵敏度表现在能测出质量浓度为 10^{-14} g/mL 的电负性物质。可用于农产品中有机氯、菊酯类农药残留的分析，大气、水中痕量污染物的分析等。

操作时应注意的是：

① 载气的纯度应在 99.999%以上，流速对信号值和稳定性有很大的影响，检测器的温度对响应值也有较大的影响，由于线性范围较窄，只有 10^3，进样量不可超载。

② 电子捕获检测器内含有镍-63 放射源，非专业人员不能自行拆分清洗。

（4）火焰光度检测器（flame photometric detector，FPD）。

火焰光度检测器又称为硫磷检测器，具有高灵敏度和高选择性。它利用富氢火焰使含硫、磷杂原子的有机物分解，形成激发分子。当激发分子回到基态时，发射出一定波长的光。此光强度与被测组分的量成正比。

试样在富氢火焰燃烧时，含磷有机化合物主要是以 HPO 碎片的形式发射出波长为 526 nm 的光，含硫化合物则以 S_2 分子的形式发射出波长为 394 nm 的特征光。这些特征波长的光通过石英玻璃到干涉滤光片上，只有当样品中含有硫或磷的时候，光线才能通过滤光片，激发光电倍增管。激发光电倍增管将光信号转换成电信号，形成色谱图。主要用于农产品中有机磷和含硫农药残留的分析。

5. 数据处理系统

将检测器输出的模拟信号进行采集、信号转换、数据处理与计算，并打印出信号强度随时间的变化曲线，即色谱图。

现代的色谱仪都有一个色谱工作站（由工作软件、计算机、打印机组成），能完成数据处理系统的所有任务。在色谱工作站软件的控制下，可以对气相色谱、高效液相色谱、离子色谱、凝胶渗透色谱、超临界流体色谱、薄层色谱及毛细管电泳等检测器输出的色谱峰的模拟信号进行转换、采集、存储和处理，并对采集和存储的色谱图进行分析校正和定量计算，最后打印出色谱图和分析报告。

四、气相色谱分析条件的选择

1. 柱温的选择

柱温对组分分离的影响较大，直接影响分离效能和分析速度。选择柱温的原则是要保证样品组分完全分离，又要保证样品所有组分都不会在色谱柱内冷凝，且峰形较好，同时分析时间越短越好。

确定柱温，主要考虑色谱柱固定液的使用温度、色谱柱类型、样品组分的复杂程度、色谱柱升温方式以及汽化温度等。

（1）要考虑气相色谱仪色谱柱固定液的最高使用温度，选择的柱温至少要比固定液最高使用温度低 40 ℃左右。当固定液相同时，填充柱和毛细血管柱相比较，毛细管柱的最高使用温度比填充柱高。如果使用的固定液有凝固点，柱温应高于凝固点。

色谱柱使用温度上限的表达方式：325 ℃/350 ℃。前者较低的温度是恒温温度上限，色谱柱可无限期地在小于此温度下使用，此时的色谱柱流失和寿命都不会受到严重损伤。后者较高的温度是程序升温温度上限，在此温度下色谱柱使用时间如果在 10～15 min 内，色谱柱的流失和寿命不会受到太大的影响。但如果持续时间过长，则会增加色谱柱的流失，缩短色谱柱的寿命，固定相和熔融石英管的惰性都有可能被破坏。

（2）应考虑样品组分的复杂程度，包括样品的沸点范围和组分间的沸点差别，还有样品组分的极性差别等。若样品组分简单即组分少、样品沸程窄且组分沸点有一定差别，可选择恒温程序，分析时间短，且比程序升温基线要好。相反，如果样品组成复杂，不易兼顾低沸点组分和高沸点组分的分离，最好选择程序升温。即柱温按预定的加热速度，随时间做线性或非线性的变化，可改善复杂组分的分离效果，使低沸点及高沸点组分都能在各自适宜的温度下得到良好的分离。其优点是能缩短分析周期，改善峰形，提高检测灵敏度，但有时会引起基线漂移。

（3）根据样品沸点来选择柱温。分离各类组分的柱温具体应根据实际情况而定，一般应接近被分离组分的平均沸点。

在设定气相色谱仪进样口、柱箱和检测器各部分温度时，应了解各部分设定温度的关系。

气相色谱各部分的推荐温度关系为：进样口温度≤柱箱程序升温的最终温度；柱箱程序升温的最终温度+20 ℃左右≤检测器温度。

2. 载气及其流速的选择

一定的色谱柱和试样，有一个最佳的载气流速，此时柱效能最高。在实际工作中，为了缩短分析时间，往往使载气流速稍高于最佳流速。

一般常用流速为 20～100 mL/min。

浓度型检测器：检测的是载气中组分浓度的瞬间变化，其响应信号与进入检测器的组分浓度成正比，载气流速变大，峰面积变小。载气流速变小，峰面积变大，如热导池和电子捕获检测器。

质量型检测器：检测的是载气中组分的质量流速的变化，其响应信号与单位时间内进入检测器的组分的质量成正比，载气流速变化，峰面积不变。如氢火焰离子化检测器、火焰光度检测器。

3. 进样时间和进样量的选择

色谱法要求进样速度必须很快，以防人为造成色谱峰原始宽度变大，峰扩张更加严重，甚至峰变形，因而要求采用注射器或进样阀进样时，进样都在 1 s 以内完成。

色谱分析法的进样量一般都是比较少的，如液体试样一般进样 0.1～5 μL，气体试样进样 0.1～10 mL。因为进样量过多，会造成分离不理想，如使组分出峰的时间差变小而形成叠峰。但进样量太少，又会使含量少的组分因检测器检测灵敏度低而检测不出来。通常最大允许的进样量，应控制在峰面积或峰高与进样量成正比的范围内。

4. 汽化温度的选择

液体样品进样后首先经汽化室瞬间汽化再继续随流动相进入色谱柱实现分离。故汽化室温度应足够高，应以试样能被迅速汽化而又不分解为宜。一般汽化室温度比柱温高 30～70 ℃或比样品组分中最高沸点高 30～50 ℃，适当地提高汽化温度对分离及定量有利，尤其当进样量比较大时更是如此，就可以满足分析要求。

5. 固定相及其选择

在气相色谱分析中，某一多组分混合物中各组分能否完全分离，主要取决于色谱柱的效能和选择性。后者在很大程度上取决于固定相选择得是否适当，因此选择适当的固定相就成为色谱分析中的关键问题。

五、气相色谱分析定性和定量方法

（一）气相色谱分析定性方法

1. 利用保留值与已知纯物质对照定性

利用已知纯物质对照定性是基于在一定操作条件下，各组分的保留值是一定值，是色谱定性分析中最方便的方法。仅适用于样品性质已有所了解，组成比较简单，且有纯物质的未知物。

利用相对保留值定性，必须严格控制色谱条件的一致性，其可靠性与色谱柱的分离效率有密切关系。当载气流速和温度发生微小变化时，被测组分与参比组分的保留时间同时发生变化，而它们的比值相对保留值则不变，可作为定性较可靠的参数。

1）单柱比较法

在相同的色谱条件下，分别对已知标准品和待测样品进行色谱分析，得到两张色谱图，然后比较其保留值，当两者的参数相同时，可认为样品中含有与纯样相同的化合物。

2）双柱比较法

在两个极性完全不同的色谱柱上，测定已知标准品和待测样品的保留值，如果都相同，可较准确地判断样品中含有与标准品相同的化合物。

双柱法比单柱法更为可靠，因为有些不同的化合物会在某一固定相上表现出相同的色谱性质。

3）峰高增加法

将已知标准品加入到待测样品中再分析一次，然后与原来的待测样品色谱图进行比较。若前者的色谱峰增高，可认为样品中含有与标准品相同的化合物。当进样量很低时，如果峰不重合、峰中出现转折或半峰宽变宽，一般可以肯定样品中不含与标准品相同的化合物。

当试样中所含组分种类复杂，由于保留值相近而使色谱峰难以确认时，可用此法。将适量的标准品加入样品中，混匀，进样，对比加入前后的色谱图，若加入后某色谱峰相对增高，则该色谱组分与已知标准物质可能为同一物质。

2. 根据文献保留数据定性

利用文献值对照进行定性。在无法获得标准品时，可利用文献值对照定性，即利用标准品的文献保留值（相对保留值或保留指数）与未知物的测定保留值进行比较对照来进行定性分析。

保留指数是在一定条件下，用两种与之相邻的正构烷烃作参比，进行调整保留值的测定而得到的。这种方法可根据所用固定相和在一定柱温条件下测得的待测组分的保留指数直接与文献值对照定性，而不需要标准试样。

保留指数具有准确性好、重现性好、温度系数小、标准统一、仅与固定相性质和柱温有关而与其他色谱条件无关，只要固定相性质、柱温相同，可直接与文献值对照，不需要与标准物质对照等特点。

3. 联机定性

气相色谱的分离效率很高，但仅用色谱数据定性却很困难。通常称为"四大谱"的质谱法、红外光谱法、紫外光谱法和核磁共振波谱法对单一组分（纯物质）的有机化合物具有很强的定性能力。因此，将色谱分析与这些色谱法所用仪器联用，能很好地解决组成复杂的混合物的定性分析问题。

联用方法一般有两种：一种方法是将色谱分离后需要进行定性分析的某些组分分别收集起来，然后再用上述"四大谱"的方法或其他的定性分析方法进行分析；另一种方法是将色谱与上述几种色谱方法所用仪器直接连接起来，组成联用仪，可以同时得到样品的定性和定量结果。

（二）气相色谱分析定量分析方法

1. 气相色谱分析定量分析的原理

在一定的色谱操作条件下，组分 i 的质量（m_i）或其在载气中的质量浓度与检测器的响应信号（色谱图上表现为峰面积 A_i 或峰高 h_i）成正比。

2. 几种常用的定量计算方法

1）外标法

外标法是指按梯度添加一定量的标准品于空白溶剂中制成对照样品，与未知试样平行地进行样品处理并检测。不同质量浓度的标准品进样，以峰面积为值绘制成标准曲线，从而推算出未知试样中被测组分浓度的定量方法。

此方法的优点是操作简单，计算方便，但结果的准确度主要取决于进样量的重现性和操作条件的稳定性，样品和标准条件必须一致。

2）内标法

内标法是将一定量的纯物质作内标物加入到准确称取的试样中，根据被测物和内标物的质量及其在色谱图上相应的峰面积的比，求出待测组分的含量。

当试样中所有组分不能全部出峰而需测定的组分出峰时，可采用这种方法。内标法的优点在于定量较准确，而且不像归一化法那样有使用上的限制，但每次分析都要准确称取试样和内标物的质量，因而不适于生产中进行快速控制分析。

3）归一化法

将所有出峰组分的含量之和按 100% 计，则这种定量计算的方法就叫作归一化法。只有当试样中所有组分均能出峰时，才可用此方法进行定量计算。

归一化法定量分析的使用必须满足两个前提条件：样品中所有组分在检测器中都有响应；要清楚每个组分的校正因子。

归一化法的优点是简便、准确，定量结果与进样量无关，操作条件对结果影响较小；缺点是试样中所有组分必须全部出峰，某些不需要定量的组分也要测出其校正因子和峰面积。

六、基质效应及去除的方法

1. 基质效应的含义和类型

基质效应指样品中除目标化合物以外的其他成分对目标化合物响应值的影响。根据基质对目标化合物响应值的不同影响，基质效应可分为：基质增强效应和基质抑制效应。

2. 引起基质效应的物质来源

（1）内源性杂质：指样品经过前处理过程后依然保留在待分析样品溶液中的各种有机物（脂类、色素、糖类、可溶性蛋白或肽类、胺类及目标物化合物的同系物及其代谢物等）或无机物（各种无机盐）。比如色素对 ESI 和 APCI 都产生明显的离子抑制。

（2）外源性杂质：无机离子、缓冲溶液、有机酸、离子对试剂、表面活性剂、固相萃取材料及色谱柱固定相流失物等。

3. 基质效应的表现

（1）共流物或共流离子：分析物与谱库或标准质谱图匹配度低；无法准确地定性定量。

（2）吸附或促进农药降解：回收率低。

（3）基质诱导增强效应：回收率高。

4. 基质效应的判断

在判断是否存在基质效应时，可采用：纯试剂配制的标液与基质液配制的标液响应值比较；纯试剂标准曲线的斜率与基质液标准曲线的斜率比较。基质效应数值 85%～105%范围内则认为不存在基质效应。

5. 去除基质效应的方法

去除基质效应的方法有：进一步净化（如果是多组分分析，这种方法难度很大）；提高色谱分离度；采用 MRM（二级 MS）；加入保护剂，常用的分析保护剂为含有多羟基基团的化合物；用不含待测物的基质配制标准溶液；用标准加入法；用同位素内标法进行定量；稀释最后的定容提取液；减少样品的进样体积；运用解卷积软件；运用不同的离子化方式（CI）。其中用不含待测物的基质配制标准溶液是目前最常用的方法。

同一化合物在不同的基质中其基质效应不一样，不同化合物在同一基质中也各有不同的基质效应。从理论上讲，检测同一种作物时应使用相同的空白基质，这样做得到的结果最准确。但由于样品种类很多，如日常消费的蔬菜种类就有近百种，都使用相同基质的空白提取液配制标准溶液工作量就很大。因此，在日常检测工作中，最好对样品进行分类检测，即对每类样品做一个基质标样，这样大大减少由于不同基质产生的干扰，更好地保证结果的准确性。

例如，蔬菜种类很多，并且相同种类的蔬菜数量较少，可以用某一种基质配制标样来定量几种基质与其比较相近的样品，如瓜类蔬菜中的西葫芦和黄瓜；水果中的桃子和苹果；绿叶类蔬菜中的菠菜和莜麦菜；十字花科类蔬菜中的甘蓝和花椰菜等。蔬菜的基质类型越相近，分析方法所得到结果的准确度越高。试验结果见表 3.2.1～表 3.2.3。

表 3.2.1 标样和样品同一基质溶液的结果

农药种类	不同蔬菜种类的试验结果/（mg/kg）				
	小白菜	大白菜	甘蓝	茄子	黄瓜
甲胺磷	0.186	0.175	0.185	0.179	0.185
乙酰甲胺磷	0.181	0.183	0.174	0.178	0.173
甲拌磷	0.199	0.214	0.210	0.199	0.198
氧乐果	0.180	0.174	0.178	0.180	0.183
乐果	0.223	0.219	0.220	0.223	0.203
甲基对硫磷	0.211	0.225	0.211	0.233	0.211

续表

农药种类	不同蔬菜种类的试验结果/（mg/kg）				
	小白菜	大白菜	甘蓝	茄子	黄瓜
毒死蜱	0.203	0.240	0.210	0.245	0.223
对硫磷	0.198	0.219	0.224	0.195	0.193
水胺硫磷	0.223	0.210	0.245	0.211	0.219
三唑磷	0.220	0.201	0.235	0.214	0.208
平均回收率/%	101.100	102.900	104.600	102.800	99.600

表 3.2.2　以黄瓜为基质溶液的结果

农药种类	不同蔬菜种类的试验结果/（mg/kg）				
	小白菜	大白菜	甘蓝	茄子	黄瓜
甲胺磷	0.190	0.199	0.179	0.198	0.185
乙酰甲胺磷	0.194	0.178	0.184	0.183	0.173
甲拌磷	0.209	0.214	0.208	0.203	0.198
氧乐果	0.174	0.178	0.181	0.146	0.183
乐果	0.236	0.199	0.233	0.251	0.203
甲基对硫磷	0.208	0.216	0.231	0.260	0.211
毒死蜱	0.184	0.248	0.239	0.260	0.223
对硫磷	0.195	0.261	0.236	0.276	0.193
水胺硫磷	0.196	0.240	0.251	0.268	0.219
三唑磷	0.228	0.234	0.249	0.245	0.208
平均回收率/%	100.700	108.400	109.500	114.400	99.600

表 3.2.3　以大白菜为基质溶液的结果

农药种类	不同蔬菜种类的试验结果/（mg/kg）				
	小白菜	大白菜	甘蓝	茄子	黄瓜
甲胺磷	0.195	0.175	0.196	0.185	0.186
乙酰甲胺磷	0.199	0.183	0.201	0.176	0.181
甲拌磷	0.189	0.214	0.253	0.215	0.225
氧化乐果	0.199	0.174	0.185	0.236	0.176
乐果	0.238	0.219	0.275	0.239	0.218
甲基对硫磷	0.251	0.225	0.249	0.238	0.218
毒死蜱	0.264	0.240	0.276	0.254	0.238
对硫磷	0.273	0.219	0.273	0.211	0.221
水胺硫磷	0.244	0.210	0.253	0.249	0.230
三唑磷	0.254	0.201	0.269	0.256	0.235
平均回收率/%	115.200	102.900	121.400	112.900	106.400

七、植物源食品中农药残留的测定

（一）植物源食品中有机磷农药残留的测定

测定植物源食品中有机磷农药残留的方法有许多，目前最常用气相色谱法测定，相关标准为《食品安全国家标准　植物源性食品中 90 种有机磷类农药及其代谢物残留量的测定　气相色谱法》（GB 23200.116—2019），该方法适用于所有植物源食品。由于不同种类的样品在提取和净化上有所不同，而标准溶液配制、试样制备、测定条件及结果计算都一致，因此植物源食品农药残留测定不再区分不同种类样品。下面就以该标准为例，介绍植物源食品中有机磷农药残留的测定。

1. 标准溶液配制

（1）标准储备溶液（1000 mg/L）：准确称取 10 mg（精确至 0.1 mg）有机磷类农药及其代谢物各标准品，用丙酮溶解并分别定容到 10 mL。标准储备溶液避光且低于 −18 ℃保存，有效期一年。

（2）混合标准中间溶液：将 90 种有机磷类农药及其代谢物分成 6 个组，分别准确吸取一定量的单个农药储备溶液于 50 mL 容量瓶中，用丙酮定容至刻度。混合标准溶液，避光 0～4 ℃保存，有效期一个月。

2. 试样制备

样品测定部位按照 GB 2763—2021 中附录 A 的规定执行，取样量按照相关标准或规定执行。

蔬菜、水果、食用菌和糖料切碎后充分混匀，用四分法取样或直接放入组织捣碎机中捣碎成匀浆放入聚乙烯瓶或袋中。

干制的蔬菜、水果和食用菌，放入组织捣碎机中捣碎成匀浆，放入聚乙烯瓶中。

谷类粉碎后使其全部可通过 425 µm 的标准网筛，放入聚乙烯瓶或袋中。

油料和坚果粉碎后充分混匀，放入聚乙烯瓶或袋中。

茶叶和香辛料（调味料）粉碎后充分混匀，放入聚乙烯瓶或袋中。

植物油类搅拌均匀，放入聚乙烯瓶中。

3. 提取和净化

1）蔬菜、水果和食用菌

称取 20 g（精确到 0.01 g）试样于 150 mL 烧杯中，加入 40 mL 乙腈，用高速匀浆机 15 000 r/min 匀浆 2 min，提取液过滤至装有 5～7 g 氯化钠的 100 mL 具塞量筒中，盖上塞子，剧烈振荡 1 min，在室温下静置 30 min。准确吸取 10 mL 上清液于 100 mL 烧杯中，80 ℃水浴中氮吹蒸发近干，加入 2 mL 丙酮溶解残余物，盖上铝箔，备用。

将上述备用液完全转移至 15 mL 刻度离心管中，再用约 3 mL 丙酮分 3 次冲洗烧杯，并转移至离心管，最后定容至 5.0 mL，涡旋 0.5 min，用微孔滤膜过滤，待测。

2）油料作物和坚果

称取 10 g（精确到 0.01 g）试样于 150 mL 烧杯中，加入 20 mL 水，混匀后静置 30 min，再加入 50 mL 乙腈，用高速匀浆机 15 000 r/min 匀浆 2 min，提取液过滤至装有 5～7 g 氯化钠的 100 mL 具塞量筒中，盖上塞子，剧烈振荡 1 min，在室温下静置 30 min。准确吸取 8 mL 上清液于 15 mL 刻度离心管中，加入 900 mg 无水硫酸镁、150 mg PSA、150 mg C_{18} 涡旋 0.5 min，4200 r/min 离心 5 min。

准确吸取 5 mL 上清液加入到 10 mL 刻度离心管中，80 ℃ 水浴中氮吹蒸发近干，准确加入 1.00 mL 丙酮，涡旋 0.5 min，用微孔滤膜过滤，待测。

3）谷物

称取 10 g（精确到 0.01 g）试样于 150 mL 具塞锥形瓶中，加入 20 mL 水浸润 30 min，加入 50 mL 乙腈，在振荡器上以转速 200 r/min 振荡 30 min，提取液过滤至装有 5～7 g 氯化钠的 100 mL 具塞量筒中，盖上塞子，剧烈振荡 1 min，在室温下静置 30 min。

准确吸取 10 mL 上清液于 100 mL 烧杯中，80 ℃ 水浴中氮吹蒸发至近干，加入 2 mL 丙酮溶解残余物，盖上铝箔，备用。将上述溶液完全转移至 10.0 mL 刻度试管中，再用 5 mL 丙酮分 3 次冲洗烧杯，收集淋洗液于刻度试管中，50 ℃ 水浴氮吹蒸发至近干，准确加入 2.00 mL 丙酮，涡旋 0.5 min，用微孔滤膜过滤，待测。

4）茶叶和调味料

称取 5 g（精确到 0.01 g）试样于 150 mL 具塞锥形瓶中，加入 20 mL 水浸润 30 min，加入 50 mL 乙腈，用高速匀浆机 15 000 r/min 高速匀浆 2 min，提取液过滤至装有 5～7 g 氯化钠的 100 mL 具塞量筒中，盖上塞子，剧烈振荡 1 min，在室温下静置 30 min。

准确吸取 10 mL 上清液于 100 mL 烧杯中，80 ℃ 水浴中氮吹蒸发至近干，加入 2 mL 乙腈-甲苯溶液（3＋1）溶解残余物，待净化。

将固相萃取柱用 5 mL 乙腈-甲苯溶液预淋洗。

当液面到达柱筛板顶部时，立即加入上述待净化溶液，用 100 mL 茄型瓶收集洗脱液，用 2 mL 乙腈-甲苯溶液涮洗烧杯后过柱，并重复一次。再用 15 mL 乙腈-甲苯溶液洗脱柱子，收集的洗脱液，于 40 ℃ 水浴中旋转蒸发至近干，用 5 mL 丙酮冲洗茄型瓶并转移到 10 mL 离心管中，50 ℃ 水浴中氮吹蒸发至近干，准确加入 1.00 mL 丙酮，涡旋 0.5 min 混匀，用微孔滤膜过滤，待测。

5）植物油

称取 3 g（精确到 0.01 g）试样于 50 mL 塑料离心管中，加入 5 mL 水、15 mL 乙腈，加入 6 g 无水硫酸镁、1.5 g 乙酸钠及 1 粒陶瓷均质子，剧烈振荡 1 min，4200 r/min 离心 5 min。

准确吸取 8 mL 上清液到内有 900 mg 无水硫酸镁、150 mg PSA、150 mg C_{18} 的 15 mL 离心管中，涡旋 0.5 min，4200 r/min 离心 5 min。

准确吸取 5 mL 上清液放入 10 mL 刻度离心管中，80 ℃ 水浴中氮吹蒸发至近干，准确加入 1.00 mL 丙酮，涡旋 0.5 min，用微孔滤膜过滤，待测。

4. 仪器参考条件

（1）色谱柱。

A 柱：50%苯基甲基聚硅氧烷石英毛细管柱，30 m×0.53 mm（内径）×10 μm，或相当者；

B 柱：100%苯基甲基聚硅氧烷石英毛细管柱，30 m×0.53 mm（内径）×15 μm，或相当者。

（2）色谱柱温度：150 ℃ 保持 2 min，然后以 8 ℃/min 程序升温至 210 ℃，再以 5 ℃/

min 升温至 250 ℃保持 15 min。

（3）载气：氮气，纯度>99.999%，流速为 8.4 mL/min。

（4）进样口温度：250 ℃。

（5）检测器温度：300 ℃。

（6）进样量：1 μL。

（7）进样方式：不分流进样。

（8）燃气：氢气，纯度>99.999%，流速为 80 mL/min。

（9）助燃气：空气，流速为 110 mL/min。

5. 标准曲线

将混合标准中间溶液用丙酮稀释成质量浓度为 0.005 mg/L、0.01 mg/L、0.05 mg/L、0.1 mg/L 和 1 mg/L 的系列标准溶液，参考色谱条件测定。以农药质量浓度为横坐标、色谱的峰面积积分值为纵坐标，绘制标准曲线。

6. 定性及定量

（1）定性测定以目标农药的保留时间定性。被测试样中目标农药色谱峰的保留时间与相应标准色谱峰的保留时间相比较，相差应在±0.05 min 之内。

（2）定量测定。用外标法定量。

7. 试样溶液的测定

将混合标准工作溶液和试样溶液依次注入气相色谱仪中，保留时间定性，测得目标农药色谱峰面积根据计算公式，得到各农药组分含量。

试样溶液中农药的响应值应在仪器检测的定量测定线性范围之内，超过线性范围时，应根据测定质量浓度进行适当倍数稀释后再进行分析。

8. 结果计算

试样中被测农药残留量以质量分数 ω 计，单位以毫克每千克（mg/kg）表示，按下式计算。

$$\omega = \frac{V_1 \times A \times V_3}{V_2 \times A_S \times m} \times \rho$$

式中，ω——样品中被测组分含量，单位为毫克每千克（mg/kg）；

V_1——提取溶剂总体积，单位为毫升（mL）；

V_2——提取液分取体积，单位为毫升（mL）；

V_3——待测溶液定容体积，单位为毫升（mL）；

A——待测溶液中被测组分峰面积；

A_S——标准溶液中被测组分峰面积；

m——试样质量，单位为克（g）；

ρ——标准溶液中被测组分质量浓度，单位为毫克每升（mg/L）。

计算结果保留两位有效数字，当结果大于 1 mg/kg 时，保留三位有效数字。

从计算公式看，结果计算时用单点法。单点法是外标法的一个特例，使用前提是工作曲线必须是线性。

（二）食品中有机氯农药残留的测定

食品中有机氯农药残留量的测定以《食品中有机氯农药多组分残留量的测定》（GB/T 5009.19—2008）的方法为例，该方法分为第一法（毛细管柱气相色谱-电子捕获检测器法）和第二法（填充柱气相色谱-电子捕获检测器法）。

第一法规定了食品中六六六（HCH）、滴滴滴（DDD）、六氯苯、灭蚁灵、七氯、氯丹、艾氏剂、狄氏剂、异狄氏剂、硫丹、五氯硝基苯 11 种有机氯农药的测定方法，适用于肉类、蛋类、乳类等动物源性食品和植物（含油脂）。第二法规定了食品中六六六、滴滴涕（DDT）残留量的测定方法，适用于各类食品。

目前农药残留检测基本上都使用毛细管柱，所以以第一法为例。

原理是试样中有机氯农药组分经有机溶剂提取、凝胶色谱层析净化，用毛细管柱气相色谱分离，电子捕获检测器检测，以保留时间定性，外标法定量。

1. 分析步骤

1）试样制备

蛋品去壳，制成匀浆；肉品去筋后，切成小块，制成肉糜；乳品混匀待用。

2）提取与分配

（1）蛋类：称取试样 20 g（精确到 0.01 g）于 200 mL 具塞锥形瓶中，加水 5 mL（视试样水分含量加水，使总水量约为 20 g。通常鲜蛋水分含量约 75%，加水 5 mL 即可），再加入 40 mL 丙酮，振摇 30 min 后，加入 6 g 氯化钠，充分摇匀，再加入 30 mL 石油醚，振摇 30 min。静置分层后，将有机相全部转移至 100 mL 具塞锥形瓶中，用无水硫酸钠干燥，并量取 35 mL 于旋转蒸发瓶中，浓缩至约 1 mL，加入 2 mL 乙酸乙酯-环己烷（1+1）溶液再浓缩，如此重复 3 次，浓缩至约 1 mL，供凝胶色谱层析净化使用，或将浓缩液转移至全自动凝胶渗透色谱系统配套的进样试管中，用乙酸乙酯-环己烷（1+1）溶液洗涤旋转蒸发瓶数次，将洗涤液合并至试管中，定容至 10 mL。

（2）肉类：称取试样 20 g（精确到 0.01 g）加水 15 mL（视试样水分含量加水，使总水量约 20 g）。加 40 mL 丙酮，振摇 30 min，以下按照上面所述蛋类试样的提取与分配步骤处理。

（3）乳类：称取试样 20 g（精确到 0.01 g），鲜乳不需加水，直接加丙酮提取。以下按照上面所述蛋类试样的提取与分配步骤处理。

（4）大豆油：称取试样 1 g（精确到 0.01 g），直接加 30 mL 石油醚，振摇 30 min 后，将有机相全部转移至旋转蒸发瓶中，浓缩至约 1 mL，加 2 mL 乙酸乙酯-环己烷（1+1）液再浓缩，如此重复 3 次，浓缩至约 1 mL，供凝胶色谱层析净化使用，或将浓缩液转移至全自动凝胶渗透色谱系统配套的进样试管中，用乙酸乙酯-环己烷（1+1）溶液洗涤旋转蒸发瓶数次，将洗涤液合并至试管中，定容至 10 mL。

（5）植物类：称取试样匀浆 20 g，加水 5 mL（视其水分含量加水，使总水量约 20 mL），加丙酮 40 mL，振荡 30 min，加氯化钠 6 g，摇匀。加石油醚 30 mL，再振荡 30 min，以下按照上面所述蛋类试样的提取与分配步骤处理。

3）净化

选择手动或全自动净化方法的任何一种进行。

手动凝胶色谱柱净化：将试样浓缩液经凝胶柱以乙酸乙酯-环己烷（1＋1）溶洗脱，弃去 0～35 mL 流分，收集 35～70 mL 流分。将其转蒸发浓缩至约 1 mL，再经凝胶净化收集 35～70 mL 流分，蒸发浓缩，用氮气吹除溶剂，用正己烷定容至 1 mL，留待 GC 分析。

全自动凝胶渗透色谱系统净化：试样由 5 mL 试样环注入凝胶渗透色谱（GPC）柱，泵流速 5.0 mL/min，以乙酸乙酯-环己烷（1＋1）溶液洗脱，弃去 0～7.5 min 流分，收集 7.5～15 min 流分，15～20 min 冲洗 GPC 柱。将收集的流分旋转蒸发浓缩至约 1 mL，用氮气吹至干，用正己烷定容至 1 mL，留待 GC 分析。

2. 气相色谱参考条件

色谱柱：DM-5 石英弹性毛细管柱，长 30 m、内径 0.32 mm、膜厚 0.25 μm；或等效柱。

柱温：程序升温 90 ℃（1 min）→（40 ℃/min）170 ℃→（2.3 ℃/min）230 ℃（17 min）→（40 ℃/min）280 ℃（5 min）

进样口温度：280 ℃。不分流进样，进样量 1 μL。

检测器：电子捕获检测器（ECD），温度 300 ℃。

载气流速：氮气（N_2），流速 1 mL/min；尾吹，25 mL/min。

柱前压：0.5 MPa。

3. 测定

分别吸取 1 μL 混合标准溶液及试样净化液注入气相色谱仪中，记录色谱图，以保留时间定性，以试样和标准的峰高或峰面积比较定量。

4. 结果计算

结果按照标准曲线计算，计算结果保留两位有效数字。

5. 精密度

在重复性条件下获得的两次独立测定结果的绝对差值不得超过算术平均值的 20%。

该标准操作麻烦，且使用丙酮做提取剂，而丙酮是易制毒试剂。同时，该方法的净化使用凝胶渗透色谱系统，目的是去除脂肪。凝胶渗透色谱仪价格较贵，同时净化时需使用有机试剂 100 mL 左右，成本较高且不环保。目前用于去脂肪的 SPE 柱都可以达到同样的效果。

我国在 20 世纪 80 年代就已停止生产有机氯农药，现在很少能检测出来，需要检测是因为存在再残留的问题。

（三）蔬菜、水果中有机氯和菊酯类农药残留量的测定

用气相色谱法检测蔬菜和水果中的有机氯和菊酯类农药残留主要是使用《蔬菜和水果中有机磷、有机氯、拟除虫菊酯和氨基甲酸酯类农药多残留的测定》（NY/T 761—2008），

该标准可同时检测 41 种有机氯和菊酯类农药。食用菌的检测可以参照执行,但对食用菌检测时要进行确认。下面以该标准为例,介绍蔬菜、水果中有机氯和菊酯类农药残留量的测定。

1. 标准溶液配制

(1)标准储备溶液(1000 mg/L):准确称取一定量(精确至 0.1 mg)农药标准品,用正己烷稀释,逐一配制成单一农药标准储备溶液,储存在−18 ℃以下冰箱中。使用时根据各农药在对应检测器上的响应值,准确吸取适量的标准储备液,用正己烷稀释配制成所需的标准工作溶液。

(2)农药混合标准储备溶液:将 41 种农药分为 3 组,根据各农药在仪器上的响应值,逐一吸取一定体积的同组别的单个农药储备液分别注入同一容量瓶中,用正己烷稀释至刻度,采用同样方法配制成 3 组农药混合标准储备溶液。使用前用正己烷稀释成所需质量浓度的标准工作溶液。

2. 试样制备

同有机磷测定。

3. 提取

称取 20 g(精确到 0.01 g)试样于 150 mL 烧杯中,加入 40 mL 乙腈,用高速匀浆机 15 000 r/min 匀浆 2 min,提取液过滤至装有 5~7 g 氯化钠的 100 mL 具塞量筒中,盖上塞子,剧烈振荡 1 min,在室温下静置 30 min。

从 100 mL 具塞量筒中准确吸取 10 mL 上清溶液放入 150 mL 烧杯中,将烧杯放在水浴 80 ℃氮吹仪上加热,杯内缓缓通入氮气或空气流,蒸发至近干,加入 2.0 mL 正己烷,盖上铝箔,待净化。

4. 净化

将弗罗里硅柱依次用 5.0 mL 丙酮-正己烷溶液(10+90)、5.0 mL 正己烷预淋洗,当溶剂液面到达柱吸附层表面时,立即倒入上述待净化溶液,用 15 mL 刻度离心管接收洗脱液,用 5 mL 丙酮-正己烷溶液(10+90)冲洗烧杯后淋洗弗罗里硅柱,并重复一次。

将盛有淋洗液的离心管置于氮吹仪上,在水浴温度 50 ℃条件下,氮吹蒸发至小于 5 mL,用正己烷定容至 5.0 mL,在旋涡混合器上混匀,移入自动进样器样品瓶中,待测。

5. 色谱参考条件

(1)色谱柱预柱:1.0 m(0.25 mm 内径)脱活石英毛细管柱。

色谱柱:100%聚甲基硅氧烷(DB-1 或 HP-1)柱,3.0 m×0.25 mm×0.25 μm,或相当者。

(2)温度:进样口温度:200 ℃。检测器温度:320 ℃。

柱温:150 ℃(保持 2 min)→(6 ℃/min)270 ℃(保持 8 min,测定溴氰菊酯保持 23 min)。

（3）气体及流量。

载气：氮气，纯度＞99.999%，流速为 1 mL/min。

辅助气：氮气，纯度＞99.999%，流速为 60 mL/min。

（4）进样方式。

分流进样，分流比 10∶1。

6. 色谱分析

由自动进样器分别吸取 1.0 μL 标准混合溶液和净化后的样品溶液注入色谱仪中，以保留时间定性，以样品溶液峰面积与标准溶液峰面积比较定量。

7. 结果计算

同有机磷测定。

8. 精密度

同有机磷测定。

提示：NY/T 761—2008 测定的 41 种有机氯和菊酯类农药中，按照农药残留定义的要求，不但要检测农药母体，同时还要检测其代谢产物，因此有两种农药——三唑酮和乙烯菌核利不能测定，按照残留物定义检测三唑酮时还要检测三唑醇，而该标准中没有提及，乙烯菌核利也是同样道理，标准中没有包括乙烯菌核利的代谢产物。

八、植物源食品中农药残留定性和定量分析中常见问题及克服方法

（一）定性检测中易出现的问题及克服方法

定性检测中易出现的问题有两类，假阳性和假阴性。

1. 假阳性出现的主要原因

1）基质干扰

（1）葱、蒜、韭菜。葱蒜类蔬菜含有蒜氨酸类物质（烷基硫代半胱氨酸及亚砜类化合物）及其活性酶（蒜氨酸酶）。在完整的细胞中酶和底物是分开存在的，但样品制成匀浆的过程中，细胞破裂，酶会和底物发生反应，产生丙酮酸、氨及磺酸类的含硫化合物，这类物质与有机磷和有机氯农药性质相似，传统的净化方法不能将其去掉，用 GC 或 GC/MS 不能很好地检测。

为防止酶与底物发生反应，可将样品切断取 25 g，用微波加热 20～30 s，然后进行提取处理。

（2）十字花科蔬菜（结球甘蓝、大白菜、普通白菜、花椰菜），因为含有硫氰酸酯和异硫氰酸酯类化合物，用气相色谱检测甲胺磷、乙酰甲胺磷、氧乐果、三唑酮等时有干扰。

（3）其他类产品：香菇、香料、芫荽、茶叶等含有小分子风味物质，对检测造成干扰。解决的方法是使用 GC-MS/MS 或 LC-MS/MS。

（4）二硫代氨基甲酸酯类农药在测二硫化碳时，葱蒜类和十字花科类蔬菜因含硫会产生干扰。

（5）有机磷农药含硫，在 ECD 上产生信号。对菊酯和有机氯农药的检测产生干扰。

（6）敌百虫和敌敌畏。由于敌百虫遇高温分解，转化为敌敌畏，因此最好用 LC-MS/MS 检测。

对于克服基质干扰的方法最好是使用 GC-MS/MS 或 LC-MS/MS 来解决，如图 3.2.1 和图 3.2.2 所示。

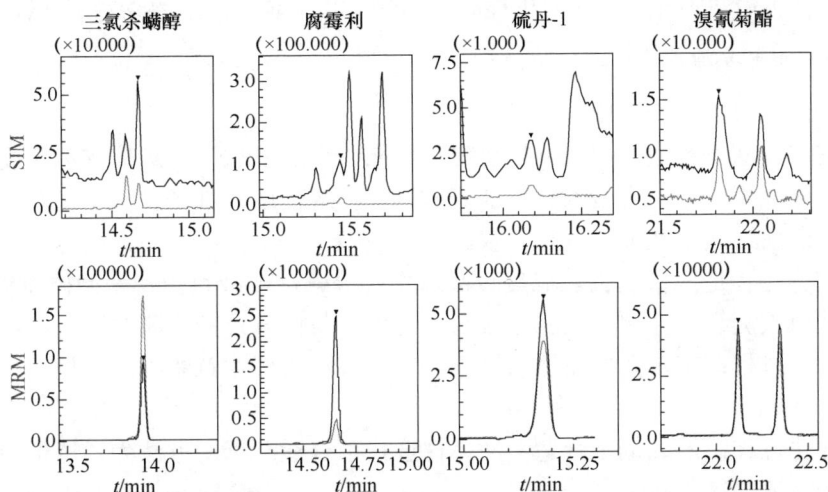

图 3.2.1 莜麦菜的样品加标（5 μg/kg）GC-MS（SIM）与 GC-MS（MRM）测定对比

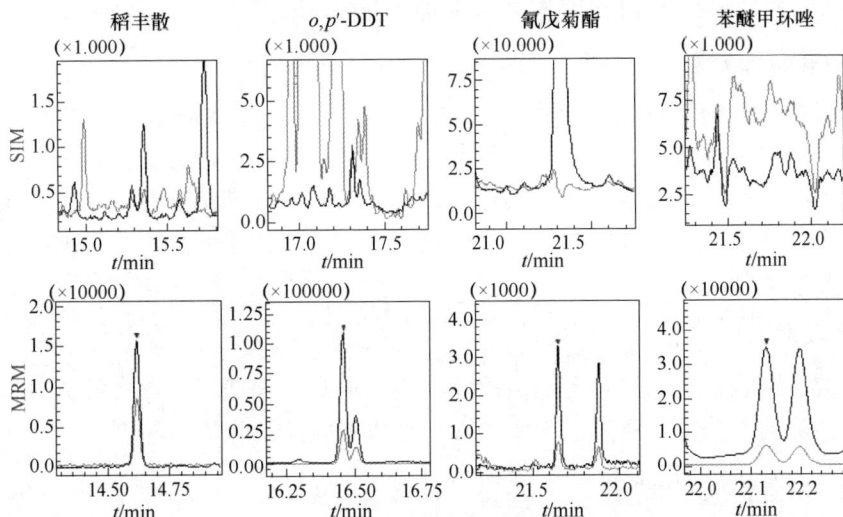

图 3.2.2 生姜的样品加标（5 μg/kg）GC-MS（SIM）与 GC-MS（MRM）测定对比

2）污染（交叉污染）

（1）污染来源。

不合格的试剂。目前部分试剂不纯，会对检测造成污染。因此每进一批试剂，按照检测方法标准的要求进行验证。

检测用器皿。玻璃器皿、注射器、色谱柱、检测器等检测用器皿处理过高含量的样品，没有清洗干净。检测前对所用器皿用丙酮、正己烷进行最后的清洗。

检测环境。当用 GC-ECD 或 NPD 检测时，要格外注意实验台、桌子抛光剂、皮肤软膏、含有杀菌剂的肥皂、洗涤剂、橡皮管、橡皮塞、滤纸、塑料等。

（2）试样制备过程。试样制备时样品的交叉污染。对试样制备的工具进行清洗，每个样品制备后都要进行清洗。

（3）进样过程。进样针污染，针头或进样垫污染，针头清洗液污染；前一针待测组分含量高，针头清洗不充分；两针进样时间间隔过短，前一针残留物对下一针产生污染。

2. 假阴性主要原因

假阴性的主要原因和克服方法有以下几个方面。

（1）提取方法不合适，使待分析物提不出来；克服方法为改进提取剂和提取条件。

（2）酸碱度不合适，有些农药对酸碱敏感，在酸性或碱性条件下不稳定分解；克服方法为提供弱酸性或中性环境进行提取。

（3）进样过程造成假阴性，温度过高，农药分解，如敌百虫、辛硫磷，流动相 pH 不合适，造成被测组分分解；克服方法为改进检测条件或改变检测方法。

（4）浓缩过程：旋转蒸发或氮吹过干；克服方法为要注意浓缩时的技术关键点，浓缩至近干。

（5）净化过程：淋洗剂不合适；净化柱选择不合适；克服方法为通过试验选择合适的淋洗剂和合适的净化柱。

（二）定量检测中易出现的问题及克服方法

1. 标准溶液质量浓度不准

农药残留检测的定量是与标准溶液比较得到，因此标准溶液质量浓度的准确性就十分重要。检测用标准溶液一定要在有效期内，且储存条件要符合要求。

对新配制的标准溶液做一个谱图保存，以后使用该标准溶液时，在仪器条件相同的情况下，再使用该标准溶液时与第一次的谱图做比较，如果差异不大可继续使用，如果差异大要重新配制。

2. 基质效应

基质效应影响定量结果，可造成检测结果的偏高或偏低，因此在检测过程中必须进行消除。消除的方法见本章第二节中"六、基质效应及去除的方法"。

九、食品中脂肪酸的测定

《食品安全国家标准 食品中脂肪酸的测定》（GB 5009.168—2016）规定了食品中脂肪酸的测定，该标准有三种测定方法，分别是第一法内标法，第二法外标法，第三法归一化法。此处以第一法和第三法为例。

（一）内标法

1. 原理

（1）水解-提取法：加入内标物的试样经水解-乙醚溶液提取其中的脂肪后，在碱性条件下皂化和甲酯化，生成脂肪酸甲酯，经毛细管柱气相色谱分析，内标法定量测定脂肪酸甲酯含量。依据各种脂肪酸甲酯含量和转换系数计算出总脂肪、饱和脂肪（酸）、单不饱和脂肪（酸）、多不饱和脂肪（酸）含量。动植物油脂试样不经脂肪提取，加入内标物后直接进行皂化和脂肪酸甲酯化。

（2）酯交换法（适用于游离脂肪酸含量不大于 2% 的油脂）：将油脂溶解在异辛烷中，加入内标物后，加入氢氧化钾甲醇溶液，通过酯交换甲酯化，反应完全后，用硫酸氢钠中和剩余的氢氧化钾，以避免甲酯皂化。

2．试剂配制

（1）盐酸溶液（8.3 mol/L）：量取 250 mL 盐酸，用 110 mL 水稀释，混匀，室温下可放置 2 个月。

（2）乙醚-石油醚混合液（1＋1）：取等体积的乙醚和石油醚，混匀备用。

（3）氢氧化钠甲醇溶液（2%）：取 2 g 氢氧化钠溶解在 100 mL 甲醇中，混匀。

（4）饱和氯化钠溶液：称取 360 g 氯化钠溶解于 1.0 L 水中，搅拌溶解，澄清备用。

（5）氢氧化钾甲醇溶液（2 mol/L）：将 13.1 g 氢氧化钾溶于 100 mL 无水甲醇中，可轻微加热，加入无水硫酸钠干燥，过滤，即得澄清溶液。

（6）标准溶液配制。

① 十一碳酸甘油三酯内标溶液（5.00 mg/mL）：准确称取 2.5 g（精确至 0.1 mg）十一碳酸甘油三酯于烧杯中，加入甲醇溶解，移入 500 mL 容量瓶后用甲醇定容，在冰箱中冷藏可保存 1 个月。

② 混合脂肪酸甲酯标准溶液：取出适量脂肪酸甲酯混合标准溶液移至 10 mL 容量瓶中，用正庚烷稀释定容，储存于 −10 ℃ 以下冰箱，有效期 3 个月。

③ 单个脂肪酸甲酯标准溶液：将单个脂肪酸甲酯分别从安瓿瓶中取出转移到 10 mL 容量瓶中，用正庚烷冲洗安瓿瓶，再用正庚烷定容，分别得到不同脂肪酸甲酯的单个标准溶液，储存于 −10 ℃ 以下冰箱，有效期 3 个月。

3．仪器设备

（1）匀浆机或实验室用组织粉碎机或研磨机。

（2）气相色谱仪：具有氢火焰离子化检测器（FID）。

（3）毛细管色谱柱：聚二氰丙基硅氧烷强极性固定相，柱长 100 m，内径 0.25 mm，膜厚 0.2 μm。

（4）恒温水浴：控温范围 40～100 ℃，控温 ±1 ℃。

（5）分析天平：感量 0.1 mg。

（6）旋转蒸发仪。

4．分析步骤

1）试样的制备

在采样和制备过程中，应避免试样污染。固体或半固体试样使用组织粉碎机或研磨机粉碎，液体试样用匀浆机打成匀浆于 −18 ℃ 以下冷冻保存，分析用时将其解冻后使用。

2）试样前处理

（1）水解-提取法。

① 试样的称取。称取均匀试样 0.1～10 g（精确至 0.1 mg，约含脂肪 100～200 mg）移入 250 mL 平底烧瓶中，准确加入 2.0 mL 十一碳酸甘油三酯内标溶液。加入约 100 mg 焦性没食子酸，加入几粒沸石，再加入 2 mL 95%乙醇和 4 mL 水，混匀。根据试样的类别选取相应的水解方法，乳制品采用碱水解法；乳酪采用酸碱水解法；动植物油脂直接进行步骤④；其余食品采用酸水解法。

注意：根据实际工作需要选择内标，对于组分不确定的试样，第一次检测时不应加内标物。观察在内标物峰位置处是否有干扰峰出现，如果存在，可依次选择十三碳酸甘油三酯或十九碳酸甘油三酯或二十三碳酸甘油三酯作为内标。

② 试样的水解。

酸水解法：食品（除乳制品和乳酪）中加入 10 mL 盐酸溶液，混匀。将烧瓶放入 70～80 ℃水浴中水解 40 min。每隔 10 min 振荡一下烧瓶，使黏附在烧瓶壁上的颗粒物混入溶液中。水解完成后，取出烧瓶冷却至室温。

碱水解法：乳制品（乳粉及液态乳等试样）中加入 5 mL 氨水，混匀。将烧瓶放入 70～80 ℃水浴中水解 20 min。每 5 min 振荡一下烧瓶，使黏附在烧瓶壁上的颗粒物混入溶液中。水解完成后，取出烧瓶冷却至室温。

酸碱水解法：乳酪中加入 5 mL 氨水，混匀。将烧瓶放入 70～80 ℃水浴中水解 20 min。每隔 10 min 振荡一下烧瓶，使黏附在烧瓶壁上的颗粒物混入溶液中。接着加入 10 mL 盐酸，继续水解 20 min，每 10 min 振荡一下烧瓶，使黏附在烧瓶壁上的颗粒物混入溶液中。水解完成后，取出烧瓶冷却至室温。

③ 脂肪提取。水解后的试样，加入 10 mL 95%乙醇，混匀。将烧瓶中的水解液转移到 100 mL 分液漏斗中，用 50 mL 乙醚-石油醚混合液冲洗烧瓶和塞子，冲洗液并入分液漏斗中，加盖。振摇 5 min，静置 10 min。将醚层提取液收集到 250 mL 烧瓶中。按照以上步骤重复提取水解液 3 次，最后用乙醚-石油醚混合液冲洗分液漏斗，并收集到 250 mL 烧瓶中。旋转蒸发仪浓缩至干，残留物为脂肪提取物。

④ 脂肪的皂化和脂肪酸的甲酯化。在脂肪提取物中加入 2%氢氧化钠-甲醇溶液 8 mL，连接回流冷凝器，（80±1）℃水浴上回流，直至油滴消失。从回流冷凝器上端加入 7 mL 15%三氟化硼甲醇溶液，在（80±1）℃水浴中继续回流 2 min。用少量水冲洗回流冷凝器。停止加热，从水浴上取下烧瓶，迅速冷却至室温。准确加入 10～30 mL 正庚烷，振摇 2 min，再加入饱和氯化钠水溶液，静置分层。吸取上层正庚烷提取溶液大约 5 mL，至 25 mL 试管中，加入大约 3～5 g 无水硫酸钠，振摇 1 min，静置 5 min，吸取上层溶液到进样瓶中，待测定。

（2）酯交换法。适用于游离脂肪酸含量不大于 2%的油脂样品。

① 试样称取。称取试样 60.0 mg 至具塞试管中，精确至 0.1 mg，准确加入 2.0 mL 内标溶液。

② 甲酯制备。加入 4 mL 异辛烷溶解试样，必要时可以微热使试样溶解后加入 200 μL

氢氧化钾-甲醇溶液，盖上玻璃塞猛烈振摇 30 s 后静置至澄清。加入约 1 g 硫酸氢钠，猛烈振摇，中和氢氧化钾。待盐沉淀后，将上层溶液移至进样瓶中，待测。

5. 色谱参考条件

取单个脂肪酸甲酯标准溶液和脂肪酸甲酯混合标准溶液分别注入气相色谱仪，对色谱峰进行定性。

（1）毛细管色谱柱：聚二氰丙基硅氧烷强极性固定相，柱长 100 m，内径 0.25 mm，膜厚 0.2 μm。

（2）进样器温度：270 ℃。

（3）检测器温度：280 ℃。

（4）程序升温：初始温度 100 ℃，持续 13 min；100～180 ℃，升温速率 10 ℃/min，保持 6 min；180～200 ℃，升温速率 1 ℃/min，保持 20 min；200～230 ℃，升温速率 4 ℃/min，保持 10.5 min。

（5）载气：氮气。

（6）分流比：100∶1。

（7）进样体积：1.0 μL。

（8）检测条件应满足理论塔板数（n）至少 2000/m，分离度（R）至少 1.25。

6. 试样测定

在上述色谱条件下将脂肪酸标准测定液及试样测定液分别注入气相色谱仪，以色谱峰峰面积定量。

7. 结果计算

（1）试样中单个脂肪酸甲酯含量按以下公式计算：

$$X_i = F_i \times \frac{A_i}{A_{C_{11}}} \times \frac{\rho_{C_{11}} \times V_{C_{11}} \times 1.0067}{m} \times 100$$

式中，X_i——试样中脂肪酸甲酯 i 含量，单位为克每百克（g/100 g）；

　　　F_i——脂肪酸甲酯 i 的响应因子；

　　　A_i——试样中脂肪酸甲酯 i 的峰面积；

　　　$A_{C_{11}}$——试样中加入的内标物十一碳酸甲酯峰面积；

　　　$\rho_{C_{11}}$——十一碳酸甘油三酯质量浓度，单位为毫克每毫升（mg/mL）；

　　　$V_{C_{11}}$——试样中加入十一碳酸甘油三酯体积，单位为毫升（mL）；

　　　1.0067——十一碳酸甘油三酯转化成十一碳酸甲酯的转换系数；

　　　m——试样的质量，单位为毫克（mg）；

　　　100——将含量转换为每 100 g 试样中含量的系数。

脂肪酸甲酯 i 的响应因子 F_i 按下式计算：

$$F_i = \frac{\rho_{Si} \times A_{11}}{A_{Si} \times \rho_{11}}$$

式中，F_i——脂肪酸甲酯 i 的响应因子；

ρ_{Si}——混合标准溶液中各脂肪酸甲酯 i 的质量浓度，单位为毫克每毫升（mg/mL）；

A_{11}——十一碳酸甲酯峰面积；

A_{Si}——脂肪酸甲酯 i 的峰面积；

ρ_{11}——混合标准溶液中十一碳酸甲酯的质量浓度，单位为毫克每毫升（mg/mL）。

（2）试样中总脂肪含量按下式计算：

$$X_{\text{Total Fat}}=\sum X_i \times F_{\text{FAME}_i-\text{TG}_i}$$

式中，$X_{\text{Total Fat}}$——试样中总脂肪含量，单位为克每百克（g/100 g）；

X_i——试样中单个脂肪酸甲酯 i 含量，单位为克每百克（g/100 g）；

$F_{\text{FAME}_i-\text{TG}_i}$——脂肪酸甲酯 i 转化成甘油三酯的系数。

各种脂肪酸甲酯转化成脂肪酸甘油三酯的系数参见 GB 5009.168—2016 中的附录 D。脂肪酸甲酯 i 转化成为脂肪酸甘油三酯的系数按下式计算：

$$F_{\text{FAME}_i-\text{TG}_i}=\frac{M_{\text{TG}_i} \times \dfrac{1}{3}}{M_{\text{FAME}_i}}$$

式中，$F_{\text{FAME}_i-\text{TG}_i}$——脂肪酸甲酯 i 转化成为脂肪酸甘油三酯的系数；

M_{TG_i}——脂肪酸甘油三酯 i 的分子质量；

M_{FAME_i}——脂肪酸甲酯 i 的分子质量。

结果保留三位有效数字。

8. 精密度

相对相差小于 10%。

（二）归一化法

1. 原理

水解-提取法：试样经水解-乙醚溶液提取其中的脂肪后，在碱性条件下皂化和甲酯化，生成脂肪酸甲酯，经毛细管柱气相色谱分析，面积归一化法定量测定脂肪酸百分含量。动植物油脂试样不经脂肪提取，直接进行皂化和脂肪酸甲酯化。

酯交换法（适用于游离脂肪酸含量不大于 2% 的油脂）：将油脂试样溶解在异辛烷中，加入氢氧化钾-甲醇溶液通过酯交换甲酯化，反应完全后，用硫酸氢钠中和剩余氢氧化钾，面积归一化法定量测定脂肪酸百分含量。

2. 试剂配制

同（一）内标法 2.。

3. 仪器设备

同（一）内标法 3.。

4. 分析步骤

1) 试样的制备

操作步骤同（一）内标法 4.中的 1）。

2) 水解-提取法

（1）试样的称取。称取均匀试样 0.1~10 g（精确至 0.1 mg，约含脂肪 100~200 mg）移入 250 mL 平底烧瓶中，加入约 100 mg 焦性没食子酸，加入几粒沸石，再加入 2 mL 95%乙醇，混匀。根据试样的类别选取不同的水解方法。

（2）试样的水解。操作步骤同（一）内标法。

（3）脂肪提取。操作步骤同（一）内标法。

（4）脂肪的皂化和脂肪酸的甲酯化。操作步骤同（一）内标法。

（5）色谱测定。色谱参考条件同（一）内标法。

3) 酯交换法

（1）试样称取。称取试样 60.0 mg 至具塞试管中，精确至 0.1 mg。

（2）甲酯制备。操作步骤同（一）内标法。

5. 分析结果的表述

试样中某个脂肪酸占总脂肪酸的百分比 Y_i 按下式计算，通过测定相应峰面积对所有成分峰面积总和的百分数来计算给定组分 i 的含量：

$$Y_i = \frac{A_{Si} \times F_{\mathrm{FAME}_i - \mathrm{FA}_i}}{\sum A_{Si} \times F_{\mathrm{FAME}_i - \mathrm{FA}_i}}$$

式中，Y_i——试样中某个脂肪酸占总脂肪酸的百分比，%；

　　　A_{Si}——试样测定液中各脂肪酸甲酯的峰面积；

　　　$F_{\mathrm{FAME}_i - \mathrm{FA}_i}$——脂肪酸甲酯 i 转化成脂肪酸的系数，参见 GB 5009.168—2016 的附录 D；

　　　$\sum A_{Si}$——试样测定液中各脂肪酸甲酯的峰面积之和。

结果保留三位有效数字。

6. 精密度

在重复性条件下获得的两次独立测定结果的绝对差值不得超过算术平均值的 10%。

7. 注意事项

（1）根据样品的种类不同，选择适合的水解方法，液态乳及乳粉选择碱水解法，乳酪采用酸碱水解法，其他食品采用酸水解法。水解过程中要不时振荡烧瓶，使水解完全。

（2）一般选择十一碳酸甘油三酯、十三碳酸甘油三酯、十九碳酸甘油三酯和二十三碳酸甘油三酯作为内标物。

（3）选择内标时，应根据样品的种类不同，选择样品中不含有的组分做内标物，即先测定不加内标的样品，观察内标物出峰位置附近是否有干扰，选择无干扰的内标物。

（4）称取试样的质量，估算脂肪含量要以 100~200 mg 为宜。

（5）取脂肪时加入 95%乙醇，可以避免乳化，有利于分层，使醇溶性物质溶于水中去除，萃取时，振摇时间要充分，每次 5 min，重复 3 次。

（6）脂肪皂化要完全，直至油滴消失。

（7）三氟化硼甲醇溶液甲酯化时间短、效率高。但具有一定的毒性，操作时应穿戴适当的个人防护装备，避免吸入蒸气或与皮肤接触。

（8）酯交换法适用于游离脂肪酸含量在 2%以下的油脂。

十、食品中溶剂残留的测定

食品中溶剂残留的测定方法依据国家标准《食品安全国家标准　食品中溶剂残留量的测定》（GB 5009.262—2016），该方法适用于食用植物油、食品加工用粕类中溶剂残留量的测定。

1. 原理

样品中存在的溶剂残留在密闭容器中会扩散到气相中，经过一定的时间后可达到气相/液相间浓度的动态平衡，用顶空气相色谱法检测上层气相中溶剂残留的含量，即可计算出待测样品中溶剂残留的实际含量。

2. 标准溶液配制

（1）植物油：称量 5.0 g（精确到 0.01 g）基体植物油 6 份于 20 mL 顶空进样瓶中。向每份基体植物油中迅速加入 5 μL 正庚烷标准工作液作为内标（即内标含量 68 mg/kg），用手轻微摇匀后，再用微量注射器迅速加入 0 μL、5 μL、10 μL、25 μL、50 μL、100 μL 的六号溶剂标准品，密封后，得到质量分数分别为 0 mg/kg、10 mg/kg、20 mg/kg、50 mg/kg、100 mg/kg、200 mg/kg 的基体植物油标准溶液。保持顶空进样瓶直立，并在水平桌面上做快速的圆周转动，使物质充分混合。转动过程中基体植物油不能接触到密封垫，如果有接触，需重新配制。

（2）粕类：称样量为 3.0 g（精确到 0.01 g），除不加入正庚烷标准工作液作为内标，其他操作同植物油。

3. 试样制备

（1）植物油样品制备：除不加六号溶剂标准品外，其他操作同植物油标准溶液配制。

（2）粕类样品制备：除不加六号溶剂标准品外，其他操作同粕类标准溶液配制。

4. 仪器参考条件

1）顶空进样参考条件

（1）平衡时间：30 min；

（2）平衡温度：60 ℃；

（3）平衡时振荡器转速：250 r/min；

（4）进样体积：500 μL。

2）气相色谱参考条件

（1）色谱柱：含 5%苯基甲基聚硅氧烷的毛细管柱，柱长 3.0 m，内径 0.25 mm，膜厚 0.25 μm，或相当者；

（2）柱温度程序：50 ℃保持 3 min，1 ℃/min 升温至 55 ℃保持 3 min，30 ℃/min 升温至 200 ℃保持 3 min；

（3）进样口温度：250 ℃；

（4）检测器温度：300 ℃；

（5）进样模式：分流模式，分流比 100∶1；

（6）载气氮气流速：1 mL/min；

（7）氢气流速：25 mL/min；

（8）空气流速：300 mL/min。

5. 标准曲线的制作

（1）植物油：采用内标法定量。将配制好的标准溶液上机分析后，以标准溶液与内标物浓度比为横坐标，标准溶液总峰面积与内标物峰面积比为纵坐标绘制标准曲线。

（2）粕类，采用外标法定量。将配制好的标准溶液上机分析后，以标准溶液质量浓度为横坐标，标准溶液总峰面积为纵坐标绘制标准曲线。

6. 样品测定

将制备好的植物油或粕类试样上机分析后，测得其峰面积，根据相应标准曲线，计算出试样中溶剂残留的含量。

1）结果计算

试样中溶剂残留的含量按以下公式计算：

$$X=\rho$$

式中，X——试样中溶剂残留的含量，单位为毫克每千克（mg/kg）；

　　　ρ——由标准曲线得到的试样中溶剂残留的含量，单位为毫克每千克（mg/kg）。

计算结果保留三位有效数字。

2）精密度

在重复性条件下获得的两次独立测定结果的绝对差值不得超过算术平均值的 10%。

十一、气相色谱分析常见问题及解决方法

1. 基线漂移

（1）仪器条件是否已更改，以及是否更换了新的气瓶和设备附件。可能是载气不纯，应更换新的载气。

（2）注射垫老化。应定期更换注射垫。

（3）衬管和石英棉污染。应清洗衬管，更换石英棉。

（4）检测器污染。应清洗检测器。

2. 基线不稳

（1）进样针受污染。应清洗进样针；做一浓缩试验，载气线路可能也要清洗。

（2）色谱柱受污染。老化色谱柱，限定时间 1～2 h。

（3）检测器不平衡。ECD 检测器一般需要 24 h 才能得到平衡，FPD 也需要 2 h 以上。

（4）在程序升温时改变载气流速。

3. 基线噪声过大

（1）进样器被污染。清洗进样器，气路也可能需要清洗。

（2）色谱柱受污染。老化色谱柱，限定时间 1～2 h。

（3）用溶剂清洗色谱柱。仅用于键合或交联固定相。检查进样口是否被污染。

（4）检测器被污染。清洗检测器。通常噪声随时间增大，且不是突然增大而是逐渐产生。

（5）载气不纯或快用完。使用高纯度气体，检查捕集阱是否过期或漏气，通常是在更换气瓶之后问题出现。

（6）色谱柱插入检测器过长。重新安装色谱柱。参考气相色谱手册，确定适当的插入距离。

（7）进入检测器的气体流速不正确。按照建议的值调节流速，重新设定流速。

（8）与 MS、ECD、TCD 联用时发生泄漏，查找并消除泄漏，通常位于柱接头或进样器处。

（9）电源压力不稳。要用稳压电源。

（10）隔垫或者衬管漏气。更换隔垫和衬管，在高温分析时要使用合适的隔垫。

4. 分离度下降

（1）色谱柱温度变化。检查色谱柱温度，与其他峰的差别明显。

（2）色谱柱柱效降低。老化色谱柱或者更换，与其他峰的差别明显。

（3）改变载气流速。

（4）色谱柱受污染，应用溶媒清洗柱子。

（5）进样器的改变。检查进样器的设置。

（6）与其他峰共流出。更改色谱柱温度，降低柱温并检查是否有肩峰或拖尾。

5. 分裂峰

（1）进样技术。改变进样技术，快进快出，通常与不正确的推进推杆有关，或进样针中有样品。使用自动进样器。

（2）将样品溶剂混合成一种溶剂。改变样品溶剂，溶剂的极性或沸点有很大的差别时更严重。

（3）色谱柱安装差。重新安装色谱柱，通常插入距离非常不恰当。

（4）样品在进样器中降解。降低进样器温度，温度过低会使峰变宽或拖尾。

6. 保留时间波动

（1）改变载气流速。检查载气流速，所有峰的保留时间都以相同的方向偏离，波动程度也相同。

（2）色谱柱温度改变。检查色谱柱温度，不是所有峰的保留时间都改变相同的量。

（3）切割完色谱柱。重新走标样。

（4）化合物浓度有大的变化。尝试不同的样品浓度，也可能影响到邻近的峰。增加分流比或稀释样品可以纠正样品的超载。

（5）进样器泄漏。检查进样器是否泄漏，峰的大小也会发生变化。

（6）气路漏气。进行检漏。

（7）隔垫泄漏。更换隔垫，检查针是否有倒刺。

（8）样品溶剂不兼容。对于不分流进样，改变样品溶剂，使用保留间隙。

7．峰大小改变

（1）检测器响应改变。检查气流、温度和设定值，对所有的峰影响不一样。

（2）检查本底或噪声。可能是系统被污染，而不是检测器。

（3）改变分流比。检查分流比，对所有的峰影响不一样。

（4）改变吹扫开始时间。对于不分流进样，检查吹扫激活时间。

（5）改变进样量。检查进样技术，进样量不是线性的。

（6）改变样品浓度。检查并验证样品浓度，这一改变也可能是由于降解、蒸发或样品温度改变，或 pH 改变。

（7）注射器泄漏。使用不同的注射器，样品泄漏到活塞或针的周围；这样的泄漏不易被发现。

（8）色谱柱被污染。修整色谱柱，把色谱柱前端切去 1/2～1 m。

（9）共流出。更改色谱柱温度或固定相，降低柱温并检查是否有肩峰或拖尾。

（10）样品反冲。减少进样，使用大的衬管，降低进样口温度，减少溶剂并且提高流速更为有效。

（11）进样口污染物分解。清洗进样器，更换衬管，在进样口中只能使用带玻璃毛、脱活的衬管，镀金密封垫。

8．峰展宽

（1）改变载气流速。检查载气流速，保留时间也会发生改变。

（2）色谱柱被污染。老化色谱柱，把色谱柱前端切去 1/2～1 m。

（3）隔垫漏气。更换隔垫，检查针是否有倒刺。

（4）样品注射太慢（不分流方式除外）。调整注射速度。

（5）载气流量不正确。检查载气流量。

（6）柱温不合适。调整柱温。

9．拖尾（溶剂或样品峰）

（1）柱子失效。更换色谱柱。

（2）样品注射太慢（不分流方式除外）。调整注射速度。

（3）衬管被污染。清洗衬管。

（4）进样量太大。减少进样量。

（5）不分流进样时，打开分流阀的时间太晚或一直未打开分流阀。

十二、气相色谱仪使用及注意事项

1. 气相色谱仪开关机

（1）打开气相色谱仪所需载气气源开关，稳压阀调至 0.3～0.5 MPa，看柱前压力表有压力显示，方可开主机电源，调节气体流量至实验要求。

（2）在气相色谱仪主机控制面板上设定检测器温度、汽化室温度、柱箱温度，被测物各组分沸点范围较宽时，还需设定程序升温速率，确认无误后保存参数，开始升温。

（3）打开气相色谱仪氢气发生器和纯净空气泵的阀门，氢气压力调至 0.3～0.4 MPa，空气压力调至 0.3～0.5 MPa，在主机气体流量控制面板上调节气体流量至实验要求；当气相色谱仪检测器温度大于 100 ℃时，按"点火"按钮点火，并检查点火是否成功，点火成功后，待基线走稳，即可进样。

（4）当分析任务结束后，关闭相关检测器火焰（如 FID、FPD）。

（5）分别关闭检测器和进样口温度，将炉温温度设置为 30 ℃。

（6）观察进样口、检测器温度低于 100 ℃，柱箱温度低于 50 ℃时，先关闭工作站，再关闭色谱仪电源。

（7）关闭计算机系统和电源。

（8）关闭载气和检测器工作气体，关闭气源时应先关闭钢瓶总压力阀，待压力指针回零后，关闭稳压表开关、气源总阀。

2. 气相色谱仪使用及注意事项

（1）严格按照说明书要求，进行规范操作，这是正确使用和科学保养仪器的前提。

（2）仪器应该有良好的接地，使用稳压电源，避免外部电器的干扰。

（3）使用高纯载气、纯净的氢气和压缩空气，尽量不用氧气代替空气。

（4）确保载气、氢气、空气的流量和比例适当、匹配，一般指导流速为载气 30 mL/min、氢气 30 mL/min、空气 300 mL/min。针对不同的仪器特点，可在此基础上，上下做适当调整。

（5）经常进行试漏检查（包括进样垫），确保整个流路系统不漏气。

（6）气源压力过低（如不足 10～15 个大气压），气体流量不稳，应及时更换新钢瓶，保持气源压力充足、稳定。

（7）对新填充的色谱柱，一定要老化充分，避免固定液流失，产生噪声。以 OV-101、OV-17、OV-225 等试剂级固定液，老化时间不应该少于 24 h，对 SE-30、QF-1 工业级的固定液，因纯度低，老化时间不应该少于 48 h。

（8）注射器要经常用溶剂（如丙酮）清洗。试验结束后，立即清洗干净，以免被样品中的高沸点物质污染。

（9）要尽量用磨口玻璃瓶作试剂容器。避免使用橡皮塞，因其可能造成样品污染。如果使用橡皮塞，要包一层聚乙烯膜，以保护橡皮塞不被溶剂溶解。

（10）避免超负荷进样（否则会造成多方面的不良后果）。对不经稀释直接进样的液态样品，进样体积可先试 0.1 μL（约 100 μg），然后再做适当调整。

（11）对于欠稳定的农药、中间体，最好用溶剂稀释后再进行分析，这样可以减少样品的分解。

（12）尽量采用惰性好的玻璃柱（如硼硅玻璃、熔融石英玻璃柱），以减少或避免金属催化分解和吸附现象。

（13）保持检测器的清洁、畅通。为此，检测器温度可设得高一些，并用乙醇、丙酮和专用金属丝经常清洗和疏通。

（14）保持汽化室的惰性和清洁，防止样品的吸附、分解。每周应检查一次玻璃衬管，如被污染，清洗烘干后再使用。

（15）定期检查柱头和填塞的玻璃棉是否被污染。至少每月应拆下柱子检查一次。如被污染应擦净柱内壁，更换 1~2 cm 填料，塞上新的经硅烷化处理的玻璃棉，老化 2 h，再投入使用。

（16）做完试验，用适量的溶剂（如丙酮）冲一下柱子和检测器。

（17）严禁无载气气压时打开电源。

十三、检测用试剂耗材的检查

检验检测机构应对影响检验检测质量的重要消耗品、供应品按相应标准的要求进行验收并记录，检查是否对检测产生影响。例如，农兽药残留检测时，检查试剂是否对被测组分产生干扰；提取试剂要浓缩，流动相可直接测定。元素检测时，检查酸是否对被测元素产生干扰。

1. 乙腈

外观验收：包装是否完好，相关标志是否清晰；生产日期是否在有效期内，是否有储存条件，是否有合格证明。

技术验收：量取 50.0 mL 乙腈，置入 150 mL 浓缩瓶中，于旋转浓缩仪上旋转浓缩，水浴温度 40 ℃，浓缩近干，加入 1.0 mL 正己烷溶解，GC-FPD 分析，检查是否有对被测组分干扰的杂质峰出现。

被验证的乙腈试剂不对所测组分产生干扰，可以在实验中使用；若被验证的乙腈试剂对所测组分产生干扰，不得在实验中使用。

2. 甲醇

外观验收：包装是否完好，相关标志是否清晰；生产日期是否在有效期内，是否有储存条件，是否有合格证明。

技术验收：配制甲醇-水（95＋5）流动相上液相色谱，进样量 10 μL，时间 30 min。检查是否有对被测组分干扰的杂质峰出现。

被验证的甲醇试剂不对所测组分产生干扰，可以在实验中使用；若被验证的甲醇试剂对所测组分产生干扰，不得在实验中使用。

3. 固相萃取柱

外观验收：包装是否完好，相关标志是否清晰；生产日期是否在有效期内，是否有储存条件，是否有合格证明。

技术验收：按照标准所规定的净化步骤，将样品改为已知质量浓度（0.1 mol/L）的标准溶液，根据方法要求分别上不同仪器（气相、液相、气质、液质）测定，是否有对被测组分干扰的杂质峰出现，计算回收率。被验证的耗材其回收率大于 96%，且不存在对所测组分产生干扰，可以在实验中使用；被验证的耗材其回收率小于 96%，且存在对所测组分产生干扰，不得在实验中使用。

4. 色谱柱

首先对外包装进行观察，如有破损，应直接拒绝接收，要求供应商重新发货。打开包装后，色谱柱如没有可见的断裂、破损，可在安装、老化后使用标准物质进行柱效测试。新柱子都有说明书，说明书一般都附有质量检测报告，附谱图、条件、试样等，如果实验室备有相应的测试标准物质，可照其条件试验一下，计算塔板数、分离度等，与其报告相差不大即可。

第三节　液相色谱法

一、概述

高效液相色谱法是在经典的液相柱色谱法的基础上，引入气相色谱理论的一种高效、快速的分离分析技术。它在技术上采用了高压泵、高效固定相和高灵敏度检测器。经典的液相柱色谱法的流动相是靠其自身重力前移的，因此柱效率低，传质扩散慢，分离速度极低，分离能力差；而高效液相色谱法采用高压输液泵（压力在 10^4 kPa 以上）配合微粒固定相（压差在 10^3 Pa 以上），因此传质扩散快，柱效率高 2～3 个数量级，分析速度大大提高。

气相色谱法使用气体流动相，被分析样品必须有一定的蒸气压，汽化后才能在色谱柱上进行分析，使分析对象的范围受到一定限制。一些挥发性差的物质需要的汽化温度和柱温很高，并且这些物质在如此高的温度下被汽化的同时也会被分解而改变原有的结构和性质，使进一步的分析不再成为可能。而高效液相色谱法在接近室温的条件下操作（温度低更有利于色谱分离），最高不超过流动相的沸点。只要被分析物在流动相中有一定的溶解度，就可以实现分离分析。所以高效液相色谱法尤其适用于那些沸点高、分子量大、极性强、对热稳定性差的物质的分析。同时，高效液相色谱法用流动相参与分离过程从而为分离的控制和改善创造了气相色谱法无法比拟的条件，因此高效液相色谱法有着广泛的应用前景。

二、高效液相色谱法的分类

1. 根据压力大小分类

高效液相色谱根据压力大小可以分为：超高压液相色谱；高压液相色谱；中压液相色谱；常规液相色谱。

2. 根据流动相和固定相的分离过程的物理化学原理分类

1）液-液分配色谱法

液-液分配色谱法的作用机理：溶质在两相间的相对溶解度不同，因而在两相间进行分配时，在固定液中溶解度较小的组分较难进入固定液，在色谱柱中向前迁移的速度较大，而在固定液中溶解度较大的组分容易进入固定液，在色谱柱中向前迁移的速度较小，从而达到分离的目的。与气-液分配色谱法相似，液-液分配色谱法分离的顺序取决于组分分配系数的大小。

（1）正相高效液相色谱：色谱柱中的固定相是由硅胶、氧化铝等极性化合物组成，流动相的极性小于固定液极性。当色谱运行时，由于样品中的极性化合物对固定相有较强的亲和力，使它们在色谱柱中的保留时间比非极性化合物长，因此非极性化合物最先被洗脱出来。正相色谱适用于分离极性化合物。

（2）反相高效液相色谱：固定相由非极性化合物组成，如十八烷基硅烷、C_{18}、C_8 等有机化合物。流动相的极性大于固定液的极性，因此，极性高的化合物最先被洗脱，低极性或无极性的化合物最后洗脱。反相色谱则适用于分离非极性或弱极性化合物。

2）液-固吸附色谱法

液-固吸附色谱法的固定相是固体吸附剂，其作用机制是：根据物质在固定相上吸附作用的不同来进行分配。流动相中的溶质分子被流动相带入色谱柱后，在随载液流动的过程中发生交换反应，溶质分子和溶剂分子对吸附剂活性表面产生竞争吸附。若分配比较小，则表示溶剂分子吸附力很强，被吸附的溶质分子很少，先流出色谱柱；若分配比较大，则表示该组分分子的吸附能力较强，后流出色谱柱。液-固吸附色谱法常用于分离极性不同的化合物、含有不同类型或不同数量官能团的有机化合物，以及有机化合物的不同异构体。但液-固吸附色谱法不适用于分离同系物，因为液-固色谱对不同相对分子质量的同系物选择性不高。

3）离子交换色谱法

离子交换色谱法基于离子交换树脂上可交换的离子与流动相中具有相同电荷的被测离子进行可逆交换，被测离子在交换剂上具有不同的亲和力（作用力）而被分离。

离子交换色谱法主要用来分离离子或可离解的化合物，广泛地应用于无机离子、有机化合物和生物物质（如氨基酸、核酸、蛋白质等）的分离。凡是在流动相中能够电离的物质都可以用离子交换色谱法进行分离。根据被分离组分的离子化性质，可分为阳离子和阴离子交换色谱。

4）离子对交换色谱法

在流动相或固定相中加入离子配对剂，与样品中可电离的成分形成"对离子"，来实现离子型或离子化的化合物的分离。该法可分为正相离子对色谱法和反相离子对色谱法，目前广泛使用的是反相离子对色谱法。常用的离子配对剂有戊烷、己烷、庚烷或辛烷磺酸盐等。

5）空间排阻色谱法

固定相为表面具有不同大小（一般为几个纳米到数百个纳米）空穴的凝胶的色谱法称为空间排阻色谱法，又称为凝胶色谱法。溶质在两相之间被分离靠的是自身体积的不同。溶质进入色谱柱后，由于凝胶具有一定大小的孔穴，体积大于凝胶孔隙的分子不能进入孔隙而被排阻，直接从表面流过，先流出色谱柱；小分子可以渗入大大小小的凝胶孔隙中而完全不受排阻作用，然后从孔隙中出来随载液流动，最终流出色谱柱；中等体积的分子可以渗入较大的孔隙中，但会受到较小孔隙的排阻作用，介乎上述两种情况之间，因此，空间排阻色谱法是一种按分子尺寸大小进行分离的色谱分析方法。

空间排阻色谱法适用于相对分子质量大于 2000 的任何类型化合物，只要在流动相中是可溶的，就可用空间排阻色谱法进行分离。但空间排阻色谱法只能分离相对分子质量差别在 10% 以上的分子，而不能用来分离大小相似、相对分子质量接近的分子。

6）亲和色谱法

亲和色谱是利用蛋白质或生物大分子等样品与固定相上生物活性配位体之间的特异亲和力进行分离的液相色谱方法。亲和色谱主要用于蛋白质和生物活性物质的分离和制备。

7）手性色谱法

创造（或引入）手性环境，使药物对映体间呈现理化特性的差异，从而进行分离的色谱方法。用于分离样品中的光学活性异构体。

三、高效液相色谱分离方式的选择

选择高效液相色谱法对样品进行分离、分析时，主要应考虑的因素包括样品的性质（如相对分子质量、化学结构、极性、溶解度参数等化学性质及物理性质）、各种液相色谱分离方法的特点及其适用范围、实验室现有仪器、色谱柱等条件。

样品在多种溶剂中的溶解性是选择分离类型的基础。对于可溶于水的样品，可采用反相色谱法；对可溶于酸性或碱性水溶液的样品，因样品为离子型化合物，宜采用离子交换色谱法、离子对色谱法或离子色谱法；对于非水溶性样品（大多为有机物）以及可溶于苯或异辛烷等烃类溶剂的样品，可采用液-固吸附色谱法；对于可溶于二氯甲烷或氯仿的样品，多采用正相色谱法或吸附色谱法；对于可溶于甲醇的样品，可用反相色谱法；对于相对分子质量在 200～2000 的样品，宜采用高效液相色谱中的液-固色谱、液-液色谱、离子交换色谱、离子对色谱及离子色谱等方法进行分离、分析；对于相对分子质量大于 2000 的样品，宜采用空间排阻色谱法，并可判定样品中是否有相对分子质量较大的聚合物、蛋白质等化合物及做出相对分子质量的分布情况。通常采用吸附色谱法分离异构体，采用正、反相色谱法分离同系物。空间排阻色谱法用于溶于水或非水溶剂以及分子尺寸有差别的样品的分离。

四、液相色谱法的原理和适用范围

1. 液相色谱法的原理

液相色谱法是利用混合物在液-固或不互溶的两种液体之间分配比的差异，对混合物进行先分离而后分析鉴定的方法。

2. 液相色谱法的适用范围

液相色谱法适合分子量较大（大于 400）的有机物（这些物质几乎占有机物总数的75%～80%）、难汽化、不易挥发或对热敏感的物质、离子型化合物及高聚物，原则上都可应用高效液相色谱法来进行分离、分析。

3. 液相色谱法的特点

（1）高压：液相色谱法以液体为流动相（称为载液），液体流经色谱柱，受到阻力较大，为了迅速地通过色谱柱，必须对载液施加高压。一般可达 $(150\sim350)\times10^5$ Pa。

（2）高速：流动相在柱内的流速较经典色谱快得多，一般可达 10 mL/min。高效液相色谱法所需的分析时间较经典液相色谱法少得多，一般少于 1 h。

（3）高效：近来研究出许多新型固定相，色谱柱的填料粒径达到 3.5 μm，甚至 1.7 μm，使分离效率大大提高。如超高效液相色谱（UPLC）。

（4）高灵敏度：高效液相色谱已广泛采用高灵敏度的检测器，进一步提高了分析的灵敏度。如荧光检测器灵敏度可达 10^{-11} g。另外，用样量小，一般几微升。

（5）适应范围宽：气相色谱法与高效液相色谱法的比较。气相色谱法虽具有分离能力好，灵敏度高，分析速度快，操作方便等优点，但是受技术条件的限制，沸点太高的物质或热稳定性差的物质都难于应用气相色谱法进行分析。

五、高效液相色谱仪

高效液相色谱仪的基本结构一般包括输液系统、进样系统、分离系统（色谱柱）、检测系统（检测器）以及数据处理系统等。

高效液相色谱仪的工作流程为：流动相被高压泵打入系统，样品溶液经进样器进入流动相，被流动相载入色谱柱（固定相）内，由于样品溶液中的各组分在两相中具有不同的分配系数，在两相中作相对运动时，经过反复多次的吸附-解吸的分配过程，各组分在移动速度上产生较大的差别，被分离成单个组分依次从柱内流出，通过检测器时，样品浓度被转换成电信号传送到记录仪，数据以图谱形式打印出来。若需收集留分作进一步分析，则可在色谱柱出口一侧收集留分。

1. 输液系统

输液系统包括储液器、高压输液泵和梯度洗脱装置三部分。

1）储液器

储液器用来供给足够数量、符合要求的流动相，以完成分离、分析任务。对储液器的要求为：应有足够的容积，确保重复测定时的供液；便于脱气；能耐一定压力；所选

用的材质对所储溶剂都是化学惰性的。

储液器一般为不锈钢或玻璃的，容积一般为 0.5～2 L。如果是玻璃的，颜色最好是棕色的，因为透明材质的储液器流动相易产生杂质（图 3.3.1 和图 3.3.2）。

测试条件
水样
色谱柱：C_{18} 反相柱
梯度：线性 100% 水 － 100% 乙腈
波长：254 nm

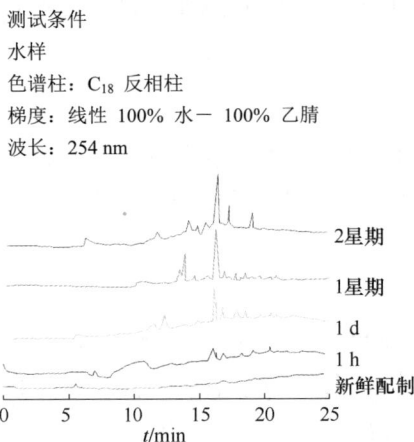

图 3.3.1　保存于白色储液瓶中的水

测试条件
水样
色谱柱：C_{18} 反相柱
梯度：线性 100% 水 － 100% 乙腈
波长：254 nm

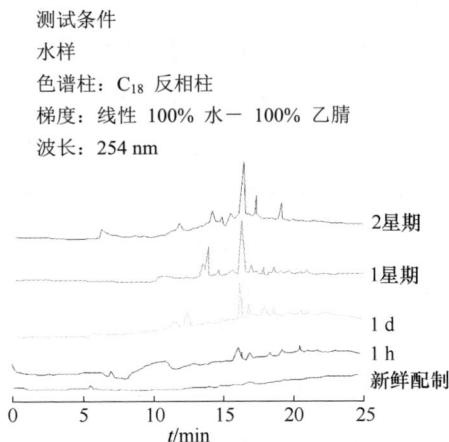

图 3.3.2　保存于标准棕色玻璃瓶中的水

流动相用前必须脱气，因为色谱柱是带压操作，而检测器是常压操作。若流动相中所含气体不排除，则流入色谱柱时会因受压而压缩，流出色谱柱进入检测器时会因常压而溢出，从而造成检测器噪声增大，基线不稳，仪器工作不正常。这在梯度洗脱时尤显重要。常用的脱气方法有低压脱气法、吹氦脱气法、超声波脱气法。

注： 吸滤头堵塞时，可用异丙醇（或 5%硝酸溶液）浸泡并进行超声波浴清洗，再用一级水清洗至中性。

2）高压输液泵

（1）要求：高压输液泵是高效液相色谱仪的重要部件之一，因此，要求其流量稳定、精度高（以保证重复测定结果的重现性和定性定量的精度），输出压力高且平稳，无脉动，流量范围宽，最高压力可达 30～60 MPa，耐腐蚀，压力波动小（减少噪声），死体积小，易于清洗和更换溶剂，适于梯度洗脱。

（2）类型：常用于高效液相色谱仪的高压泵按输液性能分为恒压泵（如气动放大泵）和恒流泵（如往复式柱塞泵）；按机械结构又分为往复式柱塞泵和气动放大泵等。往复式柱塞泵是目前高效液相色谱仪使用最为广泛的一种泵。往复泵分为单柱塞、双柱塞及三柱塞三种，柱塞越多，则流量越平衡，脉动越小。气动放大泵主要用于装柱。

注意： 在泵的使用过程中，有时会遇到替换流动相的情况，替换是指从反相溶剂替换到正相溶剂或者反过来替换的过程，这个过程最重要的就是流动相的兼容性，常用的正反相色谱溶剂是不互溶的，所以在替换中间，一定要用异丙醇彻底冲洗系统，保证管路里所有的原有溶剂都被异丙醇替换掉。

3）梯度洗脱装置

梯度洗脱时由两种或两种以上不同极性的溶剂作流动相，在分离过程中按一定程序连续、适时地改变流动相的极性配比，以改变欲分离组分的分离状况。梯度洗脱方式可以提高色谱柱的分离度、缩短分析周期等。这种方式使复杂混合物的分离变得更容易。

梯度洗脱分为二元泵与四元泵两种梯度洗脱系统。二元高压梯度系统是溶剂泵后混合，在混合腔中混合流动相（高压混合），通过泵输出的液体是高压液体，在混合的时候不容易产生气泡，压力更稳定；而四元低压梯度系统是泵前混合，在比例阀处混合流动相（低压混合），混合时的液体属于常压液体（相对于二元泵混合时的压力属于低压），低压时流动相对气体的溶解度较低，在混合时就可能有小气泡形成，导致压力波动等问题；目前使用较多是的二元梯度洗脱系统。

2. 进样系统

进样系统是将样品引入色谱柱的装置。对于液相色谱而言，要求其重复性要好，死体积要小，以保证柱中心进样。进样时色谱柱系统流量波动要小，以便于自动化等。进样包括取样（准备）和进样（工作）两个环节。对于高效液相色谱法而言，进样方式和进样体积对柱效能的影响是很大的。要获得良好的分离效果及重现性需要将样品浓缩后瞬时注入色谱柱上端柱担体的中心并成一小点。若将样品注入色谱柱担体前的流动相溶剂中，通常会使溶质以扩散的形式进入色谱柱顶端，易导致样品组分分离效能下降。目前符合要求的进样方式主要有以下三种。

（1）注射器进样。用微量注射器将样品注入与色谱柱相连的进样系统内。这种进样方式可以获得比其他任何一种进样方式都要高的柱效能，且价廉、易于操作，样品量调节方便，特别适用于微升级样品进样，但不宜采取带压进样，且峰形重现性也不太理想。

（2）阀进样。借助于高压定量进样阀（常为六通阀）直接向压力系统进样。常用的定量进样阀为定体积进样阀，可以在高压（能承受 350 kg/cm^2 的压力）下将样品送入色谱柱，不需停流，进样量由固定体积（通常为 10 μL 和 20 μL）的定量管控制，所以重复性好。

（3）自动进样器。在程序控制器或计算机控制下，自动完成取样进样、清洗等一系列操作的一种进样方式。操作者只需将样品按顺序装入储样装置，即可连续调节进样量，重复性高。

进样时应注意以下三方面。①样品在流动相中最好是可溶的，如果可能的话，应当用流动相溶解样品。②选择合适的进样阀或注射器。一般只要选择适当，都能获得很好的重复性。在选择进样阀时，要考虑它应有较好的清洗条件，并能减少而不是加剧进样过程中通过柱和检测器的紊乱状态。无论使用进样阀还是注射器，应当尽可能地减小结构和死体积。③进样前还应把流动相中溶解的空气脱掉。

3. 分离系统

1）色谱柱

分离系统主要部件是色谱柱。色谱柱是高效液相色谱仪的核心部件，具有分离作用。柱效能高、选择性好、分析速度快是对色谱柱的一般要求。在日常分析中，高效液相色谱法普遍采用微粒高效固定相，常用的分析柱是内径为 4.6 mm、长度为 10～30 cm 的直形不锈钢柱。色谱柱要达到应有的柱效能，系统的死体积要小。高效液相色谱仪常用的色谱柱恒温装置有水浴式、电加热式、恒温箱式三种。用于液相色谱柱恒温装置的最高温度不应超过 100 ℃，否则流动相汽化会使分析工作无法进行。

2）色谱柱的选择及适用范围

液相色谱分析中，色谱柱选择的原则是填料基质、颗粒外形、颗粒粒径和含碳量。

（1）反相：依据因溶质疏水性的不同而产生的溶质在流动相与固定相之间分配系数的差异而分离。

适用对象：大多数有机化合物；生物大、小分子，如多肽、蛋白质、核酸、糖缀合物。样品一般应溶于水相体系中。

（2）正相：依据溶质极性的不同而产生的在吸附剂上吸附性强弱的差异而分离。

适用对象：中、弱至非极性化合物。样品一般应溶于有机溶剂中。

（3）离子交换：依据溶质所带电荷的不同及溶质与离子交换剂库仑作用力的差异而分离。

适用对象：离子型化合物或可解离化合物。样品一般应溶于不同 pH 及离子强度的水溶液中。

（4）体积排除：依据分子尺寸及形状的不同所引起的溶质在多孔填料体系中滞留时间的差异而分离。

适用对象：可溶于有机溶剂或可溶于水溶液中的任何非交联型化合物。

（5）疏水作用：依据溶质的弱疏水性及疏水性对盐浓度的依赖性而使溶质得以分离。

适用对象：具弱疏水性且其疏水性随盐浓度而改变的水溶性生物大分子。

（6）亲和：依据溶质与填料上的配基之间的弱相互作用力即非成键作用力所导致的分子识别现象而分离。

适用对象：多肽、蛋白质、核酸、糖缀合物等生物分子及可与生物分子产生亲和相互作用的小分子。

（7）手性：手性化合物与配基间的手性识别。

适用对象：手性拆分。

3）色谱柱使用注意事项

（1）为了延长色谱柱的使用寿命，可在分析柱前连接一个小体积的保护柱。

（2）对硅胶基体的键合固定相，流动相的 pH 应保持在 2.5～7.0。具有极端值的流动相会溶解硅胶，而使键合相流失。

（3）柱子在装卸、更换时，动作要轻，接头拧紧要适度。必须防止较强的机械振动，以免柱床产生空隙。

（4）避免压力和温度的急剧变化及任何机械振动。

（5）一般来说，色谱柱不能反冲，只有生产者指明该柱可以反冲时，才可以反冲除去留在柱头的杂质，否则反冲会迅速降低柱效。

（6）避免使用高黏度的溶剂作为流动相；如果使用极性或离子性的缓冲溶液作流动相，应在实验完毕将柱子冲洗干净。

（7）每天分析测定结束后，都要用适当的溶剂来清洗柱，最好用洗脱能力强的洗脱液冲洗。例如，ODS 柱宜用甲醇冲洗至基线平衡。当采用盐缓冲溶液作流动相时，实验后不可用有机溶剂直接过渡，有机溶剂会促使盐类析出，造成液路或色谱柱堵塞，可先用（95＋5）的水甲醇冲洗。

（8）按说明书保存色谱柱，绝对禁止将缓冲液留在柱内过夜，注意反相柱不能用纯水长时间冲。

（9）新柱最好用强溶剂在低流量下（0.2～0.3 mL/min）冲洗 30 min，长时间未用的分析柱也要同样处理。

（10）应逐渐改变溶剂的组成，特别是反相色谱中，不应直接从有机溶剂改变为全部是水，反之亦然。

（11）如果使用极性或离子性的缓冲溶液作流动相，应在实验完毕后将柱子冲洗干净，并保存于乙腈中。

4. 检测系统

理想的液相色谱检测器应具备灵敏度高、重现性好、响应速度快、线性范围宽、通用性强、对流动相流速及温度变化不敏感、死体积小的特点。

液相色谱检测器的类型有以下几种。

1）紫外光度检测器（UVD）

紫外检测器的作用原理是基于被分析试样组分对特定波长紫外光的选择性吸收，组分浓度与吸光度的关系遵守比尔定律。

紫外检测器适用于大部分常见具有紫外吸收的有机物质和部分无机物质。大部分常见有机物质和部分无机物质都具有紫外或可见光吸收基团，因而有较强的紫外或可见光吸收能力，因此紫外检测器有较高的灵敏度和选择性，且对环境温度、流动相组成及流速的变化不敏感。无论等度洗脱或梯度洗脱都适用，是液相色谱中应用最广泛的检测器。

这种检测器基于欲测组分（在流通池中）对特定波长的紫外光产生选择性吸收，对于单色光，组分浓度与吸光度之间服从吸收定律。紫外光度检测器有固定波长（单波长和多波长）及可变波长（紫外分光和紫外可见分光）两类。检测波长一般固定在紫外光区中的 254 nm 和 280 nm。由于这种检测器的检测灵敏度很高，因此对于一些吸收较弱的物质，也可以实现检测。但这种检测器对流动相溶剂的选用有一定限制。各种溶剂均有其一定的可透过波长下限值，超过这一数值时，溶剂的吸收会变得很强，以致检测不出待测组分的吸收值。

2）二极管阵列检测器（DAD）

二极管阵列检测器工作原理是复色光通过样品池被组分选择性吸收后再进入单色器，照射在二极管阵列装置上，使每个纳米波长的光强度转变为相应的电信号强度，即获得组分的吸收光谱，由于扫描速度极快，远远超出色谱流出峰的速度，因此可无须停留扫描而观察色谱柱流出物各个瞬间的动态光谱吸收图，经计算机处理后可获得三维色谱-光谱图。因此，可利用色谱保留值规律及光谱特征吸收曲线综合进行定性分析。同时，还可以对每个色谱峰的指定位置（峰的前沿、顶点、峰的后沿）实时记录吸收光谱图并进行比对，从而获得特定组分的结构信息，有助于未知组分或复杂组分的结构确定。

二极管阵列检测器具有灵敏度高、噪声低、线性范围宽、对流速和温度的波动不灵敏、可得任意波长和时间的色谱图、适用于梯度洗脱及制备色谱等优点。

3）示差折光检测器（RID）

示差折光检测器又称为光折射检测器。这种检测器是借助于连续测定色谱柱流出物光折射率的变化而实现对样品浓度测定的。溶液的折射率是纯溶剂（流动相）和纯溶质（样品）各自折射率乘以各自浓度的和。溶有样品的流动相和流动相本身的光折射率之差即表示示样品在流动相中的浓度。原则上凡是与流动相光折射指数有差别的样品都可用该方法测定，所以它是一种通用型的浓度检测器。

按检测原理的不同，示差折光检测器可分为偏转式和反射式两种类型。通常高效液相色谱法均使用反射式示差折光器，可以获得较高的检测灵敏度。

示差折光检测器的优点是对糖类检测灵敏度较高，其方法定量可达 10 mg/L，稳定性好，操作方便，主要用于糖的测定。但该检测器对多数物质的灵敏度低（约 10 mg/L），通常不用于痕量分析。同时受环境温度、流动相组成等波动的影响较大，不适合梯度淋洗。

4）荧光检测器（FLD）

这是一种很灵敏且选择性好的检测器。荧光检测器的工作原理是用紫外光照射某些化合物时它们可受激发而发出荧光，测定发出的荧光能量即可定量。

荧光检测器最大的优点是具有极高的灵敏度（比紫外光度检测器高 1~3 个数量级，达微克每升级）及良好的选择性，样品用量少，适于药物及生化分析，很多与生命科学有关的物质，如氨基酸、胺类、维生素、甾族化合物及某些代谢药物都可以用荧光法检测。但其线性范围比紫外检测器要窄，仅约为 10^3。

5）蒸发光散射检测器（ELSD）

蒸发光散射检测器是一种通用型的检测器，可检测挥发性低于流动相的任何样品，而不需要样品含有发色基团。对温度变化不敏感，基线稳定，适合与梯度洗脱液相色谱联用。

蒸发光散射检测器最大的优越性在于能检测不含发色基团的化合物，如碳水化合物、脂类、聚合物、未衍生脂肪酸和氨基酸、表面活性剂、药物，并能在没有标准品和化合物结构参数未知的情况下检测。

6）电化学检测器（ECD）

电化学检测器工作原理是在两电极之间施加一恒定电位，当电活性组分经过电极表面时发生氧化还原反应（电极反应），电量的大小符合法拉第定律。

电化学检测器是测量物质的电信号变化，对具有氧化还原性质的化合物，如含硝基、糖类、氨基等有机化合物及无机阴、阳离子等物质可采用电化学检测器。

7）化学发光检测器（CLD）

化学发光检测器其原理是基于某些物质在常温下进行化学反应，生成处于激发态势反应中间体或反应产物，当它们从激发态返回基态时，就发射出光子。当分离组分从色谱柱中洗脱出来后，立即与适当的化学发光试剂混合，引起化学反应，导致发光物质产生辐射，其光强度与该物质的浓度成正比。

5. 数据处理系统（色谱工作站）

目前高效液相色谱仪广泛使用色谱工作站，用途包括：采集、处理和分析数据；控制仪器；色谱系统优化和专家系统，可使所有分析过程均可在线模拟显示，进行数据自动采集、处理和存储，并对整个分析过程实现自动控制。

六、液相色谱分析条件的选择

1. 流动相

一般液相色谱反相流动相主要是水相（盐溶液，缓冲液）和有机相（乙腈居多，甲醇其次）。

正相流动相主要是异丙醇、正己烷、石油醚、乙酸乙酯、二氯甲烷、甲醇等。

液相色谱的流动相除了运载样品外，还与样品分子发生选择性的相互作用。反相色谱常用流动相的洗脱强度是水＜甲醇＜乙腈＜乙醇。

1）流动相的选择

（1）对色谱柱、固定相和分离组分要有惰性。

（2）流动相对样品具有一定的溶解能力，保证样品组分不会沉淀在柱中（或长时间保留在柱中）。

（3）流动相的物化性质要与使用的检测器相适应，对所选的检测器没有干扰，如用紫外检测器，要求流动相在紫外区吸收很弱，采用示差折光仪时，要求与样品组分折光指数有较大差别等。

（4）黏度小，以便在使用较长的分析柱时能得到更好的分离效果；同时降低柱压降，延长液体泵的使用寿命。

（5）纯度要高，采用"HPLC"级溶剂。

（6）流动相沸点不要太低，否则容易产生气泡。

（7）毒性要小，稳定性要好。

2）流动相脱气

流动相溶液往往会因为溶有氧气或混入了空气而形成气泡。气泡进入检测器后会引起检测信号的突然变化，并在色谱图上出现尖锐的噪声峰。小气泡慢慢聚集后还会变成大气泡，当其进入流路中时，会使流动相的流速变慢或出现流速不稳定，致使基线起伏。气泡一旦进入色谱柱中，再想排出这些气泡就很费时间。溶解氧常和一些溶剂结合生成有紫外吸收的化合物。当使用荧光检测时溶解氧还会使荧光淬灭。溶解气体还可能引起某些样品的氧化降解或使溶液 pH 值变化。

脱气的目的是除去流动相中溶解的气体，使色谱泵的输液准确，保留时间和色谱峰面积再现性提高；使基线稳定，信噪比增加，防止气泡引起尖峰，从而提高检测器性能；减少死体积，防止填料氧化，从而保护色谱柱。

纯溶剂中的溶解气体比较容易脱除，而水溶液中的溶解气体就比较难脱除。目前常用的脱气方法有以下五种。

（1）氦气脱气法：利用液体中氦气的溶解度比空气低，连续吹氦脱气，效果较好，但成本高；

（2）加热回流法：效果较好，但操作复杂，且有毒性挥发污染；

（3）真空脱气法：易抽走有机相；

（4）超声脱气法：流动相放在超声波容器中，用超声波振荡 10～15 min，此方法效果较差，但操作简单；

（5）在线脱气法：液相色谱仪器均可配置专门的在线脱气机。在线脱气使用简单，低故障且有效。

实际工作中，超声脱气法操作简单，仍被广泛应用，虽然此方法有时会引起气体溶解度的增加，但基本上能满足日常分析操作的要求。

3）流动相组成的选择

常用反向流动相的溶剂是甲醇和乙腈。

甲醇活性高，可能与某些样品发生反应，且在低波长下有紫外吸收。乙腈洗脱能力比甲醇强，很少与样品发生反应，且截止波长比甲醇低 20 nm，增加了在低波长条件下才有吸收的组分的可能性。

对流动相的优化主要在水相，在水相中可以加酸、加碱、加盐，从而改善峰型，提高分离度。

常用的酸是磷酸、三氟乙酸、甲酸、乙酸等。磷酸在低波长下没有紫外吸收，目前用的较多的是甲酸和乙酸。

在不可单独使用酸的情况下可以考虑使用缓冲盐，使用缓冲盐的原则是简单、稳定、缓冲能力强、配制简单。常用的缓冲盐是磷酸盐和乙酸盐。

4）流动相流速的选择

对于一根特定的色谱柱，要追求最佳柱效，最好使用最佳流速。

对内径为 4.6 mm 的色谱柱，流速一般选择 1 mL/min；对于内径为 4.0 mm 柱，流速 0.8 mL/min 为佳。内径 10 mm 制备柱，流速一般为 3 mL/min。

当选用最佳流速时，分析时间可能延长。可采用改变流动相的洗涤强度的方法以缩短分析时间，如使用反相柱时，可适当增加甲醇或乙腈的含量。

5）流动相的配制

（1）配制时应注意试剂过滤。配制流动相时，试剂在使用前一定要经过 0.45 μm（或 0.22 μm）的微孔滤膜，特别是用缓冲盐配制流动相时，过滤十分重要。用滤膜过滤时，特别要注意分清有机相（脂溶性）滤膜和水相（水溶性）滤膜。对于混合流动相，可在混合前分别过滤，若需混合后过滤，则选有机相滤膜。

（2）保持储液瓶的清洁。用一级水清洗。

（3）保证试剂的纯度。水应使用一级水，试剂也应达到 HPLC 级。

（4）流动相使用前必须脱气。

（5）防止流动相和储液器被污染。

（6）注意有机溶剂和水的混合方式，流动相都是按体积比方式配制。

2. 洗脱

梯度洗脱又称为梯度淋洗或程序洗脱。在同一个分析周期中，按一定程度不断改变流动相的浓度配比，称为洗脱。

梯度洗脱原理是流动相由几种不同极性的溶剂组成，通过改变流动相中各溶剂组成的比例改变流动相的极性，使每个流出的组分都有合适的容量因子 k，并使样品中的所有组分可在最短时间内实现最佳分离。

高效液相色谱法有等强度洗脱和梯度洗脱两种方式。等强度洗脱是指在同一分析周期内流动相组成保持恒定，适于分析组分数目较少、性质差别不大的样品。梯度洗脱是指在一个分析周期内程序控制流动相的组成，如溶剂的极性、离子强度和 pH 等，用于分析组分数目多、性质差异较大的复杂样品。采用梯度洗脱可以缩短分析时间，提高分离度，改善峰形，提高检测灵敏度，但是常常会引起基线漂移和降低重现性。

梯度洗脱有两种实现方式：低压梯度（外梯度）和高压梯度（内梯度）。

两种溶剂组成的梯度洗脱可按任意程度混合，即有多种洗脱曲线：线性梯度、凹形梯度、凸形梯度和阶梯形梯度。线性梯度最常用，尤其适于在反相柱上进行梯度洗脱。

在进行梯度洗脱时，由于多种溶剂混合，而且组成不断变化，因此带来一些特殊问题，必须充分重视。

（1）要注意溶剂的互溶性，不相混溶的溶剂不能用作梯度洗脱的流动相。有些溶剂在一定比例内能够混溶，超出范围后就不互溶，使用时更要注意。例如，乙腈和 1 mol/L 的乙酸铵（pH＝5.16）做梯度洗脱，乙腈含量超过 70% 就会出现不溶；甲醇和己烷混合，甲醇含量高于 30% 就会分层等。当有机溶剂和缓冲液混合时，还可能析出盐的晶体，尤其在使用磷酸盐时需特别小心。

（2）梯度洗脱所用的溶剂纯度要求更高，以保证良好的重现性。在进行样品分析前必须进行空白梯度洗脱，以辨认溶剂杂质峰，这是因为弱溶剂中的杂质富集在色谱柱头后会被强溶剂洗脱下来。用于梯度洗脱的溶剂需彻底脱气，以防止混合时产生气泡。

（3）混合溶剂的黏度常随着组成的变化而变化，因而在梯度洗脱时常出现压力的变化。例如，甲醇和水的黏度都较小，当二者以相近的比例混合时黏度增大很多，此时的柱压大约是甲醇或水为流动相时的两倍。因此，要注意防止梯度洗脱过程中压力超过输液泵或色谱柱能承受的最大压力。

（4）每次梯度洗脱之后必须对色谱柱进行再生处理，使其恢复到初始状态。需让 10～30 倍柱容积的初始流动相流经色谱柱，使固定相与初始流动相达到完全平衡。

（5）梯度洗脱应使用对流动相组成变化不敏感的选择性检测器（如紫外吸收检测器或荧光检测器），而不能使用对流动相组成变化敏感的通用型检测器（如示差折光检测器）。

3. 色谱柱的选择

一支色谱柱的好坏必须用一定的指标进行评价，包括色谱柱长度、内径、填充载体的种类、粒度、色谱柱的柱效能、不对称度和柱压降等。评价液相色谱柱的仪器系统有相当高的要求；液相色谱仪器系统的死体积应该尽可能小，这包括进样阀、连接管和检测器的池体积等因素；采用的样品及操作条件应当合理，在此合理的条件下，评价色谱柱的样品可以完全分离并有适当的保留时间。

七、植物源食品中农药残留的测定

（一）食品中氨基甲酸酯类农药残留量的测定

农产品食品中氨基甲酸酯类农药残留量的测定方法以《食品安全国家标准　植物源性食品中 9 种氨基甲酸酯类农药及其代谢物残留量的测定　液相色谱-柱后衍生法》（GB 23200.112—2018）为例，该方法使用液相色谱-柱后衍生法测定，可以同时测定涕灭威、甲萘威、克百威、仲丁威、异丙威、灭多威、速灭威、残杀威和混杀威 9 种氨基甲酸酯类农药。

1. 原理

试样用乙腈提取，提取液经固相萃取或分散固相萃取净化，使用带荧光检测器和柱后衍生系统的高效液相色谱仪检测，外标法定量。

2. 标准溶液配制

（1）标准储备溶液（1000 mg/L）：准确称取 10 mg（精确至 0.1 mg）各农药标准品，用甲醇溶解并分别定容到 10 mL。标准储备溶液避光−18 ℃保存，有效期 1 年。

（2）混合标准溶液：准确吸取一定量的单个农药储备溶液于 10 mL 容量瓶中，用甲醇定容至刻度。混合标准溶液，避光 0～4 ℃保存，有效期 1 个月。

3. 固相萃取柱

（1）固相萃取柱 1：氨基填料（NH_2）500 mg，6 mL。

（2）固相萃取柱 2：石墨化炭黑填料（GCB）500 mg，氨基填料（NH_2）500 mg，6 mL。

（3）乙二胺-N-丙基硅烷硅胶（PSA）：40～60 μm。

（4）十八烷基甲硅烷改性硅胶（C_{18}）：40～60 μm。

4. 操作步骤

1）试样制备
同气相色谱法有机磷农药残留测定的试样制备。

2）提取与净化

（1）蔬菜、水果和食用菌。

称取 20 g 试样（精确至 0.01 g）于 150 mL 烧杯中，加入 40 mL 乙腈，用高速匀浆机 15 000 r/min 匀浆提取 2 min，提取液过滤至装有 5～7 g 氯化钠的 100 mL 具塞量筒中，盖上塞子，剧烈振荡 1 min，在室温下静置 30 min。准确吸取 10 mL 上清液，80 ℃水浴中氮吹蒸发近干，加入 2 mL 甲醇溶解残余物，待净化。

将固相萃取柱 1 用 4 mL 甲醇-二氯甲烷溶液预淋洗，当液面到达柱筛板顶部时，立即加入上述待净化溶液，用 10 mL 离心管收集洗脱液，用 2 mL 甲醇-二氯甲烷溶液涮洗烧杯后过柱，并重复一次，收集的洗脱液于 50 ℃水浴中氮吹蒸发近干，准确加入 2.50 mL 甲醇，涡旋混匀，用微孔滤膜过滤，待测。

（2）谷物。

称取 10 g 试样（精确至 0.01 g）于 250 mL 具塞锥形瓶中，加入 20 mL 水，混匀后，静置 30 min，再加入 50 mL 乙腈，用振荡器 200 r/min 振荡提取 30 min，提取液过滤至装有 5～7 g 氯化钠的 100 mL 具塞量筒中，盖上塞子，剧烈振荡 1 min，在室温下静置 30 min。准确吸取 10 mL 上清液，80 ℃水浴中氮吹蒸发近干，加入 2 mL 甲醇溶解残余物，待净化。

净化同蔬菜、水果和食用菌操作。

（3）茶叶和香辛料。

称取 5 g 试样（精确至 0.01 g）于 150 mL 烧杯中，加入 20 mL 水，混匀后，静置 30 min，再加入 50 mL 乙腈，用高速匀浆机 15 000 r/min 匀浆提取 2 min，提取液过滤至装有 5～7 g 氯化钠的 100 mL 具塞量筒中，盖上塞子，剧烈振荡 1 min，在室温下静置 30 min。准确吸取 10 mL 上清液，80 ℃水浴中氮吹蒸发近干，加入 2 mL 乙腈-甲苯溶液溶解残余物，待净化。

将固相萃取柱 2 用 5 mL 乙腈-甲苯溶液预淋洗，当液面到达柱筛板顶部时，立即加入上述待净化溶液，用 100 mL 旋转蒸发瓶收集洗脱液，用 2 mL 乙腈-甲苯溶液涮洗烧杯后过柱，并重复一次，再用 25 mL 乙腈-甲苯溶液洗脱柱子，收集的洗脱液于 40 ℃水浴中旋转蒸发近干，用 5 mL 甲醇冲洗旋转蒸发瓶并转移到 10 mL 离心管中，50 ℃水浴中氮吹蒸发近干，准确加入 1.00 mL 甲醇，涡旋混匀，用微孔滤膜过滤，待测。

（4）油料和坚果。

称取 10 g 试样（精确至 0.01 g）于 150 mL 烧杯中，加入 20 mL 水，混匀后，静置 30 min，再加入 50 mL 乙腈，用高速匀浆机 15 000 r/min 匀浆提取 2 min，提取液过滤至装有 5～7 g 氯化钠的 100 mL 具塞量筒中，盖上塞子，剧烈振荡 1 min，在室温下静置 30 min。

准确吸取 8 mL 上清液于内含 1200 mg 无水硫酸镁、400 mg PSA 和 400 mg C_{18} 的 15 mL 塑料离心管中，涡旋混匀 1 min，然后 4200 r/min 离心 5 min，吸取 5 mL 上清液于 10 mL 离心管中，在 50 ℃水浴中氮吹蒸发近干，准确加入 2.00 mL 甲醇，涡旋混匀，用微孔滤膜过滤，待测。

（5）植物油。

称取 3 g 试样（精确至 0.01 g）于 50 mL 塑料离心管中，加入 5 mL 水、15 mL 乙腈，并加入 6 g 无水硫酸镁、1.5 g 乙酸钠及 1 颗陶瓷均质子，剧烈振荡 1 min，4200 r/min 离心 5 min。

净化同油料和坚果的操作。

5. 仪器参考条件

（1）色谱柱：C_8 柱，250 mm×4.6 mm（内径），5 μm（粒径）；

（2）柱温：42 ℃；

（3）荧光检测器：λ_{ex}＝330 nm，λ_{em}＝465 nm；

（4）流动相及梯度洗脱条件，见表 3.3.1。

表 3.3.1 流动相及梯度洗脱条件（V_A＋V_B）

时间/min	流速/(mL·min^{-1})	流动相（水）V_A	流动相（甲醇）V_B
0.00	1.0	85	15
2.00	1.0	75	25

续表

时间/min	流速/(mL·min⁻¹)	流动相（水）V_A	流动相（甲醇）V_B
6.50	1.0	75	25
10.50	1.0	60	40
28.00	1.0	60	40
33.00	1.0	20	80
35.00	1.0	20	80
35.10	1.0	0	100
37.00	1.0	0	100
37.10	1.0	85	15

（5）柱后衍生：0.05 mol/L 氢氧化钠溶液，流速 0.3 mL/min；OPA 试剂，流速 0.3 mL/min；水解温度，100 ℃；衍生温度，室温；

（6）进样体积：10 μL。

注意：OPA 试剂由邻苯二甲醛（简称 OPA）、2-二甲胺基乙硫醇盐酸盐和十水四硼酸钠溶液配制而成，其中邻苯二甲醛（简称 OPA）、2-二甲胺基乙硫醇盐酸盐毒性较强，使用时要注意防护。

6. 标准工作曲线

准确吸取一定量的混合标准溶液，逐级用甲醇稀释成质量浓度为 0.01 mg/L、0.05 mg/L、0.1 mg L、0.5 mg/L 和 1.0 mg/L 的标准工作溶液，供液相色谱测定。以农药质量浓度为横坐标、色谱峰的峰面积为纵坐标，绘制标准曲线。

7. 定性及定量

定性：以目标农药的保留时间定性。被测试样中目标农药色谱峰的保留时间与相应标准色谱峰的保留时间相比较，相差应在 ±0.05 min 之内。

定量：外标法单点法定量。

检测结果保留数位和精密度计算同有机磷农残检测。

图 3.3.3 为 0.1 mg/L 9 种氨基甲酸酯类农药及其代谢物标准溶液色谱图。

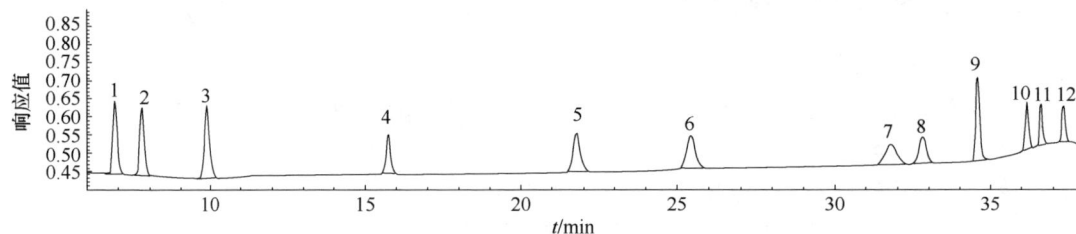

1—涕灭威亚砜；2—涕灭威砜；3—灭多威；4—三羟基克百威；5—涕灭威；

6—速灭威；7—残杀威；8—克百威；9—甲萘威；10—异丙威；11—混杀威；12—仲丁威。

图 3.3.3　0.1 mg/L 9 种氨基甲酸酯类农药及其代谢物标准溶液色谱图

（二）蔬菜水果中多菌灵、甲基硫菌灵残留量的测定

测定多菌灵残留量的方法有许多，但大部分是用液质测定，本方法以《蔬菜水果中多菌灵等 4 种苯并咪唑类农药残留量的测定　高效液相色谱法》（NY/T 1680—2009）为例，用液相色谱测定。该方法可同时测定多菌灵、甲基硫菌灵、噻菌灵和 2-氨基苯并咪唑 4 种农药。

1. 原理

样品中的多菌灵等 4 种苯并咪唑类农药用乙腈提取，硫酸镁盐析、净化后，经反相离子对色谱分离，多菌灵在 275 nm、甲基硫菌灵在 265 nm、噻菌灵在 300 nm、2-氨基苯并咪唑在 275 nm 处检测，根据保留时间进行定性，外标法定量。

2. 标准溶液配制

（1）标准储备溶液（100 mg/L）：分别称取 0.01 g（准确至 0.1 mg）多菌灵、噻菌灵、甲基硫菌灵和 2-氨基苯并咪唑标准品，用丙酮溶解定容至 100 mL，配制成标准储备溶液，于−18 ℃避光保存 1 年。

（2）混合标准工作溶液：分别准确吸取多菌灵、噻菌灵、甲基硫菌灵和 2-氨基苯并咪唑标准储备溶液 0.25 mL，在 30～40 ℃下用氮气缓缓吹干。用 4.0 mL 甲醇溶解，再用离子对试剂定容至 10 mL，0～4 ℃避光保存 1 个月。

3. 操作步骤

1）试样制备

同气相色谱法有机磷农药残留测定的试样制备。

2）提取

称取 25 g 试样（精确到 0.01 g）于 100 mL 具塞离心管中，加入 25.0 mL 乙腈，高速匀浆 2 min，加入 15 g 无水硫酸镁，盖上盖子，剧烈振摇 1 min，静置 30 min，2500 r/min 离心 5 min，使乙腈和水相分层。

3）净化

移取 1.0 mL 上层乙腈溶液于 2 mL 离心管中，加入 200 mg 无水硫酸镁和 50 mg PSA，2500 r/min 离心 5 min。准确吸取 0.5 mL 乙腈溶液，然后加入离子对试剂 0.5 mL，振荡后过 0.45 μm 滤膜，待测。

注意：离子对试剂：吸取 7.0 mL 磷酸于 200 mL 水中，加入 1.0 g 癸烷磺酸钠，溶解，再加入 10.0 mL 三乙胺，稀释至 1000 mL。

4. 色谱参考条件

（1）色谱柱：C_{18} 柱，250 mm×4.6 mm，5 μm。

（2）检测波长：多菌灵为 275 nm。

（3）柱温：45 ℃。

（4）进样量：40 μL。

（5）流动相：甲醇-离子对试剂（40＋60）。

（6）流速：1.25 mL/min。

检测结果保留两位有效数字，残留量超过 1 mg/kg 时保留三位有效数字。

精密度：相对相差小于 10%。

注：《食品安全国家标准 食品中农药最大残留限量》（GB 2763—2021）中，甲基硫菌灵的残留物定义是甲基硫菌灵和多菌灵之和，以多菌灵表示。在检测甲基硫菌灵时，要同时检测多菌灵，上报结果要将甲基硫菌灵的检测结果按照分子量折算成多菌灵，二者相加上报。

四种苯并咪唑类农药标准色谱图如图 3.3.4 所示。

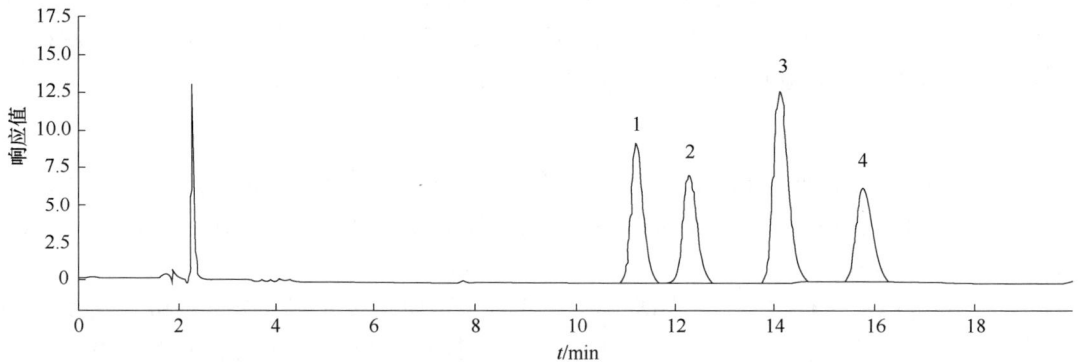

1—多菌灵；2—甲基硫菌灵；3—噻菌灵；4—2-氨基苯并咪唑。

图 3.3.4　四种苯并咪唑类农药标准色谱图

（三）蔬菜、水果和茶叶中吡虫啉残留量的测定

测定吡虫啉残留量的方法有许多，但大部分是用液质测定，本方法以《水果、蔬菜及茶叶中吡虫啉残留的测定　高效液相色谱法》（GB/T 23379—2009）为例，用液相色谱测定。

1. 原理

样品中吡虫啉农药残留通过乙腈提取，盐析，浓缩液经固相萃取净化，乙腈洗脱，高效液相色谱 270 nm 检测，外标法定量。

2. 标准溶液配制

（1）标准储备溶液（1000 mg/L）：称取 10 mg 左右（精确到 0.1 mg）吡虫啉标准品于 50 mL 烧杯中，用乙腈超声溶解后转移到 10 mL 容量瓶中，用乙腈定容。−18 ℃冰箱保存。

（2）混合标准溶液：使用时根据检测需要稀释成不同质量浓度的标准使用液，4 ℃冰箱保存，有效期为 2 个月。

3. 操作步骤

1）试样制备

同气相色谱法有机磷农药残留测定的试样制备。

2）提取

（1）果蔬样品。称取 10 g 试样（精确到 0.01 g）于 100 mL 离心管中，加入 20 mL 乙腈，用高速组织捣碎机在 15 000 r/min，匀浆提取 1 min，加入 5 g 氯化钠，再匀浆提取 1 min，将离心管放入离心机，在 3000 r/min 离心 5 min，取上清液 10 mL（相当于 5 g 试样量）加入 50 mL 梨形瓶中，38 ℃旋转蒸发近干，加 2 mL 乙腈溶液（1＋3）入梨形瓶中，超声 30 s 充分溶解，待净化。

（2）茶叶样品。茶叶样品用固体样品粉碎机粉碎，称取 5.0 g，加 10 mL 水，静置 30 min，加入 50 mL 乙腈，振荡提取 1 h，滤纸过滤，取 40 mL 滤液加入到 100 mL 具塞量筒中，加入 40 mL 溶液 A，剧烈振荡 1 min，分层，吸取 20 mL 乙腈层，加入 50 mL 梨形瓶中，38 ℃旋转蒸发近干，加 2 mL 乙腈溶液（1＋3），超声 30 s 充分溶解，待净化。

注：溶液 A（20 mmol/L 氢氧化钠、氯化钠饱和溶液）；溶液 B（20 mmol/L 氢氧化钠溶液）

3）净化

加样前先用 5 mL 乙腈预淋洗 ENVI-18 柱，然后用 5 mL 乙腈溶液（1＋3）平衡柱，再从上述梨形瓶中移取 1 mL 溶解好的果蔬或茶叶样品提取液转移至净化柱上，先用 10 mL 溶液 B 洗柱，弃去；再用 10 mL 水洗柱，弃去，抽干柱。最后用 1 mL 乙腈缓慢洗脱保留在柱上的吡虫啉农药，收集洗脱液定容至 1 mL，0.45 μm 有机滤膜过滤，待测。

4）参考分析条件

（1）色谱柱：C_{18} 柱（5 μm，250 mm×4.6 mm）或相当者。

（2）流动相：乙腈，0.1%磷酸溶液。

（3）柱温：室温。

（4）进样量：5 μL。

（5）检测波长：270 nm。

5）定量测定

采用外标校准曲线法定量测定。检测结果保留两位有效数字，残留量超过 1 mg/kg 时保留三位有效数字。

精密度：相对相差小于 15%。

（四）蔬菜中灭蝇胺残留量的测定

灭蝇胺是目前在蔬菜上检出比较多的农药，适合灭蝇胺检测的方法是《蔬菜中灭蝇胺残留量的测定　高效液相色谱法》（NY/T 1725—2009），用液相色谱检测。

1. 原理

试样中的灭蝇胺经乙酸铵-乙腈混合溶液提取、强阳离子交换萃取柱净化后，用高效液相色谱仪进行分离，用紫外检测器检测。根据标准物质色谱峰的保留时间定性，外标法定量。

2. 标准溶液配制

（1）灭蝇胺标准储备溶液（1000 mg/L）：称取 0.01 g（精确至 0.0001 g）灭蝇胺标准品，用乙腈溶解并转移至 10 mL 容量瓶中，再用乙腈定容至刻度，混匀。

（2）灭蝇胺标准工作溶液（1.0 mg/L）：用乙腈稀释灭蝇胺标准储备液，得到灭蝇胺标准工作溶液。

3. 操作步骤

1）试样制备

同气相色谱法有机磷农药残留测定的试样制备。

2）提取

称取 20 g 试样（精确至 0.01 g）于 150 mL 烧杯中，加入 50 mL 乙酸铵-乙腈溶液（1＋4），高速均质 2 min。均质液经铺有滤纸的布氏漏斗抽滤至 100 mL 具塞比色管中，再用约 30 mL 乙酸铵-乙腈溶液（1＋4）冲洗烧杯和均质器刀头，均质 30 s 左右，洗液一并滤入上述 100 mL 具塞比色管中，并用乙酸铵-乙腈溶液（1＋4）定容。盖上塞子，将滤液混合均匀。用吸量管准确吸取 10 mL 提取液至 150 mL 圆底烧瓶中，在水浴温度 40 ℃旋转蒸发浓缩至只含水的溶液（冷凝装置无液滴滴下），加入 2 mL 盐酸溶液，待净化。

3）净化

依次用甲醇、水各 5 mL 预淋活化强阳离子交换萃取柱，当溶剂液面到达柱吸附层表面时，立即将提取溶液转移至 SCX 柱中。用 3 mL 盐酸溶液将圆底烧瓶中的残余物洗入 SCX 柱中，并重复一次。然后依次用水、甲醇各 5 mL 淋洗 SCX 柱，弃去所有流出液并将小柱抽干。用 15 mL 氨水-甲醇溶液（5＋95）分 3 次洗脱 SCX 柱，收集洗脱液于 150 mL 圆底烧瓶中。在水浴温度 40 ℃旋转蒸发浓缩至近干，氮气吹干后用 2.00 mL 乙腈-水溶液（97＋3）溶解蒸残物，过 0.45 μm 微孔有机滤膜，待测。

4. 色谱参考条件

（1）色谱柱：NH_2 不锈钢柱，250 mm×4.6 mm，5 μm，或性能相当者。

（2）流动相：乙腈-水溶液（97＋3）。

（3）流速：1.0 mL/min。

（4）进样体积：10 μL。

（5）检测波长：215 nm。

（6）柱温：35 ℃。

5. 结果计算

使用外标法中的单点法定量。检测结果保留两位有效数字。

精密度：相对相差≤15%。

（五）水果和蔬菜中阿维菌素农药残留量的测定

用液相色谱法测定水果和蔬菜中阿维菌素农药残留量的标准是《食品安全国家标准 水果和蔬菜中阿维菌素残留量的测定　液相色谱法》（GB 23200.19—2016）。

1. 原理

试样中的阿维菌素用丙酮提取，经浓缩后，用 C_{18} 柱净化，并用甲醇洗脱。洗脱液经浓缩、定容、过滤后，用配有紫外检测器的高效液相色谱测定，外标法定量。

2. 标准溶液配制

（1）标准储备溶液（1000 mg/L）：称取 0.1 g（准确至 0.0002 g）阿维菌素标准品于 50 mL 烧杯中，用甲醇溶解后转移到 100 mL 容量瓶中，用甲醇定容，混匀。

（2）标准工作溶液：根据需要移取适量的阿维菌素标准储备液，用甲醇稀释成适当质量浓度的标准工作溶液，有效期一周。

3. 操作步骤

1）试样制备

同气相色谱法有机磷农药残留测定的试样制备。

2）提取

称取约 20 g 试样（精确至 0.01 g）于 100 mL 具塞锥形瓶中，加入 50 mL 丙酮，于振荡器上振荡 0.5 h，用布氏漏斗抽滤，分别用 20 mL 丙酮洗涤锥形瓶及残渣 2 次，合并丙酮提取液，于 40 ℃水浴旋转蒸发至约 2 mL。

3）净化

将上述的浓缩提取液完全转入 C_{18} 柱，再用 5 mL 水淋洗，去掉淋洗液。最后用 5 mL 甲醇洗脱，收集洗脱液，用氮气吹至近干。准确加入 1.0 mL 甲醇溶解残渣，用 0.45 μm 滤膜过滤，待测。

4. 高效液相色谱参考条件

（1）色谱柱：ODS-C_{18} 反相柱，4.6 mm×125 mm。

（2）流动相：甲醇-水＝（90＋10）。

（3）流速：1.0 mL/min。

（4）检测波长：245 nm。

（5）柱温：40 ℃。

（6）进样量：20 μL。

5. 结果计算

使用标准曲线进行定量。检测结果保留两位有效数字。

精密度符合表 3.3.2 的要求。

表 3.3.2　精密度要求

被测组分含量/(mg·kg^{-1})	精密度/%	被测组分含量/(mg·kg^{-1})	精密度/%
≤0.001	36	>0.1≤1	18
>0.001≤0.01	32	>1	14
>0.01≤0.1	22		

阿维菌素农药标准色谱图如图 3.3.5 所示。

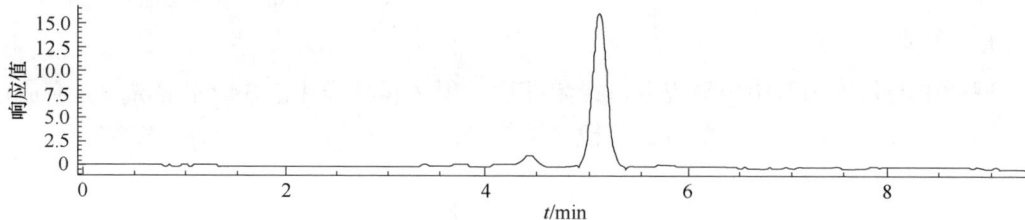

图 3.3.5　阿维菌素农药标准色谱图

八、动物源食品中兽药残留的测定

（一）畜禽产品中氟喹诺酮类药物残留量的测定

畜禽产品中氟喹诺酮类药物残留量的测定以农业部 1025 号公告—14—2008《动物性食品中氟喹诺酮类药物残留检测　高效液相色谱法》为例。

该方法适用于猪的肌肉、脂肪、肝脏和肾脏以及鸡的肝脏和肾脏组织中达氟沙星、恩诺沙星、环丙沙星和沙拉沙星残留量的测定。

1. 原理

用磷酸盐缓冲溶液提取试料中的药物，C_{18} 柱净化，流动相洗脱，用高效液相色谱-荧光检测法测定，外标法定量。

2. 标准溶液配制

（1）标准储备液：分别准确称取达氟沙星对照品约 10 mg，恩诺沙星、环丙沙星和沙拉沙星对照品各约 50 mg，用 0.03 mol/L 氢氧化钠溶液溶解并稀释成质量浓度为 0.2 mg/mL（达氟沙星）和 1 mg/mL（恩诺沙星、环丙沙星、沙拉沙星）的标准储备液。2～8 ℃冰箱中保存，有效期 3 个月。

（2）标准工作液：准确量取适量标准储备液，用乙腈稀释成适宜质量浓度的标准工作液。2～8 ℃冰箱中保存，有效期 1 周。

3. 操作步骤

1）试样制备

取适量新鲜或解冻的空白或供试组织，绞碎，并使匀质。取匀质后的供试样品，作为供试试料；取匀质后的空白样品，作为空白试料；取匀质后的空白样品，添加适宜浓度的对照溶液，作为空白添加试料。

2）提取

称取（2±0.05）g 试料，置 30 mL 匀浆杯中，加 10.0 mL 磷酸盐缓冲溶液，10 000 r/min 高速匀浆 1 min。匀浆液转入离心管中，中速振荡 5 min，离心（肌肉、脂肪 10 000 r/min 5 min；肝、肾 15 000 r/min 10 min），取上清液，待用。用 10.0 mL 磷酸盐缓冲溶液洗刀头及匀浆杯，转入离心管，洗残渣，混匀，重复上述操作一次。合并两次上清液，混匀，备用。

3）净化

C_{18} 固相萃取柱依次用甲醇、磷酸盐缓冲溶液各 2 mL 预洗。取 5.0 mL 上清液过柱，用 1 mL 水淋洗，挤干。用 1.0 mL 流动相洗脱，挤干，收集洗脱液。经微孔滤膜（0.45 μm）过滤后作为试样溶液，供高效液相色谱仪测定。

4. 液相色谱参考条件

（1）色谱柱：C_{18} 250 mm×4.6 mm（i. d），粒径 5 μm，或相当者。

（2）流动相：0.05 mol/L 磷酸溶液/三乙胺-乙腈（82＋18），使用前经微孔滤膜过滤。

（3）流速：0.8 mL/min。

（4）检测波长：激发波长 280 nm；发射波长：450 nm。

（5）柱温：30 ℃。

（6）进样量：20 μL。

5. 结果计算

用单点法定量，检测结果保留三位有效数字。

精密度：相对偏差≤15%。

氟喹诺酮类药物对照溶液色谱图，如图 3.3.6 所示。

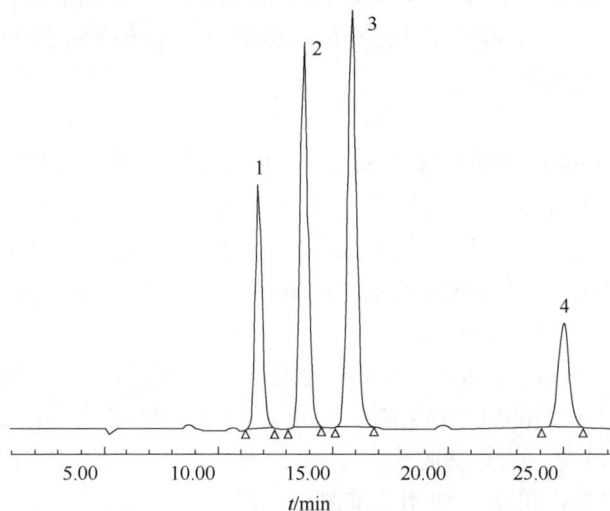

1—环丙沙星；2—达氟沙星；3—恩诺沙星；4—沙拉沙星。

图 3.3.6　氟喹诺酮类药物对照溶液色谱图

（二）畜禽产品中磺胺类药物残留量的测定

畜禽产品中磺胺类药物残留量的测定以《食品安全国家标准　动物性食品中 13 种磺胺类药物多残留的测定　高效液相色谱法》（GB 29694—2013）为例。

该方法适用于猪和鸡的肌肉和肝脏组织中的磺胺醋酰、磺胺吡啶、磺胺噁唑、磺胺甲基嘧啶、磺胺二甲基嘧啶、磺胺甲氧哒嗪、苯酰磺胺、磺胺间甲氧嘧啶、磺胺氯哒嗪、磺胺甲噁唑、磺胺异噁唑、磺胺二甲氧哒嗪和磺胺吡唑单个或多个药物残留量的测定。

1. 原理

试料中残留的磺胺类药物，用乙酸乙酯提取，0.1 mol/L 盐酸溶液转换溶剂，正己烷除脂，MCX 柱净化，高效液相色谱-紫外检测法测定，外标法定量。

2. 标准溶液配制

（1）磺胺类药物混合标准储备液（100 μg/mL）：准确称取磺胺类药物标准品各 10 mg（精确至 0.1 mg），用乙腈溶解后转移到 100 mL 量瓶中，用乙腈稀释至刻度，混匀。－20 ℃以下保存，有效期 6 个月。

（2）磺胺类药物混合标准工作液（10 μg/mL）：准确吸取 5.0 mL 磺胺类药物混合标准储备液于 50 mL 容量瓶中，用乙腈稀释至刻度，混匀。－20 ℃以下保存，有效期 6 个月。

3. 操作步骤

1）试样制备

同畜禽产品中氟喹诺酮类药物残留量的测定 3.1。

2）提取

称取试料(5±0.05)g 于 50 mL 聚四氟乙烯离心管中，加 20 mL 乙酸乙酯，涡动 2 min，4000 r/min 离心 5 min，取上清液于 100 mL 鸡心瓶中，残渣中加 20 mL 乙酸乙酯，重复提取一次，合并两次提取液。

3）净化

鸡心瓶中加 0.1 mol/L 盐酸溶液 4 mL，于 40 ℃下旋转蒸发浓缩至少于 3 mL，转至 10 mL 离心管中。用 0.1 mol/L 盐酸溶液 2 mL 洗鸡心瓶，转至同一离心管中。再用 3 mL 正己烷洗鸡心瓶，将正己烷转至同一离心管中，涡旋混合 30 s，3000 r/min 离心 5 min，弃正己烷。再次用 3 mL 正己烷洗鸡心瓶，转至同一离心管中，涡旋混合 30 s，3000 r/min 离心 5 min，弃正己烷，取下层液备用。

MCX 柱依次用甲醇 2 mL 和 0.1 mol/L 盐酸溶液 2 mL 活化，取备用液过柱，控制流速 1 mL/min。依次用 0.1 mol/L 盐酸溶液 1 mL 和 50%甲醇-乙腈溶液 2 mL 淋洗，用洗脱液（5%氨水）4 mL 洗脱，收集洗脱液，于 40 ℃氮气吹干，加 0.1%甲酸乙腈溶液 1.0 mL 溶解残余物，滤膜过滤，供高效液相色谱测定。

4. 液相色谱参考条件

（1）色谱柱：ODS-3 C$_{18}$（250 mm×4.5 mm，粒径 5 μm），或相当者。

（2）流动相：0.1%甲酸-乙腈溶液，梯度洗脱。

（3）流速：1 mL/min。

（4）柱温：30 ℃。

（5）检测波长：270 nm。

（6）进样体积：100 μL。

5. 结果计算

用标准曲线法定量，检测结果保留三位有效数字。

精密度：相对偏差≤15%。

（三）畜禽产品中替米考星残留量的测定

以农业部 1025 号公告—10—2008《动物性食品中替米考星残留检测　高效液相色谱法》为例。该方法适用于猪肝脏、猪肌肉、鸡肝脏和鸡肌肉中替米考星残留量的检测。

1. 原理

用乙腈和磷酸二氢钾缓冲液提取试样中的替米考星，加水稀释后，用 C_{18} 固相萃取柱净化，反相高效液相色谱-紫外检测器检测，外标法定量。

2. 标准溶液配制

（1）标准储备液（200 μg/mL）：准确称取替米考星对照品约 20 mg 于 100 mL 棕色容量瓶中，用乙腈溶解并定容。4 ℃下避光保存，有效期 3 个月。

（2）标准工作液：用流动相稀释成各质量浓度的标准溶液，现配现用。

3. 操作步骤

1）试样制备

同畜禽产品中氟喹诺酮类药物残留量的测定 3.1。

2）提取

称取（5.0±0.05）g 试料于 50 mL 离心管中，加 8 mL 乙腈，涡动混匀，中速振荡 20 min，3500 r/min 离心 10 min，取上清液于 100 mL 离心管中，组织残渣中依次加 5 mL 磷酸二氢钾缓冲液和 8 mL 乙腈，搅动残渣，涡动混匀，中速振荡 20 min，3500 r/min 离心 10 min，合并两次上清液，加 40 mL 水，3500 r/min 离心 10 min，上清液转至另一离心管中，再加 10 mL 水混匀，作为备用液。

3）净化

将 C_{18} 固相萃取柱置于固相萃取装置上，依次用 10 mL 甲醇和 10 mL 水平衡，将备用液过柱，自然流干，再依次用 10 mL 水和 10 mL 乙腈淋洗，抽真空干燥 3 min，用 2.5 mL 洗脱液洗脱，收集洗脱液，30 ℃水浴中氮气吹干。加 1.0 mL 流动相溶解，涡动 15 min，经微孔滤膜过滤，供高效液相色谱分析。

4. 液相色谱参考条件

（1）色谱柱：C_{18} 柱，长 250 mm，内径 4.6 mm，粒径 5 μm，或相当者。

（2）柱温：30 ℃。

（3）流动相：乙腈-四氢呋喃-1 mol/L 二丁胺磷酸缓冲液（130＋55＋25）。

（4）检测波长：290 nm。

（5）进样体积：100 μL。

5. 结果计算

用单点法定量，检测结果保留三位有效数字。

精密度：相对偏差≤15%。

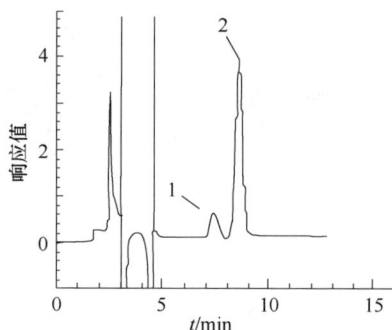

1—替米考星反式异构体色谱峰；
2—替米考星顺式异构体色谱峰。

图 3.3.7　1 μg/mL 替米考星
标准溶液色谱图

替米考星标准溶液色谱图见图 3.3.7。

（四）水产品中喹乙醇兽药残留量的测定

水产品中喹乙醇兽药残留量的测定以农业部 1077 号公告—5—2008《水产品中喹乙醇代谢物残留量的测定　高效液相色谱法》为例。该标准适用于水产品中喹乙醇代谢物 3-甲基喹噁啉-2-羧酸残留量的测定。

1. 原理

以乙酸乙酯提取样品中残留的喹乙醇代谢物 3-甲基喹噁啉-2-羧酸，用 pH 为 8 的磷酸盐缓冲液萃取，萃取液用盐酸调至酸性，再用乙酸乙酯进行反萃取，萃取液浓缩至干后，残渣用流动相溶解，反相色谱柱分离，紫外检测器检测，外标法定量。

2. 标准溶液配制

（1）标准储备液（100 mg/L）：准确称取 10 mg（精确至 0.1 mg）的标准品，用甲醇溶解并定容至 100 mL 棕色容量瓶中。避光冷藏保存，保存期为 3 个月。

（2）标准工作液：用流动相稀释成各质量浓度的标准溶液，现配现用。

3. 操作步骤

1）试样制备

（1）鱼类。至少取 3 尾鱼清洗后，去头、骨、内脏，取肌肉等可食部分绞碎混合均匀。

（2）虾类。至少取 10 尾清洗后，去虾头、虾皮、肠腺，得到整条虾肉绞碎混合均匀。

（3）蟹类。至少取 5 只蟹清洗后，取可食部分（肉及性腺），绞碎混合均匀。

（4）贝类。将样品清洗后开壳剥离，收集全部的软组织和体液匀浆。

（5）海藻。将样品去除砂石等杂质后，均质。

（6）龟鳖类产品。至少取 3 只清洗后，取可食部分，绞碎混合均匀。

2）提取

称取（5±0.02）g 样品置于 50 mL 离心管中，加入 15 mL 乙酸乙酯，高速匀浆 5 min，盖塞，涡旋混匀，4000 r/min 离心 5 min，取上清液转入 150 mL 分液漏斗中。再用 15 mL 乙酸乙酯重复提取一次，合并提取液于同一分液漏斗中。往样品残渣中加入 0.1 mol/L 磷酸盐缓冲液 10 mL，旋涡混匀，振荡 30 s，8000 r/min 离心 10 min，取上清液合并到分液漏斗中。

3）净化

手摇振荡分液漏斗 30 s，静置分层，收集下层溶液至 25 mL 具塞离心管中。加入 200 μL 盐酸，混匀，再加入 6 mL 乙酸乙酯，旋涡混匀，振荡 30 s，8000 r/min 离心 10 min，上层溶液转入玻璃试管中，再用 6 mL 乙酸乙酯重复提取一次，合并上层溶液于同一玻璃试管，55 ℃氮气流下吹干，用 1 mL 流动相溶解残渣，涡旋混匀，0.45 μm 微孔滤膜过滤，待测。

4. 色谱参考条件

（1）色谱柱：ZORBAXSB-C$_{18}$ 柱（250 mm×4.6 mm，5 μm）；或性能相当者。
（2）流动相：甲醇-1.0%甲酸水溶液（40＋60）。
（3）流速：1.0 mL/min。
（4）柱温：30 ℃。
（5）进样量：50 μL。
（6）检测波长：320 nm。

5. 结果计算

用标准曲线法定量，检测结果保留三位有效数字。

精密度：相对偏差≤15%。

0.25 μg/mL 喹乙醇标准品的液相色谱图如图 3.3.8 所示。

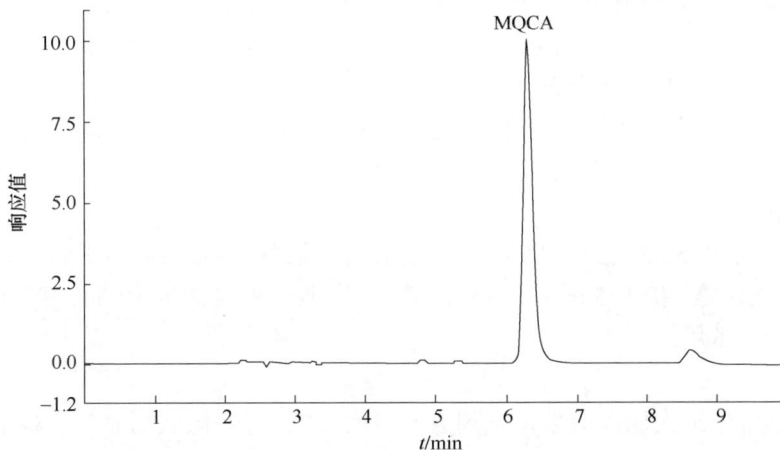

图 3.3.8 0.25 μg/mL 喹乙醇标准品的液相色谱图

（五）牛奶中阿维菌素类药物残留量的测定

牛奶中阿维菌素类药物残留量的测定以《食品安全国家标准牛奶中阿维菌素类药物多残留的测定 高效液相色谱法》（GB 29696—2013）为例。

该方法适用于牛奶中伊维菌素、阿维菌素、多拉菌素和埃普利诺菌素单个或多个药物残留量的测定。

1. 原理

试料中残留的阿维菌素类药物，用乙腈提取，C_{18} 柱净化，三氟乙酸酐和 N-甲基咪唑衍生化，高效液相色谱-荧光法测定，外标法定量。

2. 试剂

（1）衍生化试剂 A 液：取 N-甲基咪唑 1 mL，乙腈 1 mL，混匀，现配现用。

（2）衍生化试剂 B 液：取三氟乙酸酐 1 mL、乙腈 2 mL，混匀，现配现用。

3. 标准溶液配制

（1）标准储备液（200 μg/mL）：准确称取伊维菌素、阿维菌素、多拉菌素和埃普利诺菌素标准品各 10 mg 于 50 mL 容量瓶中，用乙腈溶解并稀释至刻度，配制成浓度为 200 μg/mL 的阿维菌素类药物混合标准储备液。2～8 ℃以下保存，有效期 6 个月。

（2）标准工作液：取适量混合标准储备液用乙腈稀释为 10 μg/mL 的混合标准工作液。2～8 ℃以下保存，有效期 6 个月。

4. 操作步骤

1）试样制备

取适量新鲜或解冻的空白或供试牛奶，混合均匀。取匀质后的供试试样，作为供试试料；取匀质后的空白样品，作为空白试料；取匀质后的空白样品，添加适宜浓度的标准工作液，作为空白添加试料。

2）提取

称取试料（5±0.05）g 于 50 mL 离心管中，加 8 mL 乙腈，涡动 1 min，4500 r/min 离心 10 min，取上清液。残渣中加 8 mL 乙腈，重复提取一次，合并两次上清液，加 20 mL 水、50 μL 三乙胺，混匀，备用。

3）净化

C_{18} 小柱依次用 5 mL 乙腈和 5 mL 洗涤液活化，取备用液过柱，自然流干，抽干 5 min，加 3 mL 异辛烷洗涤，抽干 5 min，5 mL 乙腈洗脱，收集洗脱液于 10 mL 试管中，于 60 ℃ 水浴氮气吹干，备用。

4）衍生化

于备用试管中依次加入衍生化试剂 A 液 100 μL、衍生化试剂 B 液 150 μL，密闭，涡动 10 s，依次加入 50 μL 冰醋酸和 50 μL 三乙胺，涡动 10 s，于室温密闭反应 30 min，加 650 μL 甲醇混匀。过滤后供高效液相色谱仪测定。

5. 液相色谱参考条件

（1）色谱柱：Symmetry C_{18}（250 mm×4.6 mm，粒径 5 μm），或相当者。

（2）柱温：30 ℃。

（3）流动相：乙腈＋水（90＋10）。

（4）流速：1 mL/min。

（5）波长：激发波长为 365 nm，发射波长为 475 nm。

（6）进样量：20 μL。

6. 结果计算

用单点法定量，检测结果保留三位有效数字。

精密度：相对偏差≤15%。

10 ng/mL 阿维菌素类药物标准溶液色谱图如图 3.3.9 所示。

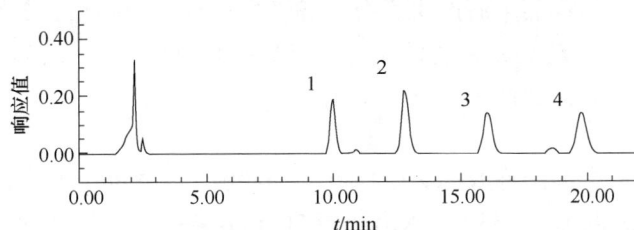

1—埃普利诺菌素；2—阿维菌素；3—多拉菌素；4—伊维菌素。

图 3.3.9　10 ng/mL 阿维菌素类药物标准溶液色谱图

九、食品中苯甲酸、山梨酸和糖精钠的测定

食品中苯甲酸、山梨酸和糖精钠测定方法的国家标准是《食品安全国家标准　食品中苯甲酸、山梨酸和糖精钠的测定》（GB 5009.28—2016），该标准有两种测定方法，第一法是液相色谱法，第二法是气相色谱法。

第一法适用于食品中苯甲酸、山梨酸和糖精钠的测定；第二法适用于酱油、水果汁、果酱中苯甲酸和山梨酸的测定。

本书以第一法为例。

1. 原理

样品经水提取，高脂肪样品经正己烷脱脂、高蛋白样品经蛋白沉淀剂沉淀蛋白，采用液相色谱分离、紫外检测器检测，外标法定量。

2. 标准溶液配制

（1）苯甲酸、山梨酸和糖精钠（以糖精计）标准储备溶液（1000 mg/L）：分别准确称取苯甲酸钠、山梨酸钾和糖精钠 0.118 g、0.134 g 和 0.117 g（精确到 0.0001 g），用水溶解并分别定容至 100 mL。于 4 ℃贮存，保存期为 6 个月。当使用苯甲酸和山梨酸标准品时，需要用甲醇溶解并定容。

注意：糖精钠含结晶水，使用前需在 120 ℃烘 4 h，干燥器中冷却至室温后备用。

（2）苯甲酸、山梨酸和糖精钠（以糖精计）混合标准中间溶液（200 mg/L）：分别准确吸取苯甲酸、山梨酸和糖精钠标准储备溶液各 10.0 mL 于 50 mL 容量瓶中，用水定容。于 4 ℃贮存，有效期为 3 个月。

（3）苯甲酸、山梨酸和糖精钠（以糖精计）混合标准系列工作溶液：分别准确吸取苯甲酸、山梨酸和糖精钠混合标准中间溶液 0 mL、0.05 mL、0.25 mL、0.50 mL、1.00 mL、2.50 mL、5.00 mL 和 10.0 mL，用水定容至 10 mL，配制成质量浓度分别为 0 mg/L、

1.00 mg/L、5.00 mg/L、10.0 mg/L、20.0 mg/L、50.0 mg/L、100 mg/L 和 200 mg/L 的混合标准系列工作溶液。临用现配。

3. 分析步骤

1）试样制备

取多个预包装的饮料、液态奶等均匀样品直接混合；非均匀的液态、半固态样品用组织匀浆机匀浆；固体样品用研磨机充分粉碎并搅拌均匀；奶酪、黄油、巧克力等采用 50～60 ℃加热熔融，并趁热充分搅拌均匀。取其中的 200 g 装入玻璃容器中，密封，液体试样于 4 ℃保存，其他试样于−18 ℃保存。

2）试样提取

（1）一般性试样。准确称取约 2 g（精确到 0.001 g）试样于 50 mL 具塞离心管中，加水约 25 mL，涡旋混匀，于 50 ℃水浴超声 20 min，冷却至室温后加亚铁氰化钾溶液 2 mL 和乙酸锌溶液 2 mL，混匀，于 8000 r/min 离心 5 min，将水相转移至 50 mL 容量瓶中，于残渣中加水 20 mL，涡旋混匀后超声 5 min，于 8000 r/min 离心 5 min，将水相转移到同一 50 mL 容量瓶中，并用水定容至刻度，混匀。取适量上清液过 0.22 μm 滤膜，待液相色谱测定。

注：碳酸饮料、果酒、果汁、蒸馏酒等测定时可以不加蛋白沉淀剂。

（2）含胶基的果冻、糖果等试样。准确称取约 2 g（精确到 0.001 g）试样于 50 mL 具塞离心管中，加水约 25 mL，涡旋混匀，于 70 ℃水浴加热溶解试样，于 50 ℃水浴超声 20 min，之后的操作同（1）。

（3）油脂、巧克力、奶油、油炸食品等高油脂试样。准确称取约 2 g（精确到 0.001 g）试样于 50 mL 具塞离心管中，加正己烷 10 mL，于 60 ℃水浴加热约 5 min，并不时轻摇以溶解脂肪，然后加 25 mL 氨水（1＋99），1 mL 乙醇，涡旋混匀，于 50 ℃水浴超声 20 min，冷却至室温后，加亚铁氰化钾溶液 2 mL 和乙酸锌溶液 2 mL，混匀，于 8000 r/min 离心 5 min，弃去有机相，水相转移至 50 mL 容量瓶中，残渣同（1）再提取一次后测定。

4. 仪器参考条件

（1）色谱柱：C_{18}柱，柱长 250 mm，内径 4.6 mm，粒径 5 μm，或等效色谱柱。

（2）流动相：甲醇-乙酸铵溶液＝5＋95。

（3）流速：1 mL/min。

（4）检测波长：230 nm。

（5）进样量：10 μL。

注：当存在干扰峰或需要辅助定性时，可以采用加入甲酸的流动相来测定，如流动相：甲醇＋甲酸-乙酸铵溶液＝8＋92。

5. 标准曲线的制作

将混合标准系列工作溶液分别注入液相色谱仪中，测定相应的峰面积，以混合标准系列工作溶液的质量浓度为横坐标，以峰面积为纵坐标，绘制标准曲线。

6. 试样溶液的测定

将试样溶液注入液相色谱仪中，得到峰面积，根据标准曲线得到待测液中山梨酸、苯甲酸和糖精钠的质量浓度。

7. 结果计算

用标准曲线法定量，检测结果保留三位有效数字。

精密度：相对相差≤10%。

标准溶液液相色谱图如图 3.3.10 和图 3.3.11 所示。

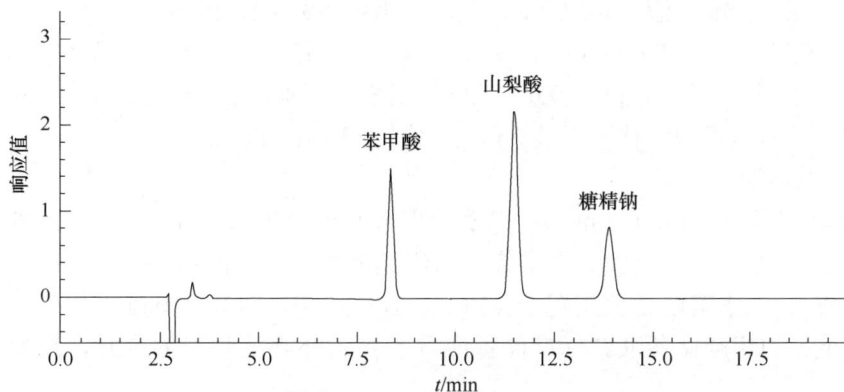

图 3.3.10　1 mg/L 苯甲酸、山梨酸和糖精钠标准溶液液相色谱图
（流动相：甲醇＋乙酸铵溶液＝5＋95）

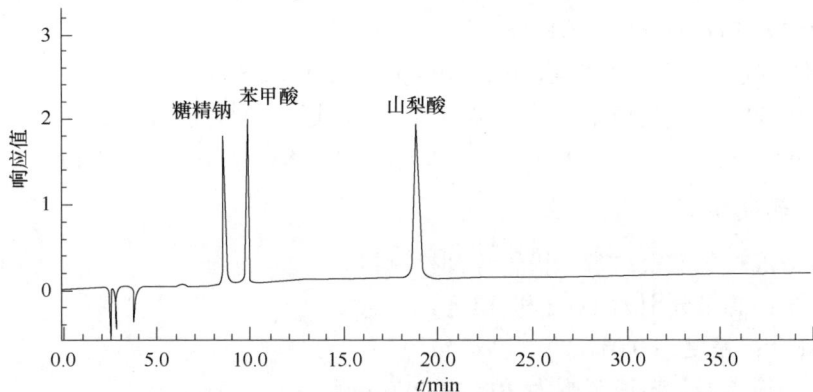

图 3.3.11　1 mg/L 苯甲酸、山梨酸和糖精钠标准溶液液相色谱图
（流动相：甲醇＋甲酸-乙酸铵溶液＝8＋92）

十、食品中合成着色剂的测定

食品中合成着色剂的测定方法的国家标准是《食品安全国家标准　食品中合成着色剂的测定》（GB 5009.35—2023）。本标准规定了食品中合成着色剂的液相色谱测定方法。

本标准适用于食品中 11 种合成着色剂（柠檬黄、新红、苋菜红、靛蓝、胭脂红、日落黄、诱惑红、亮蓝、酸性红、喹啉黄和赤藓红）的测定。

1. 原理

试样中的合成着色剂用乙醇氨水溶液提取，经固相萃取净化后，用配有二极管阵列检测器的高效液相色谱仪测定，外标法定量。

2. 试剂配制

（1）乙醇氨水溶液：量取无水乙醇 700 mL，加入 4 mL 氨水，用水稀释至 1 L，混匀。

（2）5%甲醇水溶液：移取甲醇 5 mL，用水稀释并定容至 100 mL，混匀。

（3）2%氨水甲醇溶液：移取 2 mL 氨水，用甲醇稀释至 100 mL。

（4）乙酸铵溶液（20 mmol/L）：称取 1.54 g 乙酸铵，加水溶解并稀释至 1000 mL。

（5）乙酸铵缓冲溶液，pH＝9.0：乙酸铵溶液加氨水调 pH 至 9.0。

（6）2%甲酸水溶液：移取甲酸 2 mL，用水稀释至 100 mL。

（7）标准溶液配制。

① 标准储备液（1.0 mg/mL）：准确称取按其纯度折算为 100%质量的柠檬黄、新红、苋菜红、胭脂红、日落黄、诱惑红、亮蓝、酸性红、喹啉黄和赤藓红各 100 mg（精确至 0.1 mg），加水溶解并分别置于 100 mL 容量瓶中，定容至刻度，摇匀，得到浓度为 1.0 mg/mL 的标准储备液。标准储备液可于 4 ℃下避光保存 6 个月，靛蓝标准溶液临用现配。

② 混合标准中间液（50.0 μg/mL）：吸取上述标准储备液和靛蓝标准溶液（1.0 mg/mL）各 5.00 mL 于 100 mL 容量瓶中，用水稀释至刻度，摇匀，得到混合标准中间液（各合成着色剂浓度均为 50.0 μg/mL），临用现配。

③ 标准系列工作液：吸取混合标准中间液 0.2 mL、0.5 mL、1.0 mL、2.0 mL、5.0 mL 和 10.0 mL 于 50 mL 容量瓶中，用水稀释至刻度，摇匀，得到标准系列工作液。浓度分别为 0.2 μg/mL、0.5 μg/mL、1.0 μg/mL、2.0 μg/mL、5.0 μg/mL 和 10.0 μg/mL。

3. 仪器和设备

（1）高效液相色谱仪：带二极管阵列检测器。

（2）天平：感量分别为 1 mg 和 0.1 mg。

（3）pH 计：精度为 0.01。

（4）电动搅拌器：转速范围为 30～2000 r/min。

（5）涡旋混合器。

（6）超声波发生器或恒温摇床：超声功率不小于 700 W，控温范围为 20～80 ℃；摇床转速范围为 10～500 r/min。

（7）高速离心机：转速不小于 15 000 r/min。

（8）固相萃取装置。

（9）氮气浓缩装置。

（10）WAX 混合型弱阴离子交换反相吸附或等效固相萃取柱，150 mg/6 mL。

（11）针筒过滤器，聚偏氟乙烯或聚四氟乙烯滤膜，孔径为 0.45 μm。

4. 分析步骤

1）样品前处理

试样制备。液体试样和粉状固体试样应分别混合均匀，半固体试样取固液共存物进行匀浆混合，固体试样（带核蜜饯凉果需先去核，取可食部分）经电动搅拌器粉碎等方式混合均匀，密封，制备好的试样在−18℃以下避光保存，备用。

2）试样提取

① 液体类试样（饮料、配制酒、调制乳、调味糖浆、风味发酵乳等）、冷冻饮品（风味冰、冰棍类）。

准确称取试样 2 g（精确至 0.001 g），冷冻饮品可先温水浴加热融化再称样，置于 50 mL 具塞离心管中，加入适量乙醇氨水溶液，涡旋 1 min，5000 r/min 离心 5 min，并用乙醇氨水溶液定容至 50 mL，即得提取液；准确吸取上清液 10 mL，50 ℃下氮气浓缩至 3 mL 左右，分 2～3 次共加入 10 mL 5%甲醇水溶液溶解，作为待净化液。

② 固体类试样（加工水果、腌渍的蔬菜、糖果、酱及酱制品、香辛料、果冻、杂粮粉及其制品、面糊、淀粉及淀粉类制品、胶原蛋白肠衣、即食谷物、谷类和淀粉类甜品、糕点上彩装、蛋卷、焙烤食品馅料及表面用挂浆等）。

准确称取试样 2 g（精确至 0.001 g），置于 50 mL 具塞离心管中，先加入适量水（2～5 mL），50 ℃水浴加热混匀样品，加入 25 mL 乙醇氨水溶液，涡旋 1 min，50 ℃超声或振摇（速率≥250 r/min）提取 20 min，8000 r/min 离心 5 min，取上清液置于 50 mL 容量瓶中，每次加入 5～10 mL 乙醇氨水溶液重复提取操作至上清液无明显颜色，离心后合并上清液，用乙醇氨水溶液定容至 50 mL，即得提取液。准确吸取提取液 10 mL，50 ℃氮气浓缩至 3 mL 左右，分 2～3 次共加入 10 mL 5%甲醇水溶液溶解，作为待净化液。

③ 含油量较大的试样（可可制品、巧克力和巧克力制品、调制乳粉、调制奶油粉、调制炼乳、膨化食品、加工坚果与籽类、熟制豆类、糕点、熟肉制品、复合调味料和冰淇淋、雪糕等）。

准确称取试样 2 g（精确至 0.001 g），置于 50 mL 具塞离心管中，加入 20 mL 石油醚，涡旋 1 min，超声或振摇（速率≥250 r/min）提取 10 min，8000 r/min 离心 5 min，弃去上清液，油脂含量较高的可重复提取一次，弃去上清液，加入 25 mL 乙醇氨水溶液，涡旋 1 min，50 ℃超声或振摇（速率≥250 r/min）提取 20 min，8000 r/min 离心 5 min（若离心后提取液仍然浑浊，可转入高速离心机专用管，15 000 r/min 离心 5 min），取上清液置于 50 mL 容量瓶中，按照"试样提取"操作。

3）试样净化

① 活化。依次用 6 mL 甲醇和 6 mL 水活化固相萃取柱，保持柱体湿润。

② 上样。活化后立即将提取的待净化液以 2～3 s 1 滴的流速加载到固相萃取柱上。

③ 淋洗。依次用 6 mL 2%甲酸水溶液和 6 mL 甲醇淋洗固相萃取柱，弃去淋洗液，真空抽 2 min 至柱体近干。

④ 洗脱。用 6 mL 2%氨化甲醇溶液洗脱，分两次加入，每次 3 mL，流速低于 2～3 s 1 滴，收集洗脱液，于 50 ℃氮气浓缩至近干，准确加入 2 mL pH 为 9.0 的乙酸铵缓

冲溶液溶解，溶液用针筒过滤器，孔径 0.45 μm 的滤膜过滤，弃去 2～5 滴初滤液，取续滤液作为待测液。

5. 仪器参考条件

（1）色谱柱：C18 柱，4.6 mm×250 mm，5 μm，或同等性能色谱柱。

（2）进样量：10 μL。

（3）柱温：30 ℃。

（4）二极管阵列检测器波长范围：400～800 nm，检测波长：415 nm（柠檬黄、喹啉黄），520 nm（新红、苋菜红、胭脂红、日落黄、诱惑红、酸性红和赤藓红），610 nm（靛蓝、亮蓝）。

（5）参考洗脱梯度见表 3.3.3，其中流动相 A 为 20 mmol/L 乙酸铵溶液，流动相 B 为甲醇。

表 3.3.3 洗脱梯度表

时间/min	V_A	V_B	时间/min	V_A	V_B
0.00	90	10	24.0	5	95
12.0	60	40	33.0	5	95
19.0	50	50	34.0	90	10
22.5	45	55	42.0	90	10

6. 标准曲线的制作

将标准系列工作液分别注入液相色谱仪中，测定相应物质的峰面积，以标准系列工作液中该物质的浓度为横坐标，以该物质峰面积的响应值为纵坐标，绘制标准曲线。11 种标准物质溶液的高效液相色谱图参见图 3.3.12。

7. 试样溶液的测定

将试样溶液注入液相色谱仪中，得到对应的峰面积，根据标准曲线计算得到待测液中的各物质浓度。

8. 分析结果的表述

试样中合成着色剂的含量按下式计算。

$$\omega = \frac{c \times V_1 \times V_2}{V_3 \times m \times 1000}$$

式中，ω——试样中合成着色剂的含量，单位为克每千克（g/kg）；

c——由标准曲线计算得到的待测液中合成着色剂浓度，单位为微克每毫升（μg/mL）；

V_1——样品经净化洗脱后的最终定容体积，单位为毫升（mL）；

V_2——样品提取液体积，单位为毫升（mL）；

V_3——用于净化分取的样品提取液体积，单位为毫升（mL）；

m——试样的取样量，单位为克（g）；

1000——换算系数。

计算结果保留三位有效数字。

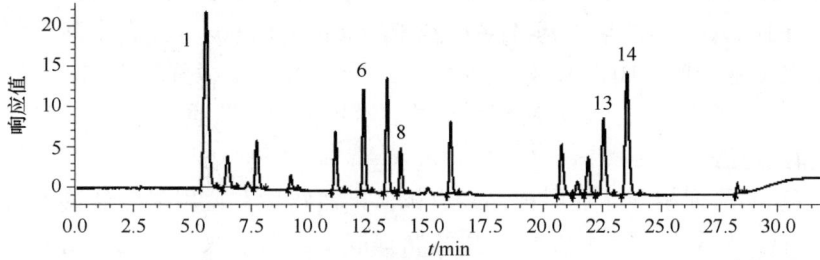

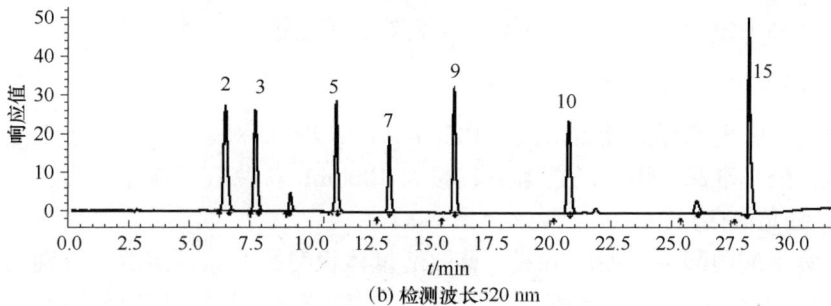

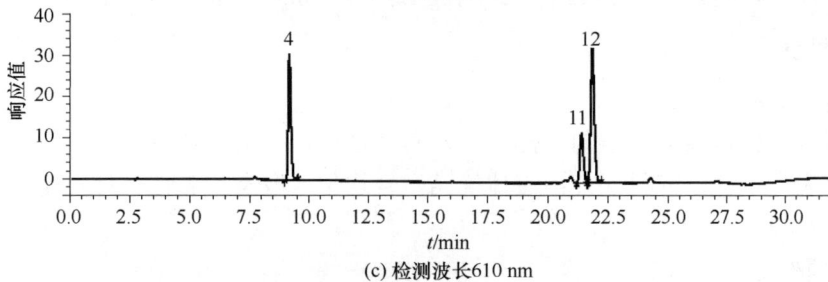

(a) 检测波长 415 nm

(b) 检测波长 520 nm

(c) 检测波长 610 nm

1—柠檬黄；2—新红；3—苋菜红；4—靛蓝；5—胭脂红；6—喹啉黄 1；
7—日落黄；8—喹啉黄 2；9—诱惑红；10—酸性红；11—亮蓝 1；12—亮蓝 2；
13—喹啉黄 3；14—喹啉黄 4；15—赤藓红。

图 3.3.12　11 种合成着色剂标准溶液（10.0 μg/mL）高效液相色谱图

9. 精密度

在重复性条件下获得的两次独立测定结果的绝对差值不得超过算术平均值的 10%。

10. 其他

本方法中，当样品取样量为 2 g，定容体积为 2 mL 时，柠檬黄、新红、胭脂红、日落黄、喹啉黄、赤藓红的检出限均为 0.5 mg/kg，定量限均为 1.5 mg/kg，苋菜红、诱惑红、亮蓝、酸性红、靛蓝的检出限均为 0.3 mg/kg，定量限均为 1.0 mg/kg。

十一、食品中没食子酸丙酯的测定

食品中没食子酸丙酯的测定方法国家标准是《食品安全国家标准 食品中 9 种抗氧化剂的测定》（GB 5009.32—2016），该方法同时测定食品中没食子酸丙酯（PG）、2,4,5-三羟基苯丁酮（THBP）、叔丁基对苯二酚（TBHQ）、去甲二氢愈创木酸（NDGA）、叔丁基对羟基茴香醚（BHA）、2,6-二叔丁基-4-羟甲基苯酚（Ionox-100）、没食子酸辛酯（OG）、2,6-二叔丁基对甲基苯酚（BHT）、没食子酸十二酯（DG）9 种抗氧化剂。

该标准有五种测定方法：高效液相色谱法、液相色谱串联质谱法、气相色谱质谱法、气相色谱法和比色法。

前四种方法的原理相同：油脂样品经有机溶剂溶解后，使用凝胶渗透色谱（GPC）净化；固体类食品样品用正己烷溶解，用乙腈提取，固相萃取柱净化。高效液相色谱法测定，外标法定量。

以下以食品中没食子酸丙酯的测定——高效液相色谱法为例。

1. 标准溶液配制

（1）没食子酸丙酯标准储备溶液（1000 mg/L）：准确称取 0.1 g（精确至 0.1 mg）固体没食子酸丙酯标准品，用乙腈溶解后转移到 100 mL 棕色容量瓶中，用乙腈定容，混匀，0～4 ℃避光保存。

（2）没食子酸丙酯标准使用溶液：移取适量体积的标准储备溶液，分别稀释质量浓度为 20 mg/L、50 mg/L、100 mg/L、200 mg/L 和 400 mg/L 的标准使用溶液。

2. 分析步骤

1）试样制备

固体或半固体样品粉碎混匀，然后用对角线法取四分之二或六分之二，或根据试样情况取有代表性试样，密封保存；液体样品混合均匀，取有代表性试样，密封保存。

2）测定步骤

（1）提取。

固体类样品：称取 1 g 试样（精确至 0.01 g）于 50 mL 离心管中，加入 5 mL 乙腈饱和的正己烷溶液，涡旋 1 min 充分混匀，浸泡 10 min。加入 5 mL 饱和氯化钠溶液，再加入 5 mL 正己烷饱和的乙腈溶液，涡旋 2 min，3000 r/min 离心 5 min，收集乙腈层于试管中，再重复使用 5 mL 正己烷饱和的乙腈溶液提取 2 次，合并 3 次提取液，加 0.1%甲酸溶液调节 pH 为 4，待净化。同时做空白试验。

油类：称取 1 g 试样（精确至 0.01 g）于 50 mL 离心管中，加入 5 mL 乙腈饱和的正己烷溶液溶解样品，涡旋 1 min，静置 10 min，再加入 5 mL 正己烷饱和的乙腈溶液，涡旋提取 2 min，3000 r/min 离心 5 min，收集乙腈层于试管中，再重复使用 5 mL 正己烷饱和的乙腈溶液提取 2 次，合并 3 次提取液，待净化。同时做空白试验。

（2）净化。

在 C_{18} 固相萃取柱中装入约 2 g 的无水硫酸钠，用 5 mL 甲醇活化萃取柱，再以 5 mL 乙腈平衡萃取柱，弃去流出液。将所有提取液（1）倾入柱中，弃去流出液，再以 5 mL

乙腈和甲醇的混合溶液洗脱，收集所有洗脱液于试管中，40 ℃下旋转蒸发至干，加 2 mL 乙腈定容，过 0.22 μm 有机系滤膜，供液相色谱测定。

凝胶渗透色谱法（纯油类样品可选）：称取 10 g 样品（精确至 0.01 g）于 100 mL 容量瓶中，以乙酸乙酯和环己烷混合溶液定容至刻度，作为母液；取 5 mL 母液于 10 mL 容量瓶中，以乙酸乙酯和环己烷混合溶液定容至刻度，待净化。

取 10 mL 待测液加入凝胶渗透色谱（GPC）进样管中，使用 GPC 净化，收集流出液，40 ℃下旋转蒸发至干，加 2 mL 乙腈定容，过 0.22 μm 有机系滤膜，供液相色谱测定。同时做空白试验。

3. 液相色谱参考条件

（1）色谱柱：C_{18}柱，柱长 250 mm，内径 4.6 mm，粒径 5 μm，或等效色谱柱；

（2）流动相 A：0.5%甲酸水溶液；流动相 B：甲醇。

（3）洗脱梯度：0～5 min 流动相（A）50%；5～15 min 流动相（A）从 50%降至 20%；15～20 min 流动相（A）20%；20～25 min 流动相（A）从 20%降至 10%；25～27 min 流动相（A）从 10%增至 50%；27～30 min 流动相（A）50%。

（4）柱温：35 ℃；

（5）进样量：5 μL；

（6）检测波长：280 nm。

4. 结果计算

用标准曲线法定量，检测结果保留三位有效数字。

精密度：相对相差≤10%。

50 mg/L 抗氧化剂标准溶液液相色谱图，如图 3.3.13 所示。

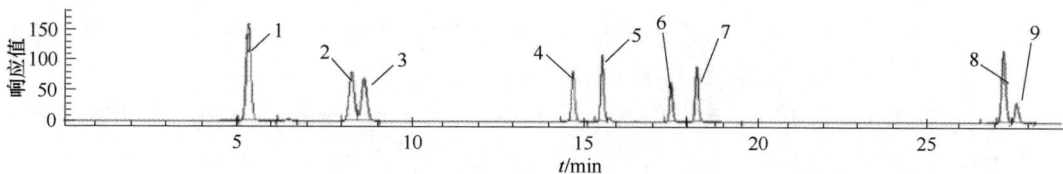

1—PG；2—THBP；3—TBHQ；4—NDGA；5—BHA；6—Ionox-100；7—OG；8—BHT；9—DG。

图 3.3.13　50 mg/L 抗氧化剂标准溶液液相色谱图

十二、食品中黄曲霉毒素 B_1 的测定

食品中黄曲霉毒素 B_1 的测定的国家标准是《食品安全国家标准　食品中黄曲霉毒素 B 族和 G 族的测定》（GB 5009.22—2016）。该标准规定了五种检测方法，分别是第一法：同位素稀释液相色谱-串联质谱法；第二法：高效液相色谱-柱前衍生法；第三法：高效液相色谱-柱后衍生法；第四法：酶联免疫吸附筛查法；第五法：薄层色谱法。

第一法、第二法和第三法适用于谷物及其制品、豆类及其制品、坚果及籽类、油脂及其制品、调味品、婴幼儿配方食品和婴幼儿辅助食品中 AFT B_1、AFT B_2、AFT G_1 和 AFT G_2 的测定。

第四法适用于谷物及其制品、豆类及其制品、坚果及籽类、油脂及其制品、调味品、婴幼儿配方食品和婴幼儿辅助食品中 AFT B_1 的测定。

第五法适用于谷物及其制品、豆类及其制品、坚果及籽类、油脂及其制品、调味品中 AFT B_1 的测定。

为快速检测黄曲霉素 B_1 的污染情况，国家粮食局发布了《粮油检验　谷物中黄曲霉毒素 B_1 的快速测定　免疫层析法》（LS/T 6108—2014）和《粮油检验　粮食中黄曲霉毒素 B_1 测定　胶体金快速定量法》（LS/T 6111—2015）等快速检测方法。

本章主要介绍第三法：高效液相色谱-柱后衍生法和《粮油检验　粮食中黄曲霉毒素 B_1 测定　胶体金快速定量法》（LS/T 6111—2015）。

（一）高效液相色谱-柱后衍生法

1. 原理

试样中的黄曲霉毒素 B_1，用乙腈-水溶液或甲醇-水溶液的混合溶液提取，提取液经免疫亲和柱净化和富集，净化液浓缩、定容和过滤后经液相色谱分离，柱后衍生（碘或溴试剂衍生、光化学衍生、电化学衍生等），经荧光检测器检测，外标法定量。

2. 试剂配制

（1）乙腈-水溶液（84＋16）：取 840 mL 乙腈加入 160 mL 水。

（2）甲醇-水溶液（70＋30）：取 700 mL 甲醇加入 300 mL 水。

（3）乙腈-水溶液（50＋50）：取 500 mL 乙腈加入 500 mL 水。

（4）乙腈-水溶液（10＋90）：取 100 mL 乙腈加入 900 mL 水。

（5）乙腈-甲醇溶液（50＋50）：取 500 mL 乙腈加入 500 mL 甲醇。

（6）磷酸盐缓冲溶液（以下简称 PBS）：称取 8.00 g 氯化钠、1.20 g 磷酸氢二钠（或 2.92 g 十二水磷酸氢二钠）、0.20 g 磷酸二氢钾、0.20 g 氯化钾，用 900 mL 水溶解，用盐酸调节 pH 至 7.4，用水定容至 1000 mL。

（7）1% Triton X-100（或吐温-20）的 PBS：取 10 mL Triton X-100，用 PBS 定容至 1000 mL。

（8）0.05%碘溶液：称取 0.1 g 碘，用 20 mL 甲醇溶解，加水定容至 200 mL，用 0.45 μm 的滤膜过滤，现配现用（仅碘柱后衍生法使用）。

（9）5 mg/L 三溴化吡啶水溶液：称取 5 mg 三溴化吡啶溶于 1 L 水中，用 0.45 μm 的滤膜过滤，现配现用（仅溴柱后衍生法使用）。

（10）标准溶液配制

① 标准储备溶液（10 μg/mL）：称取 AFT B_1 1 mg（精确至 0.01 mg），用乙腈溶解并定容至 100 mL。此溶液浓度约为 10 μg/mL。溶液转移至试剂瓶中后，在 −20 ℃ 下避光保存，备用。临用前进行质量浓度校准。

② 标准工作液（30 ng/mL）：准确移取 AFT B_1 标准储备溶液 1 mL 至 100 mL 容量瓶中，乙腈定容。密封后避光 −20 ℃ 下保存，三个月内有效。

③ 标准系列工作溶液：准确移取标准工作液 10 μL、50 μL、200 μL、500 μL、1000 μL、

2000 μL、4000 μL 至 10 mL 容量瓶中，用初始流动相定容至刻度（含 AFT B_1 质量浓度为 0.1 ng/mL、0.5 ng/mL、2.0 ng/mL、5.0 ng/mL、10.0 ng/mL、20.0 ng/mL、40.0 ng/mL 的系列标准溶液）。

3. 仪器和设备

（1）匀浆机。

（2）高速粉碎机。

（3）组织捣碎机。

（4）超声波/涡旋振荡器或摇床。

（5）天平：感量 0.01 g 和 0.000 01 g。

（6）涡旋混合器。

（7）高速均质器：转速 6500～24 000 r/min。

（8）离心机：转速≥6000 r/min。

（9）玻璃纤维滤纸：快速、高载量、液体中颗粒保留 1.6 μm。

（10）固相萃取装置（带真空泵）。

（11）氮吹仪。

（12）液相色谱仪：配荧光检测器（带一般体积流动池或者大体积流通池）。

注：当带大体积流通池时不需要再使用任何型号或任何方式的柱后衍生器。

（13）光化学柱后衍生器（适用于光化学柱后衍生法）。

（14）溶剂柱后衍生装置（适用于碘或溴试剂衍生法）。

（15）电化学柱后衍生器（适用于电化学柱后衍生法）。

（16）免疫亲和柱：AFT B_1 柱容量≥200 ng，AFT B_1 柱回收率≥80%。

注：对于每个批次的亲和柱使用前需质量验证。

（17）黄曲霉毒素固相净化柱或功能相当的固相萃取柱（以下简称净化柱）：对复杂基质样品测定时使用。

（18）一次性微孔滤头：带 0.22 μm 微孔滤膜（所选用滤膜应采用标准溶液检验确认无吸附现象，方可使用）。

（19）筛网：1～2 mm 试验筛孔径。

4. 分析步骤

使用不同厂商的免疫亲和柱，在样品的上样、淋洗和洗脱的操作方面可能略有不同，应该按照供应商所提供的操作说明书要求进行操作。

注意：整个分析操作过程应在指定区域内进行。该区域应避光（直射阳光）、具备相对独立的操作台和废弃物存放装置。在整个实验过程中，操作者应按照接触剧毒物的要求采取相应的保护措施。

1）样品制备

（1）液体样品（植物油、酱油、醋等）。采样量需大于 1 L，对于袋装、瓶装等包装样品需至少采集 3 个包装（同一批次或货号），将所有液体样品在一个容器中用匀浆机混匀后，其中任意的 100 g（mL）样品进行检测。

（2）固体样品（谷物及其制品、坚果及籽类、婴幼儿谷类辅助食品等）。采样量需大于 1 kg，用高速粉碎机将其粉碎，过筛，使其粒径小于 2 mm 孔径试验筛，混合均匀后缩分至 100 g，储存于样品瓶中，密封保存，供检测用。

（3）半流体（腐乳、豆豉等）。采样量需大于 1 kg（L），对于袋装、瓶装等包装样品需至少采集 3 个包装（同一批次或号），用组织捣碎机捣碎混匀后，储存于样品瓶中，密封保存，供检测用。

2）样品提取

（1）液体样品。

植物油脂。称取 5 g 试样（精确至 0.01 g）于 50 mL 离心管中，加入 20 mL 乙腈-水溶液（84＋16）或甲醇-水溶液（70＋30），涡旋混匀，置于超声波/涡旋振荡器或摇床中振荡 20 min（或用均质器均质 3 min），在 6000 r/min 下离心 10 min，取上清液备用。

酱油、醋。称取 5 g 试样（精确至 0.01 g）于 50 mL 离心管中，用乙腈或甲醇定容至 25 mL（精确至 0.1 mL），涡旋混匀，置于超声波/涡旋振荡器或摇床中振荡 20 min（或用均质器均质 3 min），在 6000 r/min 下离心 10 min（或均质后玻璃纤维滤纸过滤），取上清液备用。

（2）固体样品。

一般固体样品。称取 5 g 试样（精确至 0.01 g）于 50 mL 离心管中，加入 20.0 mL 乙腈-水溶液（84＋16）或甲醇-水溶液（70＋30），涡旋混匀，置于超声波/涡旋振荡器或摇床中振荡 20 min（或用均质器均质 3 min），在 6000 r/min 下离心 10 min（或均质后玻璃纤维滤纸过滤），取上清液备用。

婴幼儿配方食品和婴幼儿辅助食品。称取 5 g 试样（精确至 0.01 g）于 50 mL 离心管中，加入 20.0 mL 乙腈-水溶液（50＋50）或甲醇-水溶液（70＋30），涡旋混匀，置于超声波/涡旋振荡器或摇床中振荡 20 min（或用均质器均质 3 min），在 6000 r/min 下离心 10 min（或均质后玻璃纤维滤纸过滤），取上清液备用。

（3）半流体样品。

称取 5 g 试样（精确至 0.01 g）于 50 mL 离心管中，加入 20.0 mL 乙腈-水溶液（84＋16）或甲醇-水溶液（70＋30），置于超声波/涡旋振荡器或摇床中振荡 20 min（或用均质器均质 3 min）在 6000 r/min 下离心 10 min（或均质后玻璃纤维滤纸过滤），取上清液备用。

3）样品净化

（1）免疫亲和柱净化

上样液的准备。准确移取 4 mL 上述上清液，加入 46 mL 1% Triton X-100（或吐温-20）的 PBS（使用甲醇-水溶液提取时可减半加入），混匀。

（2）免疫亲和柱的准备。将低温下保存的免疫亲和柱恢复至室温。

（3）试样的净化。免疫亲和柱内的液体放弃后，将上述样液移至 50 mL 注射器筒中，调节下滴速度，控制样液以 1～3 mL/min 的速度稳定下滴。待样液滴完后，往注射器筒内加入 2×10 mL 水，以稳定流速淋洗免疫亲和柱。待水滴完后，用真空泵抽干亲和柱。脱离真空系统，在亲和柱下部放置 10 mL 刻度试管，取下 50 mL 的注射器筒，2×1 mL 甲醇洗脱亲和柱，控制 1～3 mL/min 的速度下滴，再用真空泵抽干亲和柱，收集全部洗脱液至试管中。在 50 ℃下用氮气缓缓地将洗脱液吹至近干，用初始流动相定容至 1.0 mL，涡旋 30 s 溶解残留物，0.22 μm 滤膜过滤，收集滤液于进样瓶中以备进样。

（4）黄曲霉毒素固相净化柱和免疫亲和柱同时使用（对花椒、胡椒和辣椒等复杂基质）

净化柱净化：移取适量上清液，按净化柱操作说明进行净化，收集全部净化液。

免疫亲和柱净化：用刻度移液管准确吸取上部净化液 4 mL，加入 46 mL 1% Triton X-100（或吐温-20）的 PBS（使用甲醇-水溶液提取时可减半加入），混匀。

注：全自动（在线）或半自动（离线）的固相萃取仪器可优化操作参数后使用。

4）液相色谱参考条件

（1）无衍生器法（大流通池直接检测），液相色谱参考条件列出如下：

① 流动相：A 相，水；B 相，乙腈-甲醇（50＋50）；

② 等梯度洗脱条件：A，65%；B，35%；

③ 色谱柱：C_{18} 柱（柱长 100 mm，柱内径 2.1 mm，填料粒径 1.7 μm），或相当者；

④ 流速：0.3 mL/min；

⑤ 柱温：40 ℃；

⑥ 进样量：10 μL；

⑦ 波长：激发波长为 365 nm，发射波长为 436 nm（AFT B_1）。

（2）柱后光化学衍生法，液相色谱参考条件列出如下：

① 流动相：A 相，水；B 相，乙腈-甲醇（50＋50）；

② 等梯度洗脱条件：A，68%；B，32%；

③ 色谱柱：C_{18} 柱（柱长 150 mm 或 250 mm，柱内径 4.6 mm，填料粒径 5 μm），或相当者；

④ 流速：1.0 mL/min；

⑤ 柱温：40 ℃；

⑥ 进样量：50 μL；

⑦ 光化学柱后衍生器；

⑧ 波长：激发波长为 360 nm，发射波长为 440 nm。

柱后衍生法还包括：柱后碘或溴试剂衍生法，柱后电化学衍生法，可以根据实验室条件进行选择。

5）样品测定

（1）标准曲线的制作。系列标准工作溶液由低到高质量浓度依次进样检测，以峰面积为纵坐标、质量浓度为横坐标作图，得到标准曲线回归方程。

（2）试样溶液的测定。待测样液中待测化合物的响应值应在标准曲线线性范围内，质量浓度超过线性范围的样品则应稀释后重新进样分析。

（3）空白实验。不称取试样，按 3）样品净化、4）液相色谱参考条件的步骤做空白实验。应确认不含有干扰待测组分的物质。

5. 分析结果的表述

试样中 AFT B_1 的残留量按下式计算：

$$\omega = \frac{\rho \times V_1 \times V_3 \times 1000}{V_2 \times m \times 1000}$$

式中，ω——试样中 AFT B_1 的含量，单位为微克每千克（μg/kg）；

$\quad\quad\rho$——进样溶液中 AFT B_1 按照外标法在标准曲线中对应的质量浓度，单位为纳克
每毫升（ng/mL）；

$\quad\quad V_1$——试样提取液体积（植物油脂、固体、半固体按加入的提取液体积；酱油、
醋按定容总体积），单位为毫升（mL）；

$\quad\quad V_2$——用于免疫亲和柱的分取样品体积，单位为毫升（mL）；

$\quad\quad V_3$——样品经免疫亲和柱净化洗脱后的最终定容体积，单位为毫升（mL）；

$\quad\quad 1000$——换算系数；

$\quad\quad m$——试样的称样量，单位为克（g）。

计算结果保留三位有效数字。

6. 精密度

在重复性条件下获得的两次独立测定结果的绝对差值不得超过算术平均值的 20%。

7. 其他

当称取样品 5 g 时，柱后光化学衍生法、柱后溴衍生法、柱后碘衍生法、柱后电化
学衍生法的 AFT B_1 的方法检出限为 0.03 μg/kg；无衍生器法的 AFT B_1 的检出限为
0.02 μg/kg。

柱后光化学衍生法、柱后溴衍生法、柱后碘衍生法、柱后电化学衍生法：AFT B_1 的
定量限为 0.1 μg/kg，无衍生器法：AFT B_1 的定量限为 0.05 μg/kg。

四种黄曲霉毒素大流通池检测色谱图（双波长检测），如图 3.3.14 所示；四种黄曲霉
毒素柱后电化学衍生色谱图，如图 3.3.15 所示。

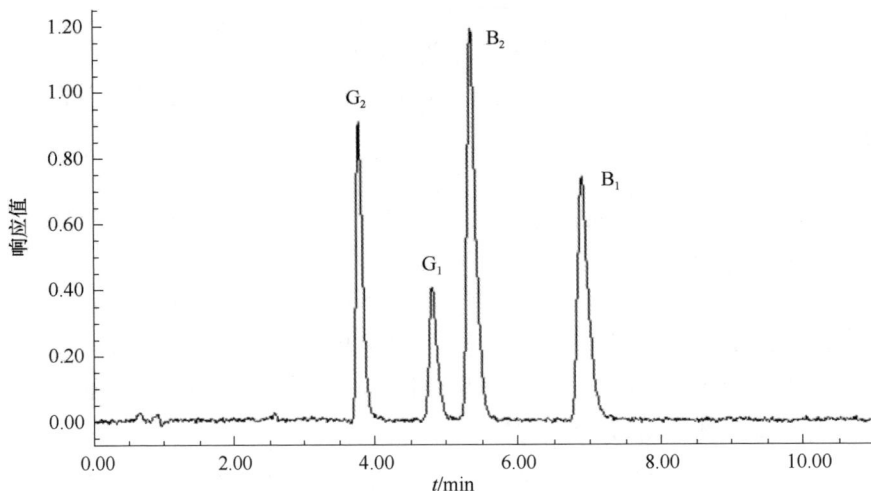

图 3.3.14　四种黄曲霉毒素大流通池检测色谱图（双波长检测）（2 ng/mL 标准溶液）

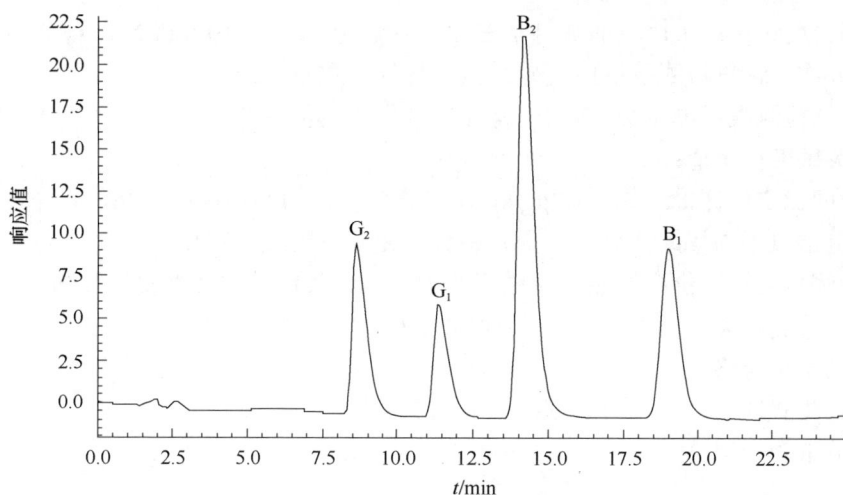

图 3.3.15 四种黄曲霉毒素柱后电化学衍生色谱图（5 ng/mL 标准溶液）

（二）胶体金快速定量法

1. 原理

试样提取液中黄曲霉毒素 B_1 与检测条中胶体金微粒发生显色反应，颜色深浅与试样中黄曲霉毒素 B_1 含量相关。用读数仪测定检测条上检测线和质控线颜色深浅，根据颜色深浅和读数仪内置曲线自动计算出试样中黄曲霉毒素 B_1 含量。

本方法适用于小麦、大米和玉米等谷物中黄曲霉毒素 B_1 的快速定量筛查，方法检测限为 2 μg/kg。

2. 试剂

（1）稀释缓冲液：由胶体金检测条配套提供，或根据产品说明配制。

（2）提取液：甲醇溶液（70%）。

3. 仪器设备

（1）天平。分度值 0.01 g。

（2）小型粉碎机。粉碎粒度能够全部通过 20 目筛。

（3）离心机。不低于 4000 r/min。

（4）涡旋振荡器。

（5）孵育器。可调节时间、温度（±1 ℃）。

（6）读数仪。

（7）黄曲霉毒素 B_1 胶体金快速定量检测条，应符合相关技术要求。黄曲霉毒素 B_1 胶体金快速定量检测产品性能按下列要求进行评价：

① 准确性评价：采用 2 μg/kg、10 μg/kg 和 40 μg/kg 三个浓度水平的实物标准样品，每个浓度水平测定不低于 6 次，计算检测条检测结果与实物标准品的偏差，3 个浓度水平的偏差均应控制在 −20%～+20%；

② 精密度评价：采用黄曲霉毒素 B_1 的实物标准样品（10 μg/kg），每个含量水平测定不低于 6 次，计算检测条批内变异系数，变异系数应≤25%；

③ 方法检测限：测定 20 份阴性样品，计算平均值加 3 倍标准差，其结果应小于或等于产品灵敏度标示值；

④ 批间稳定性评价：采用 10 μg/kg 左右含量水平的实物标准样品，不得低于 6 个批次，批内测定取平均值，计算批间变异系数，变异系数应≤20%；

⑤ 检测条质控评价：按照产品说明要求，检测条自带的阴性质控和阳性质控样品，阴性质控的检测结果应小于 2 μg/kg，阳性质控样品的检测结果应在 12～28 μg/kg 范围内，表明检测条质量合格。

（8）针头式滤器。滤膜材质规格为 RC15，孔径 0.45 μm。

（9）滤纸。采用 Whatman 2V（或等效）滤纸。

4. 样品制备

1）扦样与分样

按照《粮食、油料检验 扦样、分样法》（GB/T 5491—1985）执行。

2）样品处理

取有代表性的样品 500 g，粉碎，过 20 目筛，混匀。

准确称取 10.00 g 样品于具塞锥形瓶中，加入 20.0 mL 70%甲醇溶液，密闭，用涡旋振荡器振荡 1～2 min，静置后用滤纸过滤，或取 1～1.5 mL 混合液于离心管中，用离心机（4000 r/ min）离心 1 min，取滤液或离心后上清液 100 μL 于另一离心管中，加入 1.0 mL 稀释缓冲液，充分混匀后即为待测溶液。如样品为小麦，需将稀释后的混合提取液用针头式滤器过滤，滤液供测试。

不同生产厂家的黄曲霉毒素 B_1 胶体金快速定量检测条所用的样品处理方法可能不同，应按产品使用说明中规定的方法进行操作。

5. 样品测定

（1）将胶体金检测条从冷藏（2～8 ℃）取出放置至室温。将孵育温度预热至 45 ℃，将检测条平放于孵育器凹槽中，打开加样孔。

（2）准确移取 300 μL 待测溶液，加入检测条加样孔中，关闭加样孔及孵育器。

（3）孵育 5 min 后，取出检测条观察 C 线（质控线）和 T 线（检测线）显色情况，若出现下述情况，视为无效检测。

① C 线（质控线）不出现。

② C 线弥散或严重不均匀。

③ C 线出现，但 T_1 或 T_2 线（检测线）严重不均匀。

检测条在每次检测时必须出现质控色带，孵育时间不能过久（如超过 7 min）。

（4）选取读数仪的黄曲霉毒素 B_1 检测频道并设定基质为 00（MATRIX 00），开始样品测定，测定需在 2 min 内完成。读数仪自动显示样品中黄曲霉毒素 B_1 的含量。若读数仪显示"+30^{ppb}"，需移取 300 μL 稀释提取液于离心管，加入 1.0 mL 稀释缓冲液后混匀重新测定，基质设定为 01（MATRIX 01）。

不同生产厂家的孵育器和读数仪的使用方法可能有所不同，应按产品使用说明的规定方法进行操作。

6. 结果表述

试样中黄曲霉毒素 B_1 含量由读数仪自动计算并显示，单位为微克每千克（μg/kg）。

7. 重复性

在同一实验室，由同一操作者使用相同仪器，按相同的测定方法，对同一被测试对象进行相互独立测试的两次独立测试结果的绝对差值大于算术平均值 20% 的情况不超过 5%。

十三、食品中脱氧雪腐镰刀菌烯醇及其乙酰化衍生物的测定

食品中脱氧雪腐镰刀菌烯醇及其乙酰化衍生物的测定方法依据的标准是《食品安全国家标准 食品中脱氧雪腐镰刀菌烯醇及其乙酰化衍生物的测定》（GB 5009.111—2016）。该标准有三种检测方法。

第一法为同位素稀释液相色谱-串联质谱法，适用于谷物及其制品、酒类、酱油、醋、酱及酱制品中脱氧雪腐镰刀菌烯醇、3-乙酰脱氧雪腐镰刀菌烯醇和 15-乙酰脱氧雪腐镰刀菌烯醇的测定。

第二法为免疫亲和层析净化高效液相色谱法，适用于谷物及其制品、酒类、酱油、醋、酱及酱制品中脱氧雪腐镰刀菌烯醇的测定。

第三法为薄层色谱测定法，第四法为酶联免疫吸附筛查法，适用于谷物及其制品中脱氧雪腐镰刀菌烯醇的测定。

目前使用比较普遍的是第二法，下面进行介绍。

1. 原理

试样中的脱氧雪腐镰刀菌烯醇用水提取，经免疫亲和柱净化后，用高效液相色谱-紫外检测器测定，外标法定量。

2. 试剂

1）试剂配制

（1）磷酸盐缓冲溶液（以下简称 PBS）：称取 8.00 g 氯化钠、1.20 g 磷酸氢二钠、0.20 g 磷酸二氢钾、0.20 g 氯化钾，用 900 mL 水溶解，用盐酸调节 pH 至 7.0，用水定容至 1000 mL。

（2）甲醇-水溶液（20＋80）：量取 200 mL 甲醇加入到 800 mL 水中，混匀。

（3）乙腈-水溶液（10＋90）：量取 100 mL 乙腈加入到 900 mL 水中，混匀。

2）标准品

脱氧雪腐镰刀菌烯醇（$C_{15}H_{20}O_6$，CAS 号：51481-10-8）：纯度≥99%，或经国家认证并授予标准物质证书的标准物质。

3）标准溶液配制

（1）标准储备溶液（100 μg/mL）：称取脱氧雪腐镰刀菌烯醇 1 mg（准确至 0.01 mg），用乙腈溶解并定容至 10 mL。将溶液转移至试剂瓶中，在 −20 ℃ 下密封保存，有效期 1 年。

（2）标准系列工作溶液：准确移取适量脱氧雪腐镰刀菌烯醇标准储备溶液用初始流动相稀释，配制成 100 ng/mL、200 ng/mL、500 ng/mL、1000 ng/mL、2000 ng/mL、5000 ng/mL 的标准系列工作液，4 ℃保存，有效期 7 d。

3. 仪器和设备

（1）高效液相色谱仪：配有紫外检测器或二极管阵列检测器。

（2）电子天平：感量 0.01 g 和 0.000 01 g。

（3）高速粉碎机：转速 10 000 r/min。

（4）筛网：1～2 mm 孔径。

（5）超声波/涡旋振荡器或摇床。

（6）氮吹仪。

（7）高速离心机：转速≥12 000 r/min。

（8）移液器：量程 10～100 μL 和 100～1000 μL。

（9）脱氧雪腐镰刀菌烯醇免疫亲和柱：柱容量≥1000 ng。

注：对于不同批次的亲和柱在使用前需质量验证。

（10）玻璃纤维滤纸：直径 11 cm，孔径 1.5 μm。

（11）水相微孔滤膜：0.45 μm。

（12）聚丙烯刻度离心管：具塞，50 mL。

（13）玻璃注射器：10 mL。

（14）空气压力泵。

4. 分析步骤

使用不同厂商的免疫亲和柱，在试样上样、淋洗和洗脱的操作方面可能略有不同，应该按照说明书要求进行操作。

1）试样制备

（1）谷物及其制品：取至少 1 kg 样品，用高速粉碎机将其粉碎、过筛，使其粒径小于 0.5～1 mm 孔径试验筛，混合均匀后缩分至 100 g，储存于样品瓶中，密封保存，供检测用。

（2）酒类：取散装酒至少 1 L，对于袋装、瓶装等包装样品至少取 3 个包装（同一批次或号），将所有液体试样在一个容器中用均质机混匀后，缩分至 100 g（mL）储存于样品瓶中，密封保存，供检测用。含二氧化碳的酒类样品使用前应先置于 4 ℃冰箱冷藏 30 min，过滤或超声脱气后方可使用。

（3）酱油、醋、酱及酱制品：取至少 1 L 样品，对于袋装、瓶装等包装样品至少取 3 个包装（同一批次或号），将所有液体样品在一个容器中用匀浆机混匀后，缩分至 100 g（mL）储存于样品瓶中，密封保存，供检测用。

2）试样提取

（1）谷物及其制品：称取 25 g（准确到 0.1 g）磨碎的试样于 100 mL 具塞锥形瓶中加入 5 g 聚乙二醇，加水 100 mL，混匀，置于超声波/涡旋振荡器或摇床中超声或振荡 20 min。以玻璃纤维滤纸过滤至滤液澄清（或 6000 r/min 下离心 10 min），收集滤液 A 于干净的容器中。10 000 r/min 离心 5 min。

（2）酒类：取酒样 20 g（准确到 0.1 g），加入 1 g 聚乙二醇，用水定容至 25.0 mL，混匀，置于超声波/涡旋振荡器或摇床中超声或振荡 20 min。用玻璃纤维滤纸过滤至滤液澄清（或 6000 r/min 下离心 10 min），收集滤液 B 于干净的容器中。

3）净化

事先将低温下保存的免疫亲和柱恢复至室温。待免疫亲和柱内原有液体流尽后，将上述样液移至玻璃注射器筒中，准确移取上述滤液 A 或滤液 B 2.0 mL，注入玻璃注射器中。将空气压力泵与玻璃注射器相连接，调节下滴速度，控制样液以每秒 1 滴的流速通过免疫亲和柱，直至空气进入亲和柱中。用 5 mL PBS 缓冲盐溶液和 5 mL 水先后淋洗免疫亲和柱，流速为每秒 1~2 滴，直至空气进入亲和柱中，弃去全部流出液，抽干小柱。

4）洗脱

准确加入 2 mL 甲醇洗脱亲和柱，控制每秒 1 滴的下滴速度，收集全部洗脱液至试管中，在 50 ℃下用氮气缓缓地将洗脱液吹至近干，加入 1.0 mL 初始流动相，涡旋 30 s 溶解残留物，0.45 μm 滤膜过滤，收集滤液于进样瓶中以备进样。

5. 液相色谱参考条件

液相色谱参考条件列出如下：

（1）液相色谱柱：C_{18} 柱（柱长 150 mm，柱内径 4.6 mm；填料粒径 5 μm）或相当者；

（2）流动相：甲醇＋水（20＋80）；

（3）流速：0.8 mL/min；

（4）柱温：35 ℃；

（5）进样量：50 μL；

（6）检测波长：218 nm。

6. 定量测定

1）标准曲线的制作

以脱氧雪腐镰刀菌烯醇标准工作液质量浓度为横坐标，以峰面积积分值为纵坐标，将系列标准溶液由低到高质量浓度依次进样检测，得到标准曲线回归方程。

2）试样溶液的测定

试样液中待测物的响应值应在标准曲线线性范围内，超过线性范围则应适当减少称样量，重新进行处理后再进样分析。

7. 空白试验

除不称取试样外，按操作步骤做空白试验。确认不含有干扰待测组分的物质。

8. 分析结果的表述

试样中脱氧雪腐镰刀菌烯醇的含量按下式计算：

$$\omega = \frac{(\rho_1 - \rho_0) \times V \times f \times 1000}{m \times 1000}$$

式中，ω——试样中脱氧雪腐镰刀菌烯醇的含量，单位为微克每千克（μg/kg）；

ρ_1——试样中脱氧雪腐镰刀菌烯醇的质量浓度，单位纳克每毫升（ng/mL）；

ρ_0——空白试样中脱氧雪腐镰刀菌烯醇的质量浓度，单位纳克每毫升（ng/mL）；

V——样品洗脱液的最终定容体积，单位毫升（mL）；

f——样液稀释因子；

1000——换算系数；

m——试样的称样量，单位克（g）。

计算结果保留三位有效数字。

9. 精密度

在重复性条件下获得的两次独立测定结果的绝对差值不得超过算术平均值的 23%。

10. 其他

当称取谷物及其制品、酱油、醋、酱及酱制品试样 25 g 时，脱氧雪腐镰刀菌烯醇的方法检出限为 100 μg/kg，方法定量限为 200 μg/kg；当称取酒类试样 20 g 时，脱氧雪腐镰刀菌烯醇的方法检出限为 50 μg/kg，方法定量限为 100 μg/kg。

脱氧雪腐镰刀菌烯醇标准溶液高效液相色谱图如图 3.3.16 所示。

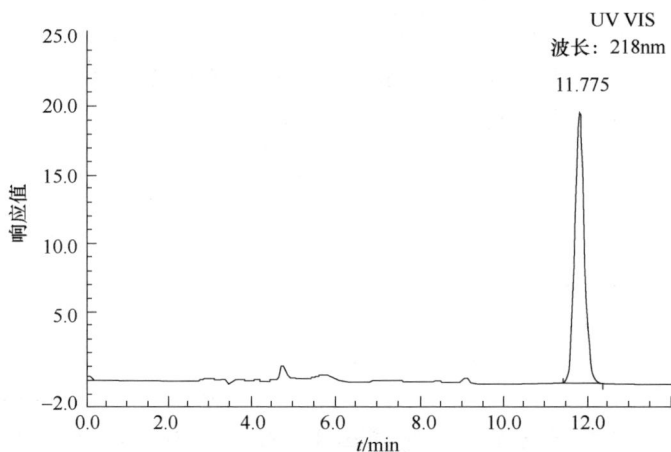

图 3.3.16　脱氧雪腐镰刀菌烯醇标准溶液高效液相色谱图

十四、液相色谱分析常见问题及解决方法

1. 基线漂移

（1）柱温波动。即使是很小的温度变化都会引起基线的波动。通常影响示差检测器、电导检测器、较低灵敏度的紫外检测器或其他光电类检测器。控制好柱子和流动相的温度，在检测器之前使用热交换器。

（2）流动相不均匀。流动相条件变化引起的基线漂移大于温度导致的漂移。使用 HPLC 级的溶剂，高纯度的盐和添加剂。流动相在使用前进行脱气，使用中使用在线脱气或氦气脱气。

（3）流通池被污染或有气体。用甲醇或其他强极性溶剂冲洗流通池。如有需要，可以用 1 mol/L 的硝酸溶液，不要用盐酸。

（4）检测器出口阻塞。高压造成流通池窗口破裂，产生噪声基线。取出阻塞物或更换管子。参考检测器手册更换流通池窗。

（5）流动相配比不当或流速变化。

更改配比或流速。为避免这个问题，可定期检查流动相组成及流速。

（6）柱平衡慢，特别是流动相发生变化时。用中等强度的溶剂进行冲洗，更改流动相时，在分析前用 10～20 倍体积的新流动相对柱子进行冲洗。使用离子对试剂、缓冲盐更应注意平衡柱。

（7）流动相污染、变质或由低品质溶剂配成。检查流动相的组成，使用高品质的化学试剂及 HPLC 级的溶剂。

（8）样品中有强保留的物质（高 K'值）以馒头峰样被洗脱出，从而表现出一个逐步升高的基线。

改变分析条件。使用保护柱，如有必要，在进样之间或在分析过程中，定期用强溶剂冲洗柱子。

（9）检测器没有设定在最大吸收波长处。将波长调整至最大吸收波长处。重选检测波长。

2. 保留时间有时发生漂移

（1）温度控制不好，如空调出风口直吹检测器。采用恒温装置，保持柱温恒定。

（2）流动相发生变化。防止流动相发生蒸发、反应等。使用 HPLC 级的溶剂，高纯度的盐和添加剂。流动相在使用前进行脱气，使用中使用在线脱气或氦气脱气。

（3）柱子未平衡好。对柱子进行更长时间的平衡。

3. 基线噪声

（1）气泡（尖锐峰）。流动相脱气，加柱后背压。

（2）污染（随机噪声）。清洗柱，净化样品用 HPLC 级试剂。

（3）检测器灯连续噪声。更换氘灯。

（4）电干扰（偶然噪声）。采用稳压电源，检查干扰的来源（如水浴、超声波清洗机等）。

（5）检测器中有气泡。流动相脱气，加柱后背压。

4. 峰拖尾

（1）柱超载。降低样品量，增加柱直径，采用较高容量的固定相。

（2）峰干扰。净化样品，调整流动相。

（3）硅羟基作用。加三乙胺，用碱性钝化柱，增加缓冲液或盐的浓度，降低流动相 pH 值，钝化样品。

（4）柱内烧结不锈钢失效。更换烧结不锈钢，加在线过滤器过滤样品。

（5）柱塌陷或形成短路通道。更换色谱柱，采用较弱腐蚀性条件。

（6）柱效下降。用较低腐蚀条件，更换柱，采用保护柱。

（7）筛板堵塞或柱失效。反向冲洗柱子，替换筛板或更换柱子。

5. 灵敏度下降

（1）样品量不足，解决办法为增加样品量。

（2）样品未从柱子中流出。可根据样品的化学性质改变流动相或柱子。

（3）样品与检测器不匹配。根据样品化学性质调整波长或改换检测器。

（4）检测器衰减太多。调整衰减即可。

（5）检测器时间常数太大。解决办法为降低时间参数。

（6）检测器池窗污染。解决办法为清洗池窗。

（7）检测池中有气泡。解决办法为排气。

（8）记录仪测压范围不当。调整电压范围即可。

（9）流动相流量不合适。调整流速即可。

6. 柱压不稳定

（1）泵内有空气，解决的办法是清除泵内空气，对溶剂进行脱气处理。

（2）比例阀失效，更换比例阀即可。

（3）泵密封垫损坏，更换密封垫即可。

（4）溶剂中有气泡，解决的办法是对溶剂脱气，必要时改变脱气方法。

（5）系统检漏，找出漏点，密封即可。

（6）梯度洗脱，这时压力波动是正常的。

十五、液相色谱仪使用注意事项

（1）流动相必须用 HPLC 级的试剂，使用前过滤除去其中的颗粒性杂质和其他物质（使用 0.45 μm 或更细的膜过滤）。

（2）流动相过滤后要进行脱气，脱气后应该恢复到室温后使用。

（3）不能用纯乙腈作为流动相，这样会使单向阀粘住而导致泵不进液。

（4）使用缓冲溶液时，做完样品后应立即用去离子水冲洗管路及柱子 1 h，然后用甲醇（或甲醇水溶液）冲洗 40 min 以上，以充分洗去离子。对于柱塞杆外部，做完样品后也必须用一级水冲洗 20 mL 以上。

（5）长时间不用仪器，应该将柱子取下用堵头封好保存，注意不能用一级水保存柱子，而应该用有机相（如甲醇等），因为一级水易长霉。

（6）每次做完样品后应该用溶解样品的溶剂清洗进样器。

（7）C$_{18}$柱绝对不能进蛋白样品、血样、生物样品。

（8）堵塞导致压力太大，按预柱→混合器中的过滤器→管路过滤器→单向阀检查并清洗。

（9）气泡会致使压力不稳，重现性差，所以在使用过程中要尽量避免产生气泡。

（10）如果进液管内不进液体时，要使用注射器吸液；通常在输液前要进行流动相的清洗。

（11）要注意柱子的 pH 范围，不得注射强酸强碱的样品，特别是碱性样品。

（12）更换流动相时应该先将吸滤头部分放入烧杯中边振动边清洗，然后插入新的流动相中。更换无互溶性的流动相时要用异丙醇过渡一下。

（13）紫外检测器氘灯寿命一般为 2000 h，在分析前、柱平衡得差不多时，再打开检测器紫外灯。不要频繁地开关紫外灯，同样会影响紫外灯的寿命，一般间隔时间在 3 h 以上。

第四节　原子吸收分光光度法

一、概述

原子吸收分光光度法即原子吸收光谱法，是一种重要的痕量分析方法。目前，原子吸收分光光度法可实现 70 多种元素的分析测定，具有检测限低，灵敏度高，准确性高，选择性好，操作简单、快速，样品用量少，测量范围广等优点，在多个领域得到广泛应用。食品安全国家标准规定，食品中的铅、镉、铬、镍、铁、锰、铜、锌、钾、钠、钙、镁（饮用水中）等元素的测定用原子吸收分光光度法。

根据原子化方式的不同，原子吸收分光光度法可分为火焰法、石墨炉法和氢化物原子化法。火焰原子化法具有分析速度快、精密度高、干扰少、操作简单等优点。火焰原子化法的火焰种类有很多，目前广泛使用的是乙炔-空气火焰，可以分析 30 多种元素，其次是乙炔-氧化亚氮（俗称笑气）火焰，可使测定元素增加近 70 种。石墨炉原子化法与火焰原子化法不同，石墨炉高温原子化采用直接进样和程序升温方式，其特点是升温速度快，绝对灵敏度高，可分析元素较多，所用样品量少。但石墨炉原子化法也存在分析结果的精密度比火焰原子化法差、记忆效应较严重、分析速度慢等缺点。氢化物原子化法是将砷、铋、锗、锑、硒和碲等元素还原成相应的氢化物，然后引入加热的石英吸收管内，使氢化物分解成气态原子，并测定其吸光度。

二、原子吸收分光光度法的基本原理

原子吸收分光光度法是利用被测元素的基态原子对特征辐射线的吸收程度进行定量分析的方法。其分析波长区域在近紫外光区。分析原理是：从光源辐射出的具有待测元素特征谱线的光，通过样品蒸气时被蒸气中待测元素基态原子吸收，从而由辐射特征谱线光被减弱的程度来测定样品中待测元素的含量，基态原子的浓度在一定范围内与吸收光量遵循朗伯-比尔定律。

1. 原理

当一束平行单色光垂直通过某一均匀非散射的吸光物质时，其吸光度 A 与吸光物质的浓度 c 及吸收层厚度 b 成正比，而与透光度 T 成反相关。朗伯-比尔定律数学表达式：

$$A = \lg(1/T) = Kbc$$

式中，A——吸光度；

　　　T——透射比（透光度），是出射光强度（I）比入射光强度（I_0）；

　　　K——吸光系数，它与吸收物质的性质及入射光的波长 λ 有关；

c——吸光物质的浓度，单位为摩尔每升（mol/L）；

b——吸收层厚度，单位为厘米（cm）。

2. 适用条件

（1）入射光为平行单色光且垂直照射。

（2）吸光物质为均匀非散射体系。

（3）吸光质点之间无相互作用。

（4）辐射与物质之间的作用仅限于光吸收，无荧光和光化学现象发生。

（5）适用范围：吸光度在 0.2～0.8。

三、原子吸收分光光度计

无论是单光束原子吸收分光光度计，还是双光束原子吸收分光光度计，其基本组成主要包括光源系统、原子化系统、单色器和检测系统四个部分。现代原子吸收分光光度计还配有计算机控制系统，一般仪器配用 PC 兼容机，以完成对仪器及附件（空压机、冷却循环水泵等）的控制、数据的处理和存储等功能。

1. 光源系统

光源的作用是发射被测元素的特征共振辐射。对光源的基本要求是：发射的共振辐射的半宽度要明显小于吸收线的半宽度；辐射强度大；背景低，低于特征共振辐射强度的 1%；稳定性好，30 min 内漂移不超过 1%；噪声小于 0.1%；使用寿命长于 5A·h。

原子吸收分光光度法分析常用的光源有蒸气放电灯、空心阴极灯（包括高强度空心阴极灯、窄谱线灯、多元素空心阴极灯等）及无极放电灯。空心阴极灯主要用于铁、锰、铜、锌、铅、镉、铬、镍、钡、锂、钠、钾等金属元素的测定，是目前应用最广的理想的锐线光源。无极放电灯主要用于砷、硒、汞等元素的测定。

在正常工作条件下，空心阴极灯是一种实用的锐线光源。空心阴极灯发射的光谱主要是阴极元素的光谱，因此用不同的被测元素作阴极材料，可制成各种被测元素的空心阴极灯。缺点是测一种元素换一个灯，使用不便。

2. 原子化系统

原子化系统的作用是提供能量，使试样干燥、蒸发和原子化。在原子吸收分光光度分析中，试样中被测元素的原子化是整个分析过程的关键环节，直接影响分析灵敏度和结果的重现性。目前，实现原子化的方法最常用的有两种，即火焰原子化法和石墨炉原子化法。

1）火焰原子化器

火焰原子化器是最常用的原子化器，包括喷雾器、雾化器和燃烧头三个部分。燃烧头采用长缝式，由耐高温合金材料制成。不同型号的仪器，其燃烧头的狭缝长度和狭缝宽度不完全一致，一般有 10 cm、7 cm、5 cm 等几种，狭缝宽度为 0.5 mm 左右。乙炔为常用燃气，火焰为乙炔-空气火焰。

在火焰中，待测溶液的溶剂蒸发，固体颗粒熔化、蒸发并分离，成为自由离子。通过常压气体控制系统提供火焰用气体，要提供良好的燃气和助燃气的流速。

火焰由燃气和助燃气燃烧形成。火焰按燃气与助燃气的比例（燃助比）不同，可分为化学计量火焰、富燃火焰和贫燃火焰三类：

（1）化学计量火焰也称为中性火焰，其燃助比与化学计量关系接近。这类火焰层次清晰、温度高、稳定、干扰少。许多元素可采用此类火焰。以乙炔-空气为例，其燃助比为 $1:4$。

（2）富燃火焰的燃助比小于化学计量火焰，以乙炔-空气为例，约为 $3+1$。此类火焰中大量燃气未燃烧完全，含有较多的碳、CH 基等，故温度略低于化学计量焰，具有还原性，适用于易形成难离解氧化物的元素的测定。

（3）贫燃火焰的燃助比小于化学计量火焰，以乙炔-空气为例，约为 $1+6$。此类火焰燃烧完全，氧化性强。由于助燃气充分，冷的助燃气带走火焰中的热量，使火焰温度降低。贫燃火焰适用于易离解、易电离的元素，如碱金属元素的分析。

2）石墨炉原子化器

石墨炉原子化器由加热电源、惰性气体保护系统和石墨管炉组成。

石墨管长约 50 mm，内径为 5 mm。将试样以溶液（体积为 $5\sim100$ μL）或固体（质量为几毫克）的形式放入石墨管中，再通入惰性气体，主要是为了防止石墨的高温氧化作用，减少记忆效应，保护已热解的原子蒸气不再被氧化和及时排泄分析过程中的烟雾，在石墨炉加热过程中（除原子化阶段内气路停气之外）需要有足量（$1\sim2$ L/min）的惰性气体作保护。通常使用的惰性气体主要是氩气。氮气亦可以，但对于某些元素，测定的背景值增大，而且灵敏度不如用氩气高。在氩气或氮气保护下分步升温加热，使试样干燥、灰化（或分解）和原子化。

在干燥过程中，于 $105\sim120$ ℃加热，以蒸发溶剂。溶剂的蒸发必须慢而平稳，以避免飞溅而造成损失。灰化过程主要是除去易挥发的物质和有机物等干扰物质。干燥和灰化时间为 $20\sim45$ s。原子化时，升高温度至最佳原子化温度，原子化 $3\sim10$ s，使试样成为基态自由原子，并观察响应的吸收信号。在原子化过程中，停止通气可延长原子在石墨管炉中停留的时间。对于电加热过程，必须仔细通过试验来选择合适的温度和时间参数。

3. 分光系统（单色器）

分光系统的作用是将被测元素的共振线与邻近谱线分开。单色器由入射狭缝、出射狭缝和色散元件（光栅或棱镜）组成。其中，色散元件为其关键部件，现在的商品仪器均使用光栅。原子吸收光谱仪对分光系统的分辨率要求不高，光栅放置在原子化器中，以阻止来自原子化器内的所有不需要的辐射进入检测器。

调节狭缝即可调节光谱带宽，将狭缝调小，使带宽变小，可有效滤除杂散辐射，但同时使光通量减小，即信号变小。反之亦然。

4. 检测系统

使光信号变成电信号，经过放大器放大，再经过自动调零、积分运算、浓度直读、曲线校正、自动增益控制、峰值保持等电路的放大处理，将被测元素的吸光度 A 变成浓度信号，在显示器上显示出测定值。检测系统有光电池、光电管和光电倍增管、电感耦合、二极管阵列，常用的是光电倍增管。

5. 数据处理系统

现代仪器均外接一台配置较高的计算机来控制仪器的各种工作流程和执行机构动作：完成点火、加热、自动选择波长等操作，根据所要检测的元素选择灯电流、灯位置、气体流量；自动完成读取数值、计算等流程。计算机控制仪自动调节工作条件，进行测定，完成数据采集、计数处理、分析结果，并自动计算平均值和变异系数，显示和打印报告单。

四、原子吸收分光光度法测定最佳条件的选择

（一）火焰原子吸收分光光度分析最佳条件的选择

火焰原子吸收分光光度法分析最佳条件的选择主要考虑吸收谱线、灯电流、光谱通带（也就是狭缝宽度）、燃气和助燃气、火焰观测高度及燃烧器高度等因素。

1. 吸收线的选择

为实现较高的灵敏度、稳定性和宽的线性范围及无干扰测定，需选择合适的吸收线。吸收线选择的一般原则如下：

（1）灵敏度：通常情况下，选择最灵敏的共振吸收线，如果测定含量比较高，则可选用次级灵敏的共振吸收线。

（2）谱线干扰：当选择的吸收线附近有其他非吸收线存在时，会使分析时的灵敏度降低，并且可能引起工作曲线弯曲，所以应尽量避免干扰。例如，Ni 230.0 nm 附近有 Ni 231.98 nm、Ni 232.14 nm、Ni 231.6 nm 非吸收线干扰。同时还要考虑谱线的自吸收。

（3）线性范围：不同吸收线有不同的线性范围，如 Ni 305.1 nm 优于 Ni 230.0 nm。

2. 灯电流的选择

选择合适的灯电流，可得到较高的灵敏度与稳定性。一般而言，选择灯电流时既要考虑分析灵敏度又要考虑分析精密度。

（1）从分析灵敏度考虑：灯电流宜选用小一点的，因为小的灯电流会使自吸效应小，发射线窄，灵敏度增高。但灯电流如果太小，空心阴极灯放电就会不稳定。

（2）从稳定性考虑：灯电流需略大一些，这样分析谱线强度高，负高压低，读数稳定，特别是对常量或高含量的分析，灯电流宜大一些。商品空心阴极灯的标签上通常标有额定（最大）工作电流。对于大多数元素来说，日常分析的工作电流选择在额定电流的 40%～60%比较适宜。此种电流条件，既能得到较好的灵敏度，又能保证测定结果的精密度，因为此时灯的信噪比较适宜。

（3）灯电流的选择方法：合适的灯电流可通过试验确定。也可在不同的灯电流下测量相同浓度的标准溶液的吸光度，绘制灯电流-吸光度的关系曲线，然后选用灵敏度较高、稳定性较好的灯电流。

另外，还要考虑灯的维护和使用寿命。对于高熔点、低溅射的金属（如铁、钴、镍、铬等元素等），灯电流可以选用得大一点；对于低熔点、高溅射的金属（如锌、铅等元素），

灯电流要选用得略小一些；对于低熔点、低溅射的金属（如锡），若需增加光强度，则允许灯电流稍大一些。

3. 光谱通带的选择

选择光谱通带实际上就是选择狭缝的宽度，它会直接影响测定的灵敏度与标准曲线的线性范围。单色器的狭缝宽度主要根据待测元素的谱线结构和所选的吸收线附近是否有非吸收干扰进行选择。当吸收线附近无干扰线存在时，狭缝增大，可增加光谱通带。若吸收线附近有干扰线存在，则在保证有一定强度的情况下，应适当调窄狭缝。光谱通带一般在 0.5～4 nm。

对于无干扰线且谱线简单的元素（如碱金属、碱土金属），可用较宽的狭缝，以减少灯电流和光电倍增管的高压来提高信噪比，增加检测稳定性；对于存在干扰线、谱线复杂的元素（如铁、钴、镍等），需选用较小的狭缝，以防止非吸收线进入检测器，提高检测的灵敏度，改善标准曲线的线性关系。如果选择 Ni 230.0 nm 作为吸收谱线，由于附近有 Ni 231.98 nm、Ni 232.14 nm、Ni 231.6 nm 非吸收线，因此要考虑选用较小的狭缝以消除干扰，适当增加灯电流以提高分析灵敏度。

也可通过试验确定合适的狭缝宽度，具体做法是：逐渐改变单色器的狭缝宽度，使检测器输出信号最强，即吸光度最大为止。当然也可以根据文献资料确定狭缝宽度。

4. 燃气与助燃气比的选择

对于火焰原子化法，火焰种类和燃助比的选择十分重要。在燃气和助燃气确定后，可通过下述方法选择燃助比：固定助燃气流量，改变燃气流量，测量标准溶液在不同燃助比时的吸光度，绘制吸光度-燃助比关系曲线，选择最大吸收时的燃助比为最佳燃助比。

5. 火焰观测高度的选择

火焰的结构可分四个区域，即预热区、第一反应区、中间薄层区和第二反应区。火焰的不同区域具有不同温度和不同的氧化性或还原性。因此，为了获得较高的灵敏度和消除干扰，应选择最佳观测高度，让光束通过火焰的最佳区域。观测高度可大致分为三个部位：

（1）光束通过氧化焰区：这一高度是离燃烧器缝口 6～12 mm 处。此处火焰稳定，干扰较少，对紫外线吸收较弱，但灵敏度稍低。吸收线在紫外区的元素适于这种高度。

（2）光束通过氧化-还原焰区：这一高度是离燃烧器缝口 4～6 mm 处。此处火焰稳定性比前一种差，温度稍低，干扰较多，但灵敏度较高，适用于铍、铅、硒、锡、铬等元素的分析。

（3）光束通过还原焰区：这一高度是离燃烧器缝口 4 mm 以下。此处火焰稳定性最差，干扰最多，对紫外线吸收最强，而吸收灵敏度较高，适用于长波段元素的分析。

6. 燃烧器高度的选择

通常是在固定燃助比的条件下，测量标准溶液在不同燃烧器高度时的吸光度，绘制吸光度-高度曲线，根据曲线选择合适的燃烧器高度，以获得较高的灵敏度和稳定性。

（二）石墨炉原子吸收分光光度分析最佳条件的选择

石墨炉分析的灯电流、光谱通带及吸收线的选择原则和方法与火焰法相同，所不同的是光路的调整要比燃烧器高度的调节难度大。石墨炉自动进样器的调整及在石墨管中的深度，对分析的灵敏度与精密度影响很大。另外，选择合适的干燥、灰化、原子化温度和时间以及惰性气体流量，对石墨炉原子吸收分光光度分析结果至关重要。

1. 干燥温度和干燥时间的选择

干燥温度应根据溶剂沸点和含水量来确定，一般情况下干燥温度稍高于溶剂的沸点，还要避免样液的暴沸与飞溅，如水溶液选择在 100～125 ℃。干燥时间按样品体积而定，一般是样品微升数乘 1.5～2 s。另外，干燥时间与石墨炉结构也有关，不能一概而论。

2. 灰化温度与灰化时间的选择

使用足够高的灰化温度和足够长的灰化时间有利于灰化完全和降低背景吸收；使用尽可能低的灰化温度和尽可能短的灰化时间可保证待测元素不损失。在实际应用中，可通过绘制灰化温度曲线来确定最佳灰化温度；加入合适的基体改进剂，能够更有效地克服复杂基体的背景吸收干扰。

3. 原子化温度和原子化时间的选择

原子化温度是由元素及其化合物的性质决定的。通常借助绘制原子化温度曲线来选择最佳原子化温度。原子化时间的选择原则为：必须使吸收信号能在原子化阶段回到基线。

4. 惰性气体流量的选择

石墨炉系统的载气分两部分，一是外气路，由石墨管壁外流动，流量固定称为屏蔽气，其作用是保护石墨管表面在被加热升温及高温原子化过程中不与氧气接触发生氧化，保护石墨管中的样品在干燥、灰化、原子化过程中不与大气接触发生化学反应；另一路为内气，从石墨管两端进入，由管中心进样孔流出，内气流的流动将在干燥灰化阶段加热蒸发的样品溶剂、共存物质蒸气由管中心进样孔带出。

石墨炉原子吸收分光光度分析法常用氩气作为保护气体。干燥、灰化和除残留阶段均通气；原子化阶段，石墨管内停气。

内气流的流量一般较小，通常是 60 mL/min 左右。外气流的流量一般为 3 L/min，因不同仪器的石墨炉系统结构有差异，规定的流量有所不同。

5. 石墨管的选择

石墨管的种类有以下几种。

（1）按加热方式分，可以分为：

纵向加热石墨管，因为性能稳定，且具可换性，分析数据一致，使用方便，目前使用最多。

横向加热石墨管，结构复杂，很难造出性能一致，更不能达到温度的均匀，很少使用。

（2）按性能分，可以分为：

普通石墨管（非热解），该种石墨管灵敏度较好，适用于低温（≤2000 ℃）原子化元素如银、镉、铅、砷等。

热解石墨管适用于低、中、高温（＞2500 ℃）原子化元素，适合于铜、钙、锶、铬、钼、锰、钴、镍等元素，热解涂层石墨管灵敏度较普通石墨管高，但需加入基体改进剂。

平台石墨管适用于中、低温（≤2400 ℃）原子化元素。

五、原子吸收分光光度法的定量分析

原子吸收分光光度分析用校正曲线进行定量，其定量依据是吸收定律。常用的定量方法有标准曲线法、标准加入法和浓度直读法，若为多通道仪器，则可用内标法定量。其中，标准曲线法是最基本的定量方法，是其他各种定量方法的基础。

1. 标准曲线法

在实验条件一定时，对于特定的元素测定，得到原子吸收光谱定量分析的关系式为 $A=Kc$，吸光度与试样中被测元素的含量成正比，这是原子吸收光谱分析的定量的基本关系式。

首先配制相同基体的含有不同质量浓度待测元素的系列标准溶液，在选定的试验条件下分别测其吸光度，然后以扣除空白值之后的吸光度为纵坐标，以标准溶液质量浓度为横坐标绘制标准曲线。在同样操作条件下测定试样溶液的吸光度，从标准曲线查得试样溶液的质量浓度。

标准曲线法应用的基本条件在于标准系列与被分析样品组成的精确匹配、标样质量浓度的准确标定、吸光度值的准确测量与校正曲线的正确制作和使用。

在理想的情况下，校正曲线是一条通过原点的直线。使用外标法进行定量，标准曲线必须是线性的。

总的说来，标准曲线法简单、快速，适用于大量组成相似的试样分析，但为了保证分析的准确度，要注意以下几点：

（1）标样和试样的分析测试条件要稳定一致；

（2）要正确扣除空白，消除干扰；

（3）标准系列浓度选点均匀，各点应在吸收定律的直线范围内；

（4）控制分析曲线吸光值在 0.1～0.5。

在原子吸收光谱分析中，存在多种谱线变宽的因素，谱线变宽能引起校正曲线弯曲，灵敏度下降。

减小校正曲线弯曲的几点措施：

（1）选择性能好的空心阴极灯，减少发射线变宽；

（2）灯电流不要过高，减少自吸变宽；

（3）分析元素的质量浓度不要过高；

（4）对准发射光，使其从吸收层中央穿过；

（5）工作时间不要太长，避免光电倍增管疲劳和空心阴极灯过热。

（6）溶液酸度不合适（例如石墨炉原子吸收法测定铝时，当硝酸的浓度为 0.5%时，$r=0.9995$，灰化温度和原子化温度保持不变，当硝酸的浓度为 1.0%时，$r=0.9936$）。

（7）灰化温度过高。

（8）标准系列超出了该元素的线性范围。

（9）未扣试剂空白。

（10）未加基体改进剂或基体改进剂浓度不够。

（11）综合因素。

2. 标准加入法

为了减少试液与标准溶液之间的差异（如基体、黏度等）引起的误差，可采用标准加入法来进行定量分析，这种方法又称为"直线外推法"或"增量法"。

当样品中基体不明或基体浓度很高，很难配制相类似的标准溶液时，使用标准加入法较好。分取几份等量的被测试样，其中一份不加入被测元素，其余各份试样中分别加入不同已知量 ρ_1，ρ_2，ρ_3，…，ρ_n 的被测元素，然后在标准测定条件下分别测定它们的吸光度 A，绘制吸光度 A 对被测元素加入量 ρ_i 的曲线，如图 3.4.1 所示。

以测定溶液中外加标准物质的浓度为横坐标，以吸光度为纵坐标对应作图，然后将直线延长使之与浓度轴相交，如果被测试样中不含被测元素，在正确校正背景之后，标准曲线应通过原点；如果曲线不通过原点，说明含有被测元素。外延曲线与横坐标轴相交，交点至原点的距离所对应的质量浓度 ρ_x，即为所求的被测元素的含量。应用标准加入法，一定要彻底校正背景。

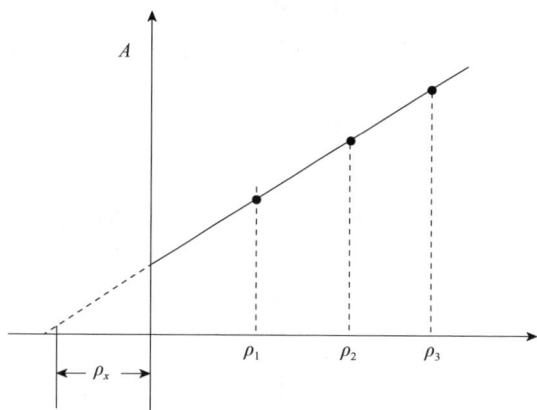

图 3.4.1　吸光度 A 对被测元素加入量 ρ_i 的曲线

标准加入法的系列都具有相同的基体，只是它们待测元素的含量不同，因而此法几乎可消除全部物理因素及部分化学干扰，在分析复杂试样时经常采用。

标准加入法在应用过程中需要注意的问题：

（1）标准加入法是建立在吸光度与浓度成正比的基础上，因此要求相应的标准曲线是一条通过原点的直线，被测元素的浓度也应在此线性范围内，否则无法得到正确的结果。

（2）要控制溶液的稀释倍数和标样的加入量，一般使吸光度测定值为分析元素特征浓度的 500～100 倍。

（3）分析元素灵敏度过低的不宜用标准加入法，因为分析曲线斜率小，外推法误差大。

（4）要正确扣除空白。

（5）标准加入法不能消除光谱干扰和与浓度有关的化学干扰、背景吸收以及一些使分析曲线平移的化学干扰，用标准加入法不能解决问题。有背景吸收时应运用背景扣除技术加以校正。

（6）为了减小测量误差，必须具有足够的标准点，通常需用四份溶液，至少三份。添加标准溶液的质量浓度最好为 ρ、2ρ、3ρ。

采用标准加入法测定时，也可通过计算求出测定溶液中被测元素的质量浓度 ρ_x。

$$\rho_x = \rho_1 + \frac{A_x(\rho_2 - \rho_1)}{A_2 - A_1}$$

式中，ρ_1，ρ_2——分别为测定溶液中外加标准物质的质量浓度；

A_1，A_2——分别为 ρ_1，ρ_2 溶液的测定值；

ρ_x——为试样溶液的质量浓度；

A_x——为试样溶液的测定值。

六、常用基体改进剂及作用机理

1. 基体改进剂

在石墨炉原子吸收分析中，为了增加待测样品溶液基体的挥发性，或提高待测易挥发元素的稳定性，而在待测样品溶液中加入某种化学试剂，以允许提高灰化温度而消除或减小基体干扰，这种化学试剂称为基体改进剂。

2. 改进的机理

（1）使基体形成易挥发的化合物：降低背景吸收。

（2）使基体形成难解离的化合物：避免分析元素形成易挥发难解离的卤化物，降低灰化损失和气相干扰。

（3）使分析元素形成易解离的化合物：避免形成热稳定碳化物，降低凝聚相干扰。

（4）使分析元素形成热稳定的化合物：避免分析元素的挥发，防止灰化损失。

（5）使分析元素形成热稳定的合金：避免分析元素的挥发，防止灰化损失。

（6）形成强还原性环境：改善原子化过程。

（7）改善基体的物理特性：防止分析元素被基体包藏，降低凝聚相干扰和气相干扰。

3. 基体改进剂作用

（1）在测定基体复杂样品时提高灰化温度，减少样品基体的存在。

（2）避免待测元素在原子化阶段前损失，提高灵敏度。

（3）为了获得更好的稳定性、重现性，消除双峰现象。

（4）抑制电离干扰。

（5）作为元素的释放剂。

4. 常用基体改进剂

（1）磷酸二氢铵溶液（质量浓度为 250 g/L），是一种消除 Cl 干扰效果很好的基体改进剂，是测定 Pb、Cd 的首选，作用原理：在灰化阶段磷酸二氢铵受热分解产生 H_2 与 Cl 形成 HCl 挥发，同时形成还原性的氛围从而减少 Pb、Cd 与 Cl 形成氯化物损失。

（2）Pd＋$Mg(NO_3)_2$ 溶液（质量浓度为 2000＋2500 mg/L）。作用机理：在干燥阶段 Pd、Mg 以氧化物的形式穿透到涂层下的石墨中。灰化阶段待测元素与 Pd、Mg 形成非常牢固的共价键使被测元素能够承受更高的灰化温度，原子化阶段被汽化形成吸收峰。（需注意的是 Pd 对铜和铊存在光谱干扰）。

（3）硝酸镁溶液。作为助灰剂，减少元素的损失，一般与硝酸钯、氯化钯共同使用。可以单独使用的元素有：Al、B、Be、Co、Cr、Cs、Fe、Si、Zn。

（4）硝酸镍溶液（优级纯）。对于稳定 As、Se、Sb、Bi、Sn 等低温元素有很好效果，缺点是 Ni、Cu 均是常测元素，长时间使用会污染石墨管、石墨锥。

（5）抗坏血酸。热分解后产生碳和含碳的中间化合物，当温度介于 970～1070 K 时活性中心显著，从而使石墨表面活化，增加去除化学吸附氯的作用，同时生成甲烷、氢气、一氧化碳、新生碳等还原性物质，形成降低挥发性元素的原子化起始温度，引起吸收信号的位移，降低背景干扰，提高灵敏度。

（6）硫脲。可以与待测元素 Sb、Bi、Cd、Cu、Ag 生成络合物，在灰化阶段转变成硫化物，从而增加了待测元素的稳定性，降低了灰化损失，增加灵敏度。

七、原子吸收光谱的干扰及消除方法

原子吸收光谱法的主要干扰有物理干扰、化学干扰、电离干扰、光谱干扰和背景干扰等。

（一）物理干扰

物理干扰是指试液与标准溶液物理性质有差异而产生的干扰，如黏度、表面张力或溶液的密度等的变化，影响样品的雾化和气溶胶到达火焰传送等引起原子吸收强度的变化而引起的干扰。物理干扰是一种非选择性干扰，对试样中各元素的影响基本上是相似的。物理干扰主要包括：

火焰：试样溶液的黏度、雾化气压力、吸样毛细管的直径和长度等。

石墨炉：试样溶液与标准溶液物理性质差别而引起的挥发速度的差异，如样品中盐含量高；进样位置、进样量大小、石墨管外气流变化、灰化损失、待测物被包裹等。

物理干扰有以下方法消除：

（1）用与分析试样组成相似的标准系列溶液制作校正曲线。

（2）采用标准加入法。

（3）稀释样液。

（4）双通道仪器可使用内标法。

（5）石墨炉可使用化学改进剂，使待测元素生成难挥发化合物，可以消除在干燥与灰化过程中的共挥发、包藏等物理干扰。如在硝酸溶液中，镉在 500 ℃就开始损失，加入磷酸二氢铵后生成相应的盐类，灰化温度可提高到 900 ℃。

（二）化学干扰

在试样溶液中或气相中，分析元素与共存物质之间的化学反应生成稳定的化合物而引起的干扰。它主要影响分析元素化合物的解离与原子化的速度和程度，降低原子吸收信号。它是原子吸收光谱分析法中的主要干扰来源，如阳离子干扰、阴离子干扰、气相干扰以及在石墨管表面形成难解离碳化物等干扰。

化学干扰有以下方法消除：

（1）选择合适的原子化方法。提高原子化温度，减小化学干扰。使用高温火焰或提高石墨炉原子化温度，可使难离解的化合物分解。采用还原性强的火焰与石墨炉原子化法，可使难离解的氧化物还原、分解。

（2）加入释放剂。释放剂的作用是释放剂与干扰物质能生成比被测元素更稳定的化合物，使被测元素释放出来。例如，磷酸根干扰钙的测定，可在试液中加入镧、锶盐，镧、锶与磷酸根首先生成比钙更稳定的磷酸盐，就相当于把钙释放出来。

（3）加入保护剂。保护剂作用是它可与被测元素生成易分解的或更稳定的配合物，防止被测元素与干扰组分生成难离解的化合物。保护剂一般是有机配合剂。例如，EDTA、8-羟基喹啉。

（4）加入基体改进剂。对于石墨炉原子化法，在试样中加入基体改进剂，使其在干燥或灰化阶段与试样发生化学变化，其结果可以增加基体的挥发性或改变被测元素的挥发性，以消除干扰。测定铅和镉时加入磷酸二氢铵，磷酸根和铅或镉反应会生成更难挥发的磷酸铅和磷酸镉，可以提高灰化温度减少干扰。

（5）标准加入法。此法不但能补偿化学干扰，也能补偿物理干扰。但不能补偿背景吸收和光谱干扰。这种方法只能消除"与浓度无关"的化学干扰。为判断标准加入法测定结果的可靠性，可采用稀释法检查稀释前后未知样品的最终结果是否一致。这种方法的实质只改变试液中待测元素和干扰元素的含量而不改变二者的比例关系。若经稀释后的测定结果与未经稀释的测定结果一致，则说明利用标准加入法可消除干扰和测定结果可靠。若测得试液中待测元素的含量不一致，则表明标准加入法不能完全消除这类化学干扰。

（三）电离干扰

由于原子在火焰中电离而引起的，是一种选择性干扰，这种干扰只在火焰中才显得重要，而在石墨炉中，由于产生的自由电子浓度很高，电离干扰效应很小。

电离干扰有以下方法消除：

（1）适当控制火焰的温度（采用富燃火焰），通过将火焰的温度降低，以减少电离干扰的程度。不过要注意的是，火焰的温度不能随意降低，一定要使其保持在原子吸收光谱法的相关标准之内。

（2）加入过量的消电离剂。消电离剂是比被测元素电离电位低的元素，相同条件下消电离剂首先电离，产生大量的电子，抑制被测元素的电离。例如，测钙时可加入过量的氯化钾溶液消除电离干扰。钙的电离电位为 6.1 eV，钾的电离电位为 4.3 eV。由于钾电离产生大量电子，使钙离子得到电子而生成原子。

常用的消电离剂有 CsCl 和 KCl 等，消电离剂的浓度不能太大，否则会产生基体效应或容易堵塞燃烧器缝口。

（四）光谱干扰

与光谱发射和吸收有关的干扰效应，主要来自吸收线重叠干扰，以及在光谱通带内多于一条吸收线和在光谱通带内存在光源发射的非吸收线。

1. 多重谱线干扰

多重谱线干扰指的是光谱通带里同时存在几条发射线，并且这些发射线都参与到吸收当中。干扰的大小取决于吸收线重叠程度、干扰元素的浓度及其灵敏度，当两种元素的吸收线的波长差小于 0.03 nm 时，则认为吸收线重要干扰是严重的。

消除方法：可以根据实际情况降低检测的狭缝宽度，不过需要注意的是，如果狭缝宽度太低的话会因为信噪比下降，造成光度计的灵敏度下降，影响测定。

2. 非吸收线干扰

在分析线的周围可能会存有一些不是等待检测元素的谱线，这部分谱线也许是检测元素的吸收线，也许是等待检测元素的非吸收线。这些谱线会对光度计产生干扰，造成工作曲线出现弯曲。

消除方法：将光谱通带减小到能够把非吸收线分离出来，所以需要将狭缝宽度降低到一定位置。

3. 背景干扰

背景干扰也是一种光谱干扰。分子吸收与光散射是形成光谱背景的主要因素。

1）分子吸收与光散射

分子吸收是指在原子化过程中生成的分子对辐射的吸收。分子吸收是带状光谱，会在一定的波长范围内形成干扰。例如，碱金属卤化物在紫外区有吸收；不同的无机酸会产生不同的影响，在波长小于 250 nm 时，硫酸和磷酸有很强的吸收带，而硝酸和盐酸的吸收很小。因此，原子吸收光谱分析中多用硝酸和盐酸配制溶液。

光散射是指原子化过程中产生的微小的固体颗粒使光发生散射，造成透过光减小，吸收值增加。

2）背景校正方法

一般采用仪器校正背景方法，常用的有连续光源校正、自吸收校正和塞曼效应等校正方法。

（1）自吸收校正背景法。

自吸收校正背景法是利用空心阴极灯在较小的灯电流下，灯内溅射出的基态原子得以充分激发，发射的谱线自吸收现象较轻，用于原子吸收测量，即在小电流下测定原子吸收和背景吸收之和（AA＋BG）；当加大灯电流时，灯内溅射作用加剧，出现大量未激发的基态原子，这些基态原子对灯发射的谱线产生原子吸收，导致谱线自吸收变宽，中心波长能量下降（也称自蚀），测定灵敏度降低。利用这种自吸收变宽，测定灵敏度低的谱线测量背景吸收。

一般情况下，灯内的自吸收现象不能达到完全不产生原子吸收的程度。即大电流测定背景吸收（BG）和微量的原子吸收（AA）。利用自吸收校正背景时测定灵敏度有所降低，即校正过度。提高灯电流的高电流部分的电流值，是提高自吸收校正背景时的测定灵敏度的有效手段。

（2）连续光源背景校正法。

连续光源在使用氘灯时在紫外区扣除背景；使用碘钨灯和氙灯时在可见光区扣除背景。氘灯产生的连续光谱进入单色器狭缝，通常比原子吸收线宽度大一百倍左右。氘灯对原子吸收的信号为空心阴极灯原子信号的 0.5%以下。由此，可以认为氘灯测出的主要是背景吸收信号，空心阴极灯测的是原子吸收和背景信号，二者相减得原子吸收值。

此法的缺点在于氘灯是一种气体放电灯，而空心阴极灯属于空心阴极溅射放电灯。两者放电性质不同，能量分布不同，光斑大小不同，再加上不易使两个灯的光斑完全重叠。急剧的原子化，又引起石墨炉中原子和分子浓度在时间和空间上分布不均匀，因而造成背景扣除的误差。

（3）塞曼效应背景校正法。

塞曼效应背景校正法是原子吸收光谱分析中利用塞曼磁场分裂谱线的方法进行背景扣除。磁场分横向和纵向两种。

八、原子吸收光谱分析的误差

原子吸收光谱分析中，系统误差主要来自基体效应、空白干扰、校正误差和测量误差等。

（1）基体效应是指用于校正的标准样品与实际被分析的样品基体差异而引起的误差，造成这种差异的原因，一是实际样品基体的复杂性，难以用人工合成样品来精确模拟；二是在样品预处理过程中，加入或者除去了某些组分。基体效应引起测定值偏高或偏低，对一组测定值通常是相同的，是固定系统误差。

（2）空白干扰是某些其他组分产生的与被测定组分浓度或含量无关的响应信号而引起的误差，空白干扰既可以来自被测样品的本身，也可以来自校正标样。引起空白干扰的组分对测定结果造成的影响，如果与被测组分的含量无关，对一组测定值的影响通常是相同的，产生固定系统误差；如果随被测组分的含量而变化，引起测定值偏高或偏低的多少，取决于被测组分与干扰组分的含量比，则产生比例系统误差。

（3）校正误差是由于标准的制备和校正曲线的制作而引入的系统误差，引起这种误差的原因可能是在标准的制备和保存过程中，标样的分解、挥发、器壁的吸附、污染等，或者使用了不准确的数据导致所建立的校正曲线不正确，计算时所引用的参数不准确等，由于上述原因引起的误差是固定系统误差。

（4）测量误差是在测量过程中引入的误差，产生误差的原因是多方面的，如分析测定的环境条件不完全符合预期的要求，分析人员的人为误差等，而误差的性质可能是系统误差，亦可能是随机误差。如取样没有代表性、被测样品的分解、挥发、器壁的吸附、污染、仪器校正不当和读数的漂移等，所产生的是固定系统误差。由于操作失误所产生的误差，其性质不能一概而论，应视具体情况而定。

九、石墨炉原子吸收光谱异常峰形解析

几种常见石墨炉原子吸收光谱异常峰形及解决方法见表 3.4.1。

表 3.4.1　几种常见石墨炉原子吸收光谱异常峰形及解决方法

异常峰形	可能的原因	解决措施
	（1）样品浓度太高，导致未来得及完全原子化。 （2）分析元素是 Cr、Ni、Ba 等高温元素，原子化温度不够，部分原子吸收光谱仪采用的最高原子化温度可以达到 2800 ℃。 （3）石墨管性能下降或平台表面发生变化，有残留的现象。 （4）元素与石墨管涂层材料或碳形成较难原子化的化合物	提升原子化温度、更换石墨管、稀释样品等
	峰形出现过早，可能是灰化温度过高，提示在灰化阶段元素已经开始损失，灵敏度也较低	降低灰化温度，同时应考虑石墨管电阻是否变化
	主要是原子化温度偏低，提高后可以形成尖锐的峰	提高原子化温度，但设定原子化温度时要考虑对石墨管寿命的影响
	（1）样品的基体太过复杂，产生了两种可以原子化的化合物。 （2）进样针位置未调好，样品一部分在平台，一部分在管壁。 （3）涂层发生脱落，样品受热时间有差别，出现双峰。 （4）基体改进剂选用不当，未与样品充分作用	判断具体原因，调整灰化温度、调整进样针进样位置、更换石墨管、更换基体改进剂等
	基体改进剂选择不正确可能导致的峰形差，这种情况多见于基体复杂的样品，比如酱油、土壤等。观察背景吸收，背景过高导致塞曼校正出现误差，适当提高灰化温度和时间；基体高温生成复杂化合物，产生光辐射	验证方法：不加基体改进剂和加基体改进剂对比，如果不加基体改进剂，不出现负峰说明高温时基体改进剂和样品基体反应新生成化合物；如果样品本身含有产生干扰的化合物，应换种基体改进剂或改变灰化、原子化温度使这种化合物不在原子化时产生，一般会消失，石墨管性能改变，应经常清洁石墨炉体和进样针
	一般是由于原子化温度偏高造成的，受原子发射影响	降低原子化温度

十、原子吸收分析常见问题及克服方法

（一）火焰原子吸收

火焰原子吸收分析常见的问题包括灵敏度低和重现性差，具体原因和处理方法如下：

1. 灵敏度低的原因及处理方法

（1）雾化效率。检查雾化器是否正常，可以卸下雾化器，用金属丝疏通。

（2）撞击球相对位置。检查雾化器撞击球是否有裂纹或者位置不正，如果撞击球出现破损或位置移动的情况，应及时更换。

（3）燃烧缝偏离光轴。定期检查燃烧缝是否偏离光轴，在空心阴极灯点亮的情况下，用一张白纸在火焰原子化器上方垂直挡住光路，观察光斑是否在燃烧缝正上方，若出现偏移，则进行燃烧器位置调节。

（4）燃气与助燃气之比选择不当。一般燃气与助燃气之比小于化学计量比为贫焰，介于之间为中焰，大于为富焰。

（5）气路不稳定。查看气路系统中有无漏气、积水等问题；检查气源是否稳定。

（6）分析谱线没找准。可选择较灵敏的共振线作为分析谱线。

2. 重现性差的原因及处理方法

（1）仪器受潮或预热时间不够。可用热风机除潮或按规定时间预热后再操作使用。

（2）燃气或助燃气压力不稳定。若不是气源不足或管路泄漏的原因，可在气源管道上加一阀门控制开关，调稳流量。

（3）废液流动不畅。停机检查，疏通或更换废液管。

（4）火焰高度选择不当，造成基态原子数变化异常，致使吸收不稳定。调整火焰高度。

（5）光电倍增管负高压过大。虽然增大负高压可以提高灵敏度，但会出现噪声大、测量稳定性差的问题。只有适当降低负高压，才能改善测量的稳定性。

（6）样品中的盐类或燃烧生成的碳颗粒会积累在燃烧缝上。在熄火的情况下用卡片刮除燃烧缝的盐类和碳。

（7）雾化器堵塞。疏通雾化器。

（8）空心阴极灯老化。更换空心阴极灯。

（二）石墨炉原子吸收

石墨炉原子吸收分析常见问题包括石墨管寿命短、重现性差、灵敏度降低、记忆效应严重、空白值偏高，具体原因和处理方法如下：

1. 石墨管寿命短的原因及处理方法

（1）消解液的酸度大，尽量赶掉强氧化性酸。

（2）原子化温度高，在能满足检测要求的前提下，应尽可能减小原子化和清烧温度。

（3）氩气是否流量太低。按照说明书的要求设置氩气流量。

（4）每次使用石墨炉之前，用棉签或擦镜纸蘸取少量无水乙醇，擦拭石墨锥、石墨

帽上的积碳，防止积碳过多，导致受热不均，缩短石墨管寿命。

2. 重现性差的原因及处理方法

（1）自动进样器针头变形或进样位置没有调准。应及时更换针头，在确认针头完好无损的情况下，应调节进样时针头对准石墨管口中心，减小进样误差；

（2）升温程序设置不合理。根据样品的性质设置石墨炉升温程序，特别是干燥阶段温度设置过高或加热太快，样品从石墨管口溅出，此时应降低干燥温度；

（3）石墨管老化。在使用过程中应留意石墨管的已使用的次数，并根据石墨管表面烧蚀的严重程度来确定是否更换石墨管。

（4）自动进样器进样管污染。用稀酸溶液清洗进样管。

（5）石墨炉原点位置不合适。调节光路。

（6）样品"跳喷"。优化干燥温度。

（7）样品复杂，背景值高。优化灰化温度，使用基体改进剂。

（8）电压不稳。配备稳压电源。

3. 灵敏度降低的原因及处理方法

（1）进样管残留样品。调节进样管进样高度，清洗进样管。

（2）石墨管损坏。更换石墨管。

（3）溶液酸度不合适。一般溶液酸度为 1%～2%。

（4）阴极灯工作电流大，造成谱线变宽，产生自吸收。应在光源发射强度满足要求的情况下，尽可能采用低的工作电流。

4. 记忆效应严重的原因和处理方法

前一个样品浓度高，石墨管性能变差。设置更高的清烧温度，更换石墨管。

5. 空白值偏高的原因和处理方法

（1）进样管污染。清洗进样管。

（2）石墨管污染。清洗或更换石墨管。

（3）石墨锥、石墨帽污染。清洁。

（4）器皿被污染。器皿用硝酸溶液清洗或使用一次性器皿。

（5）试验用水被污染。实验前对试验用水进行验证，达到标准后再使用。

（6）所用试剂被污染。实验前对试验用水进行验证，达到标准后再使用。使用高纯度试剂。

十一、农产品食品中钾、钠的测定

农产品食品中钾、钠的测定标准是《食品安全国家标准　食品中钾、钠的测定》（GB 5009.91—2017）。钾、钠的检测方法有以下四种。第一法：火焰原子吸收光谱法；第二法：火焰原子发射光谱法；第三法：电感耦合等离子发射光谱法；第四法：电感耦合等离子体质谱法。

以第一法火焰原子吸收光谱法和第二法火焰原子发射光谱法为例，电感耦合等离子发射光谱法和电感耦合等离子体质谱法见 GB 5009.268—2016。

在原理上，第一法是样品原子化后测定其吸收强度，第二法是样品原子化后测定其发射强度，其他均相同。

在标准溶液配制上，两种方法均相同。

在样品前处理上均相同，都是四种消解方法。

在测定上，第一法在空白溶液和试样最终测定液中加入一定量的氯化铯溶液，使氯化铯浓度达到 0.2%。第二法不需要加氯化铯溶液，直接测定。

精密度：两种方法要求均相同，相对相差＜10%。计算结果均保留三位有效数字。

方法检出限和方法定量限：两种方法均相同，均为以取样量 0.5 g，定容至 25 mL 计，方法钾的检出限为 0.2 mg/100 g，定量限为 0.5 mg/100 g；钠的检出限为 0.8 mg/100 g，定量限为 3 mg/100 g。

1. 标准溶液配制

（1）钾、钠标准储备液（1000 mg/L）：将氯化钾或氯化钠于烘箱中 110～120 ℃干燥 2 h。精确称取 1.9068 g 氯化钾或 2.5421 g 氯化钠，分别溶于水中，并移入 1000 mL 容量瓶中，稀释至刻度，混匀，贮存于聚乙烯瓶内，4 ℃保存，或使用经国家认证并授予标准物质证书的标准溶液。

（2）钾、钠标准工作液（100 mg/L）：准确吸取 10.0 mL 钾或钠标准储备溶液于 100 mL 容量瓶中，用水稀释至刻度，贮存于聚乙烯瓶中，4 ℃保存。

（3）钾、钠标准系列工作液：准确吸取 0 mL、0.1 mL、0.5 mL、1.0 mL、2.0 mL、4.0 mL 钾或钠标准工作液于 100 mL 容量瓶中，加氯化铯溶液 4 mL，用水定容至刻度，混匀。

2. 试样制备

1）干样

豆类、谷物、菌类、茶叶、干制水果、焙烤食品等低含水量样品，取可食部分，必要时经高速粉碎机粉碎均匀；对于固体乳制品、蛋白粉、面粉等呈均匀状的粉状样品，摇匀。

2）鲜样

蔬菜、水果、水产品等高含水量样品必要时洗净，晾干，取可食部分匀浆均匀；对于肉类、蛋类等样品取可食部分匀浆均匀。

3）速冻及罐头食品

经解冻的速冻食品及罐头样品，取可食部分匀浆均匀。

4）液态样品

软饮料、调味品等样品，摇匀。

5）半固态样品

搅拌均匀。

3. 操作步骤

该标准中的消解方法有四种，分别是：微波消解法、压力罐消解法、湿式消解法和干式消解法。

1）微波消解法

称取 0.200～0.500 g（精确至 0.001 g）试样于微波消解内罐中，含乙醇或二氧化碳的样品先在电热板上低温加热除去乙醇或二氧化碳，加入 5～10 mL 硝酸，加盖放置 1 h 或过夜，旋紧外罐，置于微波消解仪中进行消解。冷却后取出内罐，置于可调式控温电热炉上，于 120～140 ℃赶酸至近干，用水定容至 25 mL 或 50 mL，混匀备用。同时做空白试验。

2）压力罐消解法

称取 0.3～1 g（精确至 0.001 g）试样于聚四氟乙烯压力消解内罐中，含乙醇或二氧化碳的样品先在电热板上低温加热除去乙醇或二氧化碳，加入 5 mL 硝酸，加盖放置 1 h 或过夜，旋紧外罐，置于恒温干燥箱中进行消解。冷却后取出内罐，置于可调式控温电热板上，于 120～140 ℃赶酸至近干，用水定容至 25 mL 或 50 mL，混匀备用。同时做空白试验。

3）湿式消解法

称取 0.500～5.000 g（精确至 0.001 g）试样于玻璃或聚四氟乙烯消解器皿中，含乙醇或二氧化碳的样品先在电热板上低温加热除去乙醇或二氧化碳，加入 10 mL 混合酸，加盖放置 1 h 或过夜，置于可调式控温电热板或电热炉上消解，若变棕黑色，冷却后再加混合酸，直至冒白烟，消化液呈无色透明或略带黄色，冷却，用水定容至 25 mL 或 50 mL，混匀备用。同时做空白试验。

4）干式消解法

称取 0.500～5.000 g（精确至 0.001 g）试样于坩埚中，在电炉上微火炭化至无烟，置于（525±25）℃马弗炉中灰化 5～8 h，冷却。若灰化不彻底有黑色炭粒，则冷却后滴加少许硝酸湿润，在电热板上干燥后，移入马弗炉中继续灰化成白色灰烬，冷却至室温取出，用硝酸溶液（1+99）溶解，并用水定容至 25 mL 或 50 mL，混匀备用。同时做空白试验。

4. 仪器操作参考条件

仪器操作参考条件见表 3.4.2 和表 3.4.3。

表 3.4.2　钾、钠火焰原子吸收光谱仪操作参考条件

元素	波长/nm	狭缝/nm	灯电流/mA	燃气流量/(L·min^{-1})	测定方式
K	766.5	0.5	8	1.2	吸收
Na	589.0	0.5	8	1.1	吸收

表 3.4.3　钾、钠火焰原子发射光谱仪操作参考条件

元素	波长/nm	狭缝/nm	燃气流量/(L·min^{-1})	测定方式
K	766.5	0.5	1.2	发射
Na	589.0	0.5	1.1	发射

5. 测定

根据试样溶液中被测元素的含量，需要时将试样溶液用水稀释至适当质量浓度，并在空白溶液和试样最终测定液中加入一定量的氯化铯溶液，使氯化铯浓度达到 0.2%。

在测定标准曲线工作液相同的实验条件下，将空白溶液和测定液注入原子吸收光谱仪中，分别测定钾或钠的吸光值，根据标准曲线得到待测液中钾或钠的质量浓度。

6. 结果计算

试样中钾、钠含量按下式计算：

$$\omega = \frac{(\rho_1 - \rho_0) \times V \times f \times 100}{m \times 1000}$$

式中，ω——试样中被测元素含量，单位为毫克每百克或毫克每百毫升（mg/100 g 或 mg/100 mL）；

ρ_1——测定液中元素的质量浓度，单位为毫克每升（mg/L）；

ρ_0——测定空白试液中元素的质量浓度，单位为毫克每升（mg/L）；

V——样液体积，单位为毫升（mL）；

f——样液稀释倍数；

100、1000——换算系数；

m——试样的质量或体积，单位为克或毫升（g 或 mL）。

十二、农产品食品中钙、镁、铁、锰、铜、锌的测定（火焰原子吸收光谱法）

农产品食品中的钙、镁、铁、锰、铜、锌的测定分别依据以下标准：

《食品安全国家标准　食品中钙的测定》（GB 5009.92—2016）；

《食品安全国家标准　食品中镁的测定》（GB 5009.241—2017）；

《食品安全国家标准　食品中铁的测定》（GB 5009.90—2016）；

《食品安全国家标准　食品中锰的测定》（GB 5009.242—2017）；

《食品安全国家标准　食品中铜的测定》（GB 5009.13—2017）；

《食品安全国家标准　食品中锌的测定》（GB 5009.14—2017）。

以上六个标准检测方法相同的为火焰原子吸收光谱法、电感耦合等离子发射光谱法和电感耦合等离子体质谱法。不同的是钙的测定多一个 EDTA 滴定法，锌的测定多一个二硫腙比色法，铜的测定多一个石墨炉原子吸收光谱法。

目前以上元素测定使用较多的是火焰原子吸收光谱法，现以钙的测定为例。

1. 标准溶液的配制

（1）钙标准储备液（1000 mg/L）：准确称取 2.4963 g（精确至 0.000 lg）碳酸钙，加盐酸溶液（1＋1）溶解，移入 1000 mL 容量瓶中，加水定容至刻度，混匀。

（2）钙标准中间液（100 mg/L）：准确吸取钙标准储备液（1000 mg/L）10 mL 于 100 mL 容量瓶中，加硝酸溶液（5＋95）至刻度，混匀。

（3）钙标准系列溶液：分别吸取钙标准中间液 0 mL、0.500 mL、1.00 mL、2.00 mL、

4.00 mL、6.00 mL 于 100 mL 容量瓶中，另在各容量瓶中加入 5 mL 镧溶液（20 g/L），最后加硝酸溶液（5+95）定容至刻度，混匀。

注：锰标准溶液用硝酸定容。

铁标准储备溶液用硫酸溶液（1+3）定容，中间溶液用硝酸溶液（5+95）定容。

镁标准储备溶液用盐酸溶液（1+1）定容，中间溶液用硝酸溶液（5+95）定容。

铜、锌标准储备溶液用硝酸溶液（1+1）定容，中间溶液用硝酸溶液（5+95）定容。

2. 试样制备

制备方法与钾、钠基本相同。

3. 操作步骤

钙试样消解方法同钾、钠。不同点是湿消解称样量为 0.2~3 g；压力罐法是 0.2~1 g；微波消解法是 0.2~0.8 g；干灰化法与钾、钠相同，均为 0.5~5 g。

钙的样品前处理与钾、钠不同点还有四种消解方法定容后，根据实际测定需要稀释，并在稀释液中加入一定体积镧溶液（20 g/L）使其在最终稀释液中的质量浓度为 1 g/L，混匀备用。

镁、铁、锰、铜、锌的测定不加镧溶液，与钾、钠相同。

4. 仪器参考条件

仪器参考条件见表 3.4.4。

表 3.4.4 钙、铁、铜、锌原子吸收光谱仪参考条件

元素	波长/nm	狭缝/nm	灯电流/mA	燃烧头高度/nm	空气流量/（L·min^{-1}）	乙炔流量/（L·min^{-1}）
钙	422.7	1.3	5~15	3	9	2
铁	248.3	0.2	5~15	3	9	2
铜	324.8	0.5	8~12	6	9	2
锌	213.9	0.2	3~5	3	9	2

镁：空气-乙炔火焰，波长 285.2 nm，狭缝 0.2 nm，灯电流 5~15 mA。

锰：吸收波长 279.5 nm，狭缝宽度 0.2 nm，灯电流 9 mA，燃气流量 1.0 L/min。

5. 测定

将钙、镁、铁、锰、铜、锌标准系列溶液按质量浓度由低到高的顺序分别导入火焰原子化器，测定吸光度值，以标准系列溶液中钙、镁、铁、锰、铜、锌的质量浓度为横坐标，相应的吸光度值为纵坐标，制作标准曲线。在与测定标准溶液相同的实验条件下，将空白溶液和试样待测液分别导入原子化器，测定相应的吸光度值，与标准系列比较定量。

6. 结果计算

计算公式同钾、钠。

钙、镁、锌、铜、铁：当含量≥10.0 mg/kg 或 10.0 mg/L 时，计算结果保留三位有效数字，当含量<10.0 mg/kg 或 10.0 mg/L 时，保留两位有效数字。

锰：计算结果保留三位有效数字。

精密度：均为相对相差＜10%。

十三、农产品食品中铅、镉、铬的测定（石墨炉原子吸收光谱法）

农产品食品中铅、镉、铬的测定依据以下三个标准：

《食品安全国家标准　食品中铅的测定》（GB 5009.12—2023）；

《食品安全国家标准　食品中镉的测定》（GB 5009.15—2023）；

《食品安全国家标准　食品中铬的测定》（GB 5009.123—2023）。

铅、镉和铬的检测方法相同的是石墨炉原子吸收光谱法和电感耦合等离子体质谱法，铅增加了火焰原子吸收光谱法。

目前检测食品中铅、镉和铬最常用的检测方法为石墨炉原子吸收光谱法。以 GB 5009.12—2023 第一法石墨炉原子吸收光谱法为例。

1. 标准溶液配制

（1）铅标准储备液（1000 mg/L）：准确称取 1.5985 g（精确至 0.0001 g）硝酸铅，用少量硝酸溶液（1＋9）溶解，移入 1000 mL 容量瓶，加水至刻度，混匀。

（2）铅标准中间液（10.0 mg/L）：准确吸取铅标准储备液（1000 mg/L）1.00 mL 于 100 mL 容量瓶中，用硝酸溶液（5＋95）定容至刻度，混匀。

（3）铅标准使用液（1.00 mg/L）：准确吸取铅标准中间液（10.0 mg/L）10.00 mL 于 100 mL 容量瓶中，用硝酸溶液（5＋95）定容至刻度，混匀。

注意 1：镉标准储备液（100 mg/L）：准确称取氯化镉 0.2032 g，用少量硝酸溶液（1＋9）溶解，移入 1000 mL 容量瓶中，加水至刻度，混匀。

镉标准中间液（100 μg/L）：准确吸取镉标准储备液 1.00 mL 于 10 mL 容量瓶中，加硝酸溶液（5＋95）至刻度，混匀。再准确吸取上述溶液 1.00 mL 于 100 mL 容量瓶中，加硝酸溶液（5＋95）至刻度，混匀。

注意 2：铬标准储备溶液（1000 mg/L）：准确称取重铬酸钾（110 ℃，烘 2 h）0.2829 g，溶于水中，移入 100 mL 容量瓶中，用硝酸溶液（5＋95）稀释至刻度，混匀。

铬标准中间液（1000 μg/L）：准确吸取铬标准储备液 1.00 mL 于 10 mL 容量瓶中，加硝酸溶液（5＋95）至刻度，混匀。再准确吸取上述溶液 1.00 mL 于 100 mL 容量瓶中，加硝酸溶液，混匀。

2. 试样制备

试样制备方法同钾、钠。

3. 操作步骤

上述三个标准消解的方法均为湿消解法、微波消解法和压力罐消解法，各增加一个干灰化法。

由于铅、镉在高温下易挥发损失，因此消解方法不包括干灰化法。

以铅、镉的湿消解为例。铅、镉和铬与钙、镁、铁、锰、铜、锌的湿消解法、微波消解法和压力罐消解法基本相同，只是在称样量上 2023 年版的方法湿消解法为 0.2～3 g，微波消解法和压力罐消解法均为 0.2～2 g，最大称样量有所增加。

称取固体试样 0.2～3 g（精确至 0.001 g）或准确移取液体试样 0.50～5.00 mL 于带刻度消化管中，含乙醇或二氧化碳的样品先在电热板上低温加热除去乙醇或二氧化碳，加入 10 mL 硝酸和 0.5 mL 高氯酸，放数粒玻璃珠，在可调式电热炉上消解（参考条件：120 ℃/0.5～1 h；升至 180 ℃/2～4 h，升至 200～220 ℃）。若消化液呈棕褐色，再加少量硝酸，消解至冒白烟，消化液呈无色透明或略带黄色，赶酸至近干，停止消解，冷却后用水定容至 10 mL 或 25 mL，混匀备用。

湿消解时注意：

（1）样品加酸消解时，应尽可能减少高氯酸用量，控制样品消解温度小于 220 ℃，避免测定值偏低。较高浓度的高氯酸对铅、镉测定产生干扰，缩短石墨管寿命。

（2）若消化液变黑，则停止加热，冷却后补加适量硝酸，继续加热消化。

（3）样品消解最后一步是赶高氯酸，白烟冒尽，确保高氯酸赶尽，呈湿盐状，否则高氯酸的剩余量不好控制。

对于含盐量高的样品（如酱油、黄酱等），不能消解后直接上机测定，盐会影响检测结果的测定，因此采取固相萃取的方法将盐除去，操作步骤如下：

三种消解方法操作至赶酸至近干。冷却后用乙酸钠溶液（2 mol/L）洗涤消解罐 2～3 次，合并洗涤液于 25 mL 容量瓶中并用乙酸钠溶液（2 mol/L）定容至刻度，混匀备用（定容后溶液 pH 4.5～6.5）。同时做试剂空白试验。

铅的分离：

1）固相萃取柱的活化

吸取 10 mL 硝酸溶液（1+99）以 5 mL/min 的流速过柱，然后分别用 5 mL 水和 5 mL 乙酸溶液（1 mol/L）以 5 mL/min 的流速过柱。

2）铅的吸附与解吸

分别吸取试剂空白液和上述样液 25 mL，以 5 mL/min 的流速过柱，然后用 5 mL 乙酸溶液（1 mol/L）过柱洗涤，再用 10 mL 水分两次洗去乙酸溶液（1 mol/L），最后用 10 mL 硝酸溶液（1+99）洗脱，收集洗脱液，备测。

固相萃取柱：填料为亚氨基二乙酸型树脂或相当者（0.075～0.150 mm，0.5 g，1 mL）。

镉和铬检测方法中没有去除盐这步骤。

4. 仪器参考条件

仪器参考条件见表 3.4.5。

表 3.4.5　铅、镉、铬石墨炉原子吸收光谱仪参考条件

元素	波长/nm	狭缝/nm	灯电流/mA	干燥		灰化		原子化	
				温度/℃	时间/s	温度/℃	时间/s	温度/℃	时间/s
铅	283.3	0.5	8～12	85～120	40～50	750	20～30	2300	4～5
镉	228.8	0.8	5～7	85～120	30～50	450～650	15～30	1500～2000	4～5
铬	357.9	0.2	5～7	85～120	30～50	800～1200	15～30	2500～2750	4～5

5. 铅和铬的测定

按质量浓度由低到高的顺序分别取 10 μL 标准系列溶液、5 μL 磷酸二氢铵溶液（可根据使用仪器选择最佳进样量），同时注入石墨管，原子化后测其吸光度值，以质量浓度为横坐标，吸光度值为纵坐标，绘制标准曲线。

在测定标准曲线相同的试验条件下，吸取 10 μL 空白溶液或试样消化液、5 μL 磷酸二氢铵溶液（可根据使用仪器选择最佳进样量），同时注入石墨管，原子化后测其吸光度值。根据标准曲线得到待测液中镉的质量浓度。若测定结果超出标准曲线范围，用硝酸溶液（5＋95）稀释后测定。

注：镉的测定同铅和铬，基体改进剂为磷酸二氢铵-硝酸钯混合溶液。

6. 结果计算

计算公式同钾、钠。

铅、镉、铬：当含量≥1 mg/kg（1 mg/L）时，计算结果保留三位有效数字，当含量＜1 mg/kg（1 mg/L）时，保留两位有效数字。

精密度：试样中铅、镉、铬含量＞1 mg/kg（mg/L）时，在重复性条件下获得的 2 次独立测定结果的绝对差值不得超过算术平均值的 10%；0.1 mg/kg（mg/L）＜试样中铅、镉、铬含量≤1 mg/kg（mg/L）时，在重复性条件下获得的 2 次独立测定结果的绝对差值不得超过算术平均值的 15%；试样中铅、镉、铬含量≤0.1 mg/kg（mg/L）时，在重复性条件下获得的 2 次独立测定结果的绝对差值不得超过算术平均值的 20%。

十四、原子吸收分光光度法使用注意事项

1. 火焰法的注意事项

（1）电源关闭情况下，装灯、拆灯，注意记下灯的位置号码。

（2）检查排风系统是否工作。

（3）检查水封装置要有足够的水。

（4）废液管必须接在液封盒下出液口上，排液必须通畅。上通气口必须与大气相通。废液管下端不要插入废液中，应在废液上方与液面保持一定距离。

（5）检查乙炔气体的压力，少于 0.5 MPa 要及时更换气瓶。

（6）观察火焰燃烧头，如果有比较多沉积物，光带有缺口，应清洗干净后再用，清洗可用二级水或 10%～5%的盐酸溶液清洗缝隙，酸洗后用二级水洗干净，注意铝合金头不能酸洗，否则容易腐蚀，安装燃烧头时一定要按到底，否则点火时会发生危险。

注意：保持燃烧头清洁，燃烧头狭缝上不应有任何沉积物，因这些沉积物可能引起燃烧头堵塞，使雾化室内压力增大，使液封盒中的液体被压出，或残渣从燃烧狭缝中落入雾化室将燃气引燃。

（7）用 2 mg/L 的铜标准溶液做测试，吸光度应≥0.23，达不到则可能是进样口堵塞，元素灯寿命下降。

（8）实验前打开空压机，调节压力 0.35～0.4 MPa，注意不能低于 0.35 MPa，否则冷

却效果达不到。

（9）需要点火前才打开乙炔气，调节减压阀的压力为（0.09±0.01）MPa，注意不能超过 0.12 MPa，否则可能有危险；检查雾化室的废液是否畅通无阻，如果有水封，一定要设法排除后再进行点火；防止"回火"点火的操作顺序为先开助燃气，后开燃气；熄灭顺序为先关燃气，待火熄灭后再关助燃气。一旦发生"回火"，应镇定地迅速关闭燃气，然后关闭助燃气，切断仪器的电源。若回火引燃了供气管道及附近物品时，应采用二氧化碳灭火器灭火。

（10）元素灯要预热 30 min，灯电流由低慢慢升至适宜值，防止突然升高，造成阴极溅射。确保发光平稳后再用于测定。元素灯关闭后，要在原位冷却 5 min 以上，再取下来。确保灯内阴极部位的因高温而呈液态的元素凝固。否则将缩短元素灯的使用寿命。要保持灯窗洁净，如有污物，用擦镜纸轻轻擦拭。

（11）必须保证空气洁净、干燥。如果使用含湿气的空气，水汽有可能附着在气体控制器的内部，影响正常操作。如使用空气压缩机，最好在空气压缩机或空气钢瓶出口的管路中装一个除湿的汽水分离器。要用无油空气压缩机，否则容易损坏仪器内部气体通路或油上升到火焰，引起测定不稳定。

（12）要特别注意可燃气体的检漏，防止回火。检查时可在可疑处涂一些肥皂水，看是否有气泡产生，千万不能用明火检查漏气。经常检查氩气、乙炔气和压缩空气的各个连接管道，保证不泄漏。长时间未用的仪器，还应注意检查雾化室的废液管是否有水封。

（13）日常分析完毕，应在不灭火的情况下喷洒蒸馏水，对喷雾器、雾化室和燃烧器进行清洗。

2. 石墨炉法的注意事项

（1）开机前，调好狭缝位置，要将仪器面板上所有旋钮回到零时再通电。开机应先开低压，后开高压。关机时则相反。

（2）元素灯要预热 30 min，灯电流由低慢慢升至适宜值，防止突然升高，造成阴极溅射。确保发光平稳后再用于测定。元素灯关闭后，要在原位冷却 5 min 以上，再取下来。确保灯内阴极部位的因高温而呈液态的元素凝固。否则将缩短元素灯的使用寿命。要保持灯窗口洁净，如有污物，用擦镜纸轻轻擦拭。

（3）采用石墨炉原子吸收光谱法测定时首先接通冷却水源，待冷却水正常流通后方可开始执行下一步的操作。

（4）使用石墨炉时，样品注入的位置要保持一致，减少误差。工作时，冷却水的压力与惰性气流的流速应稳定。

（5）进样针头应经常擦洗，以保证顺利、准确地进样。观察进样针进样情况，以进样完全、针不挂样液为宜，若进样针挂水珠，在水槽加 1 滴硝酸。

（6）进样量为 15～20 μL 时，建议进样深度为离石墨管内壁底部三分之一左右。

（7）选择适宜的石墨炉升温程序，保证样品反应完全。

（8）基体匹配：标准系列的配制与样品消化液的介质保持基本一致，以减少物理干扰和部分化学干扰。

（9）试样溶液酸度不能太高，0.5%～2%为宜，否则影响石墨管寿命。石墨管的使用寿命为几百次，当石墨管变形、响应值降低或涂层爆皮时应及时更换。

（10）新石墨管要老化后再测定。当石墨管烧了百次时，应清理石墨锥、石墨套，保证洁净度。

（11）对复杂样品应使用基体改进剂，降低干扰。

3. 硝酸的验收注意事项

（1）外观验收：包装是否完好，相关标志是否清晰；生产日期是否在有效期内，是否有贮存条件，是否有合格证明。

（2）技术验收：量取 10 mL 硝酸，按照检测方法要求消解，定容至 25 mL，上原子吸收分光光度计测定干扰元素。

（3）被验证的硝酸检测值低于标准方法检出限可以使用，如高于标准方法检出限应进行纯化后再测定。

第五节　微生物学检验

一、霉菌和酵母菌计数检验

食品中霉菌和酵母菌计数检验的国家标准是《食品安全国家标准　食品微生物学检验霉菌和酵母计数》（GB 4789.15—2016），该标准适用于各类食品中霉菌和酵母菌计数检验。

1. 原理

霉菌和酵母菌的计数是指食品检样经过处理，在一定条件下培养后，所得 1 g 或 1 mL 检样中所含的霉菌和酵母菌菌落数。

2. 培养基和试剂

1）马铃薯-葡萄糖-琼脂

（1）成分：马铃薯（去皮切块）300 g、葡萄糖 20.0 g、琼脂 20.0 g、氯霉素 0.1 g、蒸馏水 1000 mL。

（2）制法：将马铃薯去皮切块，加 1000 mL 蒸馏水，煮沸 10～20 min。用纱布过滤，补加蒸馏水至 1000 mL。加入葡萄糖和琼脂，加热溶解，分装后，121 ℃灭菌 20 min，备用。

（3）检验原理：马铃薯浸出粉有助于各种霉菌的生长；葡萄糖提供能源；氯霉素抑制细菌的生长；琼脂是培养基的凝固剂。

2）孟加拉红培养基

（1）成分：蛋白胨 5.0 g、葡萄糖 10.0 g、磷酸二氢钾 1.0 g、硫酸镁（无水）0.5 g、琼脂 20.0 g、孟加拉红 0.033 g、氯霉素 0.1 g、蒸馏水 1000 mL。

（2）制法：上述各成分加入蒸馏水中，加热溶解，补足蒸馏水至 1000 mL，分装后，121 ℃灭菌 20 min，避光保存备用。

（3）检验原理：蛋白胨在培养基中作为营养物质提供菌体生长所需氮源等；葡萄糖作为能源；磷酸盐作为缓冲剂；镁盐促进菌体细胞的生长；孟加拉红可抑制细菌的生长，

也可限制繁殖快的霉菌菌落的大小和高度，此外还作为着色剂，霉菌或酵母菌吸收后便于菌落的观察；氯霉素为抗生素，可抑制细菌的生长；琼脂作为凝固剂。

3）无菌磷酸盐缓冲液

（1）成分：磷酸二氢钾（KH_2PO_4）34.0 g、蒸馏水 500 mL。

（2）制法：

贮存液：称取 34.0 g 的磷酸二氢钾溶于 500 mL 蒸馏水中，用大约 175 mL 的 1 mol/L 氢氧化钠溶液调节 pH 至 7.2，用蒸馏水稀释至 1000 mL 后贮存于冰箱。

稀释液：取贮存液 1.25 mL，用蒸馏水稀释至 1000 mL，分装于适宜容器中，121 ℃ 高压灭菌 15 min。

4）无菌生理盐水

（1）成分：氯化钠 8.5 g、蒸馏水 1000 mL。

（2）制法：称取 8.5 g 氯化钠溶于 1000 mL 蒸馏水中，121 ℃高压灭菌 15 min。

3. 设备和材料

除微生物实验室常规灭菌及培养设备外，其他设备和材料如下：

（1）恒温培养箱：（28±1）℃。

（2）拍击式均质器及均质袋。

（3）天平：感量为 0.1 g。

（4）无菌锥形瓶：容量为 250 mL、500 mL。

（5）无菌吸管：1 mL（具 0.01 mL 刻度）、10 mL（具 0.1 mL 刻度）或微量移液器及吸头。

（6）无菌试管：10 mm×75 mm。

（7）涡旋混合器。

（8）无菌培养皿：直径为 90 mm。

（9）恒温水浴箱：（46±1）℃。

（10）显微镜：10～100 倍。

（11）折光仪。

（12）郝氏计测玻片：具有标准计测室的特制玻片。

（13）盖玻片。

（14）测微器：具有标准刻度的玻片。

4. 检验方法

1）第一法　霉菌和酵母平板计数法

霉菌和酵母计数的检验程序如图 3.5.1 所示。

具体操作步骤如下。

（1）样品的稀释。

固体和半固体样品：称取 25 g 样品，放入 225 mL 无菌稀释液（蒸馏水或生理盐水或磷酸盐缓冲液），充分振摇，即得 1∶10 稀释液。

```
                        检样
                          │
                          ▼
        ┌─────────────────────────────────────┐
        │ 25 g（mL）样品+225 mL无菌稀释液，均质 │
        └─────────────────────────────────────┘
                          │
                          ▼
              ┌───────────────────┐
              │   10倍系列稀释     │
              └───────────────────┘
                          │
                          ▼
      ┌─────────────────────────────────────────┐
      │ 选择2～3个适宜稀释度的样品匀液，每个平皿加入1 mL，每个 │
      │          稀释度做两个平行实验             │
      └─────────────────────────────────────────┘
                          │
                          ▼
    ┌───────────────────────────────────────────┐
    │ 每皿中加入20～25 mL马铃薯-葡萄糖-琼脂或孟加拉红培养基 │
    └───────────────────────────────────────────┘
          (28±1) ℃           5 d
                          │
                          ▼
              ┌───────────────────┐
              │     菌落计数       │
              └───────────────────┘
                          │
                          ▼
                  ┌───────────┐
                  │    报告    │
                  └───────────┘
```

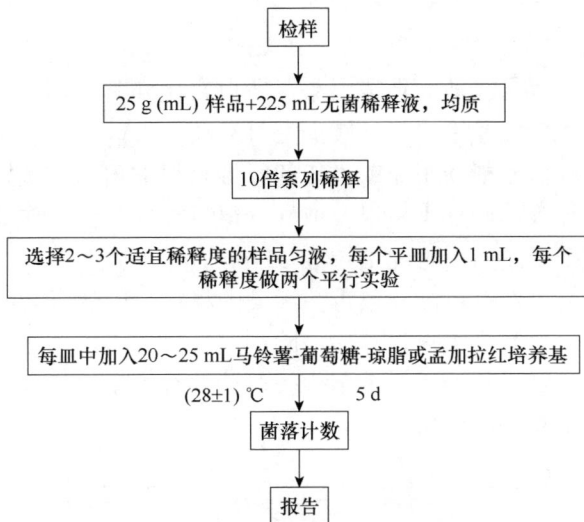

图 3.5.1　霉菌和酵母计数的检验程序

液体样品：以无菌吸管吸取 25 mL 样品放入盛有 225 mL 无菌稀释液（蒸馏水或生理盐水或磷酸盐缓冲液）的适宜容器内（可在瓶内预置适当数量的无菌玻璃珠），充分混匀，制成 1∶10 的样品匀液。

取 1 mL 1∶10 稀释液注入含有 9 mL 无菌稀释液的试管中，另换一支 1 mL 无菌吸管反复吹吸，即得 1∶100 稀释液。

按上一步操作程序，制备 10 倍系列稀释样品匀液。每递增稀释一次，换用 1 次 1 mL 无菌吸管。

（2）根据对样品污染状况的估计，选择 2～3 个适宜稀释度的样品匀液（液体样品可包括原液），在进行 10 倍递增稀释的同时，每个稀释度分别吸取 1 mL 样品匀液置于 2 个无菌平皿内，同时分别取 1 mL 样品稀释液加入 2 个无菌平皿作空白对照。

（3）及时将 15～20 mL 冷却至 46 ℃的马铃薯-葡萄糖-琼脂或孟加拉红培养基（可放置于（46±1）℃恒温水浴箱中保温）倾注平皿，并转动平皿使其混合均匀。

（4）培养：待琼脂凝固后，正置平板，于（28±1）℃培养 5 d，观察并记录。

2）第二法　霉菌直接镜检计数法

检验程序有检样的制备、显微镜标准视野的校正和涂片制作，以及观测：

（1）检样的制备：取适量检样，加蒸馏水稀释至折光指数为 1.3447～1.3460（即浓度为 7.9%～8.8%），备用。

（2）显微镜标准视野的校正：将显微镜按放大率 90～125 倍调节标准视野，使其直径为 1.382 mm。

（3）涂片制作：洗净郝氏计测玻片，将制好的标准液，用玻璃棒均匀地摊布于计测室，加盖玻片，以备观察。

（4）观测：将制好的载玻片置于显微镜标准视野下进行观测。一般每一检样每人观察 50 个视野。同一检样应由两人进行观察。

5. 注意事项

（1）由于霉菌孢子容易飞散而造成污染，所以霉菌和酵母菌的检验应在单独的实验室中进行，并应尽量保持实验室安静，减少空气流动。

（2）由于霉菌实验室不能使用布或类似的纤维材料的窗帘，故操作人员不能在阳光直射下配制、分装稀释液，倾注平板以及取样，最好能安排流水作业，以使从稀释第一份样品到倾注最后一个平皿所用时间不超过 20 min。

（3）在每次试验前，对有可能导致霉菌污染的材料，应认真全面消毒。

（4）做完试验后，尤其是大量培养后，除在第一时间将霉菌培养物灭菌外，还要对培养箱、接种箱、实验室进行消毒。霉菌孢子对紫外线抵抗力较强，所以通常以甲醛熏蒸，严重污染时可用 10%甲醛喷雾。

6. 结果记录及数据处理

1）霉菌和酵母平板计数法的报告

霉菌和酵母计数方法：

（1）在对平皿内的菌落进行计数时，可用肉眼观察，必要时用放大镜或低倍镜，以防遗漏，记录稀释倍数和相应的霉菌和酵母菌数量。以菌落形成单位（colony-forming units，CFU）表示。

（2）选取菌落数在 10～150 CFU 的平板，根据菌落形态分别计数霉菌和酵母。霉菌蔓延生长覆盖整个平板的可记录为菌落蔓延。

2）霉菌和酵母菌计数结果与报告

霉菌和酵母菌的计算方法有以下几种：

（1）计算同一稀释度的两个平板菌落数的平均值，再将平均值乘以相应稀释倍数。

（2）若有两个稀释度平板上菌落数均在 10～150 CFU，则按照《食品安全国家标准 食品微生物学检验 菌落总数测定》（GB 4789.2—2022）的相应规定进行计算。

（3）若所有平板上菌落数均大于 150 CFU，则对稀释度最高的平板进行计数，其他平板可记录为多不可计，结果按平均菌落数乘以最高稀释倍数计算。

（4）若所有平板上菌落数均小于 10 CFU，则应按稀释度最低的平均菌落数乘以稀释倍数计算。

（5）若所有稀释度（包括液体样品原液）平板均无菌落生长，则以小于 1 乘以最低稀释倍数计算。

（6）若所有稀释度的平板菌落数均不在 10～150 CFU，其中一部分小于 10 CFU 或大于 150 CFU 时，则以最接近 10 CFU 或 150 CFU 的平均菌落数乘以稀释倍数计算。

3）霉菌和酵母菌的结果报告

（1）菌落数按"四舍五入"原则修约。菌落数在 10 以内时，采用一位有效数字报告；菌落数在 10～100 时，采用两位有效数字报告。

（2）菌落数大于或等于 100 时，前第 3 位数字采用"四舍五入"原则修约后，取前 2 位数字，后面用 0 代替位数来表示结果；也可用 10 的指数形式来表示，此时也按"四舍五入"原则修约，采用两位有效数字。

（3）若空白对照平板上有菌落出现，则此次检测结果无效。

（4）称重取样以 CFU/g 为单位报告，体积取样以 CFU/mL 为单位报告，报告或分别报告霉菌和/或酵母数。

7. 霉菌直接镜检计数法的报告

（1）结果与计算：在标准视野下，发现有霉菌菌丝其长度超过标准视野（1.382 mm）的 1/6 或三根菌丝总长度超过标准视野的 1/6（即测微器的一格）时即记录为阳性（＋），否则记录为阴性（－）。

（2）报告：报告每 100 个视野中全部阳性视野数为霉菌的视野百分数（视野%）。

二、乳酸菌检验

食品中乳酸菌检验国家标准是《食品安全国家标准　食品微生物学检验　乳酸菌检验》（GB 4789.35—2023），该标准适用于含活性乳酸菌的食品中乳酸菌的检验。

1. 原理

乳酸菌菌落总数的测定主要是指检样通过处理，在一定条件下（如培养基、培养温度和培养时间等）进行涂布、培养后，所得 1 g 或 1 mL 检样中形成的乳酸菌菌落总数。

2. 培养基和试剂

1）MRS 培养基

（1）成分：蛋白胨 10.0 g、牛肉粉 10.0 g、酵母粉 5.0 g、葡萄糖 20.0 g、吐温 80 1.0 mL、七水磷酸氢二钾 2.0 g、三水醋酸钠 5.0 g、柠檬酸三铵 2.0 g、七水硫酸镁 0.2 g、四水硫酸锰 0.05 g、琼脂粉 15.0 g、蒸馏水 1000 mL。

（2）制法：将上述成分加入到 1000 mL 蒸馏水中，加热溶解，调节 pH 至 6.2±0.2，分装后 121 ℃高压灭菌 15 min。

（3）检测原理：蛋白胨、牛肉粉、酵母粉提供氮源、维生素、生长因子；葡萄糖为可发酵糖类；磷酸氢二钾为酸碱缓冲剂；柠檬酸三铵、硫酸镁、硫酸锰、吐温 80 和醋酸钠为培养各种乳酸菌提供生长因子，其成分还能抑制某些杂菌并中和细胞毒性物质，为乳酸菌提供一个良好的生长环境；琼脂是培养基的凝固剂。

2）MC 培养基

（1）成分：大豆蛋白胨 5.0 g、牛肉粉 3.0 g、酵母粉 3.0 g、葡萄糖 20.0 g、乳糖 20.0 g、碳酸钙 10.0 g、琼脂 15.0 g、蒸馏水 1000 mL、1%中性红溶液 5.0 mL。

（2）制法：将上述 7 种成分加入蒸馏水中，加热溶解，调节 pH 至 6.0±0.2，加入中性红溶液。分装后 121 ℃高压灭菌 15 min。

（3）检测原理：大豆蛋白胨、牛肉粉和酵母粉提供氮源、维生素和生长因子；葡萄糖和乳糖为可发酵糖类提供碳源；乳酸菌发酵糖产酸使菌落周围碳酸钙溶解，以辨别乳酸菌；琼脂是培养基的凝固剂；中性红为 pH 指示剂。

3）莫匹罗星锂盐和半胱氨酸盐酸盐改良 MRS 培养基

（1）莫匹罗星锂盐储备液制备：称取 50 mg 莫匹罗星锂盐加入到 5 mL 蒸馏水中，

用 0.22 μm 微孔滤膜过滤除菌，临用现配。

（2）半胱氨酸盐酸盐储备液制备：称取 500 mg 半胱氨酸盐酸盐加入到 10 mL 蒸馏水中，用 0.22 μm 微孔滤膜过滤除菌，临用现配。

（3）制法：将 MRS 成分加入到 985 mL 蒸馏水中，加热溶解，调节 pH 至 6.2±0.2，分装后 121 ℃高压灭菌 15 min。临用时加热熔化琼脂，在水浴中冷至 48 ℃，用无菌注射器将莫匹罗星锂盐储备液及半胱氨酸盐酸盐储备液加入到熔化琼脂中，使培养基中莫匹罗星锂盐的浓度为 50 μg/mL，半胱氨酸盐酸盐的浓度为 500 μg/mL。

（4）检测原理：蛋白胨、牛肉粉、酵母粉提供氮源、维生素、生长因子；葡萄糖为可发酵糖类；磷酸氢二钾为酸碱缓冲剂；柠檬酸三铵、硫酸镁、硫酸锰、吐温-80 和乙酸钠为培养各种乳酸菌提供生长因子，其成分还能抑制某些杂菌并中和细胞毒性物质，为乳酸菌提供一个良好的生长环境；琼脂是培养基的凝固剂；莫匹罗星可以抑制乳杆菌和嗜热链球菌等杂菌的生长；L-半胱氨酸可以促进双歧杆菌的生长。

4）无菌生理盐水

（1）成分：氯化钠 8.5 g、蒸馏水 1000 mL。

（2）制法：称取 8.5 g 氯化钠溶于 1000 mL 蒸馏水中，121 ℃高压灭菌 15 min。

3. 设备和材料

除微生物实验室常规灭菌及培养设备外，其他设备和材料如下。

（1）恒温培养箱：（36±1）℃。

（2）厌氧培养装置：厌氧培养箱、厌氧罐、厌氧袋或能提供同等厌氧效果的装置。

（3）冰箱：2～5 ℃。

（4）均质器及无菌均质袋、均质杯或灭菌乳钵。

（5）涡旋混匀仪。

（6）电子天平：感量 0.1 g。

（7）恒温水浴锅。

（8）无菌吸管：1 mL（具 0.01 mL 刻度）、10 mL（具 0.1 mL 刻度）或微量移液器及吸头。

（9）无菌锥形瓶：500 mL、250 mL。

（10）无菌平皿：直径 90 mm。

4. 检验程序

乳酸菌的检验程序如图 3.5.2 所示。

5. 操作步骤

1）样品的制备

（1）样品的全部制备过程均应遵循无菌操作程序。

（2）稀释液在试验前应在（36±1）℃条件下充分预热 15～30 min。

（3）冷冻样品：可先使其在 2～5 ℃条件下解冻，时间不超过 18 h，也可在温度不超过 45 ℃的条件下解冻，时间不超过 15 min。

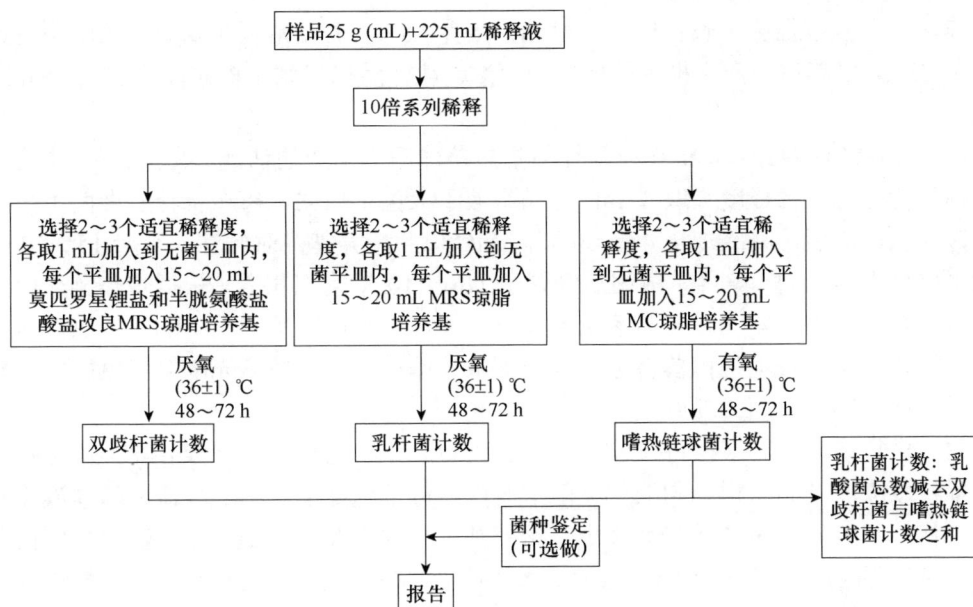

图 3.5.2 乳酸菌的检验程序

（4）固体和半固体食品：以无菌操作称取 25 g 样品，置于装有 225 mL 生理盐水的无菌均质杯内，以 8000～10 000 r/min 的转速均质 1～2 min，制成 1∶10 样品匀液；或置于 225 mL 生理盐水的无菌均质袋中，用拍击式均质器拍打 1～2 min，制成 1∶10 的样品匀液。

（5）液体样品：先将其充分摇匀，再以无菌吸管吸取样品 25 mL，放入装有 225 mL 生理盐水的无菌锥形瓶（瓶内预置适当数量的无菌玻璃珠）或均质袋中，充分振摇，制成 1∶10 的样品匀液。

2）样品的稀释

（1）用 1 mL 无菌吸管或微量移液器吸取 1∶10 样品匀液 1 mL，沿管壁缓慢注于装有 9 mL 生理盐水的无菌试管中（吸管尖端不要触及稀释液），振摇试管或换用 1 支无菌吸管，反复吹打使其混合均匀，制成 1∶100 的样品匀液。

（2）另取 1 mL 无菌吸管或微量移液器吸头，按上述操作顺序，制作 10 倍递增样品匀液。每递增稀释 1 次，即换用 1 次 1 mL 灭菌吸管或吸头。

3）乳酸菌计数

（1）乳酸菌总数计数根据待检样品活菌总数的估计，选择 2～3 个连续的适宜稀释度，每个稀释度吸取 0.1 mL 样品匀液分别置于 2 个 MRS 琼脂平板，使用 L 形棒进行表面涂布。（36±1）℃，厌氧培养 48 h±2 h 后计数平板上的所有菌落数。从样品稀释到平板涂布要求在 15 min 内完成。

（2）双歧杆菌计数。根据对待检样品双歧杆菌含量的估计，选择 2～3 个连续的适宜稀释度，每个稀释度吸取 1 mL 样品匀液于灭菌平皿内，每个稀释度做两个平皿。稀释液移入平皿后，将冷却至 48～50 ℃ 的莫匹罗星锂盐和半胱氨酸盐酸盐改良 MRS 琼脂培养基倾注入平皿 15～20 mL，转动平皿使混合均匀。培养基凝固后倒置于（36±1）℃ 厌氧培养，根据双歧杆菌生长特性，一般选择培养 48 h，若菌落无生长或生长较小可选择培养至 72 h，培养后计数平板上的所有菌落数。从样品稀释到平板倾注要求在 15 min 内完成。

（3）嗜热链球菌计数。根据待检样品嗜热链球菌活菌数的估计，选择 2～3 个连续的适宜稀释度，每个稀释度吸取 1 mL 样品匀液于灭菌平皿内，每个稀释度做两个平皿。稀释液移入平皿后，将冷却至 48～50 ℃的 MC 琼脂培养基及时倾注入平皿 15～20 mL，转动平皿使混合均匀。培养基凝固后倒置于（36±1）℃有氧培养，根据嗜热链球菌生长特性，一般选择培养 48 h，若菌落无生长或生长较小可选择培养至 72 h。嗜热链球菌在 MC 琼脂培养基平板上的菌落特征为：菌落中等偏小，边缘整齐光滑的红色菌落，直径（2±1）mm，菌落背面为粉红色。

（4）乳杆菌计数。根据待检样品活菌总数的估计，选择 2～3 个连续的适宜稀释度，每个稀释度吸取 1 mL 样品匀液于灭菌平皿内，每个稀释度做两个平皿。稀释液移入平皿后，将冷却至 48～50 ℃的 MRS 琼脂培养基倾注入平皿 15～20 mL，转动平皿使混合均匀。培养基凝固后倒置于（36±1）℃厌氧培养，根据乳杆菌生长特性，一般选择培养 48 h，若菌落无生长或生长较小可选择培养至 72 h。从样品稀释到平板倾注要求在 15 min 内完成。

6. 注意事项

（1）倾倒培养基时要适量，一般在 15～20 mL，避免因涂布平板的培养基不够而影响乳酸菌的培养。

（2）制备系列稀释液时，要将不同倍数的稀释液振荡均匀，以免影响测定结果。

（3）每递增稀释一次，必须另换 1 支 1 mL 灭菌吸管，这样所得检样的稀释倍数才准确。

三、菌落计数

食品中菌落总数的测定国家标准是《食品安全国家标准　食品微生物学检验　菌落总数测定》（GB 4789.2—2022），该标准适用于含活性乳酸菌的食品中乳酸菌的检验。

1. 菌落计数方法

（1）在对平皿内的菌落进行计数时，可用肉眼观察，必要时用放大镜，以防遗漏，有条件时还可以用菌落计数器。记录稀释倍数和相应的菌落数量。菌落计数以菌落形成单位 CFU 表示。

（2）选取菌落数在 30～300 CFU，无蔓延菌落生长的平板计数菌落总数。低于 30 CFU 的平板记录具体菌落数，大于 300 CFU 的可记录为"多不可计"。每个稀释度的菌落数应采用两个平板的平均数。

（3）当其中一个平板有较大片状菌落生长时，不宜采用，而应以无片状菌落生长的平板作为该稀释度的菌落数；若片状菌落不到平板的 1/2，而其余 1/2 中菌落分布又很均匀，则可计算半个平板的菌落数后乘以 2，代表一个平板的菌落数。

（4）当平板上出现菌落间无明显界线的链状生长时，将每条单链作为一个菌落计数。

2. 菌落计数结果与报告

1）菌落总数的计算方法

若只有一个稀释度平板上的菌落数在适宜计数的范围内，则计算两个平板菌落数的平均值，再将平均值乘以相应的稀释倍数，作为每 g（mL）样品中的菌落总数。

若有两个连续稀释度的平板菌落数在适宜计数的范围内，则按以下公式计算。

$$N=\frac{\sum C}{(n_1+0.1n_2)\,d}$$

式中，N——样品中菌落数；

$\sum C$——平板（含适宜范围菌落数的平板）菌落数之和；

n_1——第一稀释度（低稀释倍数）平板个数；

n_2——第二稀释度（高稀释倍数）平板个数；

d——稀释因子（第一稀释度）。

若所有稀释度的平板上菌落数均大于 300 CFU，则对稀释度最高的平板进行计数，其他平板可记录为"多不可计"，结果按平均菌落数乘以最高稀释倍数计算。

若所有稀释度的平板菌落数均小于 30 CFU，则应按稀释度最低的平均菌落数乘以稀释倍数计算。

若所有稀释度（包括液体样品原液）的平板均无菌落生长，则以小于 1 乘以最低稀释倍数计算。

若所有稀释度的平板菌落数均不在 30～300 CFU，其中一部分小于 30 CFU 或大于 300 CFU，则以最接近 30 CFU 或 300 CFU 的平均菌落数乘以稀释倍数计算。

2）菌落总数的报告

（1）当菌落数小于 100 CFU 时，按四舍五入原则修约，以整数报告。

（2）当菌落数大于或等于 100 CFU 时，第 3 位数字采用四舍五入原则修约后，取前两位数字，后面用 0 代替位数；也可用 10 的指数形式来表示，按四舍五入原则修约后，采用两位有效数字。

（3）若所有平板上为蔓延菌落而无法计数，则报告菌落蔓延。若空白对照上有菌落生长，则此次检测结果无效。

（4）称重取样以 CFU/g 为单位报告，体积取样以 CFU/mL 为单位报告。

第四章　结果记录及数据处理

第一节　结 果 记 录

一、色谱分析基本术语

1. 色谱图（色谱流出曲线）

在色谱分析中，以组分浓度由检测器转变为相应的电信号为纵坐标，以流出时间为横坐标所作的关系曲线称为色谱流出曲线或色谱图，即检测器的响应信号随着时间变化的曲线。在一定的进样量范围内，色谱流出曲线遵循正态分布。它是进行色谱定性、定量分析以及评价色谱分离情况的依据。

2. 基线

经流动相冲洗，柱与流动相达到平衡后，检测器测出一段时间的流出曲线。基线反映了在试验操作条件下，检测系统噪声随着时间变化的情况。稳定的基线是一条直线。

3. 基线漂移

由于条件的变化或扰动，而引起的信号线的位置发生变化。

4. 基线噪声

基线噪声是在不进样品（仪器噪声）或走空白样品（方法噪声）时的基线大小，由各种因素所引起的基线起伏。

5. 峰高

色谱峰峰顶到基线间的垂直距离叫作色谱峰峰高。

6. 峰面积

色谱图背景线以上部分的总面积，表示待测物的含量，面积越大，含量越高。

7. 保留时间

被分离样品组分从进样开始到柱后出现该组分浓度极大值时的时间，也即从进样开始到出现某组分色谱峰的顶点时为止所经历的时间，称为此组分的保留时间，常以分（min）为时间单位。

8. 相对保留时间

某组分的校正保留时间与相应标样的校正保留时间之比。校正保留时间是组分的保留时间减去空气的保留时间。相对保留时间的优点是：只要柱温、固定相性质不变，即使柱径、柱长、填充情况及流动相流速有所变化，相对保留时间仍保持不变，因此它是色谱定性分析的重要参数。

9. 区域宽度

即色谱峰的区域宽度，是色谱流出曲线中的一个重要参数。从色谱分离角度着眼，希望区域宽度越窄越好。通常度量色谱峰区域宽度有以下三种方法：

（1）标准偏差（σ）：指 0.607 倍峰高处色谱峰宽度的 1/2。

（2）半峰宽（$Y_{1/2}$）：峰高 1/2 处色谱峰的宽度，由于 $Y_{1/2}$ 易于测量，使用方便，所以常用它表示区域宽度。

（3）峰宽（Y）：过色谱峰两侧的转折点所作切线在基线上的截距。

利用色谱图可以解决以下问题：

（1）根据色谱峰的位置（保留值）可以进行定性检定；

（2）根据色谱峰的面积或峰高可以进行定量测定；

（3）根据色谱峰的位置及其宽度可以对色谱柱分离情况进行评价。

二、分离度

分离度，又称分辨率、解析度，是色谱图中相邻两个色谱峰分离程度的量度，是色谱柱总的分离效能的指标。所谓分离度是指同一样品中相邻两组分保留值之差与其峰底宽度（Y）的算术平均值之比。

显然，相邻两组分保留值差别越大、平均峰底宽度越小，则 R 值越大，意味着相邻两组分分离得越好。

一般来说当 $R<1$ 时，两峰有部分重叠；

当 $R=1.0$ 时，分离度可达 98%；

当 $R=1.5$ 时，分离度可达 99.7%。

$R \geqslant 1.5$ 称为完全分离。

通常用 $R=1.5$ 作为相邻两组分已完全分离的标志。

当两组分的色谱峰有交叠、峰形不对称时，峰底宽度难于测量，此时可用半峰宽代替峰底宽度。

三、校准曲线

校准曲线是指在规定条件下，表示被测值与仪器仪表实测值之间关系的曲线。

校准曲线包括"标准曲线"和"工作曲线"。应用标准溶液制作校准曲线时，如果分析步骤与样品的分析步骤相比有某些省略时，则制作的校准曲线称为标准曲线。如果模拟被分析物质的成分，并与样品完全相同的分析处理，然后绘制的校准曲线称为工作曲线。因此，如果基体效应对分析方法至关重要时，应使用含有与实际样品类似基体的标准溶液系列进行校准曲线的绘制。如有可能，也可用与试样成分相近的标准参考物质制作校准曲线。

1. 标准曲线法

标准曲线法也称外标法或直接比较法，是一种简便、快速的定量方法。用标准品配制成不同质量浓度的标准系列，在与待测组分相同的色谱条件下，等体积准确进样，测量各峰的峰面积或峰高，用峰面积或峰高对样品质量浓度绘制标准曲线，此标准曲线应是通过原点的直线。

若标准曲线不通过原点，则说明存在系统误差。标准曲线的斜率即为绝对校正因子。

2. 标准曲线的绘制

1）测量范围

方法的测量范围通常应满足以下条件：

（1）应涵盖方法的定量限和关注浓度水平；

（2）至少确认方法测量范围的定量限、关注浓度水平和最高关注水平的正确度和精密度，必要时可增加关注水平；

（3）若方法的测量范围呈线性，还应满足线性范围的要求。

对于分析方法而言，用线性计算模式来定义仪器响应与浓度的关系，该计算模式的应用范围。从方法检出限到不呈线性相关的最高浓度点的范围为方法的线性范围。当存在基质效应时，应使用试剂空白或样品空白来考察线性范围。

2）标准工作曲线质量浓度点

标准工作曲线质量浓度点要满足以下要求：

（1）至少 6 个校准点（包括空白），浓度范围尽可能覆盖一个或多个数量级。每个校准点至少以随机顺序重复测量 2 次，最好是 3 次或更多；

（2）浓度范围一般应覆盖关注浓度的 50%～150%，如需做空白时，应覆盖关注浓度的 0～150%；

（3）对于筛查方法，线性回归方程的相关系数不低于 0.98；

（4）对于定量方法，线性回归方程的相关系数不低于 0.99；

（5）校准用的标准点应尽可能均匀分布在关注浓度范围内并能覆盖该范围。点的分布应是等间距的。在理想的情况下，不同浓度的校准溶液应独立配制，不能通过稀释同一母液获得。低浓度的校准点不宜通过稀释校准曲线高浓度的校准点进行配制。

（6）当目标组分含量或浓度在工作曲线工作范围内时，可使用单点校正，但应研究单点校正范围。

（7）最低浓度点应远离检出限，位于定量限附近，中间点为目标分析物日常检测浓度水平，最高浓度点为关注范围最高点或接近最高点。

（8）应充分考虑基质效应的影响，排除其对校准曲线的干扰。实验室应提供文献或实验数据，说明目标分析物在溶剂中、样品中和基质成分中的稳定性，并在方法中予以明确。

（9）检测标准样品时，应按浓度递增顺序进行，以减少高浓度对低浓度的影响，提高准确性。

3）配制标准曲线的要求

（1）仪器校验好。

（2）移取液体体积要精确，保证迅速准确，使用一根吸量管；为减小人为误差，同一种液体要一个人操作。

（3）保证标准品的纯度，所用标准品最好是新打开的，纯度较高的固体或溶液，防止污染。

（4）容器要保证洁净。

（5）根据标准品理化性质注意加样的先后顺序。

（6）若还是有某个点误差较大，应舍弃。

4）相关系数

相关系数是用以反映变量之间相关关系密切程度的统计指标。反映两变量间线性相关关系的统计指标称为相关系数，分析化学中线性相关性系数是 r。

相关性系数（r）是研究变量之间线性相关程度的量，r 越大，说明相关性越高，当 $r=0$ 的时候，说明两者之间相关程度最低。

相关系数的平方 r^2 称为判定系数，它是估计的回归方程拟合程度度量，一般 r^2 越靠近 1，拟合程度越好，实验结果越成功。

5）标准工作曲线的检验

（1）精密度检验。

标准曲线的精密度检验：精密度检验就是看试验点距离拟合的直线的距离有无异常，所以也称线性检验（拟合检验），需用 F 检验，$P<0.05$ 作为线性检验合格的标准。

（2）截距检验。

即检验校准曲线的准确度，在线性检验合格的基础上，对其进行线性回归，得出回归方程 $y=a+bx$，然后将所得截距 a 与 0 作 t 检验，当取 95% 置信水平，经检验无显著性差异时，a 可做 0 处理，方程简化为 $y=bx$，移项得 $x=y/b$。在线性范围内，可代替查阅校准曲线，直接将样品测量信号值经空白校正后，计算试样浓度。

当 a 与 0 有显著性差异时，表示校准曲线的回归方程计算结果准确度不高，应找出原因予以校正后，重新绘制校准曲线并经线性检验合格。在计算回归方程，经截距检验合格后投入使用。

线性质量应该综合考察曲线相关系数、截距、回算浓度。通常判断曲线质量只看相关系数 R 是不充分的。特别是具有自动配置曲线功能的仪器，曲线权重可能会导致曲线高浓度区/低浓度区有偏差。

检查标准曲线是否合适，要进行回算。如：

Cd 曲线 $R=0.9999$，回算结果准确，<5%，合适。

Cr 曲线 $R=0.9997$，回算结果误差大，18%～44%，不合适。

四、外标法

外标法是指按梯度添加一定量的标准品于空白溶剂中制成对照样品，与未知试样平行地进行样品处理并检测。不同质量浓度的标准品进样，以峰面积为值绘制成标准曲线，从而推算出未知试样中被测组分浓度的定量方法。

在色谱分析中，外标法是在与被测样品相同的色谱条件下单独测定，把得到的色谱峰面积与被测组分的色谱峰面积进行比较求得被测组分的含量。

外标物与被测组分同为一种物质，但要求它有一定的纯度，分析时外标物的浓度应与被测物浓度相接近，以利于定量分析的准确性。外标法在操作和计算上可分为校正曲线法和用校正因子求算法。

1. 外标法的优点

操作简单和计算方便。计算时可直接从标准工作曲线上读出含量，这对大量样品分析十分合适。特别是标准工作曲线绘制后可以使用一段时间，在此段时间内可经常用一个标准样品对标准工作曲线进行单点校正，以确定该标准工作曲线是否还可使用。

2. 外标法的缺点

每次样品分析的色谱条件（检测器的响应性能，柱温度，流动相流速及组成，进样量，柱效等）很难完全相同，因此容易出现较大误差。另外，标准工作曲线绘制时，一般使用欲测组分的标准样品（或已知准确含量的样品），因此对样品前处理过程中欲测组分的变化无法进行补偿。

要求进样量十分准确，要严格控制在与标准物相同的色谱条件下进行，否则造成分析误差。操作条件和仪器重复性对分析结果影响很大，不像归一化和内标法定量操作中可以互相抵消。因此，标准曲线使用一段时间后应当校正，结果的准确度取决于进样量的重现性和操作条件的稳定性。

五、归一化法

把所有出峰组分的含量之和按 100% 的定量方法称为归一化法。

校正面积归一化法定量分析的使用必须满足两个前提条件：样品中所有组分在检测器中都有响应；要清楚每个组分的校正因子。

归一化法的优点是简便、准确，定量结果与进样量无关，操作条件对结果影响较小；缺点是试样中所有组分必须全部出峰，某些不需要定量的组分也要测出其校正因子和峰面积。此外，测量低含量尤其是微量杂质时，误差较大。

一般归一化法的计算公式：

$$X_i\% = [A_i / (A_1 + A_2 + \cdots + A_n)] \times 100\%$$

校正面积归一化法的计算公式：

$$X_i\% = [A_i \cdot F_i / (A_1 \cdot F_1 + A_2 \cdot F_2 + \cdots + A_n \cdot F_n)] \times 100\%$$

式中，X_i——组分 i 的百分含量；

A_1、$A_2 \cdots A_n$——组分 1、2$\cdots n$ 的峰面积；

F_1、$F_2 \cdots F_n$——组分 1、2$\cdots n$ 的相对校正因子。

相对校正因子 F 可通过查阅有关气相色谱的资料或是提前已经通过仪器测定获得，代入上述公式便可计算出各个组分的含量。

第二节 数 据 处 理

一、方法检出限和方法定量限

1. 检出限

在一定的置信水平下，样品中目标分析物能被定性检测的最低浓度或量。

所谓"检出"是指定性检出，在检出限附近不能进行准确的定量。检出限分为仪器检出限和方法检出限。

1）仪器检出限

用仪器可靠地将目标分析物信号从背景（噪声）中识别出来时分析物的最低浓度或量。

2）方法检出限

用特定方法可靠地将目标分析物信号从背景（噪声）中识别或区分出来时分析物的最低浓度或量。

3）方法检出限的验证

方法检出限的验证方法有许多，可以进行选择。根据《化学分析方法验证确认和内部质量控制要求》（GB/T 32465—2015）的规定，如果方法中已给出方法检出限，则在该含量水平上通过分析该含量水平的样品验证方法检出限，分析结果应在给出的方法检出限±20%范围内。

如标准中方法检出限是 0.01 mg/kg，将该量添加到空白样品中，独立做 10 个样品，如果检出值的平均值在 0.008～0.012 mg/kg 范围内，则证实达到方法标准的要求。

《合格评定 化学分析方法确认和验证指南》（GB/T 27417—2017）标准中规定，信噪比评估法不适用方法检出限，也就是不能用 3 倍信噪比评估方法检出限，但可用于仪器检出限的评估。

2. 定量限

在满足规定的正确度和精密度的条件下，样品中目标分析物能被测定的最低浓度或量。

从定义可以看出，定量限此时的分析结果应能确保一定的正确度和精密度。定量限分为仪器定量限和方法定量限。

1）仪器定量限

仪器能可靠检出并定量被分析物的最低量。

2）方法定量限

在特定基质中一定可信度内，用某一方法可靠检出并定量被分析物的最低量。

3）方法定量限的验证

将标准中规定的方法定量限添加到空白样品中进行验证，其正确度和精密度应满足该含量水平下方法正确度的回收率范围和重现性条件下精密度的要求。

正确度是通过回收率进行评估，正确度应满足表 4.2.1 的要求。

表 4.2.1　方法回收率偏差范围

含量范围/（mg·kg^{-1}）	回收率/%
>100	95～105
1～100	90～110
0.1～1	80～110

精密度一般对方法的验证只验证方法的重复性，重复性的测定应在自由度至少为 6 的情况下。对一个样品测定 7 次；或对 2 个样品，每个样品测定 4 次；或对 3 个样品，每个样品测定 3 次。方法重复性可通过准备不同浓度的样品或浓度与回收率相近的样品（样品可以是实际样品，也可抽用添加所需分析物的空白样品或实际样品），在短时间内由同一操作者进行分析测定，并计算平均值、标准偏差和相对标准偏差，应符合表 4.2.2 的要求。

表 4.2.2　实验室内相对标准偏差

被测组分含量	实验室内相对标准偏差/%	被测组分含量	实验室内相对标准偏差/%
0.1 μg/kg	43	100 mg/kg	5.3
1 μg/kg	30	1000 mg/kg	3.8
10 μg/kg	21	1%	2.7
100 μg/kg	15	10%	2.0
1 mg/kg	11	100%	1.3
10 mg/kg	7.5		

如方法定量限是 0.05 mg/kg，将该量添加到空白样品中，如果检出值的回收率在 60%～120%，RSD 在 15%～21%，即证明达到方法标准中方法定量限的要求。

在检测工作中，检测的依据是检测方法标准，因此只考虑方法检出限和方法定量限。

二、有效数字运算规则

1. 加减法

保留有效数字的以小数点后位数最小的为准，即以绝对误差最大的为准。先按小数点后位数最少的数据，保留其他各数的位数，再进行加减计算，计算结果也使小数点后保留相同的位数。

例如：$0.0121 + 25.64 + 1.057\,82 = 0.01 + 25.64 + 1.06 = 26.71$。

2. 乘除法

保留有效数字的位数以位数最少的数为准，即以相对位数最大的为准。先按有效数字最少的数据保留其他各数，再进行乘除运算，计算结果仍保留相同有效数字。

例如：$0.0121 \times 25.64 \times 1.057\,82 = 0.0121 \times 25.6 \times 1.06 = 0.328$。

三、检测结果和精密度的表述

1. 检测结果的表述

（1）测定值的运算和有效数字的修约应符合《数值修约规则与极限数值的表示和判

定》（GB/T 8170—2008）的规定。

（2）如需检测平行样，定量分析结果应报告平行样测定值的算术平均值。

（3）分析结果保留小数点后的位数或有效位数，应满足有效数字运算规则及相关检测方法标准的要求。

如农残检测要求当检测结果<1 mg/kg 时，保留两位有效数字，当检测结果>1 mg/kg 时，保留三位有效数字。

当钙含量≥10.0 mg/kg（10.0 mg/L）时，计算结果保留三位有效数字，当钙含量<10.0 mg/kg（10.0 mg/L）时，保留两位有效数字。

兽农残检测要求检测结果均保留三位有效数字。

（4）样品测定值的单位应使用法定计量单位，且与检测方法标准中规定的一致。

（5）如果分析结果小于方法的检出限，用"未检出"或"小于方法检出限"表述分析结果，并应注明方法检出限数值；分析结果大于等于检出限但小于定量限时，用定性检出，小于方法定量限表述分析结果；分析结果大于等于方法定量限时，用实际检出值表述分析结果。

（6）农兽残检测时，检测参数与上报结果的参数有时是不一致的，应按照残留物定义对检测结果进行描述。

如检测方法中检测参数是氯氰菊酯，而氯氰菊酯残留物定义是氯氰菊酯异构体之和，因此上报结果是氯氰菊酯和高效氯氰菊酯，不能只报氯氰菊酯。

检测方法中检测参数是氰戊菊酯，而氰戊菊酯残留物定义是氰戊菊酯异构体之和，因此上报结果是氰戊菊酯和 S-氰戊菊酯，不能只报氰戊菊酯。

三唑酮的残留物定义是三唑酮和三唑醇之和，检测时不但要测定三唑酮，同时还要测定三唑醇，计算时将二者结果相加，上报结果是三唑酮。

检测参数是甲基硫菌灵，甲基硫菌灵残留物定义是甲基硫菌灵和多菌灵之和，以多菌灵表示，因此在检测时不但要测定甲基硫菌灵，同时还要测定多菌灵，计算时将甲基硫菌灵按分子量折算成多菌灵，二者结果相加，上报结果是多菌灵。

2. 精密度的描述

精密度的描述方法很多，由于检测时需要做平行，因此精密度的描述只涉及二次平行测定结果。

检测方法中精密度的描述方法常用的有绝对差、相对偏差、相对相差、重复性限。由于是二次检测的结果，所以检测结果的精密度不能用相对标准偏差（变异系数）来表示。

GB 5009 系列的标准大部分是用相对相差来描述精密度的，农残检测方法标准国标 GB 23200.108 以后颁布的标准，都是用重复性限描述精密度的。农残检测方法的重复性限是用线性内插法计算的，兽残检测方法的重复性限是用对数方程来计算的。

例 1：某种农药组分添加含量（ω_1）是 0.1 mg/kg 时，重复性限（r_1）为 0.04；添加含量（ω_2）是 0.5 mg/kg 时，重复性限（r_2）为 0.20；当两次平行测定结果分别为 0.32 mg/kg 和 0.40 mg/kg 时，利用线性内插法计算，该次测定精密度是否符合要求。

$$\omega = (\omega_1 + \omega_2)/2$$

$$r = r_1 + (r_2 - r_1) \times (\omega - \omega_1) / (\omega_2 - \omega_1)$$

$$r = 0.04 + (0.2 - 0.04) \times (0.36 - 0.1) / (0.5 - 0.1) = 0.144$$

$0.4 - 0.32 = 0.08$，小于 0.144，根据重复性限的定义符合要求。

例 2：鱼肉中兽药残留检测结果分别为 0.248 μg/kg 和 0.242 μg/kg，其精密度是否符合标准要求，标准中精密度用重复性限表示，计算公式为 $\lg r = 0.873 \lg m - 0.9302$。

$$\lg r = 0.873 \lg m - 0.9302 = 0.873 \times \lg 0.245 - 0.9302 = -0.9874$$

$$r = 0.1029$$

$0.248 - 0.242 = 0.006$，差值小于 0.1029，根据重复性限的定义符合要求。

四、农兽药残留检测结果判定

1. 农药残留检测结果判定

农药残留检测结果判定依据的标准是 GB 2763—2021 和 GB 2763.1—2022，在标准中限量值有三种情况，一是正式限量，二是临时限量（标准中打 * 的），三是豁免残留限量。

临时限量的原因是：

（1）每日允许摄入量是临时的；

（2）没有完善和可靠的膳食数据；

（3）没有符合要求的残留检测方法标准；

（4）农药或农药/作物组合在我国没有登记，但在国际贸易和进口检验需要时；

（5）在紧急情况下，农药被批准在未登记作物上使用时，制定紧急限量，并对其适用范围和时间进行限定；

（6）其他资料不完全满足评估程序要求时。

临时限量的法律效力同正式限量，都可以作为判定依据。当存在下述情形时，豁免制定残留限量：

（1）当农药毒性很低，按照标签规定使用后，食品中农药残留不会对健康产生不可接受风险时。

（2）当农药的使用仅带来微小的膳食摄入风险时。豁免制定残留限量的农药需要根据具体农药的毒性和使用方法逐个进行风险评估确定。GB 2763—2021 中有 44 种豁免在食品中制定最大残留限量的农药。

在使用 GB 2763—2021 和 GB 2763.1—2022 进行判定时，存在几种情况。

① 在标准中有相应的作物和限量。

在标准中有相应的作物和限量，可以直接判定，如检测李子中的多菌灵，标准中的限量值是 0.5 mg/kg，如果检测值大于 0.5 mg/kg，则判定超标，产品不合格。

② 农业农村部公告中禁止在蔬菜、水果、茶叶和食用菌中使用的农药。

农业农村部 2032 号公告中禁止毒死蜱在蔬菜、水果、茶叶和食用菌中使用，检测结果是按照 GB 2763—2021 和 GB 2763.1—2022 进行判定，在蔬菜和水果上限量值是 0.02 mg/kg，不是说公告中禁止使用，就是不得检出，而按照方法检出限进行判定。GB 2763 中所有禁限用农药都规定了限量值，都应该按照标准进行判定。

③ 按照食品组进行判定。

GB 2763—2021 范围中写明"如某种农药的最大残留限量应用于某一食品类别时，在该食品类别下的所有食品均适用，有特别规定的除外"。

在检测时如遇到检出农药没有限量值，但食品类别有限量值，就可以按照食品类别的限量值进行判定。

又比如在番茄上检出呋虫胺，在 GB 2763—2021 中没有规定其限量，但在茄果类蔬菜上规定其限量值为 0.5 mg/kg，由于番茄属于茄果类蔬菜，因此番茄可以按茄果类蔬菜的限量值进行判定。

在检测时如遇到检出农药没有限量值，在 GB 2763—2021 中食品类别没有限量值，但相应食品组的作物有限量，不能按食品组进行外推进行判定。

如在丝瓜上检测出多菌灵，在 GB 2763—2021 中没有规定其限量，但在黄瓜、西葫芦、苦瓜上规定了限量，虽然丝瓜按食品组也属于瓜类蔬菜，但不能依据黄瓜、西葫芦、苦瓜外推对丝瓜进行判定。

④ 没有限量值的情况。

由于农产品种类太多，不可能在所有作物上都规定了限量，因此在实际检测中，往往检出某种农药而没有限量值，这时就不能判定。

2. 兽药残留检测结果判定

根据我国兽药的批准使用情况以及兽药最大残留限量标准的有关规定，对兽药残留检测结果进行科学合理的判定。一般分为以下几种情况。

1）已批准使用，并规定了最大残留限量标准的药物

对于已批准使用，并规定了最大残留限量标准的药物按照规定的方法标准检测后，检测结果大于最大残留限量标准的判定为不符合规定，检测结果小于等于最大残留限量标准的判定为符合规定。

示例：猪肉中恩诺沙星残留量的测定。

现行有效的 GB 31650—2019 中规定猪肉中恩诺沙星残留标志物恩诺沙星和环丙沙星之和的最大残留限量为 100 µg/kg，某实验室猪肉样品中恩诺沙星和环丙沙星之和的检测结果如果为 150 µg/kg，大于 100 µg/kg，则判为不符合规定；如果为 80 µg/kg，小于 100 µg/kg，则判为符合规定。

换句话说，就是在猪的养殖过程中允许使用恩诺沙星预防治疗动物疾病，但是，只要遵循休药期规定，在屠宰上市时猪体内残留的恩诺沙星药物消除到最大残留限量以下，仍然是符合食品安全要求的，是可以上市销售的。

2）停用药物或产蛋供人食用的家禽产蛋期不得使用的药物

对于停用药物或产蛋供人食用的家禽产蛋期不得使用的药物，如果规定了最大残留限量，按照规定的方法标准检测后，检测结果大于最大残留限量标准的判定为不符合规定，检测结果小于等于最大残留限量标准的判定为符合规定。

示例：鸡蛋中氟苯尼考残留量的测定。

现行有效的《食品安全国家标准　食品中 41 种兽药最大残留限量》（GB 31650.1—

2022）中规定鸡蛋中氟苯尼考残留标志物氟苯尼考和氟苯尼考胺之和的最大残留限量为 10 μg/kg，某实验室鸡蛋样品中氟苯尼考和氟苯尼考胺之和的检测结果如果是 20 μg/kg，大于 10 μg/kg，则判为不符合规定；如果为 5 μg/kg，小于 10 μg/kg，则判为符合规定。

这里需要明确的一点是，虽然鸡蛋中检出了氟苯尼考，且残留量检测结果小于最大残留限量标准 10 μg/kg，可能是由于蛋鸡在产蛋之前用药等因素引起的，残留量检测结果符合食品安全要求，但也不代表在蛋鸡产蛋期可以使用氟苯尼考。也就是说，在蛋鸡饲养环节，仍然要遵循氟苯尼考产蛋期不得使用的规定。

3）禁用药物或允许作治疗使用，但不得在动物性食品中检出的药物

对于禁用药物或允许作治疗使用，但不得在动物性食品中检出的药物，一般依据方法的定量限进行判定。按照规定的方法标准检测后，如果检测结果大于等于方法定量限，则判为不符合规定。如果选用的方法标准同时给出了方法检测限，检测结果大于方法检测限，小于方法定量限，则判为定性检出（小于方法定量限）。

另外，随着液相色谱-串联质谱仪的快速发展，仪器灵敏度不断提高，方法检测限不断降低，老型号仪器假设只能检测到 0.5 μg/kg，现在有的新型号仪器可以检测到 0.05 μg/kg，甚至更低。这样，给这类药物的残留检测和结果判定带来新的挑战。但总体来说，过度追求灵敏度，0.05 μg/kg、0.005 μg/kg、0.0005 μg/kg……的检测限也是不可取的。

欧盟对于动物性食品中氯霉素、硝基呋喃类代谢物和孔雀石绿的监管要求越来越严，在欧盟 2002/657/EC 中规定其 MRPL（最低要求执行限）分别为 0.3 μg/kg、1 μg/kg 和 2 μg/kg，但在欧盟 2019/1871 中规定其 RPA（行动参考点）分别为 0.15 μg/kg、0.5 μg/kg 和 0.5 μg/kg。也就是说按照新的 RPA 规定，如果残留检测结果小于 RPA，则判为符合规定；检测结果大于等于 RPA，则判为不符合规定。如果检测结果小于 RPA，符合规定，但也不代表在动物饲养过程中可以使用该类药物。

对于该类药物的残留检测结果判定，我国政府部门有时也会在下达检测任务的文件中规定药物的判定限，类似欧盟的 MRPL 和 RPA。因此，这时就应按照文件规定的判定限进行判定，不再依据方法定量限或方法检测限进行判定；检测结果小于判定限的，则判为符合规定；检测结果大于等于判定限的，则判为不符合规定。

4）"边缘数据"的判定

如果残留量检测结果在兽药的最大残留限量附近，或者定量限/判定限（对于禁用药物等）附近，这时就要进行不确定度的评估，在给出检测结果的同时，还要给出方法的不确定度，以便进行综合判定。

五、检测原始记录的要求

1. 数据处理过程

数据处理的过程是：

（1）将测定数据填入原始记录；

（2）将测定数据代入计算公式；

（3）根据有效数字运算规则计算检测结果；

（4）根据有效数字运算规则和方法标准要求确定检测结果的有效位数；

（5）根据方法标准规定对检测结果进行修约；

（6）计算平均值和精密度。

2. 检测原始记录的要求

检测原始记录应包含足够的信息，以满足检测活动再现性和可溯源要求。至少应包括：样品名称、样品编号、标准工作溶液编号、检测方法、检测日期、检测地点、环境因素、使用主要仪器设备名称和编号、仪器工作条件、检测过程与量值计算有关的读数、计算公式、精密度要求、图谱等，应使用国家法定计量单位。图谱也是检测原始记录的一部分。

对于农兽残检测，如果所检组分有代谢产物，在原始记录中都要有所记录，并将所报组分列出。如检测克百威，按照要求应检测克百威和三羟基克百威，在原始记录中要列出克百威、三羟基克百威和克百威三行。前两行是测定的结果，后一个是上报的结果。因为根据残留物定义，上报结果是克百威，因此要将三羟基克百威按分子量换算成克百威，与测定出的克百威相加，以加和的结果上报。

3. 气相色谱检测原始记录

表 4.2.3～表 4.2.5 是气相色谱检测原始记录，供参考。

表 4.2.3　气相色谱检测工作条件原始记录

第　页　共　页

检测地点		进样日期		室温 $t/℃$	
相对湿度/%				检测器	
仪器名称、编号	气相色谱仪			标准工作溶液编号	
组分					
标样质量浓度 $\rho/(mg/L)$					
进样体积 $V_4/\mu L$					
保留时间/min					
标样峰面积 $A/(\mu V \cdot s)$					
仪器工作条件	色谱柱： 空气流量 mL/min： 柱温：		载气流量 mL/min： 进样口温度 ℃：		氢气流量 mL/min： 检测器温度 ℃：	
	升温速率/(℃/min)		最终温度/℃		保留时间/min	
1						
2						
3						
4						

检测人：　　　　　　　　校核人：　　　　　　　　审核人：

表 4.2.4　气相色谱测定原始记录

第　页　共　页

样品名称		样品编号		进样日期	
检测地点		室温 $t/℃$		相对湿度/%	
检测依据				样品状态	
仪器名称、编号	电子天平		气相色谱仪		

续表

样品质量 m/g	提取液总体积 V_1/mL		分取体积 V_2/mL		定容体积 V_3/mL	
组分	保留时间/min	样液峰面积 A/ （μV·s）	测定值 ω/ （mg/kg）	平均值 ω/ （mg/kg）	测定值绝对差 ω/（mg/kg）	精密度 r
			ω_1			
			ω_2			
精密度判定	$\omega_2-\omega_1<r$	$r=r_1+（r_2-r_1）\times（\omega-\omega_1）/（\omega_2-\omega_1）$ ω_1、ω_2—组分含量；ω—测定平均值；r_1、r_2—ω_1、ω_2 相对应重复性限，从该检测方法标准中查出。				
计算公式	$\omega=\dfrac{\rho\times V_1\times V_3\times A}{m\times V_2\times A_S}$					
备注	仪器参数、标样质量浓度、进样体积及峰面积见仪器工作条件原始记录　　号。 （附在　　号样品原始记录上）					

检测人：　　　　　　　　　　校核人：　　　　　　　　　　审核人：

表 4.2.5　气相色谱测定原始记录

第　页　共　页

样品名称		样品编号		进样日期	
检测地点		室温 t/℃		相对湿度/%	
检测依据					
仪器名称、编号	电子天平		气相色谱仪		
样品质量 m/g	提取液总体积 V_1/mL		分取体积 V_2/mL		定容体积 V_3/mL

组分	保留时间/ min	样液峰面积 A/（μV·s）	含量 ω/（mg·kg^{-1}）	平均值 ω/（mg·kg^{-1}）	相对相差%
允许相对相差					
计算公式	$\omega=\dfrac{\rho\times V_1\times V_3\times A}{m\times V_2\times A_S}$				
备注	仪器参数、标样质量浓度、进样体积及峰面积见仪器工作条件原始记录　　号。 （附在　　号样品原始记录上）				

检测人：　　　　　　　　　　校核人：　　　　　　　　　　审核人：

4. 液相色谱检测原始记录

表 4.2.6 和表 4.2.7 是液相色谱检测原始记录，供参考。

表 4.2.6　高效液相色谱仪器工作条件原始记录

标准工作溶液编号		检测地点	
仪器名称		仪器编号	
检测器		色谱柱	
流动相	V_A:	V_B:	
波长/nm		流速/（mL/min）	
柱温/℃		进样体积 V/μL	
检测条件	温度：　℃；相对湿度：　%	检测日期	年　月　日

梯度洗脱程序（V_A+V_B）		
时间/min	V_A	V_B

标准工作曲线				
组分名称				
保留时间/min				
质量浓度 ρ/（mg·L^{-1}）				
峰面积 A/（μV·s）				
线性方程及相关系数				
备注				

检测人：　　　　　　　　校核人：　　　　　　　　审核人：

表 4.2.7　高效液相色谱检测原始记录

样品名称		样品编号		进样日期	
检测地点		室温 t/℃		相对湿度/%	
检测依据				样品状态	
仪器名称、编号	电子天平　　　　　液相色谱仪				

样品质量 m/g	提取液体积 V_1/mL	分取体积 V_2/mL	定容体积 V_3/mL

组分名称	保留时间/min	标准曲线查得的质量浓度 ρ/（mg·L^{-1}）	测定值 ω/（mg·kg^{-1}）	平均值 ω/（mg·kg^{-1}）	相对相差/%	允许相对相差/%

续表

计算公式	$\omega=\dfrac{\rho\times V_1\times V_3}{m\times V_2}$
备注	仪器参数、标样质量浓度、进样体积及峰面积见仪器工作条件原始记录 号。 （附在 号样品原始记录上）

检测人： 校核人： 审核人：

5. 原子吸收检测原始记录

表 4.2.8 是原子吸收检测原始记录，供参考。

表 4.2.8 原子吸收（石墨炉）铅测定原始记录

第 页 共 页

标准工作溶液编号				样品状态		
检测地点		室温 t/℃		相对湿度/%		
检测依据		GB 5009.12—2023 第一法				
仪器名称、编号	电子天平		原子吸收分光光度计			
波长 λ/nm		狭缝宽度 l/mm		灯电流 I/mA		
干燥温度 t/℃			灰化温度 t/℃			
原子化温度 t/℃			净化温度 t/℃			
定容体积 V_1/mL		分取体积 V_2/mL		分取定容体积 V_3/mL		

样品名称	样品编号	试样质量 m/g	标准曲线查得质量浓度 ρ/（mg/L）	测定值 ω/（mg/kg）	平均值 ω/（mg/kg）	相对相差/%

空白值 ρ_0/（mg/L）						
标准溶液质量浓度 ρ/（mg/L）						
吸光值 A						
线性方程				相关系数		
方法精密度						
计算公式	$\omega=\dfrac{(\rho-\rho_0)\times V_1\times V_3}{m\times V_2}$					
备注						

检测人： 校核人： 审核人：

第一节　实验室安全管理

微课

一、高压气瓶的使用和管理

1. 高压气体的种类

（1）压缩气体。如氧、氢、氮、氨、氦等气体。

（2）溶解气体。乙炔（溶于丙酮中，加入活性炭）。

（3）液化气体。二氧化碳、一氧化氮、石油气等。

（4）低温液化气体。液态氧、液态氮等。

2. 高压气瓶的分类

（1）永久气体气瓶。永久气体（压缩气体）因其临界温度小于$-10\ ℃$，常温下呈气态，所以称为永久气体，如氢、氧、氮、空气、煤气及氩、氦、氖、氪等。这类气瓶一般都以较高的压力充装气体，目的是增加气瓶的单位容积充气量，提高气瓶利用率和运输效率。

（2）液化气体气瓶。液化气体气瓶充装时都以低温液态灌装。有些液化气体的临界温度较低，装入瓶内后受环境温度的影响而全部气化。有些液化气体的临界温度较高，装瓶后在瓶内始终保持气液平衡状态，因此，可分为高压液化气体和低压液化气体。

高压液化气体。临界温度大于或等于$-10\ ℃$，且小于或等于$70\ ℃$。常见的有乙烯、乙烷、二氧化碳、六氟化硫、氯化氢、三氟氯甲烷（F-13）、三氟甲烷（F-23）、六氟乙烷（FC-116）、氟己烯等。常见的充装压力有 15 MPa 和 12.5 MPa 等。

低压液化气体。临界温度大于$70\ ℃$。如溴化氢、硫化氢、氨、丙烷、丙烯、异丁烯、1,3-丁二烯、1-丁烯、环氧乙烷、液化石油气等。《气瓶安全监察规定》规定，液化气体气瓶的最高工作温度为$60\ ℃$。低压液化气体在$60\ ℃$时的饱和蒸气压都在 10 MPa 以下，所以这类气体的充装压力都不高于 10 MPa。

（3）溶解气体气瓶。是专门用于盛装乙炔的气瓶。由于乙炔气体极不稳定，故必须把它溶解在溶剂（常见为丙酮）中。气瓶内装满多孔性材料，以吸收溶剂。乙炔瓶充装乙炔气，一般要求分两次进行，第一次充气后静置 8 h 以上，再第二次充气。

3. 几种常用气体钢瓶的漆色与标识

（1）氧气瓶。颜色为淡酞蓝（天蓝），字样"氧"，字颜色为黑色，当压力为 20 MPa，为白色环一道，当压力为 30 MPa，为白色环二道。

（2）氢气瓶。颜色为深绿色，字样"氢"，字颜色为大红，当压力为 20 MPa，为淡黄色环一道，当压力为 30 MPa，为淡黄色环二道。

（3）氮气瓶。颜色为黑色，字样"氮"，字颜色为淡黄，当压力为 20 MPa，为白色环一道，当压力为 30 MPa，为白色环二道。

（4）氨气瓶。颜色为淡黄，字样"液氨"，字颜色为黑色。

（5）空气瓶。颜色为黑色，字样"氧"，字颜色为白色，当压力为 20 MPa，为白色环一道，当压力为 30 MPa，为白色环二道。

（6）氦气瓶。颜色为灰色，字样"氦"，字颜色为白色。

（7）氩气瓶。颜色为灰色，字样"氩"，字颜色为绿色。

（8）粗氩气瓶。颜色为黑色，字样"粗氩"，字颜色为白色。

（9）纯氩气瓶。颜色为灰色，字样"纯氩"，字颜色为绿色。

（10）乙炔气瓶。颜色为白色，字样"乙炔不可近火"，字颜色为大红。

（11）二氧化碳气瓶。颜色为铝白，字样"液化二氧化碳"，字颜色为黑色，当压力为 20 MPa，为黑色环一道。

（12）氯气瓶。颜色为草绿，字样"液氯"，字颜色为白色。

（13）液化石油气气瓶。颜色为银灰，字样"液化石油气"，字颜色为大红。

4. 高压气瓶的使用

（1）对气瓶和周围环境进行安全检查使用前要检查连接部位是否漏气，可涂上肥皂液进行检查，确认不漏气后才可进行实验。

（2）缓慢地旋开气瓶阀，调节减压阀，将压力调到实验要求值。

（3）使用完毕后，先关闭气瓶阀。

（4）待减压器中余气逸尽后，再关减压阀。

（5）检查气瓶阀是否完全关闭（看减压器上压力表是否归零）。

（6）减压器的安装、使用。高压钢瓶必须安装减压器，它可以降压并保持稳压。不同的工作气体有不同的减压器。不同的减压器，外表漆以不同的颜色加以标志，与不同的气体钢瓶外表所漆的颜色是相对的。在装、卸减压器时，要对准，用力平衡，防止滑扣，以免安装不牢或漏气。使用时，先开气瓶阀门，然后将减压器调节螺丝慢慢顺时针方向旋紧，打开了减压器的低压室，工作气体经过低压室进入气体管路。根据使用气体所需的压力为依据，在缓慢调节减压器螺丝时，观察低压表的压力至需要压力时（一般稍偏高一些）为止。使用完后，先关气瓶阀门，放尽减压器进出口气体，然后将减压器调节杆逆时针方向旋松，低压表指针回零。如果减压器调节杆不旋松，减压器中的弹簧长期压缩，就会疲劳失灵。

5. 高压气瓶使用注意事项

（1）气瓶停放处设有固定支架、栅栏等防止倒瓶设施；气瓶应远离明火和电气设备；使用气瓶的室内必须通风良好，空瓶满瓶分开放置；使用气瓶禁止敲击、碰撞，不得靠近热源，夏季应防暴晒；开启时，操作者应站在阀门的侧后方，动作轻缓；开启总阀门时，不要将头或身体正对阀门，防止高压气体冲出伤人。气体必须经减压阀减压，不得直接放气。

（2）各种减压器一般不可混用。打开气瓶阀时，应使调压螺杆处于完全旋松状态，避免瞬时压力损坏膜片，从而导致减压器失效；高压气瓶上选用的减压阀要专用，安装时螺扣要上紧。使用时应装减压器。可燃性气瓶（如 H_2、C_2H_2）气门螺丝为反丝；不燃性或助燃性气瓶（如 N_2、O_2）为正丝。

（3）氧气钢瓶的减压器、瓶体不能沾上油污，周围要注意绝对不能有油脂和带油污的物品，氧气和油类可以发生剧烈的化学反应，引起燃烧，产生爆炸。操作者必须将手洗干净，绝对不能穿用沾有油脂或油污的工作服、手套及油手操作，以防万一氧气冲出后发生燃烧甚至爆炸。打开氧气瓶开关及打开减压器时，动作要缓慢，避免气流快速流经阀门时产生静电火花，引起氧气瓶的爆炸。氧气瓶更换减压器时，一定要注意使用专用减压器（外面漆有天蓝色），并且要注意洗除油脂后才可使用。氧气瓶、可燃性气瓶与明火距离应不小于 10 m；有困难时，应有可靠的隔热防护措施，但不得小于 5 m。

（4）乙炔钢瓶中充有丙酮，乙炔溶解在丙酮中，钢瓶一般充至压力最高 15 kgf/cm^2（1 kgf/cm^2＝98.0665 kPa，下同），使用后残压最低保留为 1 kgf/cm^2。乙炔钢瓶不能与铜、银材质的器件和管路相接，与乙炔接触的铜合金器具含铜量须不得高于 70%。长期接触，会生成易爆物质乙炔铜（Cu_2C_2）和乙炔银（Ag_2C_2）。乙炔燃烧时，绝对禁止用四氯化碳来灭火。新运到实验室的乙炔钢瓶，要静置 24 h 以后使用，以免使用时受丙酮影响，导致原子吸收分析时火焰不稳，噪声增大。此外，还应该注意在使用乙炔气过程中瓶体的温度，如瓶体发热，说明瓶内有自动聚合反应，应立即停止使用，关闭阀门并迅速用冷水冷却瓶体，不再发热为止。乙炔气瓶在使用、运输、贮存时，环境温度不得超过 40 ℃。乙炔气瓶在使用时必须装设专用减压器、回火防止器，工作前必须检查是否好用，否则禁止使用。气瓶与明火的距离要大于 10 m。

（5）氢气钢瓶一定要严禁烟火，远离火种和热源，要与氧气和压缩空气、氟、氯及氧化剂分开存放，严禁混放。因为氢气密度小，易从管路的连接处微孔漏出，在空气中扩散很快，极易燃烧并引起爆炸，所以应经常检查是否漏气，确保安全。氢气瓶与盛有易燃、易爆物质及氧化性气体的容器和气瓶的间距不应小于 10 m，与明火或普通电气设备的间距不应小于 10 m，与空调装置、空气压缩机通风设备等吸风口的间距不应小于 20 m，与其他可燃性气体贮存地点的间距不应小于 20 m。室内必须通风良好，保证空气中氢气最高含量不超过 1%（体积比）。室内换气次数每小时不得少于三次，局部通风每小时换气次数不得少于七次。

（6）高压气体钢瓶的存放地点应是阴凉、干燥，没有暖气，炉火，无阳光直接照射的、通风好的气瓶间。钢瓶直立放置并固定牢靠。可燃气体不准与其他种类易燃、易爆物品共同贮存，应与氧气、压缩空气、氧化剂、氟、氯等分间存放；不燃气体，如氩气、氦气、二氧化碳气体可以和可燃气体或助燃气体同间存放。

（7）高压气瓶原则上不要在实验室内存放，而应在实验楼外设置气瓶间，布设固定的不锈钢材质的气体管路引入实验室。钢瓶应安装减压器，气体管路进入实验后，应安装开关装置和指示压力表。这套气路装置在正式使用前，要用压缩空气试压检漏合格后方可正式投入使用高压气体。如没有条件外置气瓶间，这时在实验楼内气瓶间宜单独设置或设在无危险性的辅助用房内。如室内可放置气瓶，气瓶应放在气瓶柜中，远离仪器设备，并有安全防护设施。氢气瓶和乙炔气瓶绝对不能放在仪器室内。

（8）瓶内的气体严禁用尽（即压力表指零），最后应剩余少量气体，剩余残压一般应保留有 0.05 MPa 以上压力；可燃性气体应剩余 0.2～0.3 MPa（2～3 kg/cm² 表压），氢气应保留 2 MPa，以防重新充气时发生危险。

（9）发现阀门和减压阀泄漏时，不得继续使用，应及时处理，阀门损坏时严禁带压更换阀门；用完气后，应及时关闭阀门。

（10）搬运时，易燃易爆气瓶禁止混装。应装上防振垫圈，旋紧安全帽以保护开关阀，防止其意外转动和减少碰撞。搬运充装有气体的钢瓶时，最好用特制的小推车，不允许用手执开关阀移动。

（11）使用中的气瓶要按规定定期检验，检验不合格的气瓶不可继续使用，严禁使用安全阀超期的气瓶。

二、压力消解罐使用注意事项

高压消解罐内杯采用实验级高纯聚四氟乙烯（PTFE）材料，也可选用 TFM 或 PFA 材料；外罐采用国标无磁不锈钢材料，也可以选用耐强腐蚀的哈氏合金、蒙乃尔合金、镍、钛合金等材料。使用时应注意以下三点。

1. 消解温度

国家标准中高压罐在恒温干燥箱中的消解为在 140～160 ℃下保持 4～5 h。不建议使用温度达到或超过 180 ℃，一些难溶物质只需增加反应时间就应该可以消解，温度过高，聚四氟乙烯内杯容易变形而泄漏样品，从而影响使用寿命，不提倡使用。

2. 消解体积

消解用溶剂样品加入量根据不同实验而定，一般为内杯容量的 1/5 到 1/3。如反应物的产气量很大，建议冷硝化过夜，使用高氯酸、双氧水等尤其要注意。

3. 使用后

消解结束后，不可立即把消解罐拧开，待冷却后方可打开，冷却后外罐可以很轻松打开，如果打不开，用钢棒助力打开，实验结束应该清洗消解罐各部件、内杯等，注意不要混淆，干燥保存。使用王水、硝酸等酸溶剂时，聚四氟乙烯内杯的外壁发黄，属于正常现象，不影响使用。

三、微波消解仪使用注意事项

（1）微波消解仪必须有良好的地线。定期检查仪器的"接地"是否可靠、正确，请确保仪器有良好的接地（小于 10 Ω）。

（2）定期清洁腔体底板，以防止转子上的白色陶瓷滚珠粘连，影响转子转动的灵活性。

（3）定期检查温度传感器是否工作正常。可以用冷水和热水分别测定低温及高温，并用普通温度计对比判断。

（4）仪器外壳、内腔壁勿用硬尖工具擦洗，只能用软布浸去离子水擦除灰尘、水和酸。

（5）使用转子前，确保转子架、外罐、弹簧片、容器外壁干净无水。

（6）温度传感器的陶瓷管内不能有水，如有则用风筒吹干，否则会引起陶瓷管损坏。

（7）对于密封效果不好、容器口已变形的消解罐，不要再使用。

（8）禁止使用脏的内罐、盖子及外罐。因为它会吸收微波而引起罐子泄压。使用的制样容器一定要保持外内罐间无液体或杂质存在，以免损坏制样罐。

（9）微波消解仪的聚四氟乙烯内罐在使用一段时间以后可能会发黄，主要原因是吸附了 NO_x 和 Cl_2 等极性的物质所致，不影响使用。

（10）硫酸沸点为 340 ℃，高于 TFM 罐子的最大工作温度（300 ℃），故不能单独使用硫酸进行样品的微波消解。

（11）微波制样过程中，最大使用 80% 的加热功率；如制样罐少于 4 只时，要使用 50% 以下功率。

（12）在使用中除了可加热敞口容器中的水外，其他任何酸或碱、盐或固体物质，均不要单独在敞口容器中加热。

（13）不要在制样罐外套金属类外罩，否则将出现打火或击穿；微波制样中一定避免将金属物质（如导线、金属块等）误放入谐振腔中。

（14）微波消解系统的制样容器用塑料制作，不能用强的机械力，其螺纹易于滑丝，应用力量要适度，这些部件属于消耗品。压力测量接头不能用力过大，否则易损坏。

（15）制样罐一般装有机物干样不超过 0.5 g。样品消解常用试剂是硝酸、盐酸、氢氟酸、过氧化氢等。磷酸、硫酸和高氯酸等高沸点和易爆试剂不能单独使用。对于样品和试剂反应剧烈的消解制样，请在开口状态下保持制样容器在通风橱内进行反应，待反应平静后，盖上容器盖，把容器放入制样系统中。

（16）制样罐内的样品、试剂和溶剂总体积不能超过内杯容积的 30%。

（17）把控制罐放在最右侧样罐架上（即离压力传感器通道口最远的位置）。

注意：这一个罐不用安全膜，否则工作过程中无压力显示，容易出现事故。

（18）微波消解仪工作完成后，待显示窗上的压力降到"0"或接近"0"时，取下压力控制系统，取出样品罐，根据下一步测试要求将样品转移。

（19）从制样系统中取出样品罐后，不要用凉水降温，否则将导致制样罐外罐变形或破裂。

（20）不要使用汽油、酒精等有机溶剂或金属刷、铲刷洗，也不要用水冲洗谐振腔。

四、高压灭菌锅使用注意事项

1. 高压灭菌锅的操作步骤

（1）加水于夹层中（用蒸汽加热的灭菌器无须加水）。

（2）放入待灭菌的物品。

（3）盖好容器盖，并拧紧。

（4）加热或通入蒸汽。

（5）待升至规定压力时，打开排气阀，排出容器内的冷空气，防止形成"假压"。待容器内蒸汽压力上升至所需压力（如 0.1 MPa）时，开始计时。

（6）持续用蒸汽加热 15～20 min。

（7）切记不要突然打开容器盖，以防止灭菌器中盛装培养物的容器喷出。为此，待容器内压力降至自然压力时，再打开容器盖子，取出灭菌物品。

（8）灭菌效果检查。可将有芽孢的细菌放在培养皿内，用纱布包好，按常法灭菌。灭菌后取出培养皿，若无细菌生长，则表示灭菌效果良好。

2. 使用注意事项

（1）高压灭菌器是通过向容器内增加压力进行消毒灭菌的设备，有一定的危险性，操作灭菌器及其相关人员均要考取特种设备作业人员（压力容器作业）操作证。

（2）灭菌时需排尽灭菌器和物品包内的冷空气；如未被完全排除，则会影响灭菌效果。要消毒的物品包不宜过大（每件小于 50 cm×30 cm×30 cm），也不宜过紧，各包之间要有间隙，以利于蒸汽流通。

（3）灭菌器内加水不宜过多，以免沸腾后水向内桶溢流，使待消毒物品被水浸泡。放气阀门下连接的金属软管不得折损，否则放气不充分，冷空气滞留在桶内会影响温度的上升，影响灭菌效果。

（4）灭菌完毕后，不可放气减压，否则瓶内液体会剧烈沸腾，冲掉瓶塞而外溢甚至导致容器爆裂。须待灭菌器内压力降至与大气压相等后才可开盖。如果高压灭菌器消毒锅内是瓶装溶液，且突然开锅，则玻璃骤然遇到冷空气易发生爆裂，必须注意如果突然把锅门开得太大，冷空气大量进入，易使包布周围蒸汽凝成水点而堵塞包布孔眼，阻碍包布内蒸汽排出，而使物品潮湿。

（5）不同灭菌指标的物品，不能一起灭菌。

（6）经常保持设备的清洁与干燥，可以延长其使用寿命。橡胶密封圈使用日久会老化，应定期更换。

（7）应定期检查安全阀的可靠性，若工作压力超过 0.165 MPa 时不起跳，则需更换合格的安全阀。

五、生物安全柜的使用方法

1. 开机
（1）关闭实验室门和生物安全柜内的紫外灯。
（2）慢慢抬起生物安全柜的玻璃悬窗，并移动到正确的工作高度。
（3）所有必需的实验材料和物品放入生物安全柜后等待 3～5 min，让非洁净的空气排出工作区，无智能启动功能的生物安全柜，需开启生物安全柜的荧光灯和风机后让其运转 3～5 min。
（4）检查警报系统和气流指示器，确认生物安全柜处于"安全"状态，III级生物安全柜内应为负压。
（5）用薄纸片检查工作窗口的气流流向是否是向内，进气格栅是否堵塞。

2. 操作
（1）明确本次实验的所有操作步骤、设备和实验材料。

（2）调整椅子的高度使操作人员的面部高于玻璃悬窗开口高度。

（3）操作人员的双臂以垂直方向缓慢伸入生物安全柜内，至少等待 1 min 使生物安全柜内的气流稳定后再进行操作，以避免干扰安全柜内的气流流动。

（4）操作人员应按照清洁区到半污染区再到污染区的方向进行实验操作。

（5）应在距离玻璃悬窗和进气格栅至少 10 cm 的工作区域内进行实验操作，动作应轻柔、舒缓、规则，应尽量减少手臂在生物安全柜内频繁移动和反复进出。

（6）检测过程中应防止手臂、纸或其他物品遮挡进气格栅，以防止实验室的空气未通过进气格栅过滤就直接进入生物安全柜的工作区域。

（7）进行实验操作时应使用恰当的操作方法尽量减少溅洒或者气溶胶的产生：不应垂直打开瓶子或试管；在生物安全柜的工作区域放置浸润了恰当消毒剂的毛巾或纱布，吸收实验过程可能溅出的少量液滴；应倒置实验中废弃的吸头或吸管等实验材料；避免使用干扰生物安全柜内气流流动的设备和实验步骤；所有打开的容器应在移出安全柜前，盖好盖子并消毒清除表面污染。

（8）进行实验操作时应尽量减少背后人员走动和快速开关实验室门。

（9）每日若有多个实验，需在生物安全柜中进行期间不应中断生物安全柜的运行，以有效控制实验室中灰尘和颗粒的水平。

3. 消毒

（1）需熄灭所有明火再对生物安全柜内部进行消毒处理。

（2）以下情况，应使用 70% 的酒精或其他中性消毒剂（不应使用含氯的消毒剂）清除生物安全柜内的污染，所选择消毒剂的类型应能够杀死生物安全柜内可能存在的全部生物危害：实验开始前，应擦拭生物安全柜的工作台面和内壁；实验结束后，应擦拭生物安全柜的工作台面、内壁、玻璃悬窗内外侧、紫外灯和电源输出口，以及包括实验设备在内的生物安全柜内的所有物品；实验结束后需要移出生物安全柜的具有潜在生物危害的实验材料和物品；使用腐蚀性消毒剂如漂白粉等去除表面污染后需用无菌蒸馏水再次擦拭所消毒的表面。

（3）在进行安全柜内部区域消毒时，操作人员除了手臂以外的其他任何部位不能进入生物安全柜。

（4）具有潜在生物危害的实验材料和物品在清除表面污染后使用可灭菌的废弃物处理袋封装后移出安全柜，放入高压灭菌锅或其他灭菌装置处理。

4. 关机

（1）生物安全柜维持运行状态继续运转 5～15 min，以净化生物安全柜内空气。

（2）关闭玻璃悬窗，使用紫外灯照射 30 min，无智能启动功能的生物安全柜需关闭荧光灯和风机，打开紫外灯。

六、洁净工作台的使用方法

（1）使用工作台时，应先用经过清洁液浸泡的纱布擦拭，再用消毒剂擦拭。

（2）接通电源，提前 50 min 打开紫外灯照射消毒，处理净化工作区内工作台表面积累的微生物，30 min 后，关闭紫外灯，开启送风机。

（3）工作台面上不要存放不必要的物品，以保持工作区内的洁净气流不受干扰。

（4）操作结束后，清理工作台面，收集各废弃物，关闭风机及照明开关，用清洁剂及消毒剂擦拭消毒，并填写仪器使用记录。

（5）最后开启工作台紫外灯，照射消毒 30 min 后，关闭紫外灯，切断电源。

（6）每两个月用风速计测量一次工作区均匀风速，若发现不符合技术标准，则应调节调压器手柄，改变风机输进电压，使工作台处于最佳状况。

（7）每月进行一次维护检查，并填写维护记录。

七、恒温培养箱的使用方法

（1）在使用培养箱时，应当避免将过热或过冷的样品或试剂放入。

（2）应当做到随手关门，以维持箱内的恒温状态。

（3）箱内可经常放入装水容器，以维持箱内湿度和防止培养物水分的大量蒸发。

（4）箱内培养物不得摆放得过挤，以确保箱内温度均匀。

（5）箱底层温度较高，培养物应当不与之直接接触。金属网上也不应放置过多、过重的培养物。

（6）每月进行一次消毒。

八、显微镜的使用方法

1. 采光

（1）将显微镜放在桌上合适的位置，调整座位以便于操作。

（2）如果使用电光源显微镜，则应当先将光源亮度调至最小，然后接通电源，将光源亮度调至最大亮度的 2/3。

（3）选择低倍物镜，并转到中央适宜位置，眼睛推进至目镜上。

（4）如果使用普通光学显微镜，则应当转动反光镜，调节螺旋使镜筒升至适宜的高度，待视野明亮即可。

（5）如果使用双目显微镜，则应当调节双目距离，直到双眼看到单一圆形视野为止。

2. 放置标本于载物台上

（1）将标本载玻片用弹簧夹固定，从侧面观察，调节推进器上的旋钮，使光线通过标本。

（2）选择适宜的低倍（或高倍）物镜，先调节粗调节旋钮，后调节细调节旋钮，使观察到的图像是一个比较清晰的倒立图像。

（3）向上或向下移动集光器和光圈，通过观察，确定最佳光亮和最佳图像。

3. 油镜的使用

（1）若需要使用油镜，则需将光圈打开，将集光器上升至载物台。

（2）在标本上滴一小滴香柏油。

（3）从镜筒的侧面观察，缓慢调节粗（细）调节旋钮直至油镜浸于油滴内，切勿使油镜与标本相撞。

4. 观察标本微生物的形态

（1）上、下调节细调节旋钮使模糊的物像清晰。

（2）调节推进器旋钮，观察不同位置的微生物形态，并在纸上绘制图像或记录所观察到的物象。

5. 整理

（1）移去载玻片，清洁载物台。

（2）将光源亮度调至最小，关闭电源。

（3）用擦镜纸清洁目镜镜头，检查物镜是否干净，如果需要清洁，则应当用擦镜纸将其清洁干净。

（4）拔下电源插头，盖上遮尘布或将显微镜放于箱中。

九、阿贝折射仪的使用方法

1. 连接

将折光仪与恒温水浴连接，调节所需要的温度，同时检查保温套的温度计是否精确。一切就绪后，打开直角棱镜，用丝绢或擦镜纸蘸少量乙醇、乙醚或丙酮轻轻擦洗上下镜面，不可来回擦，只可单向擦，待晾干后方可使用。

2. 加样

松开锁钮，开启辅助棱镜，使其磨砂的斜面处于水平位置，用滴定管加少量丙酮清洗镜面，促使难挥发的污染物逸走。使用滴定管时注意勿使管尖碰撞镜面，必要时可用擦镜纸轻轻吸干镜面，但切勿用滤纸。待镜面干燥后，滴加数滴试样于辅助棱镜的毛镜面上，闭合辅助棱镜，旋紧锁钮。若试样易挥发，则可在两棱镜接近闭合时从加液小槽中加入试样，然后闭合两棱镜，调好反光镜使光线射入。

3. 对光

转动手柄，使刻度盘标尺上的示值为最小，然后调节反射镜，使入射光进入棱镜组，同时从测量望远镜中观察，使视场最亮。调节目镜，使视场准丝最清晰。

4. 粗调

转动手柄，使刻度盘标尺上的示值逐渐增大，直至观察到视场中出现彩色光带或黑白临界线为止。

5. 消色散

转动消色散手柄，使视场内呈现一条清晰的明暗临界线。

6. 精调

转动手柄，使临界线正好处在 X 形准丝交点上，若此时又呈微色散，则必须重调消色散手柄，使临界线明暗清晰。调节时，在右边目镜看到的图像颜色变化如图 5.1.1 所示。

7. 读数

为保护刻度盘的清洁，现在的折光仪一般都将刻度盘装在罩内，读数时先打开罩壳上方的小窗，使光线射入，然后从读数望远镜中读出标尺上相应的示值。由于眼睛在判断临界线是否处于准丝点交点上时容易疲劳，因此为减少偶然误差，应转动手柄，重复测定三次，三个读数相差不能大于 0.0002，然后取其平均值。试样的成分对折光率的影响是极其灵敏的。沾污或试样中易挥发组分的蒸发，致使试样组分发生微小的改变，会导致读数不准，因此测一个试样时必须重复取三次样，测定这三个样品的数据，再取其平均值。

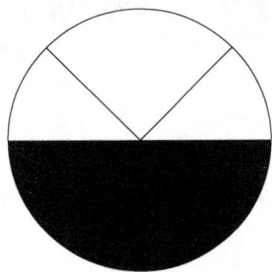

图 5.1.1　目镜图像颜色变化

8. 测完后的操作

测完后，应立即用上述方法擦洗上下镜面，晾干后再关闭。在测定样品之前，对折光仪应进行校正。校正的方法是用一种已知折光率的标准液体（一般是用一级水），按上述方法进行测定，将平均值与标准值比较，其差值即为校正值。在 15～30 ℃的温度系数为−0.0001/℃。在精密的测定工作中，必须在所测范围内用几种不同折光率的标准液体进行校正，并画出校正曲线，以供测试时对照校核。

第二节　仪器设备维护与保养

一、气相色谱仪的维护与保养

1. 气相色谱仪内部

气相色谱仪停机后，打开仪器的侧面和后面面板，用仪表空气或氮气对仪器内部灰尘进行吹扫，对积尘较多或不容易吹扫的地方用软毛刷配合处理。

吹扫完成后，对仪器内部存在有机物污染的地方用水或有机溶剂进行擦洗，对水溶性有机物可以先用水进行擦拭，对不能彻底清洁的地方可以再用有机溶剂进行处理，对非水溶性或可能与水发生化学反应的有机物用不与之发生反应的有机溶剂进行清洁，如甲苯、丙酮、四氯化碳等。

注意：在擦拭仪器过程中不能对仪器表面或其他部件造成腐蚀或二次污染。

2. 气相色谱仪电路板

气相色谱仪准备维护前，切断仪器电源，首先用仪表空气或氮气对电路板和电路板插槽进行吹扫，吹扫时用软毛刷配合对电路板和插槽中灰尘较多的部分进行仔细清理。操作过程中尽量戴手套操作，防止静电或手上的汗渍等对电路板上的部分元件造成影响。

吹扫工作完成后，应仔细观察电路板的使用情况，看印制电路板或电子元件是否有明显被腐蚀现象。对电路板上沾染有机物的电子元件和印制电路用脱脂棉蘸取酒精小心擦拭，电路板接口和插槽部分也要进行擦拭。

3. 衬管

衬管在气相色谱仪中主要起到样品气化室的作用，样品在衬管中气化并被带入气相中，有去活和不去活之分，也有分流/不分流、直接进样、直接连接、聚焦、PTV 等多种之分。

不定期更换或未正确使用会导致峰形变差、溶质歧视、重现性差、样品分解、出现鬼峰等结果更换衬管峰形变化如图 5.2.1～图 5.2.3 所示。

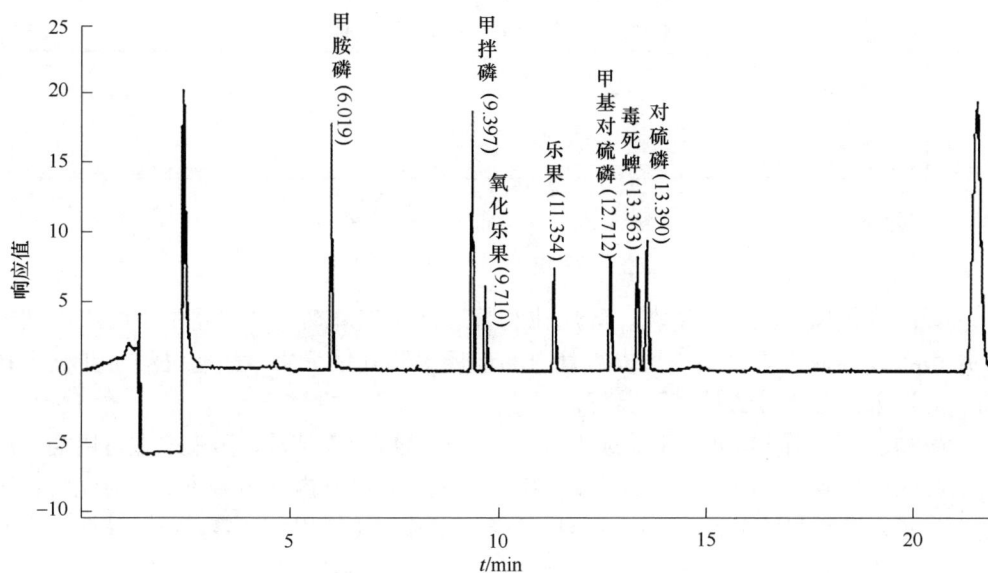

图 5.2.1　更换衬管前所进标样

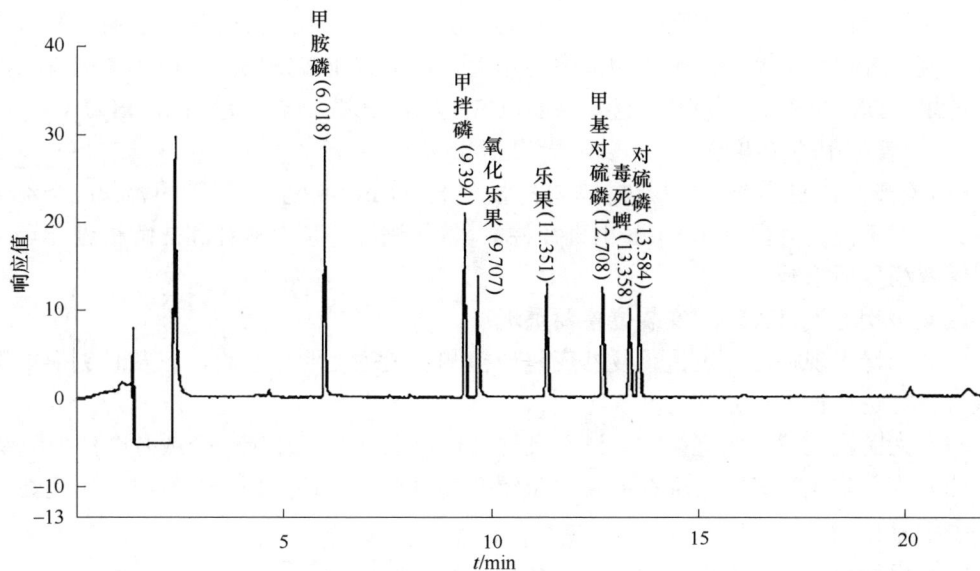

图 5.2.2　更换衬管后所进标样

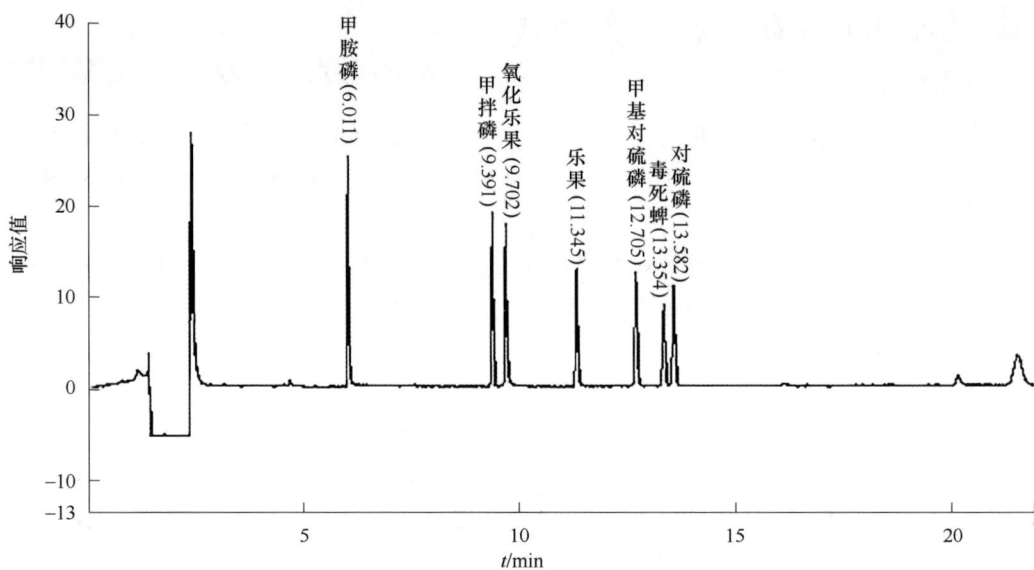

图 5.2.3　更换衬管饱和后所进标样

衬管的维护保养主要是清洗、硅烷化和合理使用玻璃棉。从仪器中小心取出玻璃衬管，用镊子或其他小工具小心移去衬管内的玻璃毛和其他杂质，移取过程不要划伤衬管表面。清洗前一定先除去原有石英棉。

一般清洗主要用一级水、甲醇或无水乙醇等冲洗或超声清洗，污染严重可用棉签蘸有机溶剂（视样品情况选用溶剂，如丙酮）擦洗内壁。若衬管内壁污垢较多，应先将衬管有污垢部分浸入溶剂中数小时后，再反复擦洗直至干净。不可用力过度，避免破坏内表面产生活性点，清洗后的衬管晾干后，放置到烘箱 70 ℃烘干后干燥冷却密封存放即可。

硅烷化是消除载体表面活性最有效的办法之一。它可以消除载体表面的硅醇基团，减弱生成氢键作用力，使表面惰化。一般的方法是用 5%～8%硅烷化试剂的甲苯溶液浸泡或回流 1 h 以上，然后用无水甲醇洗至中性，烘干备用。常用的硅烷化试剂有二甲基二氯硅烷（DMDCS）、三甲基氯硅烷（TMCS）和六甲基二硅氮烷（HMDS）。

1）衬管使用注意事项

（1）对于分流进样或大体积进样，进样量一般＞1 μL 或更大，衬管的容积应＞800 μL 或更大。对于快速分析（100 μm 小直径柱）、气体进样、顶空进样和热解析进样等，选用衬管容积要适当减小；

（2）每次更换衬管时，安装位置要重现；

（3）当峰出现拖尾、定量重复性变差或检测器灵敏度明显减小，应及时更换去活衬管或对衬管进行再去活处理；

（4）为防止注射针头进样时穿过石英棉，可以在针头上加装一个或几个注射隔垫；

（5）为了防止填充石英棉在衬管中位置变动，一定在柱前压减至零时，更换注射隔垫和毛细管柱；

（6）更换衬管应首先从柱箱内拆去毛细管柱、柱接头与汽化室连接插件后，方能清除进样体中的衬管玻璃碎片。清除衬管一定清除干净，否则再装衬管时，易给密封面造成损伤而漏气；

（7）最好选经惰性处理的衬管，不同厂家、不同批次衬管质量差异很大，有些厂家的惰性化处理过的衬管质量甚至不如普通衬管；

（8）当标样峰面积有明显下降时要及时清洗衬管，更换玻璃棉，更换后要获得理想的响应值需要用样品进行饱和。

2）玻璃棉的作用

玻璃棉放置的位置可根据经验放置。即使经过脱活处理的玻璃棉，也仍是衬管中最具活性的成分，增加了活性化合物吸附和分解的可能性。对于含活性成分的化合物，如酚类、胺类、有机酸、农药类、反应性极性化合物和热不稳定性化合物，不推荐使用带玻璃棉的衬管，因为这些化合物会不可逆地吸附在衬管的内表面。具体有以下作用：减少歧视；提供更多的表面积用于样品的蒸发，提高了重现性；防止隔垫碎屑堵塞色谱柱；作为不挥发成分的捕集阱。

4．分流平板

分流平板起密封和限流等作用，有纯铜、不锈钢、镀金等材质，以镀金最好。定期或按需检查，有污染情况可卸下用一级水或有机溶剂超声清洗，可用棉签轻柔擦拭表面，不可用硬物划伤表面。

理想的清洗方法是在溶剂中超声处理，烘干后使用。也可以选择合适的有机溶剂清洗。从进样口取出分流平板后，首先采用甲苯等惰性溶剂清洗，再用甲醇等醇类溶剂进行清洗，烘干后使用。

5．分流管线

分流管线的清洗：气相色谱仪用于有机物和高分子化合物的分析时，许多有机物的凝固点较低，样品从汽化室经过分流管线放空的过程中，部分有机物在分流管线凝固。

气相色谱仪经过长时间的使用后，分流管线的内径逐渐变小，甚至完全被堵塞。分流管线被堵塞后，仪器进样口显示压力异常，峰形变差，分析结果异常。

在维护过程中，无论事先能否判断分流管线有无堵塞现象，都需要对分流管线进行清洗。分流管线的清洗一般选择丙酮、甲苯等有机溶剂，对堵塞严重的分流管线有时用单纯清洗的方法很难清洗干净，需要采取一些其他辅助的机械方法来完成。可以选取粗细合适的钢丝对分流管线进行简单的疏通，然后再用丙酮、甲苯等有机溶剂进行清洗。

由于事先不容易对分流部分的情况作出准确判断，对手动分流的气相色谱仪来说，在检修过程中对分流管线进行清洗是十分必要的。

对于 EPC 控制分流的气相色谱仪，由于长时间使用，有可能使一些细小的进样垫屑进入 EPC 与气体管线接口处，随时可能对 EPC 部分造成堵塞或造成进样口压力变化。所以每次检修过程中尽量对仪器 EPC 部分进行检查，并用甲苯、丙酮等有机溶剂进行清洗，然后烘干处理。

由于进样等原因，进样口的外部随时可能会形成部分有机物凝结，可用脱脂棉蘸取丙酮、甲苯等有机物对进样口进行初步的擦拭，然后对擦不掉的有机物先用机械方法去除。注意在去除凝固有机物的过程中一定要小心操作，不要对仪器部件造成损伤。将凝固的有机物去除后，然后用有机溶剂对仪器部件进行仔细擦拭。

6. 隔垫

隔垫主要起到密封进样、清洗进样针的作用，一般隔垫可达到一百次进样以上寿命。如发现进样口压力下降，可检查是否隔垫磨损严重，密封性变差，必要时更换。

隔垫碎屑可导致本底升高，还有可能污染衬管、堵塞色谱柱，应经常更换，不必等到非换不可的程度。

在安装更换隔垫一般拧得过紧，这样会导致隔垫过于收缩、变硬，进样时隔垫容易产生碎屑，寿命大幅下降，一般以不漏气稍紧一些即可。

色谱柱密封垫起密封色谱柱与衬管连接处作用。一般为纯石墨、特氟龙、金属，按比例添加 Vespel 或 100%Vespel 等物质。纯石墨材质一般都是一次性使用，如果密封效果还可以，也可多次使用。其他材质可多次使用，以密封不漏气为准。

7. 电子捕获检测器

电子捕获检测器含有放射性的镍-63，对人体可能造成一定的伤害，维护需要小心操作，清洗方法如下。

1）高温烘烤清洗法

高温烘烤清洗法又称为热清洗法，通常轻度污染用此法。主要处理方式如下：在确保气路系统不漏和无污染的情况下，卸下色谱柱，用闷头螺母将柱接检测器的接头堵死，调氮气尾吹气至 50～60 mL/min，升检测器温度至 350 ℃左右，柱温 250 ℃，保持 4～8 h后，冷至通常操作温度。

2）氢还原清洗

调整气路将载气或尾吹气换成氢气，调流速至 30～40 mL/min。汽化室和柱温为室温，将检测器升至 300～350 ℃，保持 18～24 h，使污染物在高温下与氢作用而除去。经过烘烤完毕，将系统调回至原状态，稳定数小时即可。

3）热蒸汽清洗法

用一根未涂固定液的短毛细管柱，通氮气，保持正常流速。设置检测器温度为 300～350 ℃，进样口温度为 250 ℃，色谱柱温度为 150 ℃。从进样口注入甲醇或一级水 10～15 μL，共注射 50～100 次。这样利用热甲醇或水蒸气流清洗 ECD 池。该法对大多数 ECD 污染均可清除。

4）超声清洗法

将污染严重的电子捕获检测器从气相色谱仪中拆下，将检测器的接柱口朝上，用 2.5 mL 一次性注射器抽取丙酮溶剂，从柱子接口注入，使检测器整个腔体充满溶剂，分别用胶塞塞住管口放入超声波清洗器中洗涤 20 min。将检测器中的洗涤液弃去，再注入甲醇溶剂放入超声波清洗器中洗涤 10 min，再将检测器中的洗涤液弃去。多次重复此过程。

8. 氢火焰离子化检测器

氢火焰离子化检测器的维护工作大部分围绕清洗喷嘴进行。在平时需要不时地测定氢气、空气和尾吹气流速，因为这些气体流速会随着时间而漂移，或者在没有征兆的情况下发生改变，每一种气流应该独立测定以确保得到最准确的测量值，避免出现较大的保留时间漂移的不正常色谱现象。

对氢火焰离子化检测器积炭或有机物沉积等问题，可以先对检测器喷嘴和收集极用丙酮、甲苯、甲醇等有机溶剂进行清洗。当积炭较厚不能清洗干净的时候，可以对检测器积炭较厚的部分用细砂纸小心打磨。注意在打磨过程中不要对检测器造成损伤。初步打磨完成后，对污染部分进一步用软布进行擦拭，再用有机溶剂进行清洗，一般即可消除。

喷嘴的清洗和更换。即使正常使用，在喷嘴和检测器中也会形成沉积物（通常由柱流失产生的白色二氧化硅或黑色炭灰），这些沉积物降低灵敏度并产生色谱噪声和毛刺。虽然可以通过清洗加以改善，但是通常更多使用的做法是用新喷嘴取代脏的喷嘴。如果确实要清洗喷嘴，一定要小心，不要划伤喷嘴内部，划痕将会损坏喷嘴。

喷嘴清洗步骤如下。

（1）用清洗金属丝从喷嘴顶部穿入，插入拉出数次，直到金属丝可光滑移动，小心不要造成划痕（不要迫使太粗的金属丝或探针进入喷嘴口，否则喷嘴口将被破坏。若喷嘴变形，将会导致灵敏度下降，峰形变差和/或点火困难）。

（2）在超声波清洗器中盛上水溶性洗涤剂，将喷嘴置于其中，超声 5 min。

（3）使用喷嘴钻孔器清洗喷嘴内部。

（4）再超声 5 min。从现在起，只能用镊子夹部件，不能用手。

（5）从超声器中取出喷嘴，先用热自来水，然后用少量色谱级甲醇彻底淋洗喷嘴。

（6）用压缩空气或氮气吹干喷嘴，然后将喷嘴置于洁净的表面，让其风干。

9. 火焰光度检测器

火焰光度检测器的保养维护与氢火焰离子化检测器差异不大，主要是清洗喷嘴工作。除此之外，火焰光度检测器还需要清洁滤光片，一般滤光片都配有专用的清洗刷子，同样其表面不能造成划痕，滤光片和其他窗口部件必须保持洁净以及没有指纹。

二、液相色谱仪的维护与保养

1. 流动相溶剂瓶

1）水相溶液

对于水相溶液来说，首要的问题是防止污染。虽然液相用的水大都经过杀菌处理，但是细菌的生命力很顽强，在适当的温度和光照情况下，它们就会活跃起来（图 5.2.4），如果在流动相里加入磷酸盐一类的添加剂，它们更是活跃。所以，对于溶剂瓶我们要做得非常重要的工作就是勤换流动相，常换常新。不建议使用集中供水系统。

2）有机相溶液

对于有机相溶液，可以不用担心细菌繁殖的问题。但是有机相容易发生聚合，特别是乙腈在适宜的光照条件下极易发生聚合，瓶子里就会出现一些絮状的聚合沉淀物。为了防止聚合过程的发生，装乙腈时要用棕色的溶剂瓶，避免阳光直

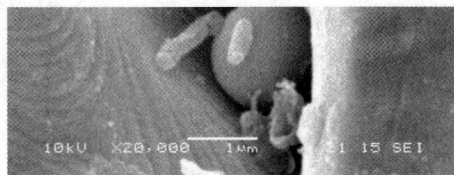

图 5.2.4　液相用水中的棒状细菌

射，更换乙腈时应当弃去瓶底剩余的溶液。

3）清洗过滤头

溶剂瓶里的过滤头，其作用是为了防止溶液瓶中的颗粒杂质进入到仪器的流路系统中，它的材质通常分为玻璃烧结石英和不锈钢，如果不慎堵塞会造成流动相吸液不畅，因此必须进行清洗，玻璃材质的通常是用稀硝酸泡，而不锈钢材质的可以直接进行超声清洗。

2. 高压泵

1）泵压力波动

泵正常的压力波动通常在 2%以内，且平稳规律，不正常的波动通常由气泡和盐造成。如果流动相中的气泡没有被脱气机除掉而到了泵以后，就会造成压力波动，通常我们可以通过重新清洗流路和再次脱气流动相加以解决。

由盐造成的波动主要是因为流动相中加入了浓度较高的缓冲盐，在含盐流动相与有机相混合的时候，盐会有微小的析出，从而导致压力异常波动，解决这类问题可以考虑适当降低盐的浓度，或者使用甲醇取代乙腈有机相。如果一定要用到此类流动相，可以考虑在有机相中加入一定比例的水，然后适当提高梯度结束的终点。

2）过滤白头

在泵的维护里还有一项常做的工作就是更换清洗阀上的过滤白头，通常判断的标准是一级水以 5 mL/min 流速清洗的时候，如果压力超过 1 MPa 则考虑更换。

如果白头是白色的且不脏但是堵，有可能是流动相中有盐析出造成的；如果白头是灰黑色的，这是最常见的状况，是由于泵头密封垫磨损造成的；如果白头是黄色、绿色等怪异的颜色，仪器污染较严重，可能是流动相里的微生物造成的。

除此之外，在泵的使用过程中，常常会遇到更换流动相的情况，这种更换是指从反相溶剂更换到正相溶剂或者反过来的过程。这个过程要考虑流动相的兼容性，常用的正反相色谱溶剂是不互溶的，所以在更换期间，一定要用异丙醇彻底冲洗系统，保证管路里所有的原有溶剂都被异丙醇替换掉后再更换流动相。

3. 进样器

1）防止交叉污染

自动进样器最常见的问题是交叉污染，交叉污染产生的原因很直接，样品残留在进样针内外表面，并随下一次进样进入色谱系统。要解决交叉污染，主要靠清洗。

自动进样器都会有洗针的功能，如果样品浓度较高或者吸附性比较强，一定要打开此功能；如果未打开洗针功能，污染可能已经残留在了针座或流通阀上，那么这两个部件需及时超声清洗。出现在自动进样器上的另外一个问题是峰面积重现性差，考虑可能与自动进样器吸取样品有关。首先观察样品的液面是不是足够高，以保证进样器可以吸到样品。排除这个问题后，再查看自动进样器的设置，对于一些黏度大的样品，要降低自动进样器的吸取速度。

2）精细操作

手动进样器的操作要点大致相同，应使用液相色谱仪专用平头进样针，进样时插针应插到底，不使用时将针头留在进样器内，使用前后都要及时清洗。

4. 色谱柱

（1）色谱柱不能够碰撞、弯曲或强烈振荡。安装时要保证阀件或管路的清洁。

（2）流动相在使用前必须进行脱气和过滤处理，尽量不使用或少使用高黏度的流动相。

（3）在满足灵敏度的情况下，尽可能使用小进样量。如果样品比较"脏"，要进行净化或提纯处理。

（4）分析结束后，要清洗进样阀中残留的样品，并用流动相或适当的溶剂清洗色谱柱。如果使用极性或离子性的缓冲溶液作流动相，应在实验完毕后将柱子冲洗干净，并保存在乙腈中。

（5）如色谱柱长期不用，应该用适当的有机溶剂保存并封闭或定期给柱子补充合适的流动相。对于反相柱可以储存于纯甲醇或乙腈中，正相柱可以存放于严格脱水后的纯正己烷中，离子交换柱可以储存于水中。

（6）使用预柱保护分析柱（硅胶在极性流动相/离子性流动相中有一定的溶解度）。

（7）大多数反相色谱柱的 pH 稳定范围 2～7.5，尽量不超过该色谱柱的 pH 范围。

（8）避免流动相组成及极性的剧烈变化。应逐渐改变溶剂的组成，特别是反相色谱中，不应直接从有机溶剂改变为全部是水，反之亦然。

（9）避免压力和温度的急剧变化。温度的突然变化或者使色谱柱从高处掉下都会影响柱内的填充状况；柱压的突然升高或降低也会冲动柱内填料，因此在调节流速时应该缓慢进行，在阀进样时阀的转动不能过缓。

（10）一般来说，色谱柱不能反冲，只有生产者指明该柱可以反冲时，才可以反冲除去留在柱头的杂质。否则反冲会迅速降低柱效。

（11）选择使用适宜的流动相（尤其是 pH），以避免固定相被破坏。有时可以在进样器前面连接一预柱，分析柱是键合硅胶时，预柱为硅胶，可使流动相在进入分析柱之前预先被硅胶"饱和"，避免分析柱中的硅胶基质被溶解。

（12）经常用强溶剂冲洗色谱柱，清除残留在柱内的杂质。在进行清洗时，对流路系统中流动相的置换应以相互溶的溶剂逐渐过渡，每种流动相的体积应是柱体积的 20 倍左右，即常规分析需要 50～75 mL。

（13）保存色谱柱时应将柱内充满乙腈或甲醇，柱接头要拧紧，防止溶剂挥发干燥。绝对禁止将缓冲溶液留在柱内静置过夜或更长时间。

（14）色谱柱使用过程中，如果压力升高，一种可能是烧结滤片被堵塞，这时应更换滤片或将其取出进行清洗。另一种可能是大分子进入柱内，使柱头被污染；如果柱效降低或色谱峰变形，则可能柱头出现塌陷，死体积增大。在后两种情况发生时，小心拧开柱接头，用洁净小钢勺将柱头填料取出 1～2 mm 高度（注意把被污染填料取净）再把柱内填料整平。然后用适当溶剂湿润的固定相（与柱内相同）填满色谱柱，压平，再拧紧柱接头。

5. 检测器

1）光源部分

通常紫外灯的寿命是 2000 h，当到达这个时限的时候，我们就要特别关注灯的能量状况，可以通过仪器维护软件中自带的"灯能量测试"功能来判断，测试的结果会分别评估低、中、高三个波长段的能量，一旦某个波长段的测试结果显示失败，就表示需要更换灯。

2）检测池

紫外检测器要保持检测器中的流通池清洁，每天用后注意冲洗整个管路。要定期用强溶剂反向冲洗流通池（断开柱），以清洗流通池。流动相要脱气，防止气泡滞留在流通池内，影响分析效果。

微小的颗粒杂质或薄膜沉积在流通池里，会导致基线噪声的增加或降低灵敏度。此时必须进行清洗处理。一般常规清洗不必拆下流通池，可直接在流通池入口处（即检测器输入端），接上一个专用的注射器接头，依次用一级水、乙醇和 3 mol/L 硝酸溶液冲洗流通池，最后用一级水反复冲洗数次。检测器出口用玻璃瓶接流出的废液。

三、原子吸收分光光度计的维护与保养

为了确保原子吸收各功能部件的正常运转，延长仪器的使用寿命，应对原子吸收分光光度计进行维护与保养。

1. 空心阴极灯

（1）灯电流需由低到高慢慢升到规定值，防止突然升高，造成阴极溅射。

（2）低熔点元素（如锡、铅等）灯，使用时应防止震动，工作后轻轻取下，阴极向上放置，待冷却后再移动装盒。

（3）轻装、轻放、轻卸、轻拿空心阴极灯，窗口若有污物或指印，则用擦镜纸轻轻擦拭。

（4）空心阴极灯发光颜色如果不正常，可用灯电流反相器（相当于一个简单的灯电源装置），将灯的正、负相反接，在最大灯电流下点燃 20～30 min，或在 100～150 mA 大电流下点燃 1～2 min，使阴极红热。

（5）将不常使用的元素灯每隔 3～4 个月在额定电流下点燃 2～3 h，以延长使用寿命。

2. 雾化燃烧系统

在分析任务完成后，应继续点火，喷入二级水约 10 min，以清除雾化燃烧系统中的任何微量样品。溢出的溶液，特别是有机溶液，应予以清除，废液应及时倒出。每周需对雾化燃烧系统清洗一次，若分析样品浓度较高，则每天分析完毕都应清洗一次。若使用有机溶液喷雾或在空气-乙炔焰中喷入高浓度的铜、银和汞盐溶液，则工作后立即清洗，防止这些盐类生成不稳定的乙炔化合物而引起爆炸。有机溶液的清洗方法是先喷与样品互溶的有机溶液 5 min，再喷丙酮 5 min，然后再喷体积分数为 1%的硝酸溶液 5 min，最后再喷二级水 5 min。

（1）喷雾器的维护。若发现进样量过小，则可能是毛细管堵塞。若被气泡堵塞，则可把它从溶液中取出，继续通压缩空气，并用手指轻弹即可。若被溶质或其他物质堵塞，则可点火喷洒纯溶剂。若无改善，则可用软细金属丝清除。若仍然不通，则需更换毛细管。

（2）雾化室的维护。雾化室必须定期清洗。清洗时可先取下燃烧器，用二级水从雾

化室上口灌入，让水从废液管排走。在喷过酸、碱溶液及含有大量有机物的试样后，应马上清洗。注意检查排液管下的水封是否有水。排液管口不要插进废液中，防止二次水封导致排液不畅。

3. 火焰原子化器

（1）每次样品测定工作结束后，在火焰点燃状态下，用二级水喷雾 5～10 min，清洗残留在雾化室中的样品溶液。然后停止清洗喷雾，等水分烘干后关闭乙炔气。

（2）玻璃雾化器在测试使用氢氟酸的样品后，要注意及时清洗，清洗方法即在火焰点燃的状态下，吸喷二级水 5～10 min，以保证其使用寿命。

（3）燃烧器应经常检查保持清洁。清除方法是把火焰熄灭后，用滤纸插入擦拭。若不起作用，则可吹入空气，同时用单面刀片沿缝细心刮除，让压缩空气将刮下的沉积物吹掉，但要注意不要把缝刮伤。必要时可以卸下燃烧器，拆开清洗。若仪器暂时不用，应用硬纸片遮盖住燃烧器缝口，以免积灰。

4. 石墨炉原子化器

（1）石墨锥内部因测试样品的复杂程度不同会产生不同程度的残留物，通过洗耳球将可吹掉的杂质清除，使用酒精棉进行擦拭，将其清理干净，自然风干后加入石墨管空烧即可。

（2）石英窗的清理，石英窗落入灰尘后会使透过率下降，产生能量的损失。清理方法为，将石英窗旋转拧下，用酒精棉擦拭干净后使用擦镜纸将污垢擦净，安装复位即可。

（3）夏天天气比较热的时候冷却循环水水温不宜设置过低（18～19 ℃），否则会产生水雾，凝结在石英窗上影响到光路的顺畅通过。

5. 光学系统

（1）外光路的光学元件应经常保持干净，一般每年至少清洗一次。如果光学元件上有灰尘沉积，则可用擦镜纸擦净；如果光学元件上沾有油污或在测定样品溶液时溅上污物，则可用预先浸在混合液（体积比为 1+1）中洗涤过并干燥了的纱布擦拭，然后用二级水冲洗，再用洗耳球吹去水珠。在清洁过程中，禁止用手去擦金属硬物或触及镜面。

（2）单色器应始终保持干燥。为防止光栅受潮发霉，要经常更换暗盒内的干燥剂。当光电倍增管需要检修时，一定要在关掉负高压的情况下揭开屏蔽罩，以防止强光直接照射，引起光电倍增管产生不可逆的"疲劳"效应。

6. 气路系统

（1）由于气体通路采用聚乙烯塑料管，时间长了容易老化，因此要经常对气体进行检漏（严禁使用明火进行检漏）。

（2）严禁在乙炔气路管道中使用纯铜、H_{62} 铜及银制零件，并要禁油。测试高含量铜或银溶液时，应经常用二级水喷洗。

四、生物安全柜的维护与保养

1. 每日

（1）用 70% 的酒精（其他杀菌剂视用户使用的材料而定）彻底对安全柜内部工作区

域表面、侧壁、后壁、窗户进行表面净化。不要用含有氯的杀菌剂，因为它可能对安全柜的不锈钢结构造成损坏。也要对紫外灯和电源输出口表面进行清洁。当清洁安全柜内部区域时，操作人员除了手以外，身体的其他任何部位不能进入安全柜。

（2）检查警报并检测基本气流。

2. 每周

（1）用 70%的酒精（其他杀菌剂视使用的材料而定）彻底对排水槽进行清洗。

（2）检查俘获纸孔处的残留物质。

3. 每月

（1）使用洁净的沾有恰当的消毒剂（不应使用含氯的消毒剂）的湿布擦拭生物安全柜的外表面，特别是玻璃前窗和生物安全柜上部，以清除可能堆积的灰尘。

（2）抬起工作台面用 70%的酒精或其他中性消毒剂（不应使用含氯的消毒剂）的湿布对进气格栅、台面底部和集水槽内部进行彻底清洗，清洗Ⅲ级生物安全柜的污水应收集后高压灭菌将 pH 值调至中性再排往下水道。

（3）确保所有的保养阀畅通。

（4）启动生物安全柜风机，检查紫外灯、荧光灯、高效空气过滤器等所有需维护的配件，使用灭菌消毒剂清洁紫外灯表面的灰尘和污垢，并记录所剩寿命，必要时进行更换，确保生物安全柜的使用处在"安全"状态。

（5）当不锈钢表面有难以去除的斑点时，可以使用乙酮擦拭。使用乙酮后，应立即用清水和中性洗涤剂冲洗不锈钢板，再用海绵进行擦拭。

4. 每季

（1）检查安全柜的任何物理异常或故障。检查荧光显像管，确保它们工作正常。

（2）当不锈钢表面有难以去除的斑点时，可以使用 MEK（methyl-ethyl-ketone）。使用 MEK 后，快速用清水和液体清洁剂冲洗不锈钢板，并且用聚亚安酯布或者海绵进行擦拭。定期清洁不锈钢表面会使之保持表面的光滑美观。

5. 期间核查

（1）在生物安全柜的检定周期内应至少开展 1 次生物安全柜的期间核查，实验室可根据生物安全柜的使用频次和实验室所开展的检测工作的危害程度增加期间核查次数。

（2）期间核查的内容至少应包括垂直气流平均风速、工作窗口气流流向、洁净度。

五、超净工作台的维护与保养

（1）每次使用完毕，立即清洁仪器，悬挂标识。

（2）取样结束后，先用毛刷刷净洁净工作区的杂物和浮尘。

（3）用细软布擦拭工作台表面污迹、污垢，目测应无清洁剂残留，然后用清洁的布擦干。

（4）要经常用纱布蘸上酒精将紫外线杀菌灯表面擦干净，保持表面清洁，否则会影响杀菌能力。

（5）效果评价：设备内外表面应该光亮整洁，没有污迹。

六、恒温培养箱的维护与保养

（1）培养箱外壳应可靠接地。

（2）当生化培养箱制冷工作时，不宜使箱内温度与环境温度之差大于 25 ℃。

（3）培养箱要放置在阴凉、干燥、通风良好、远离热源和日晒的地方，并且要放置平稳，以防震动而发出噪声。

（4）为保证冷凝器有效地散热，冷凝器与墙壁之间的距离应大于 100 mm。箱体侧面应有 50 mm 间隙，箱体顶部至少应有 300 mm 空间。

（5）培养箱在搬运、维修、保养时，应避免碰撞、摇晃和震动，最大倾斜度应小于 45°。

（6）仪器突然不工作时，应检查熔丝管（箱后）是否烧坏，并检查供电情况。

七、生物显微镜的维护与保养

（1）显微镜为精密仪器，其各部件不得随意拆卸。

（2）搬动显微镜时，应当一手握住镜臂，一手托住镜座，放于前胸，以免损坏。

（3）使用前后都应以软绸或擦镜纸擦拭镜头和机械部分。

（4）油镜使用后，应立即先以擦镜纸拭去香柏油，然后用二甲苯擦拭，最后再用擦镜纸擦拭，直到干净为止。

（5）将各接物镜转成"八"字形，并将集光镜下移。

（6）最后将显微镜轻放回镜箱。

（7）注意防潮（防霉）、防尘、防晒、防热。

八、阿贝折射仪的维护与保养

（1）仪器应放置于干燥、空气流通的室内，以免光学零件受潮。

（2）当测试腐蚀性液体时，应及时做好清洗工作（包括光学零件、金属零件以及油漆表面），防止侵蚀损坏现象发生。仪器使用完毕后必须做好清洁工作。用于存放仪器的木箱内应存有干燥剂（变色硅胶），以吸收潮气。

（3）被测试样中不应有硬性杂质。当测试固体试样时，应防止把折射棱镜表面拉毛或产生压痕。

（4）经常保持仪器清洁，严禁油手或汗手触及光学零件。若光学零件表面有灰尘，则可用高级鹿皮或长纤维的脱脂棉轻擦后再用皮吹风吹。若光学零件表面沾上油垢，则应及时用酒精乙醚混合液擦干净。

（5）仪器应避免强烈振动或撞击，以防止光学零件损伤及影响测量精度。

职业技能鉴定考核篇

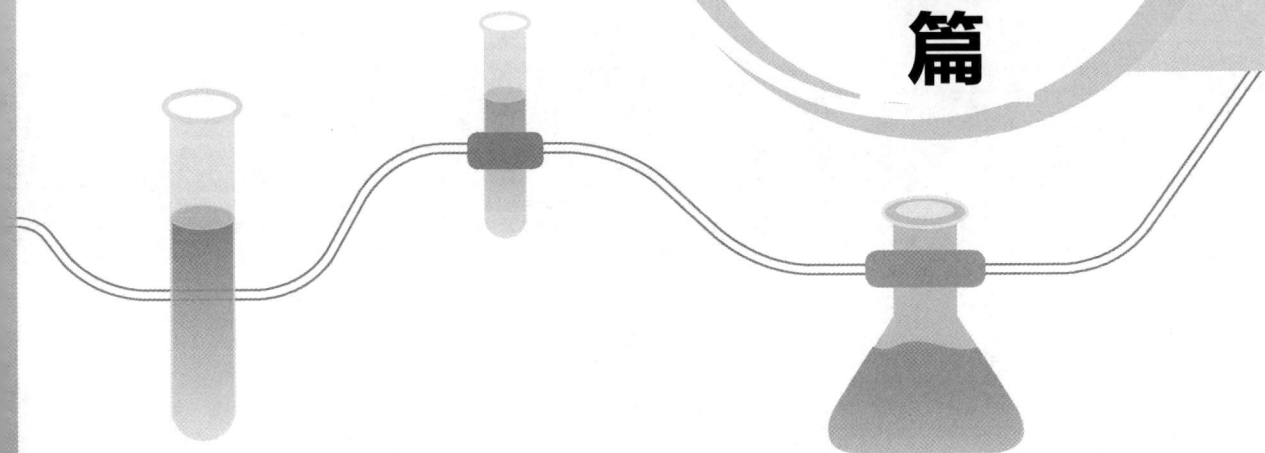

第一节　农产品食品检验员职业技能鉴定试题简介

一、命题依据

（1）劳动和社会保障部 2005 年颁布的《职业技能鉴定题库开发技术规程》。

（2）《理论知识鉴定要素细目表》《操作技能考核内容结构表》《操作技能鉴定要素细目表》，明确理论知识考试的具体内容和操作技能考核范围。

二、命题原则

（1）反映《国家职业标准　农产品食品检验员》要求。

（2）理论知识考试强调本职业实际工作中必备的基础知识和专业知识。

（3）操作技能考核强调科学性和可操作性，试题既反映本职业主要操作活动内容和要求，又使考核简便易行。

三、试题类型

（1）理论知识考试采用标准化试卷，即五级、四级和三级每个级别考试试卷分为选择题和判断题两大类，满分为 100 分。其中，单项选择题 60 题，每题 1 分，共 60 分，多项选择题 20 题，每题 1 分，共 20 分；判断题 20 题，每题 1 分，共 20 分。

（2）操作技能考核根据职业特点和命题原则，采用灵活的考核形式，主要形式是实际操作，也有笔试、模拟操作或多种形式组合等。考生可通过本职业《操作技能考核内容结构表》和《操作技能鉴定要素细目表》了解具体的考核形式、考核内容和配分与评分标准。

四、答题时间

按照《国家职业标准　农产品食品检验员》的要求，理论知识考试时间一般为 90 min；操作技能考核初级一般为 90 min，中级一般为 120 min，高级一般为 150 min。各地具体考试时间可根据考试内容作适当调整。

五、答题要求

1. 理论知识考试答题要求

（1）单项选择题为四选一题型，即给出的 4 个选项中只有 1 项为正确选项。多项选择题给出的 4 个选项中根据题内容有多个选项为正确选项。笔试时按要求在答题纸上相关试题号后的括号中填写正确选项的字母。

（2）判断题笔试时，按要求在答题纸上相关试题号后的括号中画"√"或"×"。

2. 操作技能考核要求

操作技能考核中每道试题都有不同的考核要求，这些要求将通过《农产品食品检验员操作技能考试试题》公布。

第二节　农产品食品检验员操作技能考核试卷简介

一、组卷方式

职业技能鉴定国家题库一般有以下 3 种组卷方式。

1. 计算机自动组卷

即计算机根据本职业等级操作技能考核内容结构表和《操作技能鉴定要素细目表》的要求，按照国家题库组卷模型，自动选取鉴定范围和鉴定点，并抽取试题进行组合，形成试卷。

2. 人工干预计算机组卷

即根据本职业《操作技能考核内容结构表》和《操作技能鉴定要素细目表》的要求，结合本次考核的实际情况，由人工选定鉴定范围、鉴定点和试题，并由计算机按照国家题库组卷模型进行组合，形成试卷。

3. 特殊要求组卷

如试题要求中没有满足本次鉴定要求的试题，可由专家根据操作技能考核内容结构表和操作技能鉴定要素细目表的要求，按照鉴定点下的统一要求命制新试题，组成试卷。

依据《国家职业标准　农产品食品检验员》相关规定，从事本职业各等级的人员可根据所从事的工作特点选择申报相关操作技能参考内容，本职业可采用人工干预计算机组卷。因此即将参加职业技能鉴定的人员及鉴定站应主动申报，以便在采用计算机生成操作技能考核试卷时，适当人工干预辅助组卷，确保考核内容的适用性。

二、试卷结构

农产品食品检验员操作技能考核试卷一般由以下 3 部分内容构成。

1. 操作技能考核准备通知单

正文内容为试题中的准备要求，包括鉴定机构准备要求和考生准备要求两部分内容。鉴定点及考生应根据准备单要求做好考核前的各项准备工作。

2. 操作技能考核试卷正文

正文内容为试题中的考核要求，包括相应的试题分值、考核时间、操作要求或技术标准、原始记录等。

考生进入考核现场后应认真阅读试卷，熟悉考核要求，独立完成考核内容。

3. 操作技能考核评分记录表

正文内容为评分记录表，即配分与评分标准，包括各项考核内容、考核要点、配分与评分标准或评分办法、否定项说明等。

考评员应提前 15 min 进入考核现场，熟悉评分标准，评分时按配分与评分标准对考生操作技能考核情况进行评分，不协商、不讨论，各自评分并及时做好现场记录。每一试题均按百分制评分，根据每一考核试题的鉴定标准统计考生最终成绩，满分为 100 分，60 分为合格。

第三节　农产品食品检验员操作技能考核要素

一、操作技能考核内容结构表

操作技能考核内容结构表（表 6.3.1）中列出了本职业初级的考核内容、选考方式、鉴定权重、考核时间和考核方式等内容。初级考核"样品准备""检验准备""公共项""专业项"4 个项目，其中"专业项"考生可根据自身工作选择申报考核内容范围。

表 6.3.1　操作技能考核内容结构表

鉴定范围		相关技能		专业技能		合计
级别	鉴定要求	样品准备	检验准备	公共项	专业项	
初级	选考方式	必考	必考	必考	必考	4 项
	鉴定权重/%	10	20	35	35	100
	考核时间/min	25	25	40	40	130
	考核方式	实际操作	实际操作	实际操作	实际操作	
中级	选考方式	必考	必考	必考	必考	4 项
	鉴定权重/%	10	20	35	35	100
	考核时间/min	20	20	50	60	150
	考核方式	实际操作	实际操作	实际操作	实际操作	
高级	选考方式	必考	必考		必考	3 项
	鉴定权重/%	5	20		75	100
	考核时间/min	10	20		120	150
	考核方式	实际操作	实际操作		实际操作	

二、操作技能鉴定要素细目表

操作技能鉴定要素细目表（表 6.3.2）在考核内容结构表的基础上列出了本级别具体要考核的内容。其中鉴定点就是具体的考核内容，每个鉴定点都有重要程度指标，以"X""Y""Z"表示。"X"表示"核心要素"，是考核中最重要、出现频率最高的内容；"Y"表示"一般要素"，是考核中出现频率适中的内容；"Z"表示"辅助要素"，在考核中出现的频率相对较低。表中每个鉴定范围都有鉴定权重指标，它表示在考核中该鉴定范围所占的分数比例。

如初级农产品检验员操作技能鉴定要素细目表中的鉴定点"试样制备""茶叶中水分的测定——直接干燥法""结球甘蓝中农药残留快速检测——酶抑制法""啤酒中乙醇浓度的测定""杂质、不完善粒的测定"等就是本职业本等级重要的考核内容之一，该题占本次考核总分的35%。每个鉴定点中有共性的考核要求、配分与评分标准。

表6.3.2　高级农产品食品检验员操作技能鉴定要素细目表

鉴定范围				鉴定点			
代码	名称	鉴定权重	选考方式	代码	名称	重要程度	试题量
A	检测准备	25%	必考	001	0.1 mg/L 毒死蜱、氧乐果混合标准溶液的配制	X	6
				002	0.1 mg/L 氯氰菊酯、氰戊菊酯混合标准溶液的配制	X	
				003	0.1 mg/L 铅标准溶液的配制	X	
				004	0.1 mg/L 钙标准溶液的配制	X	
				005	100 mg/L 胭脂红标准溶液的配制	X	
				006	200 mg/L 山梨酸和苯甲酸标准混合溶液的配制	X	
B	专业项	75%	必考	001	普通白菜中腐霉利农药残留测定——气相色谱法	X	30
				002	芹菜中毒死蜱农药残留测定——气相色谱法	X	
				003	黄瓜中百菌清农药残留测定——气相色谱法	X	
				004	玉米中氧乐果农药残留测定——气相色谱法	X	
				005	香蕉中氯氰菊酯农药残留测定——气相色谱法	X	
				006	柑橘中二嗪磷农药残留测定——气相色谱法	X	
				007	苹果中溴氰菊酯农药残留测定——气相色谱法	X	
				008	奶粉中 1,2-丙二醇的测定——气相色谱法	X	
				009	玉米油中溶剂残留量的测定——气相色谱法	X	
				010	小麦粉中过氧化苯甲酰的测定——气相色谱法	X	
				011	豇豆中灭蝇胺残留量的测定——液相色谱法	X	
				012	香蕉中多菌灵残留量的测定——液相色谱法	X	
				013	莜麦菜中吡虫啉残留量的测定——液相色谱法	X	
				014	鸡肉中磺胺二甲基嘧啶残留测定——液相色谱法	X	
				015	猪肉中恩诺沙星和环丙沙星残留测定——液相色谱法	X	
				016	草鱼中喹乙醇代谢物残留测定——液相色谱法	X	
				017	食品中合成着色剂的测定	X	
				018	食品中苯甲酸、山梨酸和糖精钠的测定	X	
				019	饼干中没食子酸丙酯的测定——液相色谱法	X	
				020	玉米脱氧雪腐镰刀菌烯醇及其乙酰化衍生物的测定——免疫亲和层析净化高效液相色谱法	X	
				021	花生油中黄曲霉毒素 B_1 的测定——高效液相色谱法（柱后衍生法）	X	
				022	苹果中钾的测定——火焰原子发射光谱法	X	
				023	保健品中钙的测定——火焰原子吸收光谱法	X	
				024	奶粉中铜的测定——火焰原子吸收光谱法	X	

续表

鉴定范围				鉴定点			
代码	名称	鉴定权重	选考方式	代码	名称	重要程度	试题量
B	专业项	75%	必考	025	酱油中钠的测定——火焰原子吸收光谱法	X	30
				026	猪肉中铅的测定——石墨炉原子吸收光谱法	X	
				027	玉米中镉的测定——石墨炉原子吸收光谱法	X	
				028	固体饮料中霉菌和酵母计数	X	
				029	果蔬汁饮料中霉菌和酵母计数	X	
				030	发酵乳中乳酸菌总数计数	X	

第四节　复 习 要 求

一、全面阅读，加深理解

认真学习《国家职业资格培训教程　农产品食品检验员》，理解其中各项内容；按照《国家职业标准　农产品食品检验员》和《农产品食品检验员操作技能考试试题》有关要求，加强操作技能训练。

《国家职业资格培训教程　农产品食品检验员》《农产品食品检验员操作技能考试试题》指出了鉴定考核重点内容，对考生把握重点、理解难点提供了详略得当的指导。

考生要全面了解考试重点，掌握要领，做到心中有数。

二、抓住重点，全面复习

职业技能鉴定的基本目标就是提高劳动者素质。

职业技能鉴定以基础和必备的知识或能力考核为基本出发点和归宿。

《理论知识鉴定要素细目表》《操作技能考核内容结构表》《操作技能鉴定细目表》是本职业《国家职业标准》的细化，是命题的直接依据，也是理论知识考试和操作技能考核的要点。

考生在理论知识复习中要善于抓住重点，进行全面复习，对基础知识要熟练掌握，基本要领要记忆准确、理解透彻、运用熟练，并且要在复习范围的"广"和"专"字上下功夫；在操作技能考核复习中要按有关要求强化技能训练。

第七章 高级工操作技能考核试题

第一节 检 测 准 备

【试题001】 0.1 mg/L 毒死蜱、氧乐果混合标准溶液的配制

（一）准备要求

1. 考场准备

（1）实验室应配有水、电、试验用气体，并配有试验工作台和通风橱。

（2）灯光照明应符合实验要求。

（3）考场场地整洁规范，无干扰，标识明显。

（4）仪器、设备及试验用品准备（表7.1.1）。

表7.1.1 仪器、设备及试验用品准备表

序号	名称	规格	数量（1人用量）	备注
1	单标线吸量管	5 mL	2支	
2	分度吸量管	1 mL	2支	
3	容量瓶	50 mL	2只	
4	胶头滴管		1支	洁净，晾干
5	吸耳球		1只	
6	标签		1本	
7	毒死蜱标准储备溶液	100 mg/L	50 mL	公用
8	氧乐果标准储备溶液	100 mg/L	50 mL	公用
9	丙酮	分析纯	500 mL	
10	离心管	5 mL	4支	
11	废液杯		1只	

2. 考生准备

工作服；钢笔或中性笔。

（二）考核内容与要求

1. 考核内容

（1）操作前准备：做好标准溶液配制前的准备工作。

（2）操作过程：

① 用鉴定站提供的标准储备溶液先配制成质量浓度为 10 mg/L 的标准中间溶液，再配制成毒死蜱质量浓度为 0.1 mg/L、氧乐果为 0.2 mg/L 的标准工作溶液。

② 在原始记录中填写配制过程及相关内容，计算正确，记录规范。

③ 安全及其他：在规定时间内完成操作；不得损坏仪器、设备及用具或发生事故。

2. 考核方式

实际操作。

3. 考核时间

考核时间 30 min，其中：准备工作 5 min；正式操作 25 min。

4. 考核要求

（1）本题分值 100 分。

（2）考核前统一抽签，按抽签顺序对考生进行考核。

（3）考生须穿工作服。

（4）若考生违章操作或发生事故，应及时终止其考试，考生该试题成绩记为零分。

5. 考评员要求

（1）不得少于 3 人。

（2）提前 15 min 到达考核现场，熟悉考核规则、评分标准。

（3）按评分标准独立评分，不得涂改考核记录表。

6. 注意事项

（1）在购买毒死蜱和氧乐果单标准溶液时，要特别注意各自溶液的质量体积分数间的差异，它会影响制备混合标准溶液时的移取体积的差异。

（2）在购买毒死蜱和氧乐果单标准溶液时，还要特别注意溶液的基质，氧乐果单标准溶液常见水质溶液和丙酮溶液两种；而毒死蜱标准溶液只有丙酮溶液为透明溶液，而水质溶液呈乳状，在制备混合标准溶液后，会制备成乳浊液而无法使用。

（3）在制备毒死蜱和氧乐果混合标准溶液时，稀释的溶剂应采用色谱纯丙酮。

（4）该操作过程必须在通风橱内进行，且要快速，同时注意环境温度，这都源于丙酮的易挥发特性所致。

（5）一般标准储备溶液质量浓度为 1000 mg/L，不能用标准储备溶液直接配制 0.1 mg/L 的标准工作溶液，需要先配制成标准中间溶液，每次稀释倍数不能超过 100 倍。

（6）吸取标准溶液时应使用吸量管，不能使用移液器。

（7）用吸量管吸取标准溶液时，不能从标准储备溶液瓶中直接吸取，应先将部分标准溶液倒入离心管中润洗 2～3 次，倒净润洗溶液后再将所需体积的标准溶液倒入离心管。吸取时先用标准溶液润洗吸量管 2～3 次，润洗体积不超过吸量管体积的 1/3。用滤纸将吸量管尖残余液吸出，尽可能使吸量管尖无残留溶液。

（8）用吸量管吸取标准溶液时，切记要水平移动，防止管尖出现气泡，一旦管尖出现气泡，则需要重新调整。

（9）定容时要注意吸量管靠壁停留时间。如使用分度吸量管，液体放完后不需要停留，如使用单标线吸量管，液体放完需要停留 15 s，同时吸量管要垂直，容量瓶要倾斜，即常说的"歪门斜道"。

（10）要用少量丙酮冲容量瓶内壁（丙酮用量以不大于 5 mL 为宜）。

（11）以同样方法和注意事项，转移第二种储备溶液，置于同一容量瓶中。

（12）加丙酮至总体积 1/2 处（约到容量瓶肚 3/4），平摇（注意平摇时不要盖容量瓶塞）。

（13）继续加丙酮至容量瓶刻度线下约 1 cm 处，静置 30 s，待瓶口处丙酮全部下落。

（14）用滴管吸取丙酮调节至刻度线止。

（15）盖塞，摇匀溶液，上下颠倒 10 次，每次停留 10 s。

（16）填写标准溶液配制记录。

7. 原始记录

标准溶液配制的原始记录见表 7.1.2。

表 7.1.2　标准溶液配制记录

考生编号：

标准中间溶液	标准储备溶液编号	标准储备液质量浓度 ρ/（mg/L）	吸取体积 V/mL	定容试剂名称	定容体积 V/mL	标准中间液质量浓度 ρ/（mg/L）	标准中间溶液编号
配制人		配制日期			温度		
有效期							
标准工作溶液	标准中间溶液编号	标准中间液质量浓度 ρ/（mg/L）	吸取体积 V/mL	定容试剂名称	定容体积 V/mL	标准工作液质量浓度 ρ/（mg/L）	标准工作溶液编号
配制人		配制日期			温度		
有效期							

【试题 002】　0.1 mg/L 氯氰菊酯、氰戊菊酯混合标准溶液的配制

（一）准备要求

1. 考场准备

（1）实验室应配有水、电、试验用气体，并配有试验工作台和通风橱。

（2）灯光照明应符合实验要求。

（3）考场场地整洁规范，无干扰，标识明显。

（4）仪器、设备及试验用品准备（表 7.1.3）。

2. 考生准备

工作服；钢笔或中性笔。

表 7.1.3　仪器、设备及试验用品准备表

序号	名称	规格	数量（1 人用量）	备注
1	单标线吸量管	5 mL	2 支	
2	分度吸量管	1 mL	2 支	
3	容量瓶	50 mL	2 只	
4	胶头滴管		1 支	洁净，晾干
5	吸耳球		1 只	
6	标签		1 本	
7	氯氰菊酯标准储备溶液	100 mg/L	50 mL	公用
8	氰戊菊酯标准储备溶液	100 mg/L	50 mL	公用
9	丙酮	分析纯	500 mL	
10	离心管	5 mL	4 支	
11	废液杯		1 只	

（二）考核内容与要求

1. 考核内容

（1）操作前准备：做好标准溶液配制前的准备工作。

（2）操作过程：

① 用鉴定站提供的标准储备溶液先配制成质量浓度为 10 mg/L 的标准中间溶液，再配制成氯氰菊酯质量浓度为 0.1 mg/L、氰戊菊酯为 0.2 mg/L 的标准工作溶液。

② 在原始记录中填写配制过程及相关内容，计算正确，记录规范。

③ 安全及其他：在规定时间内完成操作；不得损坏仪器、设备及用具或发生事故。

2. 考核方式

实际操作。

3. 考核时间

考核时间 30 min，其中：准备工作 5 min；正式操作 25 min。

4. 考核要求

（1）本题分值 100 分。

（2）考核前统一抽签，按抽签顺序对考生进行考核。

（3）考生须穿工作服。

（4）若考生违章操作或发生事故，应及时终止其考试，考生该试题成绩记为零分。

5. 考评员要求

（1）不得少于 3 人。

（2）提前 15 min 到达考核现场，熟悉考核规则、评分标准。

（3）按评分标准独立评分，不得涂改考核记录表。

6. 注意事项

（1）在购买氯氰菊酯和氰戊菊酯单标溶液时，首先要注意溶液的基质，常见的基质有甲醇、正己烷和甲苯等，在制备氯氰菊酯和氰戊菊酯混合标准溶液时，要注意氯氰菊酯和氰戊菊酯单标溶液的基质必须一致；

（2）还要考虑标准溶液的质量浓度，它会影响转移体积的确认；

（3）稀释时，要用相应的色谱纯试剂进行稀释，如选择正己烷基质的标准溶液时，制备的混合标准溶液，就必须采用色谱纯正己烷做稀释溶剂；

（4）其他注意事项见【试题001】0.1 mg/L 毒死蜱、氧乐果混合标准溶液的配制中"6．注意事项"的相关内容。

7. 原始记录

见表 7.1.2。

【试题 003】　0.1 mg/L 铅标准溶液的配制

（一）准备要求

1. 考场准备

（1）实验室应配有水、电、试验用气体，并配有试验工作台和通风橱。

（2）灯光照明应符合实验要求。

（3）考场场地整洁规范，无干扰，标识明显。

（4）仪器、设备及试验用品准备（表 7.1.4）。

表 7.1.4　仪器、设备及试验用品准备表

序号	名称	规格	数量（1人用量）	备注
1	单标线吸量管	5 mL	1 支	
2	分度吸量管	1 mL	1 支	
3	容量瓶	50 mL	2 只	
4	胶头滴管		1 支	洁净，晾干
5	吸耳球		1 只	
6	标签		1 本	
7	铅标准储备溶液	100 mg/L	50 mL	公用
8	硝酸溶液	5+95	100 mL	
9	离心管	5 mL	1 支	
10	废液杯		1 只	

2. 考生准备

工作服；钢笔或中性笔。

（二）考核内容与要求

1. 考核内容

（1）操作前准备：做好标准溶液配制前的准备工作。

（2）操作过程。①用鉴定站提供的标准储备溶液先配制成质量浓度为 10 mg/L 的标准中间溶液，再配制成质量浓度为 0.1 mg/L 的标准工作溶液。②在原始记录中填写配制过程及相关内容，计算正确，记录规范。③安全及其他：在规定时间内完成操作；不得损坏仪器、设备及用具或发生事故。

2. 考核方式

实际操作。

3. 考核时间

考核时间 30 min，其中：准备工作 5 min；正式操作 25 min。

4. 考核要求

（1）本题分值 100 分。

（2）考核前统一抽签，按抽签顺序对考生进行考核。

（3）考生须穿工作服。

（4）若考生违章操作或发生事故，应及时终止其考试，考生该试题成绩记为零分。

5. 考评员要求

（1）不得少于 3 人。

（2）提前 15 min 到达考核现场，熟悉考核规则、评分标准。

（3）按评分标准独立评分，不得涂改考核记录表。

6. 注意事项

（1）一般要购买有证的 1000 mg/L 铅标准溶液，通常是硝酸基质溶液；至少要通过四步（或多步）定量稀释得到 0.1 mg/L 铅标准溶液。

（2）配制时，可以将 1000 mg/L 铅标准溶液用硝酸溶液（95＋5）稀释至 100 mg/L，该标准溶液在 0～4 ℃冷藏柜中，有效期 6 个月。

（3）配制的标准溶液宜选择贮存于特硬料细磨口试剂瓶中。

（4）若提供 100 mg/L 储备溶液时，宜采用三步稀释法，通过分步稀释至所需质量浓度。

（5）稀释操作过程中，应使用吸量管吸取标准溶液，不能使用移液器；同时要注意减小系统误差和操作误差，即容量瓶与单标吸量管间的匹配性。

（6）其他注意事项见【试题 001】0.1 mg/L 毒死蜱、氧乐果混合标准溶液的配制中"6. 注意事项"的相关内容。

7. 原始记录

见表 7.1.2。

【试题 004】 0.1 mg/L 钙标准溶液的配制

（一）准备要求

1. 考场准备

（1）实验室应配有水、电、试验用气体，并配有试验工作台和通风橱。

（2）灯光照明应符合实验要求。

（3）考场场地整洁规范，无干扰，标识明显。

（4）仪器、设备及试验用品准备（表 7.1.5）。

表 7.1.5 仪器、设备及试验用品准备表

序号	名称	规格	数量（1人用量）	备注
1	单标线吸量管	5 mL	1 支	
2	分度吸量管	1 mL	1 支	
3	容量瓶	50 mL	2 只	
4	胶头滴管		1 支	洁净，晾干
5	吸耳球		1 只	
6	标签		1 本	
7	钙标准储备溶液	100 mg/L	50 mL	公用
8	硝酸溶液	5＋95	100 mL	
9	离心管	5 mL	1 支	
10	废液杯		1 只	

2. 考生准备

工作服；钢笔或中性笔。

（二）考核内容与要求

1. 考核内容

（1）操作前准备：做好标准溶液配制前的准备工作。

（2）操作过程。①用鉴定站提供的标准储备溶液先配制成质量浓度为 10 mg/L 的标准中间溶液，再配制成质量浓度为 0.1 mg/L 的标准工作溶液。②在原始记录中填写配制过程及相关内容，计算正确，记录规范。③安全及其他：在规定时间内完成操作；不得损坏仪器、设备及用具或发生事故。

2. 考核方式

实际操作。

3. 考核时间

考核时间 30 min，其中：准备工作 5 min；正式操作 25 min。

4. 考核要求

（1）本题分值 100 分。

（2）考核前统一抽签，按抽签顺序对考生进行考核。

（3）考生须穿工作服。

（4）若考生违章操作或发生事故，应及时终止其考试，考生该试题成绩记为零分。

5. 考评员要求

（1）不得少于 3 人。

（2）提前 15 min 到达考核现场，熟悉考核规则、评分标准。

（3）按评分标准独立评分，不得涂改考核记录表。

6. 注意事项

其他注意事项见【试题 003】0.1 mg/L 铅标准溶液的配制中"6. 注意事项"的相关内容。

7. 原始记录

见表 7.1.2。

【试题 005】 100 mg/L 胭脂红标准溶液的配制

（一）准备要求

1. 考场准备

（1）实验室应配有水、电、试验用气体，并配有试验工作台和通风橱。

（2）灯光照明应符合实验要求。

（3）考场场地整洁规范，无干扰，标识明显。

（4）仪器、设备及试验用品准备（表 7.1.6）。

表 7.1.6 仪器、设备及试验用品准备表

序号	名称	规格	数量（1 人用量）	备注
1	电子天平	0.001 g	1 台	
2	分度吸量管	1 mL	1 支	
3	容量瓶	50 mL，100 mL	各 1 只	
4	胶头滴管		1 支	洁净，晾干
5	吸耳球		1 只	
6	标签		1 本	
7	胭脂红标准品	99.0%	5 g	
8	烧杯	50 mL	1 个	
9	废液杯		1 只	

2. 考生准备

工作服；钢笔或中性笔。

（二）考核内容与要求

1. 考核内容

（1）操作前准备：做好标准溶液配制前的准备工作。

（2）操作过程。①用鉴定站提供的胭脂红标准品先配制成质量浓度为 1000 mg/L 的标准储备溶液，再配制成质量浓度为 10 mg/L 的标准工作溶液。②在原始记录中填写配制过程及相关内容，计算正确，记录规范。③安全及其他：在规定时间内完成操作；不得损坏仪器、设备及用具或发生事故。

2. 考核方式

实际操作。

3. 考核时间

考核时间 30 min，其中：准备工作 5 min；正式操作 25 min。

4. 考核要求

（1）本题分值 100 分。

（2）考核前统一抽签，按抽签顺序对考生进行考核。

（3）考生须穿工作服。

（4）若考生违章操作或发生事故，应及时终止其考试，考生该试题成绩计为零分。

5. 考评员要求

（1）不得少于 3 人。

（2）提前 15 min 到达考核现场，熟悉考核规则、评分标准。

（3）按评分标准独立评分，不得涂改考核记录表。

6. 注意事项

其他注意事项见【试题 003】0.1 mg/L 铅标准溶液的配制中"6. 注意事项"的相关内容。

7. 原始记录

见表 7.1.2。

【试题 006】　200 mg/L 山梨酸和苯甲酸标准混合溶液的配制

（一）准备要求

1. 考场准备

（1）实验室应配有水、电、试验用气体，并配有试验工作台和通风橱。

（2）灯光照明应符合实验要求。

（3）考场场地整洁规范，无干扰，标识明显。

（4）仪器、设备及试验用品准备（表 7.1.7）。

表 7.1.7　仪器、设备及试验用品准备表

序号	名称	规格	数量（1 人用量）	备注
1	电子天平	0.001 g	1 台	
2	分度吸量管	1 mL	1 支	
3	容量瓶	50 mL，100 mL	各 1 只	
4	胶头滴管		1 支	洁净，晾干
5	吸耳球		1 只	
6	标签		1 本	
7	山梨酸标准品	99.0%	5 g	
8	苯甲酸标准品	99.0%	5 g	
9	烧杯	50 mL	1 个	
10	废液杯		1 只	

2. 考生准备

工作服；钢笔或中性笔。

（二）考核内容与要求

1. 考核内容

（1）操作前准备：做好标准溶液配制前的准备工作。

（2）操作过程。①用鉴定站提供的胭脂红标准品先配制成质量浓度为 1000 mg/L 的标准储备溶液，再配制成质量浓度为 10 mg/L 的标准工作溶液。②在原始记录中填写配制过程及相关内容，计算正确，记录规范。③安全及其他：在规定时间内完成操作；不得损坏仪器、设备及用具或发生事故。

2. 考核方式

实际操作。

3. 考核时间

考核时间 30 min，其中：准备工作 5 min；正式操作 25 min。

4. 考核要求

（1）本题分值 100 分。

（2）考核前统一抽签，按抽签顺序对考生进行考核。

（3）考生须穿工作服。

（4）若考生违章操作或发生事故，应及时终止其考试，考生该试题成绩记为零分。

5. 考评员要求

（1）不得少于 3 人。

（2）提前 15 min 到达考核现场，熟悉考核规则、评分标准。

（3）按评分标准独立评分，不得涂改考核记录表。

6. 注意事项

其他注意事项见【试题 001】0.1 mg/L 毒死蜱、氧乐果混合标准溶液的配制中"6. 注意事项"的相关内容。

7. 原始记录

见表 7.1.2。

第二节　专　业　项

【试题 001】　普通白菜中腐霉利农药残留测定——气相色谱法
（参考标准 NY/T 761—2008 第二部分 方法二）

（一）准备要求

1. 考场准备

（1）实验室应配有水、电、试验用气体，并配有试验工作台和通风橱。

（2）灯光照明应符合实验要求。

（3）考场场地整洁规范，无干扰，标识明显。

（4）仪器、设备及试验用品准备（表 7.2.1）。

表 7.2.1　仪器、设备及试验用品准备表

序号	名称	规格	单位	数量	备注
1	气相色谱仪，带有 ECD 检测器	DB-5（30 m×0.25 mm×0.25 μm）石英毛细管柱或相当者	台	1	考核前 24 h 开机稳定
2	电子天平	0.01 g	台	1	
3	塑料砧板		块	1	
4	不锈钢菜刀		个	1	
5	样品粉碎机	2000 mL	台	1	
6	高速组织匀浆机	20 000 r/min	台	1	
7	涡旋振荡器		支	1	
8	量筒	50 mL	个	1	
9	漏斗	8 cm	支	3	
10	漏斗架		个	1	
11	中速定性滤纸大小与漏斗匹配		个	3	
12	氮吹仪		个	1	
13	高脚烧杯	150 mL	个	3	
14	烧杯	100 mL	个	3	
15	具塞量筒	100 mL	个	3	

续表

序号	名称	规格	单位	数量	备注
16	吸量管	10 mL	根	2	
17	吸量管	1 mL	根	2	
18	吸耳球		个	1	
19	滴管		个	3	
20	刻度离心管	15 mL	个	3	
21	称量勺		个	1	
22	样品瓶 装匀浆后的样品		个	2	
23	样品瓶 上机进样	150 mL	个	3	
24	记号笔		支	1	
25	弗罗里硅土柱	1 g/6 mL	个	3	
26	乙腈	优级纯	mL	200	
27	丙酮	分析纯	mL	20	
28	正己烷	分析纯	mL	20	
29	丙酮-正己烷溶液（10＋90）	分析纯	mL	30	
30	氯化钠	分析纯	g	30	
31	滤膜	0.2 μm	个	3	
32	腐霉利农药标准溶液	2～5 mg/L	mL	50	
33	废液杯	500 mL	个	1	
34	普通白菜	1	kg	1	
35	样品盒（装匀浆后的样品）		个	2	
36	标签		个	2	
37	试样制备记录和检测原始记录表格		张	1	
38	NY/T 761—2008 第二部分 方法二 文本				
备注	调试气相色谱仪，使其性能达到最优，并确认在方法提供的参数条件下，混合标准溶液能够得到良好的响应。				

2. 考生准备

工作服；钢笔或中性笔。

（二）考核内容与要求

1. 考核内容

（1）操作前准备：做好标准溶液配制前的准备工作。

（2）前处理过程：

① 取样部位按照 GB 2763—2021 中附录 A 的要求进行。

② 制成的匀浆样品分装到两个容器中，匀浆质量不少于 100 g，并贴上标签。

③ 填写试样制备记录。

④ 整理试验台和清洗制样工具。

⑤ 称取三份样品，其中两份样品做添加回收率试验，一份样品为空白。

⑥ 根据考核要求添加 0.4 mL 农药标准溶液，静置 30 min。此时可答笔试题。

⑦ 样品处理按照 NY/T 761—2008 第二部分方法二要求进行。

（3）样品测定：

① 在笔试中简述气相色谱仪开机和关机的操作规范；

② 按照 NY/T 761—2008 第二部分方法二要求设置仪器工作条件；

③ 按照 NY/T 761—2008 第二部分方法二要求进行样品检测；

④ 填写检测原始记录，并根据检测结果计算添加回收率和精密度；

⑤ 精密度按相对相差计算。

2. 考核方式

笔试＋现场实际操作。

3. 考核时间

考核时间为 90 min。

4. 考核要求

（1）在规定时间内完成操作，不得损坏仪器设备及试验用具。

（2）原始记录填写规范，计算准确，内容齐全。

（3）考核前统一抽签，按抽签顺序对考生进行考核。

（4）考生须穿工作服进入考场。

（5）若考生出现下列情况，则应及时终止考核，考生该试题成绩记为零分：

① 开机顺序及色谱条件选择严重错误。

② 未对样品进行净化直接进样分析。

③ 损坏仪器设备及配套设备。

（6）本题分值 100 分，其中笔试 10 分，实际操作 90 分。

5. 考评员要求

（1）人数不得少于 3 人。

（2）熟悉考核规则和评分标准。

（3）提前 15 min 到达考核现场，熟悉考核场所。

（4）按评分标准独立进行评分，不得随意涂改考核记录。

6. 注意事项

（1）样品的取样部位不是可食部位，取样部位按照 GB 2763—2021 中附录 A 执行。将样品全部切成 2 cm 左右的小块，充分混匀后用四分法取样进行匀浆。

（2）匀浆后的样品倒入样品盒中，匀浆样品不能倒满。贴上标签，标签内容要齐全，标签不能贴在样品盒盖上。

（3）样品分为试样、留样和备样，贴上标签，放入−18 ℃以下冰柜中保存。

（4）样品制备完毕后，应清洗制样工具，防止交叉污染。

（5）样品制备后，应及时填写试样制备记录，内容应齐全。

（6）称样前应充分搅匀样品，称量完毕后应及时记录，并填写仪器使用记录。

（7）吸取标准溶液时应使用吸量管，不能使用移液器。一般标准储备溶液质量浓度为 1000 mg/L，不能用标准储备溶液直接配制 0.1 mg/L 的标准工作溶液，需要先配制成标准中间溶液，每次稀释倍数不能超过 100 倍。

（8）用吸量管吸取标准溶液时，不能从标准储备溶液瓶中直接吸取，应先将部分标准溶液倒入离心管中润洗 2～3 次，倒净润洗溶液后再将所需体积的标准溶液倒入离心管。吸取时先用标准溶液润洗吸量管 2～3 次，润洗体积不超过吸量管体积的 1/3。用滤纸将吸量管尖残余液吸出，尽可能使吸量管尖无残留溶液。

（9）用吸量管吸取标准溶液时，要注意靠壁停留时间。如使用分度吸量管，液体放完后不需要停留，如使用单标线吸量管，液体放完需要停留 15 s。

（10）加入标准溶液后，应将试样涡旋，以便标准溶液与样品充分混合。然后应放置 30 min，以便标准溶液与样品充分结合。

（11）用量筒加入乙腈提取剂，加入的乙腈不能用原瓶的乙腈直接倒入量筒，应根据标准的要求倒出所需的体积于烧杯或锥形瓶中，用烧杯或锥形瓶中的试剂倒入量筒，并作为调节定容使用。滴管不能插入试剂原瓶中。试剂倒出后，应立即盖上瓶塞。或用试剂原瓶中的试剂倒入量筒，其体积小于量筒的定容体积。将乙腈倒出一小部分于烧杯或锥形瓶中作为调节定容使用。

（12）正确使用量筒，不能将量筒放在试验台上，应手持量筒进行量取，眼睛与刻度线持平。量筒中液体全部倒出后，应停留 30 s。

（13）用高速组织匀浆机进行提取时，应注意转速和时间是否达到标准的要求。

（14）样品提取完毕后，应先用自来水清洗刀头，清洗到自来水没有颜色后，再用有机试剂如丙酮清洗。

（15）具塞量筒中按标准加入 5～7 g 氯化钠，如果是水分含量较高的样品如黄瓜，可多加一些氯化钠，保证盐析时有一定的氯化钠固体。

（16）过滤时漏斗应放置在漏斗架上，不允许将漏斗直接放置在具塞量筒上。

（17）滤纸的高度应低于漏斗边 2 mm，且应撕去一角，以便使滤纸能紧贴漏斗壁。过滤时应用玻璃棒进行引流。

（18）过滤完毕后盖上具塞量筒的塞子，振摇 2～3 次，然后将塞子打开放气。放气后盖上塞子进行振摇。振摇时不能太剧烈，防止产生乳化情况。

（19）如果产生乳化情况，一是可采用添加少量水进行消除，注意加水的体积不能多，否则会引起氯化钠的溶解，造成试验失败；二是可以采取离心的方法消除乳化。

（20）样品振摇后要静置 30 min，在静置过程中如果量筒壁上有水珠，应用手轻轻弹，使水珠溶入水相，否则会造成水溶性农药的检测结果偏低。

（21）静置完成后，用吸量管吸取 10 mL 溶液，吸取时要注意一次吸取完成，如果不能一次完成，会造成有机相和水相再次混合，影响检测结果。

（22）如果用氮吹仪进行浓缩，将提取剂移入小烧杯中，放入事先加热到规定温度的氮吹仪上进行浓缩。调节氮吹仪出气口离液面 2 cm 左右，调节氮气流量以液面微微抖动呈水波纹状为宜。

（23）如果用旋转蒸发仪进行浓缩，水浴温度不宜超过 40 ℃，浓缩瓶应使用茄形瓶，以便于样品的净化。不同样品浓缩后，要对旋转蒸发仪进行清洗，避免造成交叉污染。

（24）无论采用氮吹仪还是旋转蒸发仪进行浓缩，一定要注意将液体浓缩至近干，如果全干则检测结果偏低。

（25）净化上样时要少量多次用淋洗液洗涤小烧杯或浓缩瓶，次数不少于 3 次。

（26）净化时要连续添加液体，液体不能低于固相萃取柱上层筛板，否则会造成柱体产生裂纹，影响净化效果。

（27）净化后的液体进行浓缩，注意事项同（24）、（25），但要注意这一步浓缩水浴温度与上一步不同。这一步氮吹浓缩时用刻度离心管。

（28）浓缩后的样品进行定容，氮吹浓缩是用刻度离心管定容，旋转蒸发是用吸量管吸取一定体积定容。

（29）定容后的样品要进行涡旋，以使样品混合均匀。

（30）用塑料针管吸入一定体积的混合均匀试液，安装好滤膜，推出的前 2～3 滴弃去，剩下的试液推入到试剂小瓶中准备上机测定。试剂小瓶上要写上样品编号。

（31）参照标准上给出的仪器参考条件设置仪器参数，也可根据本单位的仪器对参数进行适度调整，以保证最佳测定条件。调整有一定的适度要求，超过这个范围需要进行确认。如：

① 对于 GC 色谱柱内径，最大可调整值为±50%；流速 GC 最大可调整值为±25%。

② 只要不对诸如基线、峰形、分辨率、线性度和保留时间等因素产生不良影响，进样量可增加至标准指定进样体积的两倍。

③ GC 柱箱温度最大可调整值为±10%。

④ GC 程序升温允许可调整温度为±10%，对于需维持的特定温度或从一个温度改变至另一个温度，允许调整的最大限度为±20%。

（32）电子捕获检测器不能开机后马上测定，使用前应开机稳定，一般稳定时间过夜。

（33）将试样放置到自动进样器的进样盘时，要注意样品和标准溶液放置的位置与仪器设置参数一致，防止出现位置放错造成检测结果错误的情况。

（34）检测完毕后，及时填写检测原始记录和仪器使用记录，填写的信息要全。在填写检测原始记录时，要注意所用量器的有效数位，根据有效数字的运算规定进行结果计算，并根据标准的要求计算精密度（重复性限）。

（35）检测结果的有效数位一定应与标准规定的一致。

（36）当检测结果为"未检出"时，报结果为"未检出"，同时写出小于方法检出限（将方法检出限数值写出）；当检测结果大于方法检出限但小于方法定量限时，报定性检出，同时写出方法定量限数值；当检测结果大于方法定量限时，才能报出检测值。

（37）所有样品前处理操作除称量外，都应该在通风橱内进行。

（38）其他在检测中需要注意的问题，见第三章第二节中"八、植物源食品中农药残留定性和定量分析中常见问题及克服方法"和"十一、气相色谱分析常见问题及解决方法"。

（39）气相色谱仪在使用中需要注意的问题，见第三章第二节中"十二、气相色谱仪使用及注意事项"。

（40）由于样品中可能没有农药残留，因此在样品中添加适量的农药，通过回收率和精密度考核考生的检测能力。当检测结果≤0.1 mg/kg 时，回收率范围为 60%～120%，当检测结果在 0.1～1 mg/kg 时，回收率范围为 80%～110%。精密度要求满足标准的要求。

（41）在日常的检测工作中，根据国家标准的要求，每 20 个样品为一个检测批次，需要做一个质控样，质控样只做一个，考察回收率。质控样添加量为方法定量限的 2～4 倍。

7. 原始记录

原始记录表见表 7.2.2。

表 7.2.2　气相色谱法检测原始记录

考生编号：

样品名称			样品编号			标准工作溶液编号		
检测地点			室温 $t/℃$			相对湿度/%		
检测依据								
仪器名称、编号	电子天平			气相色谱仪				
样品质量 m/g	提取液总体积 V_1/mL	分取体积 V_2/mL	定容体积 V_3/mL	标准溶液质量浓度 $\rho/(mg/L)$		标准溶液保留时间/min	标准溶液峰面积 $A_S/(μV·s)$	
仪器工作条件	色谱柱： 空气流量 mL/min： 柱温：		载气流量 mL/min： 进样口温度 ℃：			氢气流量 mL/min： 检测器温度 ℃：		
组分	保留时间/min	样液峰面积 $A/(μV·s)$	测定值 $\omega/(mg·kg^{-1})$	平均值 $\omega/(mg·kg^{-1})$		测定值绝对差	精密度 r	
精密度判定	$\omega_2-\omega_1<r$	$r=r_1+(r_2-r_1)×(\omega-\omega_1)/(\omega_2-\omega_1)$ ω、ω_2—组分含量；ω—测定平均值；r_1、r_2—ω_1、ω_2 相对应重复性限，从该检测方法标准中查出。						
计算公式	$\omega=\dfrac{\rho×V_1×V_3×A}{m×V_2×A_S}$							
备注								

考核人：　　　　　　　　　　　　　　　　　　　　　　　　　　　年　月　日

8. 笔试题

（1）简述气相色谱仪开机和关机顺序。（5 分）

（2）采用气相色谱仪器完成检测后，关机前需要对柱温箱进行什么操作？为什么？（5 分）

【试题 002】　芹菜中毒死蜱农药残留测定——气相色谱法

（参考标准 GB 23200.116—2019 方法二）

（一）准备要求

1. 考场准备

（1）实验室应配有水、电、试验用气体，并配有试验工作台和通风橱。

（2）灯光照明应符合实验要求。

（3）考场场地整洁规范，无干扰，标识明显。

（4）仪器、设备及试验用品准备（表 7.2.3）。

表 7.2.3　仪器、设备及试验用品准备表

序号	名称	规格	单位	数量	备注
1	气相色谱仪，带有 FPD 检测器	DB-1701（30 m×0.25 mm×0.25 μm）石英毛细管柱或相当者	台	1	考核前 2 h 开机稳定
2	电子天平	0.01 g	台	1	
3	塑料砧板		块	1	
4	不锈钢菜刀		个	1	
5	细胞破壁机	2000 mL	台	1	
6	高速组织匀浆机	转速>20 000 r/min	台	1	
7	涡旋振荡器		支	1	
8	量筒	50 mL	个	1	
9	漏斗	8 cm	支	3	
10	漏斗架		个	1	
11	中速定性滤纸 大小与漏斗匹配		个	3	
12	氮吹仪		个	1	
13	高脚烧杯	150 mL	个	3	
14	烧杯	100 mL	个	3	
15	具塞量筒	100 mL	个	3	
16	吸量管	10 mL	根	2	
17	吸量管	1 mL	根	2	
18	吸耳球		个	1	
19	滴管		个	3	
20	刻度离心管	15 mL	个	3	
21	称量勺		个	1	
22	样品瓶 上机进样	150 mL	个	3	
23	记号笔		支	1	
24	乙腈	优级纯	mL	150	
25	丙酮	优级纯	mL	20	
26	氯化钠	分析纯	g	30	
27	滤膜	0.2 μm	个	3	
28	毒死蜱农药标准溶液	2～5 mg/L	mL	5	
29	废液杯	500 mL	个	1	
30	芹菜		kg	2	
31	样品盒（装匀浆后的样品）		个	2	
32	标签		个	2	
33	试样制备记录和检测原始记录表格		张	1	
34	GB 23200.116—2019 方法二 文本				
备注	调试气相色谱仪，使其性能达到最优，并确认在方法提供的参数条件下，混合标准溶液能够得到良好的响应。				

2. 考生准备

工作服；钢笔或中性笔。

（二）考核内容与要求

1. 考核内容

（1）操作前准备：做好标准溶液配制前的准备工作。

（2）前处理过程：

① 取样部位按照 GB 2763—2021 中附录 A 的要求进行。

② 制成的匀浆样品分装到两个容器中，匀浆质量不少于 100 g，并贴上标签。

③ 填写试样制备记录。

④ 整理试验台和清洗制样工具。

⑤ 称取三份样品，其中两份样品做添加回收率试验，一份样品为空白。

⑥ 根据考核要求添加 0.4 mL 农药标准溶液，静置 30 min。此时可答笔试题。

⑦ 样品处理按照 GB 23200.116—2019 中的规定执行。

（3）样品测定：

① 在笔试中简述气相色谱仪开机和关机的操作规范。

② 按照 GB 23200.116—2019 中的要求设置仪器工作条件。

③ 按照 GB 23200.116—2019 中的要求进行样品检测。

④ 填写检测原始记录，并根据检测结果计算添加回收率和精密度。

⑤ 精密度按相对相差计算。

⑥ 不做标准曲线，用单点法进行定量。

2. 考核方式

笔试＋现场实际操作。

3. 考核时间

考核时间为 90 min。

4. 考核要求

（1）在规定时间内完成操作，不得损坏仪器设备及试验用具。

（2）原始记录填写规范，计算准确，内容齐全。

（3）考核前统一抽签，按抽签顺序对考生进行考核。

（4）考生须穿工作服进入考场。

（5）若考生出现下列情况，则应及时终止考核，考生该试题成绩记为零分：

① 开机顺序及色谱条件选择严重错误。

② 未对样品进行净化直接进样分析。

③ 损坏仪器设备及配套设备。

（6）本题分值 100 分，其中笔试 10 分，实际操作 90 分。

5. 考评员要求

（1）人数不得少于 3 人。

（2）熟悉考核规则和评分标准。

（3）提前 15 min 到达考核现场，熟悉考核场所。

（4）按评分标准独立进行评分，不得随意涂改考核记录。

6. 注意事项

（1）将芹菜去根后的整棵样品全部切成 2 cm 左右的小块，充分混匀后用四分法取样进行匀浆。

（2）浓缩后的样品不净化。

（3）火焰光度检测器不能开机后马上进行测定，使用前应开机稳定，一般稳定时间应大于 2 h。

（4）其他注意事项见【试题 001】普通白菜中腐霉利农药残留测定——气相色谱法中"6. 注意事项"的相关内容。

7. 原始记录

见表 7.2.2。

8. 笔试题

（1）采用气相色谱仪器完成检测后，关机前需要对柱温箱进行什么操作？为什么？（5 分）

（2）盐析振摇时如果出现乳化情况如何处理？（5 分）

【试题 003】　黄瓜中百菌清农药残留测定——气相色谱法
（参考标准 NY/T 761—2008 第二部分 方法二）

（一）准备要求

1. 考场准备

（1）实验室应配有水、电、试验用气体，并配有试验工作台和通风橱。

（2）灯光照明应符合实验要求。

（3）考场场地整洁规范，无干扰，标识明显。

（4）仪器、设备及试验用品准备（表 7.2.4）。

表 7.2.4　仪器、设备及试验用品准备表

序号	名称	规格	单位	数量	备注
1	气相色谱仪，带有 ECD 检测器	DB-5（30 m×0.25 mm×0.25 μm）石英毛细管柱或相当者	台	1	考核前 24 h 开机稳定
2	电子天平	0.01 g	台	1	
3	塑料砧板		块	1	
4	不锈钢菜刀		个	1	

续表

序号	名称	规格	单位	数量	备注
5	样品粉碎机	2000 mL	台	1	
6	高速组织匀浆机	20 000 r/min	台	1	
7	涡旋振荡器		支	1	
8	量筒	50 mL	个	1	
9	漏斗	8 cm	支	3	
10	漏斗架		个	1	
11	中速定性滤纸　大小与漏斗匹配		个	3	
12	氮吹仪		个	1	
13	高脚烧杯	150 mL	个	3	
14	烧杯	100 mL	个	3	
15	具塞量筒	100 mL	个	3	
16	吸量管	10 mL	根	2	
17	吸量管	1 mL	根	2	
18	吸耳球		个	1	
19	滴管		支	3	
20	刻度离心管	15 mL	个	3	
21	称量勺		个	1	
22	样品瓶　装匀浆后的样品		个	2	
23	样品瓶　上机进样	150 mL	个	3	
24	记号笔		支	1	
25	弗罗里硅土柱	1 g/6 mL	个	3	
26	乙腈	优级纯	mL	200	
27	丙酮	分析纯	mL	20	
28	正己烷	分析纯	mL	20	
29	丙酮-正己烷溶液（10＋90）	分析纯	mL	30	
30	氯化钠	分析纯	g	30	
31	滤膜	0.2 μm	个	3	
32	百菌清农药标准溶液	2～5 mg/L	mL	50	
33	废液杯	500 mL	个	1	
34	黄瓜	1	kg	1	
35	样品盒（装匀浆后的样品）		个	2	
36	标签		个	2	
37	试样制备记录和检测原始记录表格		张	1	
38	NY/T 761—2008 第二部分　方法二　文本				
备注	调试气相色谱仪，使其性能达到最优，并确认在方法提供的参数条件下，混合标准溶液能够得到良好的响应。				

2. 考生准备

工作服；钢笔或中性笔。

（二）考核内容与要求

1. 考核内容

（1）操作前准备：做好标准溶液配制前的准备工作。

（2）前处理过程：

① 取样部位按照 GB 2763—2021 中附录 A 的要求进行；

② 制成的匀浆样品分装到两个容器中，匀浆质量不少于 100 g，并贴上标签；

③ 填写试样制备记录；

④ 整理试验台和清洗制样工具；

⑤ 称取三份样品，其中两份样品做添加回收率试验，一份样品为空白；

⑥ 根据考核要求添加 0.4 mL 农药标准溶液，静置 30 min。此时可答笔试题；

⑦ 样品处理按照 NY/T 761—2008 第二部分方法二要求进行；

（3）样品测定：

① 在笔试中简述气相色谱仪开机和关机的操作规范；

② 按照 NY/T 761—2008 第二部分方法二要求设置仪器工作条件；

③ 按照 NY/T 761—2008 第二部分方法二要求进行样品检测；

④ 填写检测原始记录，并根据检测结果计算添加回收率和精密度；

⑤ 精密度按相对相差计算。

2. 考核方式

笔试＋现场实际操作。

3. 考核时间

考核时间为 90 min。

4. 考核要求

（1）在规定时间内完成操作，不得损坏仪器设备及试验用具。

（2）原始记录填写规范，计算准确，内容齐全。

（3）考核前统一抽签，按抽签顺序对考生进行考核。

（4）考生须穿工作服进入考场。

（5）若考生出现下列情况，则应及时终止考核，考生该试题成绩记为零分：

① 开机顺序及色谱条件选择严重错误。

② 未对样品进行净化直接进样分析。

③ 损坏仪器设备及配套设备。

（6）本题分值 100 分，其中笔试 10 分，实际操作 90 分。

5. 考评员要求

（1）人数不得少于 3 人。

（2）熟悉考核规则和评分标准。

（3）提前 15 min 到达考核现场，熟悉考核场所。

（4）按评分标准独立进行评分，不得随意涂改考核记录。

6. 注意事项

注意事项见【试题001】普通白菜中腐霉利农药残留检测——气相色谱法中"6. 注意事项"的相关内容。

7. 原始记录

见表 7.2.2。

8. 笔试题

（1）采用气相色谱仪器完成检测后，关机前需要对柱温箱进行什么操作？为什么？（5分）

（2）简述气相色谱仪开机和关机顺序。（5分）

【试题 004】　玉米中氧乐果农药残留测定——气相色谱法
（参考标准 GB 23200.116—2019 方法二）

（一）准备要求

1. 考场准备

（1）实验室应配有水、电、试验用气体，并配有试验工作台和通风橱。

（2）灯光照明应符合实验要求。

（3）考场场地整洁规范，无干扰，标识明显。

（4）仪器、设备及试验用品准备（表 7.2.5）。

表 7.2.5　仪器、设备及试验用品准备表

序号	名称	规格	单位	数量	备注
1	气相色谱仪，带有 FPD 检测器	DB-1701（30 m×0.25 mm×0.25 μm）石英毛细管柱或相当者	台	1	考核前 2 h 开机稳定
2	电子天平	0.01 g	台	1	
3	粉碎机		台	1	
4	涡旋振荡器		支	1	
5	量筒	50 mL	个	1	
6	漏斗	8 cm	支	3	
7	漏斗架		个	1	
8	中速定性滤纸 大小与漏斗匹配		个	3	
9	氮吹仪		个	1	
10	高脚烧杯	150 mL	个	3	
11	烧杯	100 mL	个	3	
12	具塞量筒	100 mL	个	3	
13	吸量管	10 mL	根	2	
14	吸量管	1 mL	根	2	

续表

序号	名称	规格	单位	数量	备注
15	吸耳球		个	1	
16	滴管		个	3	
17	刻度离心管	15 mL	个	3	
18	称量勺		个	1	
19	样品瓶 上机进样	150 mL	个	3	
20	记号笔		支	1	
21	乙腈	优级纯	mL	150	
22	丙酮	优级纯	mL	20	
23	氯化钠	分析纯	g	30	
24	滤膜	0.2 μm	个	3	
25	氧乐果农药标准溶液	2～5 mg/L	mL	5	
26	废液杯	500 mL	个	1	
27	玉米		kg	2	
28	样品盒（装匀浆后的样品）		个	2	
29	标签		个	2	
30	试样制备记录和检测原始记录表格		张	1	
31	GB 23200.116—2019 方法二　文本				
备注	调试气相色谱仪，使其性能达到最优，并确认在方法提供的参数条件下，混合标准溶液能够得到良好的响应。				

2. 考生准备

工作服；钢笔或中性笔。

（二）考核内容与要求

1. 考核内容

（1）操作前准备：做好标准溶液配制前的准备工作。

（2）前处理过程：

① 取样部位按照 GB 2763—2021 中附录 A 的要求进行。

② 制成的匀浆样品分装到两个容器中，匀浆质量不少于 100 g，并贴上标签。

③ 填写试样制备记录。

④ 整理试验台和清洗制样工具。

⑤ 称取三份样品，其中两份样品做添加回收率试验，一份样品为空白。

⑥ 根据考核要求添加 0.4 mL 农药标准溶液，静置 30 min。此时可答笔试题。

⑦ 样品处理按照 GB 23200.116—2019 中的规定执行。

（3）样品测定：

① 在笔试中简述气相色谱仪开机和关机的操作规范；

② 按照 GB 23200.116—2019 中的要求设置仪器工作条件；

③ 按照 GB 23200.116—2019 中的要求进行样品检测；

④ 填写检测原始记录，并根据检测结果计算添加回收率和精密度；

⑤ 精密度按相对相差计算；

⑥ 不做标准曲线，用单点法进行定量。

2. 考核方式

笔试＋现场实际操作。

3. 考核时间

考核时间为 90 min。

4. 考核要求

（1）在规定时间内完成操作，不得损坏仪器设备及试验用具。

（2）原始记录填写规范，计算准确，内容齐全。

（3）考核前统一抽签，按抽签顺序对考生进行考核。

（4）考生须穿工作服进入考场。

（5）若考生出现下列情况，则应及时终止考核，考生该试题成绩记为零分：

① 开机顺序及色谱条件选择严重错误。

② 未对样品进行净化直接进样分析。

③ 损坏仪器设备及配套设备。

（6）本题分值 100 分，其中笔试 10 分，实际操作 90 分。

5. 考评员要求

（1）人数不得少于 3 人。

（2）熟悉考核规则和评分标准。

（3）提前 15 min 到达考核现场，熟悉考核场所。

（4）按评分标准独立进行评分，不得随意涂改考核记录。

6. 注意事项

（1）将玉米样品充分混匀后用四分法取样进行粉碎。先用部分样品放入粉碎机中粉碎，然后弃去，将剩余样品全部放入粉碎机中粉碎，粉碎后的样品要全部过 0.425 mm 的尼龙筛。

（2）粉碎后的样品分为试样、留样和备样，分别装入样品盒或塑料袋中，贴上标签，放入−18 ℃以下冰柜中保存。

（3）浓缩后的样品不净化。

（4）火焰光度检测器不能开机后马上进行测定，使用前应开机稳定，一般稳定时间应大于 2 h。

（5）当检测结果为"未检出"时，报结果为"未检出"，同时写出小于方法定量限（将方法定量限数值写出）。

（6）其他注意事项见【试题 001】普通白菜中腐霉利农药残留检测——气相色谱法中"6. 注意事项"的相关内容。

7. 原始记录

见表 7.2.2。

8. 笔试题

（1）采用气相色谱仪器完成检测后，关机前需要对柱温箱进行什么操作，为什么？（5 分）

（2）简述农残检测时干样与鲜样在提取时方法是否相同。（5 分）

【试题 005】 香蕉中氯氰菊酯农药残留测定 —— 气相色谱法
（参考标准 NY/T 761—2008 第二部分 方法二）

（一）准备要求

1. 考场准备

（1）实验室应配有水、电、试验用气体，并配有试验工作台和通风橱。

（2）灯光照明应符合实验要求。

（3）考场场地整洁规范，无干扰，标识明显。

（4）仪器、设备及试验用品准备（表 7.2.6）。

表 7.2.6 仪器、设备及试验用品准备表

序号	名称	规格	单位	数量	备注
1	气相色谱仪，带有 ECD 检测器	DB-5（30 m×0.25 mm×0.25 μm）石英毛细管柱或相当者	台	1	考核前 24 h 开机稳定
2	电子天平	0.01 g	台	1	
3	塑料砧板		块	1	
4	不锈钢菜刀		个	1	
5	样品粉碎机	2000 mL	台	1	
6	高速组织匀浆机	20 000 r/min	台	1	
7	涡旋振荡器		支	1	
8	量筒	50 mL	个	1	
9	漏斗	8 cm	支	3	
10	漏斗架		个	1	
11	中速定性滤纸 大小与漏斗匹配		个	3	
12	氮吹仪		个	1	
13	高脚烧杯	150 mL	个	3	
14	烧杯	100 mL	个	3	
15	具塞量筒	100 mL	个	3	
16	吸量管	10 mL	根	2	
17	吸量管	1 mL	根	2	
18	吸耳球		个	1	
19	滴管		个	3	
20	刻度离心管	15 mL	个	3	

续表

序号	名称	规格	单位	数量	备注
21	称量勺		个	1	
22	样品瓶 装匀浆后的样品		个	2	
23	样品瓶 上机进样	150 mL	个	3	
24	记号笔		支	1	
25	弗罗里硅土柱	1 g/6 mL	个	3	
26	乙腈	优级纯	mL	200	
27	丙酮	分析纯	mL	20	
28	正己烷	分析纯	mL	20	
29	丙酮-正己烷溶液（10＋90）	分析纯	mL	30	
30	氯化钠	分析纯	g	30	
31	滤膜	0.2 μm	个	3	
32	氯氰菊酯农药标准溶液	2～5 mg/L	mL	50	
33	废液杯	500 mL	个	1	
34	香蕉	1	kg	1	
35	样品盒（装匀浆后的样品）		个	2	
36	标签		个	2	
37	试样制备记录和检测原始记录表格		张	1	
38	NY/T 761—2008 第二部分 方法二 文本				
备注	调试气相色谱仪，使其性能达到最优，并确认在方法提供的参数条件下，混合标准溶液能够得到良好的响应。				

2. 考生准备

工作服；钢笔或中性笔。

（二）考核内容与要求

1. 考核内容

（1）操作前准备：做好标准溶液配制前的准备工作。

（2）前处理过程：

① 取样部位按照 GB 2763—2021 中附录 A 的要求进行。

② 制成的匀浆样品分装到两个容器中，匀浆质量不少于 100 g，并贴上标签。

③ 填写试样制备记录。

④ 整理试验台和清洗制样工具。

⑤ 称取三份样品，其中两份样品做添加回收率试验，一份样品为空白。

⑥ 根据考核要求添加 0.4 mL 农药标准溶液，静置 30 min。此时可答笔试题。

⑦ 样品处理按照 NY/T 761—2008 第二部分方法二要求进行。

（3）样品测定：

① 在笔试中简述气相色谱仪开机和关机的操作规范。

② 按照 NY/T 761—2008 第二部分方法二要求设置仪器工作条件。

③ 按照 NY/T 761—2008 第二部分方法二要求进行样品检测。

④ 填写检测原始记录，并根据检测结果计算添加回收率和精密度。

⑤ 精密度按相对相差计算。

2. 考核方式

笔试＋现场实际操作。

3. 考核时间

考核时间为 90 min。

4. 考核要求

（1）在规定时间内完成操作，不得损坏仪器设备及试验用具。

（2）原始记录填写规范，计算准确，内容齐全。

（3）考核前统一抽签，按抽签顺序对考生进行考核。

（4）考生须穿工作服进入考场。

（5）若考生出现下列情况，则应及时终止考核，考生该试题成绩记为零分：

① 开机顺序及色谱条件选择严重错误。

② 未对样品进行净化直接进样分析。

③ 损坏仪器设备及配套设备。

（6）本题分值 100 分，其中笔试 10 分，实际操作 90 分。

5. 考评员要求

（1）人数不得少于 3 人。

（2）熟悉考核规则和评分标准。

（3）提前 15 min 到达考核现场，熟悉考核场所。

（4）按评分标准独立进行评分，不得随意涂改考核记录。

6. 注意事项

（1）香蕉试样是带皮制备的，相同要求的还有柑橘类水果、荔枝、龙眼、红毛丹等水果。

（2）其他注意事项见【试题 001】普通白菜中腐霉利农药残留测定——气相色谱法中"6. 注意事项"的相关内容。

7. 原始记录

见表 7.2.2。

8. 笔试题

（1）采用气相色谱仪器完成检测后，关机前需要对柱温箱进行什么操作，为什么？（5 分）

（2）氯氰菊酯、氰戊菊酯和甲氰菊酯的标准储备溶液的质量浓度均为 1000 mg/L，配制氯氰菊酯、氰戊菊酯和甲氰菊酯质量浓度分别为 0.1 mg/L、0.16 mg/L 和 0.2 mg/L 混合标准工作溶液，应如何配制？（5 分）

【试题 006】　柑橘中二嗪磷农药残留测定——气相色谱法

（参考标准 GB 23200.116—2019 方法二）

（一）准备要求

1. 考场准备

（1）实验室应配有水、电、试验用气体，并配有试验工作台和通风橱。

（2）灯光照明应符合实验要求。

（3）考场场地整洁规范，无干扰，标识明显。

（4）仪器、设备及试验用品准备（表 7.2.7）。

表 7.2.7　仪器、设备及试验用品准备表

序号	名称	规格	单位	数量	备注
1	气相色谱仪，带有 FPD 检测器	DB-1701（30 m×0.25 mm×0.25 μm）石英毛细管柱或相当者	台	1	考核前 2 h 开机稳定
2	电子天平	0.01 g	台	1	
3	塑料砧板		块	1	
4	不锈钢菜刀		个	1	
5	细胞破壁机	2000 mL	台	1	
6	高速组织匀浆机	转速＞20 000 r/min	台	1	
7	涡旋振荡器		支	1	
8	量筒	50 mL	个	1	
9	漏斗	8 cm	支	3	
10	漏斗架		个	1	
11	中速定性滤纸　大小与漏斗匹配		个	3	
12	氮吹仪		个	1	
13	高脚烧杯	150 mL	个	3	
14	烧杯	100 mL	个	3	
15	具塞量筒	100 mL	个	1	
16	吸量管	10 mL	根	2	
17	吸量管	1 mL	根	2	
18	吸耳球		个	1	
19	滴管		个	3	
20	刻度离心管	15 mL	个	3	
21	称量勺		个	1	
22	样品瓶　上机进样	150 mL	个	3	
23	记号笔		支	1	
24	乙腈	优级纯	mL	150	
25	丙酮	优级纯	mL	20	
26	氯化钠	分析纯	g	30	
27	滤膜	0.2 μm	个	3	
28	二嗪磷农药标准溶液	2～5 mg/L	mL	5	
29	废液杯	500 mL	个	1	

续表

序号	名称	规格	单位	数量	备注
30	柑橘		kg	2	
31	样品盒（装匀浆后的样品）		个	2	
32	标签		个	2	
33	试样制备记录和检测原始记录表格		张	1	
34	GB 23200.116—2019 方法二　文本				
备注	调试气相色谱仪，使其性能达到最优，并确认在方法提供的参数条件下，混合标准溶液能够得到良好的响应。				

2. 考生准备

工作服；钢笔或中性笔。

（二）考核内容与要求

1. 考核内容

（1）操作前准备：做好标准溶液配制前的准备工作。

（2）前处理过程：

① 取样部位按照 GB 2763—2021 中附录 A 的要求进行。

② 制成的匀浆样品分装到两个容器中，匀浆质量不少于 100 g，并贴上标签。

③ 填写试样制备记录。

④ 整理试验台和清洗制样工具。

⑤ 称取三份样品，其中两份样品做添加回收率试验，一份样品为空白。

⑥ 根据考核要求添加 0.4 mL 农药标准溶液，静置 30 min。此时可答笔试题。

⑦ 样品处理按照 GB 23200.116—2019 中的规定执行。

（3）样品测定：

① 在笔试中简述气相色谱仪开机和关机的操作规范；

② 按照 GB 23200.116—2019 中的要求设置仪器工作条件；

③ 按照 GB 23200.116—2019 中的要求进行样品检测；

④ 填写检测原始记录，并根据检测结果计算添加回收率和精密度；

⑤ 精密度按相对相差计算；

⑥ 不做标准曲线，用单点法进行定量。

2. 考核方式

笔试＋现场实际操作。

3. 考核时间

考核时间为 90 min。

4. 考核要求

（1）在规定时间内完成操作，不得损坏仪器设备及试验用具。

（2）原始记录填写规范，计算准确，内容齐全。

（3）考核前统一抽签，按抽签顺序对考生进行考核。

（4）考生须穿工作服进入考场。

（5）若考生出现下列情况，则应及时终止考核，考生该试题成绩记为零分：

① 开机顺序及色谱条件选择严重错误。

② 未对样品进行净化直接进样分析。

③ 损坏仪器设备及配套设备。

（6）本题分值 100 分，其中笔试 10 分，实际操作 90 分。

5. 考评员要求

（1）人数不得少于 3 人。

（2）熟悉考核规则和评分标准。

（3）提前 15 min 到达考核现场，熟悉考核场所。

（4）按评分标准独立进行评分，不得随意涂改考核记录。

6. 注意事项

（1）柑橘试样是带皮制备的，相同要求的还有香蕉、荔枝、龙眼、红毛丹等水果。

（2）浓缩后的样品不净化。

（3）FPD 检测器不能开机后马上进行测定，使用前应开机稳定，一般稳定时间应大于 2 h。

（4）当检测结果为"未检出"时，报结果为"未检出"，同时写出小于方法定量限（将方法定量限数值写出）。

（5）其他注意事项见【试题 001】普通白菜中腐霉利农药残留测定——气相色谱法中"6.注意事项"的相关内容。

7. 原始记录

见表 7.2.2。

8. 笔试题

（1）简述气相色谱仪开机和关机顺序。（5 分）

（2）采用气相色谱仪器完成检测后，关机前需要对柱温箱进行什么操作？为什么？（5 分）

【试题 007】　苹果中溴氰菊酯农药残留测定——气相色谱法
（参考标准 NY/T 761—2008 第二部分 方法二）

（一）准备要求

1. 考场准备

（1）实验室应配有水、电、试验用气体，并配有试验工作台和通风橱。

（2）灯光照明应符合实验要求。

（3）考场场地整洁规范，无干扰，标识明显。

（4）仪器、设备及试验用品准备（表7.2.8）。

表 7.2.8　仪器、设备及试验用品准备表

序号	名称	规格	单位	数量	备注
1	气相色谱仪，带有 ECD 检测器	DB-5（30 m×0.25 mm×0.25 μm）石英毛细管柱或相当者	台	1	考核前 24 h 开机稳定
2	电子天平	0.01 g	台	1	
3	塑料砧板		块	1	
4	不锈钢菜刀		个	1	
5	样品粉碎机	2000 mL	台	1	
6	高速组织匀浆机	20 000 r/min	台	1	
7	涡旋振荡器		支	1	
8	量筒	50 mL	个	1	
9	漏斗	8 cm	支	3	
10	漏斗架		个	1	
11	中速定性滤纸 大小与漏斗匹配		个	3	
12	氮吹仪		个	1	
13	高脚烧杯	150 mL	个	3	
14	烧杯	100 mL	个	3	
15	具塞量筒	100 mL	个	3	
16	吸量管	10 mL	根	2	
17	吸量管	1 mL	根	2	
18	吸耳球		个	1	
19	滴管		个	3	
20	刻度离心管	15 mL	个	3	
21	称量勺		个	1	
22	样品瓶 装匀浆后的样品		个	2	
23	样品瓶 上机进样	150 mL	个	3	
24	记号笔		支	1	
25	弗罗里硅土柱	1 g/6 mL	个	3	
26	乙腈	优级纯	mL	200	
27	丙酮	分析纯	mL	20	
28	正己烷	分析纯	mL	20	
29	丙酮-正己烷溶液（10＋90）	分析纯	mL	30	
30	氯化钠	分析纯	g	30	
31	滤膜	0.2 μm	个	3	
32	溴氰菊酯农药标准溶液	2～5 mg/L	mL	50	
33	废液杯	500 mL	个	1	
34	苹果	1	kg	1	
35	样品盒（装匀浆后的样品）		个	2	
36	标签		个	2	

序号	名称	规格	单位	数量	备注
37	试样制备记录和检测原始记录表格		张	1	
38	NY/T 761—2008 第二部分 方法二　文本				
备注	调试气相色谱仪，使其性能达到最优，并确认在方法提供的参数条件下，混合标准溶液能够得到良好的响应。				

2. 考生准备

工作服；钢笔或中性笔。

（二）考核内容与要求

1. 考核内容

（1）操作前准备：做好标准溶液配制前的准备工作。

（2）前处理过程：

① 取样部位按照 GB 2763—2021 中附录 A 的要求进行。

② 制成的匀浆样品分装到两个容器中，匀浆质量不少于 100 g，并贴上标签。

③ 填写试样制备记录。

④ 整理试验台和清洗制样工具。

⑤ 称取三份样品，其中两份样品做添加回收率试验，一份样品为空白。

⑥ 根据考核要求添加 0.4 mL 农药标准溶液，静置 30 min。此时可答笔试题。

⑦ 样品处理按照 NY/T 761—2008 第二部分方法二要求进行。

（3）样品测定：

① 在笔试中简述气相色谱仪开机和关机的操作规范。

② 按照 NY/T 761—2008 第二部分方法二要求设置仪器工作条件。

③ 按照 NY/T 761—2008 第二部分方法二要求进行样品检测。

④ 填写检测原始记录，并根据检测结果计算添加回收率和精密度。

⑤ 精密度按相对相差计算。

2. 考核方式

笔试＋现场实际操作。

3. 考核时间

考核时间为 90 min。

4. 考核要求

（1）在规定时间内完成操作，不得损坏仪器设备及试验用具。

（2）原始记录填写规范，计算准确，内容齐全。

（3）考核前统一抽签，按抽签顺序对考生进行考核。

（4）考生须穿工作服进入考场。

（5）若考生出现下列情况，则应及时终止考核，考生该试题成绩记为零分：

① 开机顺序及色谱条件选择严重错误。

② 未对样品进行净化直接进样分析。

③ 损坏仪器设备及配套设备。

（6）本题分值 100 分，其中笔试 10 分，实际操作 90 分。

5. 考评员要求

（1）人数不得少于 3 人。

（2）熟悉考核规则和评分标准。

（3）提前 15 min 到达考核现场，熟悉考核场所。

（4）按评分标准独立进行评分，不得随意涂改考核记录。

6. 注意事项

注意事项见【试题 001】普通白菜中腐霉利农药残留测定——气相色谱法中"6. 注意事项"的相关内容。

7. 原始记录

见表 7.2.2。

8. 笔试题

（1）氯氰菊酯、氰戊菊酯和甲氰菊酯的标准储备溶液的质量浓度均为 1000 mg/L，配制氯氰菊酯、氰戊菊酯和甲氰菊酯质量浓度分别为 0.1 mg/L、0.16 mg/L 和 0.2 mg/L 混合标准工作溶液，应如何配制？（5 分）

（2）采用气相色谱仪器完成检测后，关机前需要对柱温箱进行什么操作？为什么？（5 分）

【试题 008】　奶粉中 1,2-丙二醇的测定——气相色谱法
（参考标准 GB 5009.251—2016）

（一）准备要求

1. 考场准备

（1）实验室应配有水、电、试验用气体，并配有试验工作台和通风橱。

（2）灯光照明应符合实验要求。

（3）考场场地整洁规范，无干扰，标识明显。

（4）仪器、设备及试验用品准备（表 7.2.9）。

表 7.2.9　仪器、设备及试验用品准备表

序号	名称	规格	数量	备注
1	气相色谱仪，带氢火焰检测器	仪器性能良好	1 套	附有溶剂残留分析用色谱柱等配套设备，考核前 60 min 内稳定好
2	电子天平	感量 0.01 g	1 台	
3	具塞比色管	50 mL	2 只	

序号	名称	规格	数量	备注
4	涡旋混合器		1 个	
5	离心机	8000 r/min	1 台	
6	烧杯	50 mL	2 个	
7	滴管		1 个	
8	无水乙醇	分析纯	150 mL	
9	1,2-丙二醇标准使用液	10 mg/L	5 mL	
10	乳粉		200 g	标签明示样品有关信息
11	废液杯	200 mL	1 只	
12	有机滤膜	0.45 μm	2 个	
13	检测原始记录表格			
14	GB 5009.251—2016 第一法　文本			

2. 考生准备

工作服；钢笔或中性笔。

（二）考核内容与要求

1. 考核内容

（1）操作前准备：做好标准溶液配制前的准备工作。

（2）前处理过程：

① 按 GB 5009.251—2016 中的要求进行样品前处理。

② 按 GB 5009.251—2016 中的要求进行样品测定。

③ 称取两份样品，做平行试验。

④ 作单点标准比较定量。

⑤ 在原始记录中填写相关内容，计算正确，记录规范。

⑥ 安全及其他：在规定时间内完成操作；不得损坏仪器、设备及用具或发生事故。

2. 考核方式

现场实际操作。

3. 考核时间

考核时间为 120 min。

4. 考核要求

（1）在规定时间内完成操作，不得损坏仪器设备及试验用具。

（2）原始记录填写规范，计算准确，内容齐全。

（3）考核前统一抽签，按抽签顺序对考生进行考核。

（4）考生须穿工作服进入考场。

（5）若考生出现下列情况，则应及时终止考核，考生该试题成绩记为零分：

① 开机顺序及色谱条件选择严重错误。

② 未对样品进行净化直接进样分析。

③ 损坏仪器设备及配套设备。

（6）本题分值 100 分，鉴定权重 75%。

5. 考评员要求

（1）人数不得少于 3 人。

（2）熟悉考核规则和评分标准。

（3）提前 15 min 到达考核现场，熟悉考核场所。

（4）按评分标准独立进行评分，不得随意涂改考核记录。

6. 注意事项

（1）使用的相关吸量管、容量瓶等量具必须进行校准。

（2）配制标准储备溶液时，称量标准品时不能用称量纸，应称在小烧杯中加入无水乙醇溶解后定容。

（3）定容时要用少量无水乙醇冲容量瓶内壁（无水乙醇用量以不大于 5 mL 为宜）。

（4）加无水乙醇至总体积 1/2 处（约到容量瓶肚 3/4），平摇（注意平摇时不要盖容量瓶塞）。

（5）继续加无水乙醇至容量瓶刻度线下约 1 cm 处，静置 30 s，待瓶口处无水乙醇全部下落。

（6）用滴管吸取无水乙醇调节至刻度线止。

（7）盖塞，摇匀溶液，上下颠倒 10 次，每次停留 10 s。

（8）填写标准溶液配制记录。

（9）配制标准系列工作溶液时，应分别吸取不同体积的标准储备溶液，用无水乙醇稀释制备。不能用高质量浓度的标准系列工作溶液稀释为低质量浓度的标准系列工作溶液。

（10）标准系列工作溶液要现用现配。

（11）称样前应充分搅匀样品，称量完毕后应及时记录，并填写仪器使用记录。

（12）溶解样品的水要事先加热到 40 ℃。

（13）比色管用无水乙醇定容后的操作同（7）。

（14）使用离心机时，确保加入样品后，离心机仍处于平衡状态。

（15）用塑料针管吸入一定体积的混合均匀试液，安装好滤膜，推出的前 2～3 滴弃去，剩下的试液推入到试剂小瓶中准备上机测定。试剂小瓶上要写上样品编号。

（16）参照标准上给出的仪器参考条件设置仪器参数，也可根据本单位的仪器对参数进行适度调整，以保证最佳测定条件。调整有一定的适度要求，超过这个范围需要进行确认。如：

① 对于 GC 色谱柱内径，最大可调整值为±50%；流速 GC 最大可调整值为±25%。

② 只要不对诸如基线、峰形、分辨率、线性度和保留时间等因素产生不良影响，进样量可增加至标准指定进样体积的两倍。

③ GC 柱箱温度最大可调整值为±10%。

④ GC 程序升温允许可调整温度为±10%，对于需维持的特定温度或从一个温度改变至另一个温度，允许调整的最大限度为±20%。

（17）气相色谱仪的尾吹气为 30 mL/min。

（18）FID 检测器开机后需要稳定一段时间。

（19）检测完毕后，及时填写检测原始记录和仪器使用记录，填写的信息要全。在填写检测原始记录时，要注意所用量器的有效数位，根据有效数字的运算规定进行结果计算，并根据标准的要求计算精密度。

（20）检测结果的有效数位一定应与标准规定的一致。

（21）当检测结果为"未检出"时，报结果为"未检出"，同时写出小于方法检出限（将方法检出限数值写出）；当检测结果大于方法检出限但小于方法定量限时，报定性检出，同时写出方法定量限数值；当检测结果大于方法定量限时，才能报出检测值。

（22）气相色谱仪在使用中需要注意的问题，见第三章第二节中"十二、气相色谱仪使用及注意事项"。

7. 原始记录

1,2-丙二醇检测原始记录见表 7.2.10。

表 7.2.10　1,2-丙二醇检测原始记录

考生编号：

样品名称		样品编号		标准工作溶液编号	
检测地点		室温 t/℃		相对湿度/%	
检测依据					
仪器名称、编号	电子天平		气相色谱仪		

样品质量 m/g	定容体积 V_1/mL	标准溶液质量浓度 ρ/（mg/L）	标准溶液保留时间/min	标准溶液峰面积 A/（μV·s）

仪器工作条件	色谱柱： 空气流量 mL/min： 柱温：	载气流量 mL/min： 进样口温度 ℃：	氢气流量 mL/min： 检测器温度 ℃：

组分	保留时间/min	样液峰面积 A/（μV·s）	测定值 ω/（mg·kg^{-1}）	平均值 ω/（mg·kg^{-1}）	精密度 r

方法允许精密度	$r \leqslant 10$
计算公式	
备注	

考核人：　　　　　　　　　　　　　　　　　　　　　　　　年　月　日

【试题 009】 玉米油中溶剂残留量的测定 —— 气相色谱法
（参考标准 GB 5009.262—2016）

（一）准备要求

1. 考场准备

（1）实验室应配有水、电、试验用气体，并配有试验工作台和通风橱。

（2）灯光照明应符合实验要求。

（3）考场场地整洁规范，无干扰，标识明显。

（4）仪器、设备及试验用品准备（表 7.2.11）。

表 7.2.11 仪器、设备及试验用品准备表

序号	名称	规格	数量	备注
1	气相色谱仪，带氢火焰检测器	仪器性能良好	1 套	附有溶剂残留分析用色谱柱等配套设备，考核前 60 min 内稳定好
2	电子天平	感量 0.01 g	1 台	
3	微量注射器	10 μL、25 μL、50 μL、100 μL、250 μL 500 μL	各 1 只	
4	超声波振荡器		1 台	
5	鼓风干燥箱		1 台	
6	恒温振荡器		1 台	
7	顶空进样瓶	20 mL	2 个	
8	正庚烷内标溶液	5 μL	10 mL	内标含量 68 mg/kg
9	六号溶剂标准品	10 mg/mL	10 mL	已配制好
10	花生油		200 g	标签明示样品有关信息
11	废液杯	200 mL	1 只	
12	检测原始记录表格			
13	GB 5009.262—2016 第一法 文本			

2. 考生准备

工作服；钢笔或中性笔。

（二）考核内容与要求

1. 考核内容

（1）操作前准备：做好标准溶液配制前的准备工作。

（2）操作过程：

① 按 GB 5009.262—2016 中的要求进行系列标准溶液配制。

② 按 GB 5009.262—2016 中的要求进行样品测定。

③ 称取两份样品，做平行试验。

④ 用标准曲线法进行定量。

⑤ 在原始记录中填写相关内容，计算正确，记录规范。

⑥ 安全及其他：在规定时间内完成操作；不得损坏仪器、设备及用具或发生事故。

2. 考核方式

现场实际操作。

3. 考核时间

考核时间为 120 min。

4. 考核要求

（1）在规定时间内完成操作，不得损坏仪器设备及试验用具。

（2）原始记录填写规范，计算准确，内容齐全。

（3）考核前统一抽签，按抽签顺序对考生进行考核。

（4）考生须穿工作服进入考场。

（5）若考生出现下列情况，则应及时终止考核，考生该试题成绩记为零分：

① 开机顺序及色谱条件选择严重错误。

② 未对样品进行净化直接进样分析。

③ 损坏仪器设备及配套设备。

（6）本题分值 100 分，鉴定权重 75%。

5. 考评员要求

（1）人数不得少于 3 人。

（2）熟悉考核规则和评分标准。

（3）提前 15 min 到达考核现场，熟悉考核场所。

（4）按评分标准独立进行评分，不得随意涂改考核记录。

6. 注意事项

（1）使用的相关微量注射器、吸量管、容量瓶等进行校准。

（2）向玉米油样品中加入的 5 µL 正庚烷标准工作液作为内标后应轻轻摇动进行混合。

（3）向植物油样品中加入 5 µL 正庚烷标准工作液时必须"快速"。

（4）加入六号溶剂后，顶空瓶应直立，并在水平面上做快速圆周运动，不得上下摇动。

（5）转动过程中，样品基体不能接触到顶空瓶密封垫，否则重新配制。

（6）气相色谱仪的尾吹气为 30 mL/min。

（7）其他注意事项见【试题 008】奶粉中 1,2-丙二醇的测定——气相色谱法中"6. 注意事项"的相关内容。

7. 原始记录

溶剂残留量检测原始记录表见表 7.2.12。

表 7.2.12　溶剂残留量检测原始记录

样品名称		样品编号		标准工作溶液编号	
检测地点		室温 $t/℃$		相对湿度/%	
检测依据		仪器名称、编号			
仪器工作条件	色谱柱： 空气流量 mL/min： 柱温：		载气流量 mL/min： 进样口温度 ℃：		氢气流量 mL/min： 检测器温度 ℃：
样品质量 m/g	标准曲线查得质量浓度 $\rho/(mg/L)$	含量 $\omega/(mg \cdot kg^{-1})$	平均值 $\omega/(mg \cdot kg^{-1})$	精密度 r
方法允许精密度	$r \leqslant 10$				
计算公式					
备注					

考核人：　　　　　　　　　　　　　　　　　　　　　　　　年　 月　 日

【试题 010】　小麦粉中过氧化苯甲酰的测定——气相色谱法
（参考标准 GB/T 18415—2001）

（一）准备要求

1. 考场准备

（1）实验室应配有水、电、试验用气体，并配有试验工作台和通风橱。

（2）灯光照明应符合实验要求。

（3）考场场地整洁规范，无干扰，标识明显。

（4）仪器、设备及试验用品准备（表 7.2.13）。

表 7.2.13　仪器、设备及试验用品准备表

序号	名称	规格	数量	备注
1	气相色谱仪，带氢火焰检测器	仪器性能良好	1 套	附有溶剂残留分析用色谱柱等配套设备，考核前 60 min 内稳定好
2	天平	感量 0.01 g	1 台	
3	恒温箱或水浴锅	温度可调	1 台	
4	容量瓶	50 mL	1 只	
5	量筒	50 mL	1 只	
6	温度计	量度 100 ℃	1 支	
7	短颈漏斗	10 cm	1 只	
8	漏斗架		1 个	
9	微量注射器	10 μL、100 μL	各 1 支	
10	滤纸	12.5 cm	2 张	
11	称量纸		1 张	

续表

序号	名称	规格	数量	备注
12	酸性石油醚		200 mL	
13	苯甲酸标准使用液	10 μg/mL	50 mL	
14	小麦粉		200 g	标签明示样品有关信息
15	废液杯		1 只	可用 1000 mL 烧杯代替，贴上"废液杯"字样标签
16	检测原始记录表格		1	
17	GB/T 18415—2001 文本　第二法			

2. 考生准备

工作服；钢笔或中性笔。

（二）考核内容与要求

1. 考核内容

（1）操作前准备：做好标准溶液配制前的准备工作。

（2）操作过程：

① 按《小麦粉中过氧化苯甲酰的测定方法》（GB/T 18415—2001）中的要求进行试液的制备。

② 作单点标准比较定量。

③ 按 GB/T 18415—2001 中的要求进行试液的测定。

④ 称取两份样品，并做添加回收率试验。

⑤ 添加适量标准溶液，添加量为 0.2 mg/kg。添加后静置 30 min。

⑥ 提取时间由 4 h 缩短为 30 min。

⑦ 数据处理与结果分析：在原始记录中填写相关内容，计算回收率和精密度。计算正确，记录规范。

⑧ 安全及其他：在规定时间内完成操作；不得损坏仪器、设备及用具或发生事故。

2. 考核方式

现场实际操作。

3. 考核时间

考核时间为 100 min。

4. 考核要求

（1）在规定时间内完成操作，不得损坏仪器设备及试验用具。

（2）原始记录填写规范，计算准确，内容齐全。

（3）考核前统一抽签，按抽签顺序对考生进行考核。

（4）考生须穿工作服进入考场。

（5）若考生出现下列情况，则应及时终止考核，考生该试题成绩记为零分：

① 开机顺序及色谱条件选择严重错误。

② 未对样品进行净化直接进样分析。

③ 损坏仪器设备及配套设备。

（6）本题分值 100 分，鉴定权重 75%。

5. 考评员要求

（1）人数不得少于 3 人。

（2）熟悉考核规则和评分标准。

（3）提前 15 min 到达考核现场，熟悉考核场所。

（4）按评分标准独立进行评分，不得随意涂改考核记录。

6. 注意事项

（1）使用的相关吸量管、容量瓶等量具必须进行校准。

（2）配制标准储备溶液时，称量苯甲酸时不能用称量纸，应称在小烧杯中，加入甲醇溶解后定容。

（3）定容时要用少量甲醇冲容量瓶内壁（甲醇用量以不大于 5 mL 为宜）。

（4）加甲醇至总体积 1/2 处（约到容量瓶肚 3/4），平摇（注意平摇时不要盖容量瓶塞）。

（5）继续加甲醇至容量瓶刻度线下约 1 cm 处，静置 30 s，待瓶口处甲醇全部下落。

（6）用滴管吸取甲醇调节至刻度线止。

（7）盖塞，摇匀溶液，上下颠倒 10 次，每次停留 10 s。

（8）填写标准溶液配制记录。

（9）称样前应充分搅匀样品，称量完毕后应及时记录，并填写仪器使用记录。

（10）检测完毕后，及时填写检测原始记录和仪器使用记录，填写的信息要全。在填写检测原始记录时，要注意所用量器的有效数位，根据有效数字的运算规定进行结果计算，并根据标准的要求计算精密度。

（11）其他注意事项见【试题 008】奶粉中 1,2-丙二醇的测定——气相色谱法中"6. 注意事项"的相关事项。

7. 原始记录

见表 7.2.12。

【试题 011】　豇豆中灭蝇胺残留量的测定——液相色谱法

（一）准备要求

1. 考场准备

（1）实验室应配有水、电、试验用气体，并配有试验工作台和通风橱。

（2）灯光照明应符合实验要求。

（3）考场场地整洁规范，无干扰，标识明显。

（4）仪器、设备及试验用品准备（表 7.2.14）。

表 7.2.14　仪器、设备及试验用品准备表

序号	名称	规格	单位	数量	备注
1	液相色谱仪，配紫外检测器	C_{18}（250 mm×4.6 mm，粒径 5 μm）或相当者	台	1	考核前 2 h 开机稳定
2	电子天平	0.01 g	台	1	
3	塑料砧板		块	1	
4	不锈钢菜刀		个	1	
5	均质机		台	1	
6	涡旋振荡器		支	1	可共用
7	具塞比色管	100 mL	个	2	
8	量筒	50 mL	个	1	
9	茄形瓶、鸡心瓶	100 mL	个	各 2	
10	旋转蒸发仪，配真空泵和循环冷却系统		个	1	
11	氮吹仪，配氮气		个	1	可共用
12	固相萃取柱		个	2	
13	滤膜，有机相	0.2 μm	个	2	
14	移液器，配吸头若干	5 mL	个	1	
15	吸量管	10 mL	根	2	
16	吸量管	1 mL	根	2	
17	吸耳球		个	1	
18	滴管		个	3	
19	容量瓶（配制系列标准溶液）	50 mL	个	6	
20	称量勺		个	1	
21	样品瓶 装匀浆后的样品		个	2	
22	样品瓶 上机进样	150 mL	个	3	
23	记号笔		支	1	
24	SCX 柱或相当者	150 mg/6 mL	个	2	
25	乙腈	色谱纯	mL	50	
26	甲醇	色谱纯	mL	1000	共用
27	乙酸铵	分析纯	mL	1000	共用
28	0.1 mol 盐酸溶液	分析纯	mL	1000	共用
29	乙酸铵-乙腈（1+4）	分析纯	mL	1000	共用
30	洗脱液（氨水-甲醇溶液）	分析纯	mL	1000	共用
31	灭蝇胺标准工作溶液	10 mg/L	mL	10	
32	废液杯	500 mL	个	1	
33	豇豆		kg	2	
34	样品盒（装匀浆后的样品）		个	2	
35	标签		个	2	
36	试样制备记录和检测原始记录表格		张	1	
37	NY/T 1725—2009 文本				
备注	调试液相色谱仪，使其性能达到最优，并确认在方法提供的参数条件下，混合标准溶液能够得到良好的响应。				

2. 考生准备

工作服；钢笔或中性笔。

（二）考核内容与要求

1. 考核内容

（1）操作前准备：做好标准溶液配制前的准备工作。

（2）样品前处理：

① 取样部位按照 GB 2763—2021 中附录 A 的要求执行。

② 制成的匀浆样品分装到两个容器中，匀浆质量不少于 100 g，并贴上标签。

③ 填写试样制备记录。

④ 整理试验台和清洗制样工具。

⑤ 称取两份样品做添加回收率试验。

⑥ 根据考核要求添加 1.0 mL 农药标准工作溶液，静置 30 min。此时可答笔试题。

⑦ 样品提取按照 NY/T 1725—2009 中的要求进行。

⑧ 样品净化按照 NY/T 1725—2009 中的要求进行。

（3）样品测定：

① 按照 NY/T 1725—2009 中的要求设置仪器工作条件；

② 按照 NY/T 1725—2009 中的要求进行样品检测；

③ 填写检测原始记录，并根据检测结果计算添加回收率和精密度；

④ 精密度按相对偏差计算；

⑤ 不做标准曲线，用单点法进行定量。

2. 考核方式

笔试＋现场实际操作。

3. 考核时间

考核时间为 120 min。

4. 考核要求

（1）在规定时间内完成操作，不得损坏仪器设备及试验用具。

（2）原始记录填写规范，计算准确，内容齐全。

（3）考核前统一抽签，按抽签顺序对考生进行考核。

（4）考生须穿工作服进入考场。

（5）若考生出现下列情况，则应及时终止考核，考生该试题成绩记为零分：

① 开机顺序及色谱条件选择严重错误。

② 未对样品进行净化直接进样分析。

③ 损坏仪器设备及配套设备。

（6）本题分值 100 分，其中笔试 10 分，实际操作 90 分。鉴定权重 75%。

5. 考评员要求

（1）人数不得少于 3 人。

（2）熟悉考核规则和评分标准。

（3）提前 15 min 到达考核现场，熟悉考核场所。

（4）按评分标准独立进行评分，不得随意涂改考核记录。

6. 注意事项

（1）将样品全部切成 2 cm 左右的小块，充分混匀后用四分法取样进行匀浆。

（2）匀浆后的样品倒入样品盒中，匀浆样品不能倒满。贴上标签，标签内容要齐全，标签不能贴在样品盒盖上。

（3）样品分为试样、留样和备样，贴上标签，放入 −18 ℃以下冰柜中保存。

（4）样品制备完毕后，应清洗制样工具，防止交叉污染。

（5）样品制备后，应及时填写试样制备记录，内容应齐全。

（6）称样前应充分搅匀样品，称量完毕后应及时记录，并填写仪器使用记录。

（7）吸取标准溶液时应使用吸量管，不能使用移液器。一般标准储备溶液质量浓度为 1000 mg/L，不能用标准储备溶液直接配制 0.1 mg/L 的标准工作溶液，需要先配制成标准中间溶液，每次稀释倍数不能超过 100 倍。

（8）用吸量管吸取标准溶液时，不能从标准储备溶液瓶中直接吸取，应先将部分标准溶液倒入离心管中润洗 2~3 次，倒净润洗溶液后再将所需体积的标准溶液倒入离心管。吸取时先用标准溶液润洗吸量管 2~3 次，润洗体积不超过吸量管体积的 1/3。用滤纸将吸量管尖残余液吸出，尽可能使吸量管尖无残留溶液。

（9）用吸量管吸取标准溶液时，要注意靠壁停留时间。如使用分度吸量管，液体放完后不需要停留，如使用单标线吸量管，液体放完需要停留 15 s。

（10）加入标准溶液后，应将试样涡旋，以便标准溶液与样品充分混合。然后应放置 30 min，以便标准溶液与样品充分结合。

（11）用量筒加入乙酸铵-乙腈提取剂，正确使用量筒，不能将量筒放在试验台上，应手拿量筒进行量取。量筒中液体全部倒出后，应停留 30 s。

（12）用高速组织匀浆机进行提取时，应注意转速和时间是否达到标准的要求。

（13）使用布氏漏斗和具塞比色管（图 7.2.1）进行抽滤，也可使用抽滤瓶。

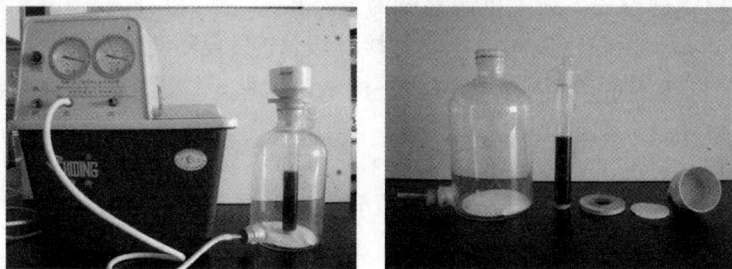

图 7.2.1　加压抽滤装置

（14）样品提取一次后，应用乙酸铵-乙腈提取剂清洗烧杯和刀头，再提取一次。

（15）定容后盖上具塞量筒的塞子，振摇 2～3 次，然后将塞子打开放气。放气后盖上塞子进行振摇。振摇时不能太剧烈，防止产生乳化情况。

（16）如果产生乳化情况，一是可采用添加少量水进行消除，注意加水的体积不能多，否则会引起氯化钠的溶解，造成试验失败；二是可以采取离心的方法消除乳化。

（17）用吸量管吸取 10 mL 溶液加入茄形瓶中进行浓缩，水浴温度不宜超过 40 ℃，浓缩至浓缩瓶中无水溶液（冷凝装置无液滴滴出）。不同样品浓缩后，要对旋转蒸发仪进行清洗，避免造成交叉污染。

（18）净化上样时要少量多次用淋洗液洗涤浓缩瓶，次数不少于 3 次。

（19）净化时要连续添加液体，液体不能低于固相萃取柱上层筛板，否则会造成柱体产生裂纹，影响净化效果。

（20）净化后的液体进行浓缩，此步浓缩使用鸡心瓶，注意浓缩至近干，如果全干则影响检测结果。

（21）用塑料针管吸入一定体积的混合均匀试液，安装好滤膜，推出的前 2～3 滴弃去，剩下的试液推入到试剂小瓶中准备上机测定。试剂小瓶上要写上样品编号。

（22）参照标准上给出的仪器参考条件设置仪器参数，也可根据本单位的仪器对参数进行适度调整，以保证最佳测定条件。调整有一定的适度要求，超过这个范围需要进行确认。如：

① 流动相制备过程中，水溶性缓冲液 pH 可在标准规定值的 ±0.2 pH 单位范围内调整；

② 流动相制备过程中，如果 pH 变化满足要求，则水溶性缓冲液中盐浓度可在 ±10% 范围内调整；

③ HPLC 流动相中各组分的比例：流动相中组分的增减可以达到该组分在组成中所占比例的 30% 以上；流动相中占较高比例的组分，调整的绝对量应在 ±10% 范围内变动；流动相中占较低比例的组分，调整的绝对量应在 ±2% 范围内变动；调整后，任何组分的最终含量都不能被降为零。

④ HPLC 紫外-可见光检测器的波长不允许偏离方法中的指定值。但可使用仪器制造商规定的程序或其他验证程序验证检测器的波长，其误差应小于 ±3 nm。

⑤ HPLC 柱长最大可调整值为 ±70%。

⑥ HPLC 色谱柱内径，最大可调整值为 ±25%。

⑦ 进样量可减少至精密度和检出限可接受限值。只要不对诸如基线、峰形、分辨率、线性度和保留时间等因素产生不良影响，进样量可增加至标准指定进样体积的两倍。

⑧ HPLC 粒度最大可调整值为 ±50%。

⑨ HPLC 柱温最大可调整值为 ±10%。

（23）紫外检测器不能开机后马上测定，待柱平衡后，再打开检测器紫外灯。不要频繁开关紫外灯，同样会损害紫外灯的寿命，一般间隔时间在 3 h 以上。

（24）将试样放置到自动进样器的进样盘时，要注意样品和标准溶液放置的位置与仪器设置参数一致，防止出现位置放错造成检测结果错误的情况。

（25）液相色谱检测时的流动相要现用现配，配制流动相要使用一级水。

（26）装流动相的瓶子最好是棕色的，这样可防止杂质的产生影响检测，见图 7.2.2 和图 7.2.3。

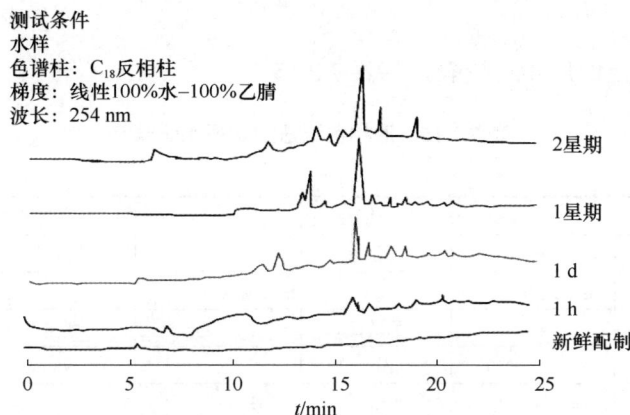

测试条件
水样
色谱柱：C_{18}反相柱
梯度：线性100%水–100%乙腈
波长：254 nm

图 7.2.2　保存在白色储液瓶中水

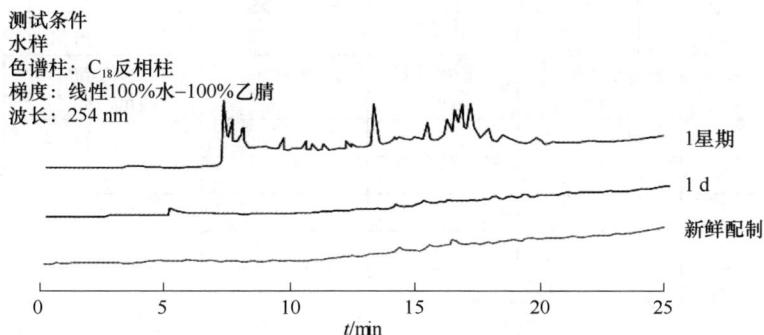

测试条件
水样
色谱柱：C_{18}反相柱
梯度：线性100%水–100%乙腈
波长：254 nm

图 7.2.3　保存在棕色储液瓶中水

（27）检测完毕后，及时填写检测原始记录和仪器使用记录，填写的信息要全。在填写检测原始记录时，要注意所用量器的有效数位，根据有效数字的运算规定进行结果计算，并根据标准的要求计算精密度（相对相差）。

（28）检测结果的有效数位一定应与标准规定的一致。

（29）当检测结果为"未检出"时，报结果为"未检出"，同时写出小于方法检出限（将方法检出限数值写出）。

（30）所有样品前处理操作除称量外，都应该在通风橱内进行。

（31）其他在检测中需要注意的问题，见第三章第三节中"十四、液相色谱分析常见问题及解决方法"。

（32）液相色谱仪在使用中需要注意的问题，见第三章第三节中"十五、液相色谱仪使用注意事项"。

（33）由于样品中可能没有农药残留，因此在样品中添加适量的农药，通过回收率和精密度考核考生的检测能力。当检测结果≤0.1 mg/kg 时，回收率范围为 60%～120%；当检测结果在 0.1～1 mg/kg 时，回收率范围为 80%～110%。精密度要求满足标准的要求。

（34）在日常的检测工作中，根据国家标准的要求，每 20 个样品为一个检测批次，需要做一个质控样，质控样只做一个，考察回收率。质控样添加量为方法定量限的 2～4 倍。

7. 原始记录

液相色谱法测定的原始记录表，见表 7.2.15。

表 7.2.15   液相色谱法测定原始记录

考生编号：

样品名称		样品编号		标准溶液编号		
检测依据		室温 t/℃		相对湿度/%		
仪器名称、编号	电子天平		液相色谱仪			
检测器		色谱柱		波长 λ/nm		
流动相		柱温 t/℃		流速/（mL/min）		
梯度洗脱程序（V_A+V_B）	时间（min）		V_A		V_B	
样品质量 m/g	提取液总体积 V_1/mL	分取体积 V_2/mL	定容体积 V_3/mL	标准溶液质量浓度 ρ/（mg/L）	标准溶液保留时间/min	标准溶液峰面积 A_S/（μV·s）
组分名称	样品保留时间/min	样液峰面积 A/（μV·s）	测定值 ω/（mg·kg^{-1}）	平均值 ω/（mg·kg^{-1}）	相对相差/%	
计算公式	$\omega=\dfrac{\rho\times V_1\times V_3\times A}{m\times V_2\times A_S}$					
方法允许精密度						
备注						

考核人：　　　　　　　　　　　　　　　　　　　　　　　　　　　年　月　日

8. 笔试题

（1）简述液相色谱仪开机和关机顺序。（5 分）

（2）简述什么是梯度淋洗。（5 分）

【试题 012】　香蕉中多菌灵残留量的测定——液相色谱法
（参考标准 NY/T 1680—2009）

（一）准备要求

1. 考场准备

（1）实验室应配有水、电、试验用气体，并配有试验工作台和通风橱。

（2）灯光照明应符合实验要求。

（3）考场场地整洁规范，无干扰，标识明显。

（4）仪器、设备及试验用品准备（表7.2.16）。

表 7.2.16　仪器、设备及试验用品准备表

序号	名称	规格	单位	数量	备注
1	液相色谱仪，配紫外检测器	C_{18}（250 mm×4.6 mm，粒径 5 μm）或相当者	台	1	考核前2 h 开机稳定
2	电子天平	0.01 g	台	1	
3	塑料砧板		块	1	
4	不锈钢菜刀		个	1	
5	均质机		台	1	
6	涡旋振荡器		支	1	可共用
7	离心机	转速＞2500 r/min	台	1	可共用
8	量筒	50 mL	个	1	
9	具塞离心管	100 mL	个	2	
10	滤膜，有机相	0.45 μm	个	2	
11	移液器，配吸头若干	1 mL	个	1	
12	吸量管	10 mL	根	2	
13	吸量管	1 mL	根	2	
14	吸耳球		个	1	
15	滴管		个	3	
16	容量瓶（配制系列标准溶液）	50 mL	个	6	
17	称量勺		个	1	
18	样品瓶 装匀浆后的样品		个	2	
19	样品瓶 上机进样	150 mL	个	3	
20	记号笔		支	1	
21	乙腈	色谱纯	mL	500	共用
22	甲醇	色谱纯	mL	500	共用
23	丙酮	色谱纯	mL	500	共用
24	三乙胺	色谱纯	mL	500	共用
25	无水硫酸镁	分析纯	g	500	共用
26	磷酸	分析纯	mL	500	共用
27	癸烷磺酸钠	分析纯	mL	500	共用
28	N-丙基乙二胺（PSA）	分析纯	g	50	共用
29	多菌灵标准工作溶液	10 mg/L	mL	10	
30	废液杯	500 mL	个	1	
31	香蕉		kg	2	
32	样品盒（装匀浆后的样品）		个	2	
33	标签		个	2	
34	试样制备记录和检测原始记录表格		张	1	
35	NY/T 1680—2009 文本				
备注	调试液相色谱仪，使其性能达到最优，并确认在方法提供的参数条件下，混合标准溶液能够得到良好的响应。				

2. 考生准备

工作服；钢笔或中性笔。

（二）考核内容与要求

1. 考核内容

（1）操作前准备：做好标准溶液配制前的准备工作。

（2）样品前处理：

① 取样部位按照 GB 2763—2021 中附录 A 规定执行。

② 制成的匀浆样品分装到两个容器中，匀浆质量不少于 100 g，并贴上标签。

③ 填写试样制备记录。

④ 整理试验台和清洗制样工具。

⑤ 称取两份样品做添加回收率试验。

⑥ 根据考核要求添加 1.0 mL 农药标准工作溶液，静置 30 min。此时可答笔试题。

⑦ 样品提取按照 NY/T 1680—2008 中的要求进行。

⑧ 样品净化按照 NY/T 1680—2008 中的要求进行。

（3）样品测定：

① 按照 NY/T 1680—2008 中的要求设置仪器工作条件。

② 按照 NY/T 1680—2008 中的要求进行样品检测。

③ 填写检测原始记录，并根据检测结果计算添加回收率和精密度。

④ 精密度按相对偏差计算。

⑤ 不做标准曲线，用单点法进行定量。

2. 考核方式

笔试＋现场实际操作。

3. 考核时间

考核时间为 150 min。

4. 考核要求

（1）在规定时间内完成操作，不得损坏仪器设备及试验用具。

（2）原始记录填写规范，计算准确，内容齐全。

（3）考核前统一抽签，按抽签顺序对考生进行考核。

（4）考生须穿工作服进入考场。

（5）若考生出现下列情况，则应及时终止考核，考生该试题成绩记为零分：

① 开机顺序及色谱条件选择严重错误。

② 未对样品进行净化直接进样分析。

③ 损坏仪器设备及配套设备。

（6）本题分值 100 分，其中笔试 10 分，实际操作 90 分。鉴定权重 75%。

5. 考评员要求

（1）人数不得少于 3 人。

（2）熟悉考核规则和评分标准。

（3）提前 15 min 到达考核现场，熟悉考核场所。

（4）按评分标准独立进行评分，不得随意涂改考核记录。

6. 注意事项

（1）香蕉试样是带皮制备的，相同要求的还有荔枝、龙眼、红毛丹等水果。

（2）离子对试剂应现用现配。

（3）多菌灵标准工作溶液（用离子对试剂配制）在冷藏避光条件下保存。

（4）离心时离心管要对称放置，如为单数不对称时，应再加一个空管装入相同质量的水，调整使其质量对称。

（5）其他注意事项见【试题 011】豇豆中灭蝇胺残留量的测定——液相色谱法中"6. 注意事项"的相关事项。

（6）其他在检测中需要注意的问题，见第三章第三节中"十四、液相色谱分析常见问题及解决方法"。

（7）液相色谱仪在使用中需要注意的问题，见第三章第三节中"十五、液相色谱仪使用注意事项"。

7. 原始记录

见表 7.2.15。

8. 笔试题

（1）简述液相色谱仪开机和关机顺序。（5 分）

（2）简述对流动相有什么要求。（5 分）

【试题 013】　莜麦菜中吡虫啉残留量的测定——液相色谱法
（参考标准 GB/T 23379—2009）

（一）准备要求

1. 考场准备

（1）实验室应配有水、电、试验用气体，并配有试验工作台和通风橱。

（2）灯光照明应符合实验要求。

（3）考场场地整洁规范，无干扰，标识明显。

（4）仪器、设备及试验用品准备（表 7.2.17）。

2. 考生准备

工作服；钢笔或中性笔。

表7.2.17　仪器、设备及试验用品准备表

序号	名称	规格	单位	数量	备注
1	液相色谱仪，配紫外检测器	C_{18}（250 mm×4.6 mm，粒径 5 μm）或相当者	台	1	考核前 2 h 开机稳定
2	电子天平	0.01 g	台	1	
3	塑料砧板		块	1	
4	不锈钢菜刀		个	1	
5	均质机		台	1	
6	涡旋振荡器		支	1	可共用
7	离心机	转速＞4000 r/min	台	1	可共用
8	量筒	50 mL	个	1	
9	鸡心瓶	100 mL	个	2	
10	离心管	10 mL	个	4	
11	具塞离心管	50 mL	个	2	
12	旋转蒸发仪，配真空泵和循环冷却系统		个	1	
13	固相萃取柱		个	2	
14	滤膜，有机相	0.2 μm	个	2	
15	移液器，配吸头若干	5 mL	个	1	
16	吸量管	10 mL	根	2	
17	吸量管	1 mL	根	2	
18	吸耳球		个	1	
19	滴管		个	3	
20	容量瓶（配制系列标准溶液）	50 mL	个	6	
21	称量勺		个	1	
22	样品瓶 装匀浆后的样品	150 mL	个	2	
23	样品瓶 上机进样	2 mL	个	3	
24	记号笔		支	1	
25	ENVI-18 柱或相当者	150 mg/6 mL	个	2	
26	乙腈		mL	50	
27	氢氧化钠	分析纯	g	500	共用
28	氯化钠	分析纯	g	500	共用
29	25%乙腈溶液	分析纯	mL	20	共用
30	20 mmol/L 氢氧化钠溶液	分析纯	mL	50	共用
31	吡虫啉标准工作溶液	10 mg/L	mL	10	
32	废液杯	500 mL	个	1	
33	莜麦菜		只	1	
34	样品盒（装匀浆后的样品）		个	2	
35	标签		个	2	
36	试样制备记录和检测原始记录表格		张	1	
37	GB/T 23379—2009 文本				
备注	调试液相色谱仪，使其性能达到最优，并确认在方法提供的参数条件下，混合标准溶液能够得到良好的响应。				

（二）考核内容与要求

1. 考核内容

（1）操作前准备：做好标准溶液配制前的准备工作。

（2）样品前处理：

① 取样部位按照 GB 2763—2021 中附录 A 的规定执行。

② 制成的匀浆样品分装到两个容器中，匀浆质量不少于 100 g，并贴上标签。

③ 填写试样制备记录。

④ 整理试验台和清洗制样工具。

⑤ 称取两份样品做添加回收率试验。

⑥ 根据考核要求添加 1.0 mL 农药标准工作溶液，静置 30 min。此时可答笔试题。

⑦ 样品提取按照 GB/T 23379—2009 中的要求进行。

⑧ 样品净化按照 GB/T 23379—2009 中的要求进行。

（3）样品测定：

① 按照 GB/T 23380—2009 中的要求设置仪器工作条件。

② 按照 GB/T 23380—2009 中的要求进行样品检测。

③ 填写检测原始记录，并根据检测结果计算添加回收率和精密度。

④ 精密度按相对偏差计算。

⑤ 不做标准曲线，用单点法进行定量。

2. 考核方式

笔试＋现场实际操作。

3. 考核时间

考核时间为 150 min。

4. 考核要求

（1）在规定时间内完成操作，不得损坏仪器设备及试验用具。

（2）原始记录填写规范，计算准确，内容齐全。

（3）考核前统一抽签，按抽签顺序对考生进行考核。

（4）考生须穿工作服进入考场。

（5）若考生出现下列情况，则应及时终止考核，考生该试题成绩记为零分：

① 开机顺序及色谱条件选择严重错误。

② 未对样品进行净化直接进样分析。

③ 损坏仪器设备及配套设备。

（6）本题分值 100 分，其中笔试 10 分，实际操作 90 分。鉴定权重 75%。

5. 考评员要求

（1）人数不得少于 3 人。

（2）熟悉考核规则和评分标准。

（3）提前 15 min 到达考核现场，熟悉考核场所。

（4）按评分标准独立进行评分，不得随意涂改考核记录。

6. 注意事项

（1）将样品全部切成 2 cm 左右的小块，充分混匀后用四分法取样进行匀浆。

（2）匀浆后的样品倒入样品盒中，匀浆样品不能倒满。贴上标签，标签内容要齐全，标签不能贴在样品盒盖上。

（3）样品分为试样、留样和备样，贴上标签，放入 −18 ℃ 以下冰柜中保存。

（4）样品制备完毕后，应清洗制样工具，防止交叉污染。

（5）样品制备后，应及时填写试样制备记录，内容应齐全。

（6）称样前应充分搅匀样品，称量完毕后应及时记录，并填写仪器使用记录。

（7）吸取标准溶液时应使用吸量管，不能使用移液器。一般标准储备溶液质量浓度为 1000 mg/L，不能用标准储备溶液直接配制 0.1 mg/L 的标准工作溶液，需要先配制成标准中间溶液，每次稀释倍数不能超过 100 倍。

（8）用吸量管吸取标准溶液时，不能从标准储备溶液瓶中直接吸取，应先将部分标准溶液倒入离心管中润洗 2～3 次，倒净润洗溶液后再将所需体积的标准溶液倒入离心管。吸取时先用标准溶液润洗吸量管 2～3 次，润洗体积不超过吸量管体积的 1/3。用滤纸将吸量管尖残余液吸出，尽可能使吸量管尖无残留溶液。

（9）用吸量管吸取标准溶液时，要注意靠壁停留时间。如使用分度吸量管，液体放完后不需要停留，如使用单标线吸量管，液体放完需要停留 15 s。

（10）加入标准溶液后，应将试样涡旋，以便标准溶液与样品充分混合。然后应放置 30 min，以便标准溶液与样品充分结合。

（11）用量筒加入乙腈提取剂，正确使用量筒，不能将量筒放在试验台上，应手拿量筒进行量取。量筒中液体全部倒出后，应停留 30 s。

（12）用高速组织匀浆机进行提取时，应注意转速和时间是否达到标准的要求。

（13）离心时离心管要对称放置，如为单数不对称时，应再加一个空管装入相同质量的水，调整使其质量对称。

（14）用旋转蒸发仪进行浓缩时，水浴温度不宜超过 40 ℃，浓缩瓶应使用茄形瓶，以便于样品的净化。浓缩时一定要注意将液体浓缩至近干，不能全干。

（15）不同样品浓缩后，要对旋转蒸发仪进行清洗，避免造成交叉污染。

（16）超声溶解样品时，人员不要站在超声波仪旁边。

（17）净化时要连续添加液体，液体不能低于固相萃取柱上层筛板。

（18）用 2 mmol/L 氢氧化钠溶液和水依次淋洗固相萃取柱后，一定要将柱子抽干。

（19）用刻度离心管收集净化液，最后用乙腈定容。

（20）用塑料针管吸入一定体积的混合均匀试液，安装好滤膜，推出的前 2～3 滴弃去，剩下的试液推入到试剂小瓶中准备上机测定。试剂小瓶上要写上样品编号。

（21）仪器参考条件设置、样品测定以及结果计算等注意事项见【试题 011】豇豆中灭蝇胺残留量的测定——液相色谱法中"6. 注意事项"的相关事项。

7. 原始记录

见表 7.2.15。

8. 笔试题

（1）简述液相色谱仪开机和关机顺序。（5分）

（2）简述梯度淋洗的优点。（5分）

【试题014】 鸡肉中磺胺二甲基嘧啶残留测定——液相色谱法
（参考标准 GB 29694—2013）

（一）准备要求

1. 考场准备

（1）实验室应配有水、电、试验用气体，并配有试验工作台和通风橱。

（2）灯光照明应符合实验要求。

（3）考场场地整洁规范，无干扰，标识明显。

（4）仪器、设备及试验用品准备（表 7.2.18）。

表 7.2.18 仪器、设备及试验用品准备表

序号	名称	规格	单位	数量	备注
1	液相色谱仪，配紫外检测器	ODS-3C$_{18}$（250 mm×4.5 mm，粒径 5 μm）或相当者	台	1	考核前 2 h 开机稳定
2	电子天平	0.01 g	台	1	
3	塑料砧板		块	1	
4	不锈钢菜刀		个	1	
5	均质机		台	1	
6	涡旋振荡器		支	1	可共用
7	离心机	转速＞4000 r/min	台	1	可共用
8	量筒	50 mL	个	1	
9	鸡心瓶	100 mL	个	2	
10	离心管	10 mL	个	4	
11	具塞离心管	50 mL	个	2	
12	旋转蒸发仪，配真空泵和循环冷却系统		个	1	
13	氮吹仪，配氮气		个	1	可共用
14	固相萃取仪		个	1	
15	滤膜，有机相	0.2 μm	个	2	
16	移液器，配吸头若干	5 mL	个	1	
17	吸量管	10 mL	根	2	
18	吸量管	1 mL	根	2	
19	吸耳球		个	1	
20	滴管		个	3	

续表

序号	名称	规格	单位	数量	备注
21	容量瓶（配制系列标准溶液）	50 mL	个	6	
22	称量勺		个	1	
23	样品瓶 装匀浆后的样品		个	2	
24	样品瓶 上机进样	150 mL	个	3	
25	记号笔		支	1	
26	MCX 柱或相当者	60 mg/3 mL	个	2	
27	乙酸乙酯		mL	50	
28	0.1 mol 盐酸溶液	分析纯	mL	1000	共用
29	甲醇	分析纯	mL	1000	共用
30	正己烷	分析纯	mL	1000	共用
31	50%甲醇乙腈溶液	分析纯	mL	1000	共用
32	0.1%甲醇乙腈溶液	分析纯	mL	1000	共用
33	洗脱液（5%氨水甲醇溶液）	分析纯	mL	1000	共用
34	磺胺二甲基嘧啶标准工作溶液	10 mg/L	mL	10	
35	废液杯	500 mL	个	1	
36	鸡肉		只	1	
37	样品盒（装匀浆后的样品）		个	2	
38	标签		个	2	
39	试样制备记录和检测原始记录表格		张	1	
40	GB 29694—2013 文本				
备注	调试液相色谱仪，使其性能达到最优，并确认在方法提供的参数条件下，混合标准溶液能够得到良好的响应。				

2. 考生准备

工作服；钢笔或中性笔。

（二）考核内容与要求

1. 考核内容

（1）操作前准备：做好标准溶液配制前的准备工作。

（2）样品前处理：

① 取样部位按照《动物及动物产品兽药残留监控抽样规范》（NY/T 1897—2010）规定执行。

② 制成的匀浆样品分装到二个容器中，匀浆质量不少于 50 g，并贴上标签。

③ 称取二份样品做添加回收率试验。

④ 根据考核要求添加 1.0 mL 磺胺二甲基嘧啶标准溶液，静置 30 min。此时可答笔试题。

⑤ 样品处理按照 GB 29694—2013 中的要求进行。

（3）样品测定：

① 按照 GB 29694—2013 中的要求设置仪器工作条件。

② 按照 GB 29694—2013 中的要求进行样品检测。

③ 填写检测原始记录，并根据检测结果计算添加回收率和精密度。

④ 精密度按相对偏差计算。

⑤ 不做标准曲线，用单点法进行定量。

2. 考核方式

笔试＋现场实际操作。

3. 考核时间

考核时间为 150 min。

4. 考核要求

（1）在规定时间内完成操作，不得损坏仪器设备及试验用具。

（2）原始记录填写规范，计算准确，内容齐全。

（3）考核前统一抽签，按抽签顺序对考生进行考核。

（4）考生须穿工作服进入考场。

（5）若考生出现下列情况，则应及时终止考核，考生该试题成绩记为零分：

① 开机顺序及色谱条件选择严重错误。

② 未对样品进行净化直接进样分析。

③ 损坏仪器设备及配套设备。

（6）本题分值 100 分，其中笔试 10 分，实际操作 90 分。鉴定权重 75%。

5. 考评员要求

（1）人数不得少于 3 人。

（2）熟悉考核规则和评分标准。

（3）提前 15 min 到达考核现场，熟悉考核场所。

（4）按评分标准独立进行评分，不得随意涂改考核记录。

6. 注意事项

（1）样品制备时要保证样品的取样部位正确，取样重量满足要求。

（2）匀质后的样品倒入样品容器中，贴上标签，标签内容要齐全，标签不能贴在样品盒盖上。

（3）样品分为试样、留样和备样，贴上标签，放入－18 ℃以下冰柜中保存。

（4）样品制备完毕后，应清洗制样工具，防止交叉污染。

（5）样品制备后，应及时填写试样制备记录，内容应齐全。

（6）称样前应观察天平的水平状态，如不水平（小气泡不在规定的圆圈内），应调节天平底部的水平支脚使其达到水平状态。

（7）称样时应注意有代表性，要确保样品均匀，减少样品间的差异。

（8）称样时应尽量将样品称到容器的底部，避免粘到容器壁上。

（9）称样过程中多余的样品应弃去，不要放回原样品容器，以免造成污染。

（10）称样后应及时记录，并填写仪器使用记录。

（11）加标时应用吸量管吸取标准溶液，不能使用移液器。

（12）加标时不能从标准溶液储存瓶中直接吸取，应将所需体积的标准溶液倒入离心管中吸取。吸取时先用标准溶液润洗吸量管，润洗体积不超过吸量管体积的1/3。

（13）用吸量管吸取标准溶液时，要注意靠壁停留时间。如使用分度吸量管，液体放完后不需要停留，如使用单标线吸量管，液体放完需要停留15 s。

（14）加入标准溶液后，应将试样涡旋，以便标准溶液与样品充分混合。然后应放置30 min，以便标准溶液与样品充分结合。

（15）用量筒加入乙酸乙酯提取剂时，应手拿量筒进行量取。量筒中液体全部倒出后，应停留30 s。

（16）振荡器进行振荡提取时，应注意试管塞的密封性，保证没有试剂漏出。

（17）离心机离心时应注意试管是否对称放置，离心速度和离心时间设置是否正确。

（18）旋转蒸发仪进行浓缩时，水浴温度不宜超过40 ℃，浓缩瓶应使用茄形瓶，以便于样品的净化。浓缩时要注意防止暴沸现象的发生，将液体浓缩至近干，不能全干。

（19）正己烷去脂操作时，注意不要将提取液转移弃去。

（20）固相萃取柱进行净化时，应注意活化、上样、淋洗和洗脱四个步骤的顺序，过柱速度不宜过快或过慢，淋洗后一定要将小柱抽干，洗脱时要注意洗脱液的接收。

（21）氮吹仪进行氮吹时，应注意水温不宜过高，氮吹气速不宜过快，不同的样品注意更换针头氮吹，氮吹至干，不要过干。

（22）微孔滤膜过滤时，应将推出的前2～3滴弃去，剩下的试液推入到进样小瓶中准备上机测定。进样小瓶上要写上样品编号。

（23）液相色谱的仪器条件尽量参照标准上给出的参考条件设置仪器参数，也可根据本单位的仪器对参数进行适度调整，以保证最佳测定条件。

（24）紫外检测器不能开机后马上测定，待柱平衡后，再打开检测器紫外灯。不要频繁开关紫外灯，同样会损害紫外灯的寿命，一般间隔时间在3 h以上。

（25）将试样放置到自动进样器的进样盘时，要注意样品和标准溶液放置的位置与仪器上序列表一致，防止出现位置放错造成检测结果错误的情况。

（26）液相色谱检测时的流动相要现用现配，配制流动相要使用一级水。

（27）装流动相的瓶子最好是棕色的，这样可防止杂质的产生影响检测。

（28）检测完毕后，及时填写检测原始记录和仪器使用记录，填写的信息要全。在填写检测原始记录时，要注意所用量器的有效数位，根据有效数字的运算规定进行结果计算，并根据标准的要求计算精密度。

（29）检测结果的有效数位一定应与标准规定的一致。

（30）所有样品前处理操作除称量外，应尽量在通风橱内进行。

（31）其他在检测中需要注意的问题，见第三章第三节中"十四、液相色谱分析常见问题及解决方法"。

（32）液相色谱仪在使用中需要注意的问题，见第三章第三节中"十五、液相色谱仪使用注意事项"。

（33）在日常的检测工作中，根据国家标准的要求，每20个样品为一个检测批次，需要做一个质控样，考察回收率。

7. 原始记录

见表 7.2.15。

8. 笔试题

（1）简述液相色谱仪开机和关机顺序。（5分）

（2）简述流动相中气泡对测定的影响。（5分）

【试题 015】　猪肉中恩诺沙星和环丙沙星残留测定——液相色谱法
（参考标准农业部 1025 号公告—14—2008）

（一）准备要求

1. 考场准备

（1）实验室应配有水、电、试验用气体，并配有试验工作台和通风橱。

（2）灯光照明应符合实验要求。

（3）考场场地整洁规范，无干扰，标识明显。

（4）仪器、设备及试验用品准备（表 7.2.19）。

表 7.2.19　仪器、设备及试验用品准备表

序号	名称	规格	单位	数量	备注
1	液相色谱仪，配荧光检测器	C_{18}（250 mm×4.6 mm，粒径 5 μm）或相当者	台	1	考核前 2 h 开机稳定
2	电子天平	0.01 g	台	1	
3	塑料砧板		块	1	
4	不锈钢菜刀		个	1	
5	均质机		台	1	
6	涡旋振荡器		支	1	可共用
7	离心机	转速>4000 r/min	台	1	可共用
8	量筒	50 mL	个	1	
9	鸡心瓶	100 mL	个	2	
10	离心管	10 mL	个	4	
11	具塞离心管	50 mL	个	2	
12	旋转蒸发仪，配真空泵和循环冷却系统		个	1	
13	氮吹仪，配氮气		个	1	可共用
14	固相萃取仪		个	1	
15	滤膜，有机相	0.2 μm	个	2	
16	移液器，配吸头若干	5 mL	个	1	
17	吸量管	10 mL	根	2	
18	吸量管	1 mL	根	2	
19	吸耳球		个	1	

序号	名称	规格	单位	数量	备注
20	滴管		个	3	
21	容量瓶（配制系列标准溶液）	50 mL	个	6	
22	称量勺		个	1	
23	样品瓶 装匀浆后的样品		个	2	
24	样品瓶 上机进样	150 mL	个	3	
25	记号笔		支	1	
26	C₁₈柱或相当者	60 mg/3 mL	个	2	
27	磷酸		mL	50	
28	乙腈	分析纯	mL	1000	共用
29	氢氧化钠	分析纯	mL	1000	共用
30	三乙胺	分析纯	mL	1000	共用
31	0.05 mol/L 磷酸溶液/三乙胺	分析纯	mL	1000	共用
32	0.05 mol/L 磷酸溶液/三乙胺＋乙腈（82＋18）	分析纯	mL	1000	共用
33	洗脱液（流动相）	分析纯	mL	1000	共用
34	恩诺沙星、环丙沙星标准工作溶液	10 mg/L	mL	10	
35	废液杯	500 mL	个	1	
36	猪肉		块	1	
37	样品盒（装匀浆后的样品）		个	2	
38	标签		个	2	
39	试样制备记录和检测原始记录表格		张	1	
40	农业部 1025 号公告—14—2008 文本				
备注	调试液相色谱仪，使其性能达到最优，并确认在方法提供的参数条件下，混合标准溶液能够得到良好的响应。				

2. 考生准备

工作服；钢笔或中性笔。

（二）考核内容与要求

1. 考核内容

（1）操作前准备：做好标准溶液配制前的准备工作。

（2）样品前处理：

① 取样部位按照 NY/T 1897—2010 规定执行。

② 制成的匀浆样品分装到两个容器中，匀浆质量不少于 50 g，并贴上标签。

③ 称取两份样品做添加回收率试验。

④ 根据考核要求添加 1.0 mL 恩诺沙星、环丙沙星标准溶液，静置 30 min。此时可答笔试题。

⑤ 样品处理按照农业部 1025 号公告—14—2008 中的要求进行。

（3）样品测定：

① 按照农业部 1025 号公告—14—2008 中的要求设置仪器工作条件。

② 按照农业部 1025 号公告—14—2008 中的要求进行样品检测。

③ 填写检测原始记录，并根据检测结果计算添加回收率和精密度。

④ 精密度按相对偏差计算。

⑤ 不做标准曲线，用单点法进行定量。

2. 考核方式

笔试＋现场实际操作。

3. 考核时间

考核时间为 150 min。

4. 考核要求

（1）在规定时间内完成操作，不得损坏仪器设备及试验用具。

（2）原始记录填写规范，计算准确，内容齐全。

（3）考核前统一抽签，按抽签顺序对考生进行考核。

（4）考生须穿工作服进入考场。

（5）若考生出现下列情况，则应及时终止考核，考生该试题成绩记为零分：

① 开机顺序及色谱条件选择严重错误。

② 未对样品进行净化直接进样分析。

③ 损坏仪器设备及配套设备。

（6）本题分值 100 分，其中笔试 10 分，实际操作 90 分。鉴定权重 75%。

5. 考评员要求

（1）人数不得少于 3 人。

（2）熟悉考核规则和评分标准。

（3）提前 15 min 到达考核现场，熟悉考核场所。

（4）按评分标准独立进行评分，不得随意涂改考核记录。

6. 注意事项

样品制备、称样、加标、提取、净化和仪器条件设置、样品测定以及结果计算等注意事项见【试题 014】鸡肉中磺胺二甲基嘧啶残留测定——液相色谱法中"6. 注意事项"的相关事项。

7. 原始记录

见表 7.2.15。

8. 笔试题

（1）简述液相色谱仪开机和关机顺序。（5 分）

（2）简述流动相中气泡对测定的影响。（5 分）

【试题016】 草鱼中喹乙醇代谢物残留测定——液相色谱法

（参考标准农业部1077号公告—5—2008）

（一）准备要求

1. 考场准备

（1）实验室应配有水、电、试验用气体，并配有试验工作台和通风橱。

（2）灯光照明应符合实验要求。

（3）考场场地整洁规范，无干扰，标识明显。

（4）仪器、设备及试验用品准备（表7.2.20）。

表7.2.20 仪器、设备及试验用品准备表

序号	名称	规格	单位	数量	备注
1	液相色谱仪，配紫外检测器	C_{18}（250 mm×4.6 mm，粒径5 μm）或相当者	台	1	考核前2 h 开机稳定
2	电子天平	0.01 g	台	1	
3	塑料砧板		块	1	
4	不锈钢菜刀		个	1	
5	均质机		台	1	
6	涡旋振荡器		台	1	可共用
7	离心机	转速＞14 000 r/min	台	1	可共用
8	量筒	25 mL	个	1	
9	分液漏斗	150 mL	个	2	
10	离心管	50 mL	个	2	
11	具塞离心管	25 mL	个	2	
12	氮吹仪，配氮气		个	1	可共用
13	滤膜，有机相	0.2 μm	个	2	
14	移液器，配吸头若干	5 mL	个	1	
15	吸量管	1 mL	根	2	
16	吸耳球		个	1	
17	滴管		个	3	
18	容量瓶（配制系列标准溶液）	10 mL	个	6	
19	称量勺		个	1	
20	样品瓶 装匀浆后的样品		个	2	
21	样品瓶 上机进样	2 mL	个	3	
22	记号笔		支	1	
23	C_{18}色谱柱		个	1	
24	甲醇	色谱纯	mL	50	共用
25	乙酸乙酯	色谱纯	mL	500	共用
26	盐酸	分析纯	mL	500	共用
27	甲酸	分析纯	mL	500	共用
28	0.1 mol/L 磷酸盐缓冲溶液	分析纯	mL	500	共用

续表

序号	名称	规格	单位	数量	备注
29	甲醇-0.1%甲酸溶液（40＋60）	分析纯	mL	500	共用
30	3-甲基喹噁啉-2-羧酸标准工作溶液	10 mg/L	mL	6	
31	废液杯	500 mL	个	1	
32	草鱼		条	1	
33	样品盒（装匀浆后的样品）		个	2	
34	标签		个	2	
35	试样制备记录和检测原始记录表格		张	1	
36	农业部 1077 号公告—5—2008 文本				
备注	调试液相色谱仪，使其性能达到最优，并确认在方法提供的参数条件下，混合标准溶液能够得到良好的响应。				

2. 考生准备

工作服；钢笔或中性笔。

（二）考核内容与要求

1. 考核内容

（1）操作前准备：做好标准溶液配制前的准备工作。

（2）样品前处理：

① 取样部位按照 GB/T 30891—2014 中的规定执行。

② 制成的匀浆样品分装到两个容器中，匀浆质量不少于 50 g，并贴上标签。

③ 称取两份样品做添加回收率试验。

④ 根据考核要求添加 1.0 mL 3-甲基喹噁啉-2-羧酸标准工作溶液，静置 30 min。此时可答笔试题。

⑤ 样品处理按照农业部 1025 号公告—5—2008 中的要求进行。

（3）样品测定：

① 按照农业部 1025 号公告—5—2008 中的要求设置仪器工作条件。

② 按照农业部 1025 号公告—5—2008 中的要求进行样品检测。

③ 填写检测原始记录，并根据检测结果计算添加回收率和精密度。

④ 填写检测原始记录，并根据检测结果计算添加回收率和精密度。

⑤ 精密度按相对偏差计算。

⑥ 不做标准曲线，用单点法进行定量。

2. 考核方式

笔试＋现场实际操作。

3. 考核时间

考核时间为 150 min。

4. 考核要求

（1）在规定时间内完成操作，不得损坏仪器设备及试验用具。

（2）原始记录填写规范，计算准确，内容齐全。

（3）考核前统一抽签，按抽签顺序对考生进行考核。

（4）考生须穿工作服进入考场。

（5）若考生出现下列情况，则应及时终止考核，考生改试题成绩记为零分：

① 开机顺序及色谱条件选择严重错误。

② 未对样品进行净化直接进样分析。

③ 损坏仪器设备及配套设备。

（6）本题分值 100 分，其中笔试 10 分，实际操作 90 分。鉴定权重 75%。

5. 考评员要求

（1）人数不得少于 3 人。

（2）熟悉考核规则和评分标准。

（3）提前 15 min 到达考核现场，熟悉考核场所。

（4）按评分标准独立进行评分，不得随意涂改考核记录。

6. 注意事项

（1）分液漏斗使用过程中应注意振荡方式是否规范，振荡时间为 30 s，静置时间是否达到充分分层。

（2）分液漏斗振荡过程中应尽量避免出现乳化现象，上下层分液时应注意不要使上层液体流出。

（3）样品制备、称样、加标、提取、净化和仪器条件设置、样品测定以及结果计算等注意事项见【试题 014】鸡肉中磺胺二甲基嘧啶残留测定——液相色谱法中"6. 注意事项"。

7. 原始记录

见表 7.2.15。

8. 笔试题

（1）简述液相色谱仪开机和关机顺序。（5 分）

（2）简述消除流动相中气泡的方法。（5 分）

【试题 017】　食品中合成着色剂的测定
（参考标准 GB 5009.35—2023）

（一）准备要求

1. 考场准备

（1）实验室应配有水、电、试验用气体，并配有试验工作台和通风橱。

（2）灯光照明应符合实验要求。

（3）考场场地整洁规范，无干扰，标识明显。

（4）仪器、设备及试验用品准备（表 7.2.21）。

表 7.2.21　仪器、设备及试验用品准备表

序号	名称	规格	单位	数量	备注
1	液相色谱仪，带有二极管阵列检测器	C_{18}柱，4.6 mm×250 mm，5 μm，或同等性能色谱柱	台	1	考核前 24 h 开机稳定
2	电子天平	0.001 g	台	1	
3	离心机	转速≥15 000 r/min	台	1	
4	涡旋混合器		台	1	
5	氮吹仪		台	1	
6	固相萃取仪		台	1	
7	pH 计		台	1	
8	滴管		个	3	
9	具塞离心管	50 mL	个	4	
10	固相萃取柱	WAX 混合型弱阴离子交换反相吸附或等效固相萃取柱，150 mg/6 mL	支	4	
11	针筒过滤器	0.45 μm	个	4	
12	记号笔		支	1	
13	液相进样样品瓶	2 mL	个	4	
14	胭脂红标准中间溶液	50 mg/L	mL	1	
15	乙醇氨水溶液		瓶	1	
16	甲醇		瓶	1	
17	2%甲酸水溶液		瓶	1	
18	2%氨化甲醇溶液		瓶	1	
19	乙酸铵缓冲溶液		瓶	1	
20	吸量管	10 mL	支	4	
21	洗耳球		个	1	
22	废液杯	500 mL	个	1	
23	移液器（配套枪头）	100～1000 μL	支	1	
24	试样制备记录和检测原始记录表格		张	1	
25	GB 5009.35—2023 文本				
备注	调试液相色谱仪，使其性能达到最优，并确认在方法提供的参数条件下，混合标准溶液能够得到良好的响应。				

2. 考生准备

工作服；钢笔或中性笔。

（二）考核内容与要求

1. 考核内容

（1）操作前准备：做好标准溶液配制前的准备工作。

（2）样品前处理：

① 按照 GB 5009.35—2023 中的要求进行试样制备。

② 按照 GB 5009.35—2023 中的要求进行样品提取。

③ 按照 GB 5009.35—2023 中的要求进行样品净化。

（3）样品测定：

① 按照 GB 5009.35—2023 中的要求设置仪器工作条件。

② 按照 GB 5009.35—2023 中的要求进行样品测定。

③ 填写检测原始记录，并根据检测结果计算添加回收率和精密度。

④ 精密度按相对相差计算。

⑤ 不做标准曲线，用单点法进行定量。

2. 考核方式

现场实际操作。

3. 考核时间

考核时间为 70 min。

4. 考核要求

（1）在规定时间内完成操作，不得损坏仪器设备及试验用具。

（2）原始记录填写规范，计算准确，内容齐全。

（3）考核前统一抽签，按抽签顺序对考生进行考核。

（4）考生须穿工作服进入考场。

（5）若考生出现下列情况，则应及时终止考核，考生该试题成绩记为零分：

① 开机顺序及色谱条件选择严重错误。

② 未对样品进行净化直接进样分析。

③ 损坏仪器设备及配套设备。

（6）本题分值 100 分，其中笔试 10 分，实际操作 90 分。鉴定权重 75%。

5. 考评员要求

（1）人数不得少于 3 人。

（2）熟悉考核规则和评分标准。

（3）提前 15 min 到达考核现场，熟悉考核场所。

（4）按评分标准独立进行评分，不得随意涂改考核记录。

6. 注意事项

（1）含二氧化碳的样品需加热或超声先除去二氧化碳后再进行下一步操作。

（2）含乙醇的样品需加热除去乙醇后再进行下一步操作。

（3）糖果、蜜饯等样品加水后，可放入 60 ℃水浴锅中溶解。

（4）样品溶液或提取液在用聚酰胺粉吸附前需用柠檬酸溶液调节 pH 在 4～6，因为聚酰胺粉在偏酸性条件下对色素吸附能力较强。

（5）加入聚酰胺粉后用玻璃棒充分搅拌，如果溶液中颜色仍然较深，可适当增加聚酰胺粉用量，便于吸附完全。

（6）转移聚酰胺粉时要避免损失，烧杯用 pH 为 6 左右的水洗涤。

（7）利用 pH 在 4 的水洗涤聚酰胺粉，洗涤过程要充分搅拌，除去水溶性杂质，利用加热的水洗涤效果更好。

（8）甲醇-甲酸溶液洗涤聚酰胺粉，洗涤过程要充分搅拌，洗涤至流出液无色，除去醇溶性杂质。

（9）聚酰胺粉中合成着色剂解吸附前先用水洗至中性后，再用碱性的氨化乙醇解吸附，少量多次，直至解吸附完全。

（10）解吸附液用乙酸中和后，利用旋转蒸发仪浓缩近干后，用水溶解。

（11）其他注意事项参见【试题 011】豇豆中灭蝇胺残留量的测定——液相色谱法中"6. 注意事项"的相关内容。

7. 原始记录

见表 7.2.15。

8. 笔试题

（1）简述液相色谱仪开机和关机顺序。（5 分）

（2）采用液相色谱仪器完成检测后，关机前需要对色谱柱进行什么操作？为什么？（5 分）

【试题 018】　食品中苯甲酸、山梨酸和糖精钠的测定
（参考标准 GB 5009.28—2016）

（一）准备要求

1. 考场准备

（1）实验室应配有水、电、试验用气体，并配有试验工作台和通风橱。

（2）灯光照明应符合实验要求。

（3）考场场地整洁规范，无干扰，标识明显。

（4）仪器、设备及试验用品准备（表 7.2.22）。

表 7.2.22　仪器、设备及试验用品准备表

序号	名称	规格	数量	备注
1	液相色谱仪，配紫外检测器	C_{18}柱，柱长 250 mm，内径 4.6 mm，粒径 5 μm，或等效色谱柱	1 套	考核前 2 h 开机稳定
2	电子天平	0.001 g	1 台	
3	超声波发生器	可调节温度	1 台	
4	离心机	8000 r/min	1 台	
5	恒温水浴锅	可调节温度	1 台	
6	涡旋振荡器		1 台	

续表

序号	名称	规格	数量	备注
7	吸量管	1 mL、2 mL、5 mL	各2支	
8	容量瓶	50 mL	2只	
9	具塞离心管	50 mL	2支	
10	量筒	25 mL	1只	
11	亚铁氰化钾溶液	92 g/L	10 mL	预先配制
12	乙酸锌溶液	183 g/L	10 mL	预先配制
13	甲酸,山梨酸混合标准溶液	200 mg/L	50 mL	预先配制
14	糕点		200 g	
15	废液杯		1只	
16	检测原始记录		1	
17	GB 5009.28—2016 第一法 文本			

2. 考生准备

工作服；钢笔或中性笔。

（二）考核内容与要求

1. 考核内容

（1）操作前准备：做好标准溶液配制前的准备工作。

（2）样品前处理：

① 按照 GB 5009.28—2016 中的要求进行试样制备。制备好的试样分装到两个容器中，并贴上标签。

② 按照 GB 5009.28—2016 中的要求进行提取。

（3）样品测定：

① 按照 GB 5009.28—2016 中的要求设置仪器工作条件。

② 按照 GB 5009.28—2016 中的要求绘制标准曲线并进行样品检测。

③ 填写检测原始记录，并根据检测结果计算添加回收率和精密度。

④ 样品做平行试验，精密度按相对相差计算。

⑤ 不做标准曲线，用单点法进行定量。

2. 考核方式

笔试＋现场实际操作。

3. 考核时间

考核时间为 120 min。

4. 考核要求

（1）在规定时间内完成操作，不得损坏仪器设备及试验用具。

（2）原始记录填写规范，计算准确，内容齐全。

（3）考核前统一抽签，按抽签顺序对考生进行考核。

（4）考生须穿工作服进入考场。

（5）若考生出现下列情况，则应及时终止考核，考生该试题成绩记为零分：

① 开机顺序及色谱条件选择严重错误。

② 未对样品进行净化直接进样分析。

③ 损坏仪器设备及配套设备。

（6）本题分值 100 分，其中笔试 10 分，实际操作 90 分。鉴定权重 75%。

5. 考评员要求

（1）人数不得少于 3 人。

（2）熟悉考核规则和评分标准。

（3）提前 15 min 到达考核现场，熟悉考核场所。

（4）按评分标准独立进行评分，不得随意涂改考核记录。

6. 注意事项

（1）含二氧化碳或乙醇的样品应在水浴中加热或超声除去二氧化碳或乙醇。

（2）果冻、糖果等样品加入水后，在 70 ℃水浴加热使样品溶解，再超声提取，使提取更完全。

（3）加入亚铁氰化钾溶液和乙酸锌溶液的目的是去除提取液中的蛋白质，蛋白质含量低的样品可以不用加亚铁氰化钾溶液和乙酸锌溶液。

（4）含乳脂的样品需要加入氨水溶液破坏乳脂球膜，使乳脂游离出来，再利用正己烷将脂肪萃取出来，以去除提取液中脂类物质的干扰。

（5）利用气相色谱法测定山梨酸、苯甲酸时，加入盐酸溶液（1+1）的目的是使样品中的山梨酸钾和苯甲酸钠在酸性条件下，形成山梨酸和苯甲酸，降低其在水溶液中的溶解度，利用乙醚溶液萃取。

（6）加入乙醇和氯化钠可减少乳化发生，有利于分层。

（7）利用乙醚萃取样品中的防腐剂时应重复 3 次，有利于萃取完全。

（8）乙醚提取液中含有少量的水，因此提取液应通过无水硫酸钠脱除水分，如果挥干后仍残存水分，必须重新用乙醚溶解，再通过无水硫酸钠将水分去除，否则会使结果偏低。

（9）其他注意事项参见【试题 011】豇豆中灭蝇胺残留量的测定——液相色谱法中"6. 注意事项"的相关内容。

7. 原始记录

见表 7.2.15。

8. 笔试题

（1）简述液相色谱仪开机和关机顺序。（5 分）

（2）采用液相色谱仪器完成检测后，关机前需要对色谱柱进行什么操作？为什么？（5 分）

【试题 019】　饼干中没食子酸丙酯的测定——液相色谱法

（参考标准 GB 5009.32—2016 第一法）

（一）准备要求

1. 考场准备

（1）实验室应配有水、电、试验用气体，并配有试验工作台和通风橱。

（2）灯光照明应符合实验要求。

（3）考场场地整洁规范，无干扰，标识明显。

（4）仪器、设备及试验用品准备（表 7.2.23）。

表 7.2.23　仪器、设备及试验用品准备表

序号	名称	规格	数量	备注
1	液相色谱仪，配紫外检测器	C_{18}柱，柱长 250 mm，内径 4.6 mm，粒径 5 μm，或等效色谱柱	1 套	考核前 2 h 开机稳定
2	电子天平	0.001 g	1 台	
3	旋转蒸发仪			
4	离心机	8000 r/min	1 台	
5	涡旋振荡器		1 台	
6	吸量管	5 mL	3 支	
7	具塞离心管	50 mL	2 支	
8	正己烷饱和的乙腈溶液	92 g/L	10 mL	预先配制
9	乙腈饱和的正己烷溶液			预先配制
10	乙酸乙酯和环己烷混合溶液（1+1）	183 g/L	10 mL	预先配制
11	乙腈和甲醇混合溶液（2+1）			预先配制
12	饱和氯化钠溶液			预先配制
13	甲酸溶液（0.1+99.9）			预先配制
14	没食子酸辛酯标准溶液	200 mg/L	50 mL	预先配制
15	饼干		200 g	
16	废液杯		1 只	
17	检测原始记录			
18	GB 5009.32—2016 第一法　文本			

2. 考生准备

工作服；钢笔或中性笔。

（二）考核内容与要求

1. 考核内容

（1）操作前准备：做好标准溶液配制前的准备工作。

（2）样品前处理：

① 按照 GB 5009.32—2016 中的要求进行试样制备。制备好的试样分装到两个容器

中，并贴上标签。

② 按照 GB 5009.32—2016 中的要求进行提取。

③ 按照 GB 5009.32—2016 中的要求进行净化。

（3）样品测定：

① 按照 GB 5009.32—2016 中的要求设置仪器工作条件。

② 按照 GB 5009.32—2016 中的要求绘制标准曲线。

③ 按照 GB 5009.32—2016 中的要求进行样品检测。

④ 填写检测原始记录，并根据检测结果计算添加回收率和精密度。

⑤ 样品做平行试验，精密度按相对相差计算。

⑥ 不做标准曲线，用单点法进行定量。

2. 考核方式

笔试＋现场实际操作。

3. 考核时间

考核时间为 120 min。

4. 考核要求

（1）在规定时间内完成操作，不得损坏仪器设备及试验用具。

（2）原始记录填写规范，计算准确，内容齐全。

（3）考核前统一抽签，按抽签顺序对考生进行考核。

（4）考生须穿工作服进入考场。

（5）若考生出现下列情况，则应及时终止考核，考生该试题成绩记为零分：

① 开机顺序及色谱条件选择严重错误。

② 未对样品进行净化直接进样分析。

③ 损坏仪器设备及配套设备。

（6）本题分值 100 分，其中笔试 10 分，实际操作 90 分。鉴定权重 75%。

5. 考评员要求

（1）人数不得少于 3 人。

（2）熟悉考核规则和评分标准。

（3）提前 15 min 到达考核现场，熟悉考核场所。

（4）按评分标准独立进行评分，不得随意涂改考核记录。

6. 注意事项

（1）使用的相关吸量管、容量瓶等进行校准。

（2）饼干样品用粉碎机粉碎，粉碎后的样品倒入样品盒中，密封。贴上标签，标签内容要齐全，标签不能贴在样品盒盖上。

（3）样品制备后，应及时填写试样制备记录，内容应齐全。

（4）称样前应充分搅匀样品，称量完毕后应及时记录，并填写仪器使用记录。

（5）使用前，注意抗氧化剂标准物质混合储备液的保质期，确保抗氧化剂储备液处于有效期内。

（6）样品提取时提取剂加入顺序要注意，应为乙腈饱和正己烷溶液、饱和氯化钠溶液、正己烷饱和的乙腈溶液，要提取 3 次。

（7）离心后乙腈层在上层，转移时用滴管吸出。吸出时注意不要将下层溶液吸出。

（8）合并 3 次提取液后，一定要加 0.1%甲酸溶液调节 pH 至 4，再进行下一步净化操作。

（9）净化时 C_{18} 固相萃取柱中装入约 2 g 的无水硫酸钠后，一定 5 mL 甲醇活化萃取柱，再用乙腈平衡萃取柱。

（10）使用旋转蒸发时，先打开真空，再将浓缩瓶安装到旋转蒸发仪上，转动活塞调节真空度。注意真空度调节到浓缩瓶中液体刚有微小气泡产生，但不能有剧烈气泡，否则会造成暴沸。

（11）旋转蒸发时，随着浓缩瓶中液体变少，要随时注意调节真空度，以不产生暴沸、冷凝管中有冷凝液滴出为宜。

（12）在高效液相色谱分析前，待测液一定过 0.22 μm 有机系滤膜。

（13）其他注意事项见【试题 011】豇豆中灭蝇胺残留量的测定——液相色谱法中"6. 注意事项"的相关内容。

7. 原始记录

见表 7.2.15。

8. 笔试题

（1）简述液相色谱仪开机和关机顺序。（5 分）

（2）采用液相色谱仪器完成检测后，关机前需要对色谱柱进行什么操作？为什么？（5 分）

【试题020】　玉米脱氧雪腐镰刀菌烯醇及其乙酰化衍生物的测定——免疫亲和层析净化高效液相色谱法
（参考标准 GB 5009.111—2016 第二法）

（一）准备要求

1. 考场准备

（1）实验室应配有水、电、试验用气体，并配有试验工作台和通风橱。

（2）灯光照明应符合实验要求。

（3）考场场地整洁规范，无干扰，标识明显。

（4）仪器、设备及试验用品准备（表 7.2.24）。

表 7.2.24 仪器、设备及试验用品准备表

序号	名称	规格	数量	备注
1	液相色谱仪，配紫外检测器	C_{18}柱，柱长 250 mm，内径 4.6 mm，粒径 5 μm，或等效色谱柱	1 套	考核前 2 h 开机稳定
2	电子天平	0.01 g	1 台	
3	高速组织粉碎机	1000 r/min		
4	涡旋振荡器		1 台	
5	离心机	12 000 r/min	1 台	
6	氮吹仪		1 台	
7	移液器	10～100 μL 100～1000 μL	各 1 支	
8	玻璃注射器	10 mL	2 支	
9	脱氧雪腐镰刀菌烯醇免疫亲和柱	柱容量＞1000 ng	2 只	
10	具塞离心管	50 mL	2 支	
11	玻璃纤维滤纸	直径 11 cm，孔径 1.5 μm	2 张	
12	磷酸盐缓冲溶液		500 mL	预先配制
13	乙腈-水溶液（10＋90）		500 mL	预先配制
14	甲酸-水溶液（20＋80）			预先配制
15	脱氧雪腐镰刀菌烯醇标准溶液	100 μg/mL	10 mL	预先配制
16	玉米		200 g	
17	废液杯		1 个	
18	检测原始记录			
19	GB 5009.111—2016 第二法 文本			

2. 考生准备

工作服；钢笔或中性笔。

（二）考核内容与要求

1. 考核内容

（1）操作前准备：做好标准溶液配制前的准备工作。

（2）样品前处理：

① 按照 GB5009.111—2016 中的要求进行试样制备。制备好的试样分装到两个容器中，并贴上标签。

② 按照 GB 5009.111—2016 中的要求进行提取。

③ 按照 GB 5009.111—2016 中的要求进行净化。

④ 按照 GB 5009.111—2016 中的要求进行洗脱。

（3）样品测定：

① 按照 GB 5009.111—2016 中的要求设置仪器工作条件。

② 按照 GB 5009.111—2016 中的要求绘制标准曲线。

③ 按照 GB 5009.111—2016 中的要求进行样品检测。

④ 填写检测原始记录，并根据检测结果计算添加回收率和精密度。

⑤ 样品做平行试验，精密度按相对相差计算。

⑥ 不做标准曲线，用单点法进行定量。

2. 考核方式

笔试＋现场实际操作。

3. 考核时间

考核时间为 120 min。

4. 考核要求

（1）在规定时间内完成操作，不得损坏仪器设备及试验用具。

（2）原始记录填写规范，计算准确，内容齐全。

（3）考核前统一抽签，按抽签顺序对考生进行考核。

（4）考生须穿工作服进入考场。

（5）若考生出现下列情况，则应及时终止考核，考生该试题成绩记为零分：

① 开机顺序及色谱条件选择严重错误。

② 未对样品进行净化直接进样分析。

③ 损坏仪器设备及配套设备。

（6）本题分值 100 分，其中笔试 10 分，实际操作 90 分。鉴定权重 75%。

5. 考评员要求

（1）人数不得少于 3 人。

（2）熟悉考核规则和评分标准。

（3）提前 15 min 到达考核现场，熟悉考核场所。

（4）按评分标准独立进行评分，不得随意涂改考核记录。

6. 注意事项

（1）使用的相关吸量管、容量瓶等进行校准。

（2）不同样品的制备方法不同。谷物及其制品中真菌毒素的污染分布不均匀，样品取样至少 1 kg，样品要充分混匀，用高速粉碎机粉碎后，过 0.5～1 mm 孔径样品筛。含二氧化碳的酒类样品应超声脱气后再进行分析。

（3）样品用粉碎机粉碎，粉碎后的样品倒入样品盒中，密封。贴上标签，标签内容要齐全，标签不能贴在样品盒盖上。样品分为试样、留样和备样。

（4）样品制备后，应及时填写试样制备记录，内容应齐全。

（5）称样前应充分搅匀样品，称量完毕后应及时记录，并填写仪器使用记录。

（6）称取脱氧雪腐镰刀菌烯醇标准品 1 mg（准确至 0.01 mg），需使用百万分之一天平（感量 0.000 001 g），标准品应称入小烧杯中用乙腈溶解，不能称在称量纸上。

（7）使用不同厂商的免疫亲和柱，在试样上样、淋洗和洗脱的操作方面可能略有不同，应该按照说明书要求进行操作。

（8）事先将低温下保存的免疫亲和柱恢复至室温后再进行下一步操作。

（9）过滤时漏斗应放置在漏斗架上，不允许将漏斗直接放置在接收容器上。

（10）滤纸的高度应低于漏斗边 2 mm，且应撕去一角，以便使滤纸能紧贴漏斗壁。过滤时应用玻璃棒进行引流。

（11）准确移取待净化样品 2 mL，注入玻璃注射器中，将空气泵与注射器相连，控制通过免疫亲和柱的流速为每秒 1 滴。

（12）采用通用型固相萃取柱净化前，提取液先用乙腈饱和的正己烷溶液萃取，除去脂溶性杂质。固相萃取柱吸附目标物，经水、5%甲醇-水溶液淋洗后，甲醇洗脱。

（13）采用专用型固相萃取柱净化，固相萃取柱吸附杂质，提取液通过填料后，目标物在提取液中，吸取一定量提取液，吹干后复溶。

（14）不同厂家或不同批次的固相萃取柱、免疫亲和柱使用前一定要验证柱回收率。

（15）用 5 mL PBS 缓冲盐溶液和 5 mL 水先后淋洗免疫亲和柱，注意加入顺序，流速为每秒 1~2 滴。注意这一步柱子要抽干。

（16）用氮吹仪进行浓缩时，放入事先加热到 50 ℃的氮吹仪上进行浓缩。调节氮吹仪出气口离液面 2 cm 左右，调节氮气流量以液面微微抖动呈水波纹状为宜。

（17）浓缩时注意液体浓缩至近干。

（18）在高效液相色谱分析前，待测液要过 0.45 μm 滤膜。

（19）其他在检测中需要注意的事项参见【试题 011】豇豆中灭蝇胺残留量的测定——液相色谱法中"6. 注意事项"的相关内容。

7. 原始记录

见表 7.2.15。

8. 笔试题

（1）简述液相色谱仪开机和关机顺序。（5 分）

（2）简述哪种检测器不能用于梯度淋洗。（5 分）

【试题 021】　花生油中黄曲霉毒素 B_1 的测定
——高效液相色谱法（柱后衍生法）
（参考标准 GB 5009.22—2016 第三法）

（一）准备要求

1. 考场准备

（1）实验室应配有水、电、试验用气体，并配有试验工作台和通风橱。

（2）灯光照明应符合实验要求。

（3）考场场地整洁规范，无干扰，标识明显。

（4）仪器、设备及试验用品准备（表 7.2.25）。

表 7.2.25　仪器、设备及试验用品准备表

序号	名称	规格	数量	备注
1	液相色谱仪，配荧光检测器	C_{18} 柱，柱长 250 mm，内径 4.6 mm，粒径 5 μm，或等效色谱柱	1 套	考核前 2 h 开机稳定
2	电化学柱后衍生器			
3	电子天平	0.01 g	1 台	
4	高速组织粉碎机	1000 r/min		
5	涡旋振荡器		1 台	
6	离心机	12 000 r/min	1 台	
7	氮吹仪		1 台	
8	固相萃取仪		1 台	
9	移液器	10～100 μL 100～1000 μL	各 1 支	
10	玻璃注射器	10 mL	2 支	
11	免疫亲和柱 AFT B_1	柱容量>200 ng	2 只	
12	具塞离心管	50 mL	2 支	
13	玻璃纤维滤纸	直径 11 cm，孔径 1.5 μm	2 张	
14	磷酸盐缓冲溶液		500 mL	预先配制（公用）
15	乙腈-水溶液（84＋16）		500 mL	预先配制（公用）
16	甲酸-水溶液（70＋30）		500 mL	预先配制（公用）
17	乙腈-水溶液（50＋50）		500 mL	预先配制（公用）
18	乙腈-水溶液（10＋90）		500 mL	预先配制（公用）
19	乙腈-甲醇溶液（50＋50）		500 mL	预先配制（公用）
20	1%Triton X-100（或吐温-20）		500 mL	预先配制（公用）
21	AFT B_1 标准溶液	10 μg/mL	10 mL	预先配制（公用）
22	花生油		20 g	
23	废液杯		1 个	
24	检测原始记录			
25	GB 5009.22—2016 第三法　文本			

2. 考生准备

工作服；钢笔或中性笔。

（二）考核内容与要求

1. 考核内容

（1）操作前准备：做好标准溶液配制前的准备工作。

（2）样品前处理：

① 按照 GB 5009.22—2016 中的要求进行试样制备。制备好的试样分装到两个容器中，并贴上标签。

② 按照 GB 5009.22—2016 中的要求进行提取。

③ 按照 GB 5009.22—2016 中的要求进行净化。

（3）样品测定：

① 按照 GB 5009.22—2016 中的要求设置仪器工作条件。

② 按照 GB 5009.22—2016 中的要求绘制标准曲线。

③ 按照 GB 5009.22—2016 中的要求进行样品检测。

④ 填写检测原始记录，并根据检测结果计算添加回收率和精密度。

⑤ 样品做平行试验，精密度按相对相差计算。

⑥ 不做标准曲线，用单点法进行定量。

2. 考核方式

笔试＋现场实际操作。

3. 考核时间

考核时间为 150 min。

4. 考核要求

（1）在规定时间内完成操作，不得损坏仪器设备及试验用具。

（2）原始记录填写规范，计算准确，内容齐全。

（3）考核前统一抽签，按抽签顺序对考生进行考核。

（4）考生须穿工作服进入考场。

（5）若考生出现下列情况，则应及时终止考核，考生该试题成绩记为零分：

① 开机顺序及仪器条件选择严重错误。

② 未对样品进行净化直接进样分析。

③ 损坏仪器设备及配套设备。

（6）本题分值 100 分，其中笔试 10 分，实际操作 90 分。鉴定权重 75%。

5. 考评员要求

（1）人数不得少于 3 人。

（2）熟悉考核规则和评分标准。

（3）提前 15 min 到达考核现场，熟悉考核场所。

（4）按评分标准独立进行评分，不得随意涂改考核记录。

6. 注意事项

（1）提取酱油、醋等液体样品时，加入提取液为纯乙腈或甲醇，确保提取完全。

（2）使用均质器均质提取时，为避免交叉污染，提取下一个样品前需要充分洗涤。

（3）免疫亲和柱的使用方法根据说明书要求使用，注意上样时有机相的比例不宜过高，一般低于 10%。

（4）过免疫亲和柱的液体应澄清、透明，如出现混浊会影响吸附效果，需要过滤或离心后，再过免疫亲和柱。

（5）不同厂家或不同批次的免疫亲和柱使用前一定要验证柱容量和柱回收。回收率≥80%，方可使用。

（6）免疫亲和柱在 2~8 ℃冰箱保存，从冰箱中取出的免疫亲和柱需在室温（25 ℃左右）放置半小时后方可使用。

（7）上样时要控制流速，一般控制流速为 1~3 mL/min，上样完成后，用缓冲液或水淋洗，待淋洗液滴完后，用真空泵抽干水分，使柱子中没有残留溶液，再加入甲醇洗脱。甲醇洗脱速度要慢，可以利用重力过柱。

（8）黄曲霉毒素毒性较强，实验后需用 10%次氯酸钠溶液擦拭被黄曲霉毒素污染的地方，擦拭后停留 10 min，再用水擦拭干净。

（9）所有接触黄曲霉毒素的玻璃器皿，加入 10%次氯酸钠溶液浸泡 24 h 以上，再用清水清洗干净。

（10）其他在检测中需要注意的事项参见【试题 011】豇豆中灭蝇胺残留量的测定——液相色谱法中"6. 注意事项"的相关内容。

7. 原始记录

见表 7.2.15。

8. 笔试题

（1）简述液相色谱仪开机和关机顺序。（5 分）

（2）简述哪种检测器不能用于梯度淋洗。（5 分）

【试题 022】　苹果中钾的测定——火焰原子发射光谱法
（参考标准 GB 5009.91—2017 第一法）

（一）准备要求

1. 考场准备

（1）实验室应配有水、电、试验用气体，并配有试验工作台和通风橱。

（2）灯光照明应符合实验要求。

（3）考场场地整洁规范，无干扰，标识明显。

（4）仪器、设备及试验用品准备（表 7.2.26）。

表 7.2.26　仪器、设备及试验用品准备表

序号	名称	规格	单位	数量	备注
1	原子吸收分光光度计，带火焰原子化器，钾灯		台	1	考核前 0.5 h 开机预热
2	电子天平	0.1 mg	台	1	
3	组织捣碎机		台	1	
4	消解炉/电热板		台	1	可共用
5	玻璃消解管/锥形瓶	50 mL/150 mL	个	3	
6	容量瓶	25 mL	个	3	
7	容量瓶	100 mL	个	6	

续表

序号	名称	规格	单位	数量	备注
8	玻璃棒		根	1	
9	刻度吸量管	10 mL	根	1	
10	刻度吸量管	5 mL	根	1	
11	刻度吸量管	1 mL	根	1	
12	吸耳球		个	1	
13	洗瓶		个	1	
14	称量勺		个	1	
15	滴管		个	1	
16	样品瓶/封口塑料袋装粉碎后的样品		个	2	
17	二级水				
18	硝酸	优级纯	mL	50	
19	高氯酸	优级纯	mL	5	
20	硝酸溶液	5+95	mg/L	600	
21	钾标准溶液	1 mg/L	mg/L	10	
22	氯化铯溶液	50 g/L	mL	10	
23	苹果		kg	2	
24	植物源内部质控样品		g	1	
25	样品瓶 上机进样		个	2	
26	记号笔		支	1	
27	废液杯	500 mL	个	1	
28	标签		个	2	
29	试样制备记录和检测原始记录表格		张	1	
30	GB 5009.91—2017 第一法 文本				
备注	调试原子吸收分光光度计，使其性能达到最优，并确认在方法提供的参数条件下，标准溶液能够得到良好的响应。				

2. 考生准备

工作服；钢笔或中性笔。

（二）考核内容与要求

1. 考核内容

（1）操作前准备：做好标准溶液配制前的准备工作。

（2）样品前处理：

① 试样制备按照 GB 5009.91—2017 中的要求进行。

② 样品消解按照 GB 5009.91—2017 中的要求进行。

（3）样品测定：

① 按照 GB 5009.91—2017 中的要求设置仪器工作条件。

② 按照 GB 5009.91—2017 的要求配制系列标准工作溶液，质量浓度分别为 0 mg/L、

0.5 mg/L、1 mg/L、2 mg/L、3 mg/L 和 4 mg/L。

③ 按照 GB 5009.91—2017 中的要求进行样品测定。

④ 填写检测原始记录，并根据检测结果计算添加回收率和精密度。

⑤ 样品做平行试验，精密度按相对相差计算。

2. 考核方式

笔试＋现场实际操作。

3. 考核时间

考核时间为 180 min。

4. 考核要求

（1）在规定时间内完成操作，不得损坏仪器设备及试验用具。

（2）原始记录填写规范，计算准确，内容齐全。

（3）考核前统一抽签，按抽签顺序对考生进行考核。

（4）考生须穿工作服进入考场。

（5）若考生出现下列情况，则应及时终止考核，考生该试题成绩记为零分：

① 开机顺序及仪器条件选择严重错误。

② 未对样品进行净化直接进样分析。

③ 损坏仪器设备及配套设备。

（6）本题分值 100 分，其中笔试 10 分，实际操作 90 分。鉴定权重 75%。

5. 考评员要求

（1）人数不得少于 3 人。

（2）熟悉考核规则和评分标准。

（3）提前 15 min 到达考核现场，熟悉考核场所。

（4）按评分标准独立进行评分，不得随意涂改考核记录。

6. 注意事项

（1）将样品全部切成 2 cm 左右的小块，充分混匀后用四分法取样进行匀浆。

（2）匀浆后的样品倒入样品盒中，匀浆样品不能倒满。贴上标签，标签内容要齐全，标签不能贴在样品盒盖上。

（3）样品分为试样、留样和备样，贴上标签。干样放在阴凉、通风干燥处保存，鲜样放入－18 ℃以下冰柜中保存。

（4）样品制备完毕后，应清洗制样工具，防止交叉污染。

（5）样品制备后，应及时填写试样制备记录，内容应齐全。

（6）称样前应充分搅匀样品，称量完毕后应及时记录，并填写仪器使用记录。

（7）用吸量管吸取硝酸和高氯酸时，不能将吸量管直接插入原试剂瓶中吸取，应将酸倒出需用的体积，防止污染试剂。

（8）试剂倒出后应立即盖上瓶塞。

（9）样品消解的方法标准中规定的有四种，分别是干灰化法、湿消解法、压力罐消解法和微波消解法，一般试验中常用的是湿消解法和微波消解法。湿消解法适用于鲜样和干样，微波消解法适用于干样。

（10）湿消解法常用的设备有电热板和石墨消解炉，建议使用石墨消解炉，因为石墨消解炉温度较电热板均匀，有利于平行样的测定。

（11）干灰化法操作注意事项：

① 样品在用高温电炉灰化以前，必须先在电热板上低温炭化至无烟（预灰化），然后移入冷的高温电炉中，缓缓升温至预定温度（500～550 ℃），否则样品因燃烧而过热导致金属元素挥发。

② 灰化温度要准确控制，防止温度偏高引起元素损失。

③ 含糖、蛋白质、淀粉较多的样品炭化时会迅速发泡溢出，可加几滴辛醇再进行炭化，以防止碳粒被包裹，灰化不完全。

④ 应保证瓷皿的釉层完好，如使用有蚀痕或部分脱釉的瓷皿灰化试样时，器壁更易吸附金属元素，形成难溶的硅酸盐而导致损失。

⑤ 灰化是否完全通常以灰分的颜色判断。当灰分呈白色或灰白色但不含炭粒，则认为灰化完全。

⑥ 灰化完成后，加酸溶液溶解时应沿坩埚壁加入，防止灰分"飞溅"。

⑦ 灰化完成后样品要溶解，溶解的目的是使被测组分完全进入溶液，因此有时需要通过加热、搅拌来完成溶解。

（12）湿消解法操作注意事项：

① 水分含量高的样品如蔬菜水果，可将称量后的样品容器放入鼓风烘箱中于65～80 ℃烘干，或在电热板、消解炉上用低温烘干后再加入酸，防止冒泡溢出，造成试验失败。

② 开始消解时采用中温加热，防止暴沸、溅失损失。

③ 在消解过程中，如消解溶液颜色变深，应取下冷却到室温后再补加硝酸，不能未冷却就直接加硝酸，否则易引起爆炸。

④ 消解终点时，尽可能让高氯酸冒尽，以减少基体干扰。

（13）压力罐消解法和微波消解法操作注意事项：

① 这两种消解方法适用于干样，如果用于鲜样则样品水分含量高，稀释了酸的浓度，影响消解效果，同时罐的体积有限，不能称取较多的样品。

② 制样罐一般装有机物干样不超过 0.5 g。

③ 消解液总体积不得低于 6 mL，最佳 8 mL，不得超过 10 mL。

④ 消解植物生物样品需加酸过夜。若用硝酸过氧化氢消解，应先加硝酸静置 2 h 后再加过氧化氢并且过夜，以免反应过于剧烈。加完酸若需过夜，可盖上内塞和盖子，但不要拧紧。

⑤ 消解结束后，温度大约 90 ℃，可再等 10～20 min 后取出。取出消解管后的所有步骤需在通风橱内进行，并且做好保护（口罩、眼镜）。

（14）湿消解法、压力罐消解法和微波消解法在消解完成后都必须赶酸，赶酸的目的是：

①　赶酸主要是为了降低样品溶液中的酸浓度，让酸浓度达到与标准溶液酸度接近，最终在上机分析时达到一个理想的环境；

②　赶酸还有一个目的就是降低酸度的同时能起到对仪器设备进行保护的作用，酸度太高会直接或者间接地影响仪器的使用寿命；

③　如果不进行赶酸会导致溶液酸度太大对石墨管造成影响；

④　如果消解液中有氢氟酸，不赶尽会对玻璃器皿（如仪器的雾化器）产生腐蚀。

（15）消解后定容时，一定使用漏斗架，防止容量瓶倒伏。

（16）如果使用干灰化溶液有残渣时，要使用定量滤纸进行过滤。

（17）定容时，要用少量二级水冲容量瓶内壁（二级水用量以不大于 5 mL 为宜）。

（18）加二级水至总体积 1/2 处（约到容量瓶肚 3/4），平摇（注意平摇时不要盖容量瓶塞）。

（19）继续加二级水至容量瓶刻度线下约 1 cm 处，静置 30 s，待瓶口处二级水全部下落，用滴管吸取二级水调节至刻度线止。

（20）盖塞，摇匀溶液，上下颠倒 10 次，每次停留 10 s。

（21）元素测定时需要按照标准给出的质量浓度范围配制标准曲线，如果超出该范围，需要进行确认该曲线是否为线性。标准曲线的相关系数应大于 0.997。

（22）元素灯要预热 30 min，灯电流由低慢慢升至适宜值，防止突然升高，造成阴极溅射。确保发光平稳后再用于测定。

（23）元素测定时最关键的是做到基体匹配，以消除干扰。但在实际检测中很难做到标准曲线的基体与样品完全一致，能控制的也就是酸的浓度。因此配制标准曲线时，酸的浓度应与样品定容酸的浓度尽量一致。

（24）在配制标准曲线时，要使用吸量管吸取标准溶液，不能使用移液器。

（25）标准曲线配制后要进行反算，有时标准曲线的相关系数很好，但曲线不一定适用。如镉的曲线 $R=0.9999$，反算结果准确，$<5\%$，合适；铬的曲线 $R=0.9997$，反算结果误差大，$18\%\sim44\%$，不合适。反算的方法是将一定质量浓度的标准溶液用标准曲线测定，检查测定结果与输入的标准溶液值的差异。

（26）火焰法测定元素时，进样方式是通过真空将液体吸入到原子化器中，因此吸管插入被测液体的深度每次要一致，否则会对检测结果产生影响。

（27）检测完毕后，及时填写检测原始记录和仪器使用记录，填写的信息要全。在填写检测原始记录时，要注意所用量器的有效数位，根据有效数字的运算规定进行结果计算，并根据标准的要求计算精密度（相对相差）。

（28）检测结果的有效数位一定应与标准规定的一致。

（29）当检测结果为"未检出"时，报结果为"未检出"，同时写出小于方法检出限（将方法检出限数值写出）；当检测结果大于方法检出限但小于方法定量限时，报定性检出，同时写出方法定量限数值；当检测结果大于方法定量限时，才能报出检测值。

（30）所有样品前处理操作除称量外，都应该在通风橱内进行。

（31）在日常的检测工作中，根据国家标准的要求，每 20 个样品为一个检测批次，需要做一个质控样，质控样只做一个。元素测定的质控一般使用标准物质，如果标准物质的检测结果在标准值的范围内，该批次样品的结果是可信的。

（32）其他在检测中需要注意的问题，见第三章第四节中"十、原子吸收分析常见问题及克服方法"。

（33）原子吸收分光光度计在使用中需要注意的问题，见第三章第四节中"十四、原子吸收分光光度法使用注意事项"。

7. 原始记录

钾测定原始记录见表 7.2.27。

表 7.2.27　钾测定原始记录

考生编号：

样品名称		样品状态		标准溶液编号	
检测地点		室温 $t/℃$		相对湿度/%	
检测依据			检测日期		
仪器名称、编号	电子天平		原子吸收分光光度计（火焰）		
波长 λ/nm		狭缝宽度 l/mm		灯电流 I/mA	
燃烧头高度 h/mm		空气流量/（L/min）		乙炔气流量/（L/min）	
定容体积 V_1/mL					

样品编号	样品质量 m/g	标准曲线查得样品质量浓度 $\rho/(\mu g/L)$	含量 $\omega/(mg/kg)$	平均值 $\omega/(mg/kg)$	相对相差

空白值 $\rho_0/(\mu g/L)$	
线性方程及相关系数	
方法允许精密度	
计算公式	$\omega=\dfrac{(\rho-\rho_0)\times V}{m\times 1000}$
备注	当取样量为 0.5 g，定容体积为 25 mL 时，本方法的检出限为 0.5 mg/kg，定量限为 1.5 mg/kg。

考核人：　　　　　　　　　　　　　　　　　　　　　　　年　月　日

8. 笔试题

（1）简述原子吸收分光光度计开机和关机的操作过程。（5 分）

（2）简述用标准曲线计算时需要注意的问题。（5 分）

【试题 023】　保健品中钙的测定——火焰原子吸收光谱法
（参考标准 GB 5009.92—2016 第一法）

（一）准备要求

1. 考场准备

（1）实验室应配有水、电、试验用气体，并配有试验工作台和通风橱。

（2）灯光照明应符合实验要求。

（3）考场场地整洁规范，无干扰，标识明显。

（4）仪器、设备及试验用品准备（表7.2.28）。

表 7.2.28　仪器、设备及试验用品准备表

序号	名称	规格	单位	数量	备注
1	原子吸收分光光度计，带火焰原子化器，钙灯		台	1	考核前 0.5 h 开机预热
2	电子天平	0.1 mg	台	1	
3	组织捣碎机		台	1	
4	消解炉/电热板		台	1	可共用
5	玻璃消解管/锥形瓶	50 mL/150 mL	个	3	
6	容量瓶	25 mL	个	3	
7	容量瓶	100 mL	个	6	
8	玻璃棒		根	1	
9	刻度吸量管	10 mL	根	1	
10	刻度吸量管	5 mL	根	1	
11	刻度吸量管	1 mL	根	1	
12	吸耳球		个	1	
13	洗瓶		个	1	
14	称量勺		个	1	
15	滴管		个	1	
16	样品瓶/封口塑料袋装粉碎后的样品		个	2	
17	二级水				
18	硝酸	优级纯	mL	50	
19	高氯酸	优级纯	mL	5	
20	硝酸溶液	5＋95	mg/L	600	
21	钙标准溶液	1 mg/L	mg/L	10	
22	镧溶液	20 g/L	mL	10	
23	保健品		g	100	
24	植物源内部质控样品		g	1	
25	样品瓶 上机进样		个	2	
26	记号笔		支	1	
27	废液杯	500 mL	个	1	
28	标签		个	2	
29	试样制备记录和检测原始记录表格		张	1	
30	GB 5009.92—2016 第一法 文本				
备注	调试原子吸收分光光度计，使其性能达到最优，并确认在方法提供的参数条件下，标准溶液能够得到良好的响应。				

2. 考生准备

工作服；钢笔或中性笔。

（二）考核内容与要求

1. 考核内容

（1）操作前准备：做好标准溶液配制前的准备工作。

（2）样品前处理：

① 试样制备按照 GB 5009.92—2016 中的要求进行。

② 样品消解按照 GB 5009.92—2016 中的要求进行。

（3）样品测定：

① 按照 GB 5009.92—2016 中的要求设置仪器工作条件。

② 按照 GB 5009.92—2016 的要求配制系列标准工作溶液,质量浓度分别为 0 mg/L、0.5 mg/L、1 mg/L、2 mg/L、4 mg/L 和 6 mg/L。

③ 按照 GB 5009.92—2016 中的要求进行样品测定。

④ 填写检测原始记录,并根据检测结果计算添加回收率和精密度。

⑤ 样品做平行试验,精密度按相对相差计算。

2. 考核方式

笔试＋现场实际操作。

3. 考核时间

考核时间为 180 min。

4. 考核要求

（1）在规定时间内完成操作,不得损坏仪器设备及试验用具。

（2）原始记录填写规范,计算准确,内容齐全。

（3）考核前统一抽签,按抽签顺序对考生进行考核。

（4）考生须穿工作服进入考场。

（5）若考生出现下列情况,则应及时终止考核,考生该试题成绩记为零分:

① 开机顺序及仪器条件选择严重错误。

② 未对样品进行净化直接进样分析。

③ 损坏仪器设备及配套设备。

（6）本题分值 100 分,其中笔试 10 分,实际操作 90 分。鉴定权重 75%。

5. 考评员要求

（1）人数不得少于 3 人。

（2）熟悉考核规则和评分标准。

（3）提前 15 min 到达考核现场,熟悉考核场所。

（4）按评分标准独立进行评分,不得随意涂改考核记录。

6. 注意事项

（1）将样品充分混匀后用四分法取样进行粉碎。

（2）粉碎后的样品倒入样品盒中，贴上标签，标签内容要齐全，标签不能贴在样品盒盖上。

（3）样品分为试样、留样和备样，贴上标签，放入 5 ℃左右冷藏箱中保存。

（4）样品制备完毕后，应清洗制样工具，防止交叉污染。

（5）样品制备后，应及时填写试样制备记录，内容应齐全。

（6）可根据本单位仪器的灵敏度和实际测定样品钙的含量确定标准曲线的质量浓度，但要注意的是钙的标准曲线范围较窄，自行确定后要确认是否为线性，相关系数是否能达到要求。

（7）样品中钙含量高时需要对样品进行稀释，但稀释后的溶液中镧的质量浓度要达到 1 g/L，与标准系列溶液中镧的质量浓度一致。

（8）其他注意事项见【试题 022】苹果中钾的测定——火焰原子发射光谱法中"6. 注意事项"的相关内容。

7. 原始记录

见表 7.2.27。

8. 笔试题

（1）简述原子吸收分光光度计开机和关机的操作过程。（5 分）

（2）简述用标准曲线计算时需注意的问题。（5 分）

【试题 024】 奶粉中铜的测定——火焰原子吸收光谱法
（参考标准 GB 5009.13—2017 第二法）

（一）准备要求

1. 考场准备

（1）实验室应配有水、电、试验用气体，并配有试验工作台和通风橱。

（2）灯光照明应符合实验要求。

（3）考场场地整洁规范，无干扰，标识明显。

（4）仪器、设备及试验用品准备（表 7.2.29）。

表 7.2.29 仪器、设备及试验用品准备表

序号	名称	规格	单位	数量	备注
1	原子吸收分光光度计，带火焰原子化器，铜灯		台	1	考核前 0.5 h 开机预热
2	电子天平	0.1 mg	台	1	
3	组织捣碎机		台	1	
4	消解炉/电热板		台	1	可共用
5	玻璃消解管/锥形瓶	50 mL/150 mL	个	3	
6	容量瓶	25 mL	个	3	
7	容量瓶	100 mL	个	6	
8	玻璃棒		根	1	

续表

序号	名称	规格	单位	数量	备注
9	刻度吸量管	10 mL	根	1	
10	刻度吸量管	5 mL	根	1	
11	刻度吸量管	1 mL	根	1	
12	吸耳球		个	1	
13	洗瓶		个	1	
14	称量勺		个	1	
15	滴管		个	1	
16	样品瓶/封口塑料袋装粉碎后的样品		个	2	
17	二级水				
18	硝酸	优级纯	mL	50	
19	高氯酸	优级纯	mL	5	
20	硝酸溶液	5＋95	mg/L	600	
21	铜标准溶液	1 mg/L	mg/L	10	
22	奶粉		尾	1	
23	植物源内部质控样品		g	1	
24	样品瓶 上机进样		个	2	
25	记号笔		支	1	
26	废液杯	500 mL	个	1	
27	标签		个	2	
28	试样制备记录和检测原始记录表格		张	1	
29	GB 5009.13—2017 第二法　文本				
备注	调试原子吸收分光光度计，使其性能达到最优，并确认在方法提供的参数条件下，标准溶液能够得到良好的响应。				

2. 考生准备

工作服；钢笔或中性笔。

（二）考核内容与要求

1. 考核内容

（1）操作前准备：做好标准溶液配制前的准备工作。

（2）样品前处理：

① 试样制备按照 GB 5009.13—2017 中的要求进行。

② 样品消解按照 GB 5009.13—2017 中的要求进行。

（3）样品测定：

① 按照 GB 5009.13—2017 中的要求设置仪器工作条件。

② 按照 GB 5009.13—2017 中的要求进行标准工作曲线制作。

③ 按照 GB 5009.13—2017 中的要求进行样品测定。

④ 填写检测原始记录，并根据检测结果计算添加回收率和精密度。

⑤ 样品做平行试验，精密度按相对相差计算。

2. 考核方式

笔试＋现场实际操作。

3. 考核时间

考核时间为 180 min。

4. 考核要求

（1）在规定时间内完成操作，不得损坏仪器设备及试验用具。

（2）原始记录填写规范，计算准确，内容齐全。

（3）考核前统一抽签，按抽签顺序对考生进行考核。

（4）考生须穿工作服进入考场。

（5）若考生出现下列情况，则应及时终止考核，考生该试题成绩记为零分：

① 开机顺序及仪器条件选择严重错误。

② 未对样品进行净化直接进样分析。

③ 损坏仪器设备及配套设备。

（6）本题分值 100 分，其中笔试 10 分，实际操作 90 分。鉴定权重 75%。

5. 考评员要求

（1）人数不得少于 3 人。

（2）熟悉考核规则和评分标准。

（3）提前 15 min 到达考核现场，熟悉考核场所。

（4）按评分标准独立进行评分，不得随意涂改考核记录。

6. 注意事项

注意事项见【试题 022】苹果中钾的测定——火焰原子发射光谱法中"6. 注意事项"的相关内容。

7. 原始记录

见表 7.2.27。

8. 笔试题

（1）简述原子吸收分光光度计开机和关机的操作过程。（5 分）

（2）简述用标准曲线计算时注意的问题。（5 分）

【试题 025】　酱油中钠的测定——火焰原子吸收光谱法
（参考标准 GB 5009.91—2017 第一法）

（一）准备要求

1. 考场准备

（1）实验室应配有水、电、试验用气体，并配有试验工作台和通风橱。

（2）灯光照明应符合实验要求。

（3）考场场地整洁规范，无干扰，标识明显。

（4）仪器、设备及试验用品准备（表 7.2.30）。

表 7.2.30　仪器、设备及试验用品准备表

序号	名称	规格	单位	数量	备注
1	原子吸收分光光度计，带火焰原子化器，钙灯		台	1	考核前 0.5 h 开机预热
2	电子天平	0.1 mg	台	1	
3	组织捣碎机		台	1	
4	消解炉/电热板		台	1	可共用
5	玻璃消解管/锥形瓶	50 mL/150 mL	个	3	
6	容量瓶	25 mL	个	3	
7	容量瓶	100 mL	个	6	
8	玻璃棒		根	1	
9	刻度吸量管	10 mL	根	1	
10	刻度吸量管	5 mL	根	1	
11	刻度吸量管	1 mL	根	1	
12	吸耳球		个	1	
13	洗瓶		个	1	
14	称量勺		个	1	
15	滴管		个	1	
16	样品瓶/封口塑料袋装粉碎后的样品		个	2	
17	二级水				
18	硝酸	优级纯	mL	50	
19	高氯酸	优级纯	mL	5	
20	硝酸溶液	5+95	mg/L	600	
21	钠标准溶液	1 mg/L	mg/L	10	
22	氯化铯溶液	50 g/L	mL	10	
23	酱油		kg	2	
24	植物源内部质控样品		g	1	
25	样品瓶 上机进样		个	2	
26	记号笔		支	1	
27	废液杯	500 mL	个	1	
28	标签		个	2	
29	试样制备记录和检测原始记录表格		张	1	
30	GB 5009.91—2017 第一法 文本				
备注	调试原子吸收分光光度计，使其性能达到最优，并确认在方法提供的参数条件下，标准溶液能够得到良好的响应。				

2. 考生准备

工作服；钢笔或中性笔。

（二）考核内容与要求

1. 考核内容

（1）操作前准备：做好标准溶液配制前的准备工作。

（2）样品前处理：

① 试样制备按照 GB 5009.91—2017 中的要求进行。

② 样品消解按照 GB 5009.91—2017 中的要求进行。

（3）样品测定：

① 按照 GB 5009.91—2017 中的要求设置仪器工作条件。

② 按照 GB 5009.91—2017 中的要求配制系列标准工作溶液，质量浓度分别为 0 mg/L、0.5 mg/L、1 mg/L、2 mg/L、3 mg/L 和 4 mg/L。

③ 按照 GB 5009.91—2017 中的要求进行样品测定。

④ 填写检测原始记录，并根据检测结果计算添加回收率和精密度。

⑤ 样品做平行试验，精密度按相对相差计算。

2. 考核方式

笔试＋现场实际操作。

3. 考核时间

考核时间为 180 min。

4. 考核要求

（1）在规定时间内完成操作，不得损坏仪器设备及试验用具。

（2）原始记录填写规范，计算准确，内容齐全。

（3）考核前统一抽签，按抽签顺序对考生进行考核。

（4）考生须穿工作服进入考场。

（5）若考生出现下列情况，则应及时终止考核，考生该试题成绩记为零分：

① 开机顺序及仪器条件选择严重错误。

② 未对样品进行净化直接进样分析。

③ 损坏仪器设备及配套设备。

（6）本题分值 100 分，其中笔试 10 分，实际操作 90 分。鉴定权重 75%。

5. 考评员要求

（1）人数不得少于 3 人。

（2）熟悉考核规则和评分标准。

（3）提前 15 min 到达考核现场，熟悉考核场所。

（4）按评分标准独立进行评分，不得随意涂改考核记录。

6. 注意事项

（1）将样品摇匀。

（2）酱油液体样品采用称量方式。

（3）消解前，最好将样品水分去除，避免加酸后气泡溢出。

（4）其他注意事项见【试题 022】苹果中钾的测定——火焰原子发射光谱法中"6. 注意事项"的相关内容。

7. 原始记录

见表 7.2.27。

8. 笔试题

（1）简述原子吸收分光光度计开机和关机的操作过程。（5 分）

（2）简述火焰观测高度分为几个区域，各适用于哪些元素。（5 分）

【试题 026】　猪肉中铅的测定——石墨炉原子吸收光谱法
（参考标准 GB 5009.12—2023 第一法）

（一）准备要求

1. 考场准备

（1）实验室应配有水、电、试验用气体，并配有试验工作台和通风橱。

（2）灯光照明应符合实验要求。

（3）考场场地整洁规范，无干扰，标识明显。

（4）仪器、设备及试验用品准备（表 7.2.31）。

表 7.2.31　仪器、设备及试验用品准备表

序号	名称	规格	单位	数量	备注
1	原子吸收分光光度计，石墨炉原子化器，铅灯		台	1	考核前 0.5 h 开机预热
2	电子天平	0.1 mg	台	1	
3	组织捣碎机		台	1	
4	消解炉/电热板		台	1	可共用
5	消解管/锥形瓶	50 mL/150 mL	个	3	
6	容量瓶	25 mL	个	3	
7	容量瓶	100 mL	个	6	
8	玻璃棒		根	1	
9	刻度吸量管	10 mL	根	1	
10	刻度吸量管	1 mL	根	1	
11	吸耳球		个	1	
12	洗瓶		个	1	
13	称量勺		个	1	
14	滴管		个	1	

续表

序号	名称	规格	单位	数量	备注
15	样品瓶/封口塑料袋装粉碎后的样品		个	2	
16	二级水				
17	硝酸	优级纯	mL	50	
18	高氯酸	优级纯	mL	5	
19	硝酸溶液	5+95	mg/L	500	
20	硝酸溶液	1+9	mg/L	500	
21	硝酸溶液	1+99	mg/L	500	
22	磷酸二氢铵-硝酸钯溶液				
23	铅标准溶液	1 mg/L	mg/L	10	
24	猪肉		g	300	
25	动物源内部质控样品		g	1	
26	样品瓶 上机进样		个	2	
27	记号笔		支	1	
28	废液杯	500 mL	个	1	
29	标签		个	2	
30	试样制备记录和检测原始记录表格		张	1	
31	GB 5009.12—2023 第一法 文本				
备注	调试原子吸收分光光度计，使其性能达到最优，并确认在方法提供的参数条件下，标准溶液能够得到良好的响应。				

2. 考生准备

工作服；钢笔或中性笔。

（二）考核内容与要求

1. 考核内容

（1）操作前准备：做好标准溶液配制前的准备工作。

（2）样品前处理：

① 试样制备按照 GB 5009.12—2023 中的要求进行。

② 样品消解按照 GB 5009.12—2023 中的要求进行。

（3）样品测定：

① 按照 GB 5009.12—2023 中的要求设置仪器工作条件。

② 按照 GB 5009.12—2023 中的要求配制系列标准工作溶液，质量浓度分别为 0 μg/L、5.0 μg/L、10.0 μg/L、20.0 μg/L、30.0 μg/L 和 40.0 μg/L。

③ 按照 GB 5009.12—2023 中的要求进行样品测定。

④ 填写检测原始记录，并根据检测结果计算添加回收率和精密度。

⑤ 样品做平行试验，精密度按相对相差计算。

2. 考核方式

笔试＋现场实际操作。

3. 考核时间

考核时间为 180 min。

4. 考核要求

（1）在规定时间内完成操作，不得损坏仪器设备及试验用具。

（2）原始记录填写规范，计算准确，内容齐全。

（3）考核前统一抽签，按抽签顺序对考生进行考核。

（4）考生须穿工作服进入考场。

（5）若考生出现下列情况，则应及时终止考核，考生该试题成绩记为零分：

① 开机顺序及仪器条件选择严重错误。

② 未对样品进行净化直接进样分析。

③ 损坏仪器设备及配套设备。

（6）本题分值 100 分，其中笔试 10 分，实际操作 90 分。鉴定权重 75%。

5. 考评员要求

（1）人数不得少于 3 人。

（2）熟悉考核规则和评分标准。

（3）提前 15 min 到达考核现场，熟悉考核场所。

（4）按评分标准独立进行评分，不得随意涂改考核记录。

6. 注意事项

（1）铅是易挥发元素，因此消解方法不能采用干灰化法。

（2）由于元素测定时消解器皿易引起污染，特别是铅的测定，因此在消化前要对所用器皿进行酸洗，如所用容器用硝酸溶液（1+4）浸泡过夜或加热清洗。由于硝酸属于易制爆试剂，国家控制很严，且用硝酸溶液浸泡或清洗用量较大，因此目前用于植物性样品可以用一次性的聚丙烯塑料管进行消化（图 7.2.4）。耐高温的聚丙烯

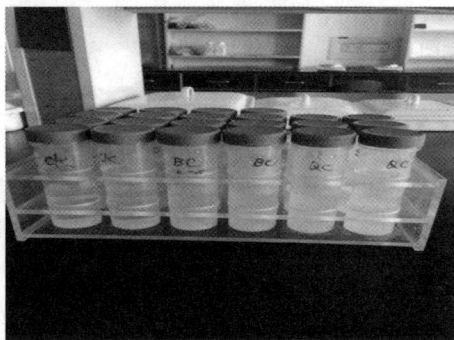

图 7.2.4　用聚丙烯塑料管进行消化

塑料管耐热温度一般在 130~140 ℃。一般消解温度不超过 130 ℃即可，可以很好地对植物性样品进行消化。由于是一次性使用，省去了使用后清洗的步骤，节省了酸和人工。

（3）铅测定时环境、器皿等会造成污染，因此要特别注意防护。

（4）消解后定容时，一定使用漏斗架，防止容量瓶倒伏。

（5）如果使用干灰化溶液有残渣时，要使用定量滤纸进行过滤。

（6）定容时，要用少量一级水冲容量瓶内壁（一级水用量以不大于 5 mL 为宜）。

（7）加一级水至总体积 1/2 处（约到容量瓶肚 3/4），平摇（注意平摇时不要盖容量瓶塞）。

（8）继续加一级水至容量瓶刻度线下约 1 cm 处，静置 30 s，待瓶口处一级水全部下

落，用滴管吸取一级水调节至刻度线止。

（9）盖塞，摇匀溶液，上下颠倒 10 次，每次停留 10 s。

（10）选择适宜的石墨炉升温程序，保证样品反应完全。

（11）基体匹配：标准系列的配制与样品消化液的介质保持基本一致，以减少物理干扰和部分化学干扰。

（12）使用石墨炉时，样品注入的位置要保持一致，减少误差。工作时，冷却水的压力与惰性气流的流速应稳定。

（13）进样量为 15～20 μL 时，建议进样深度为离石墨管内壁底部三分之一左右。

（14）石墨管的使用寿命为几百次，当石墨管变形、响应值降低或涂层爆皮时应及时更换。

（15）石墨炉升温程序参照标准中给出的设定，也可以按照本单位仪器的特点进行调整，以达到最佳的优化条件。

（16）实验室的温度、湿度、空气中的悬浮微粒含量等不符合要求，将影响实验条件及仪器性能，从而影响样品的分析结果：

① 仪器室应避免阳光直射或受空调机的影响；

② 仪器应装在远离窗户或风口处；

③ 地板上、仪器周围或操作室内的尘土应用适当方式清扫干净并保持整洁；

④ 应避免含目标元素的物质（或粉尘）在操作室内弥散；

⑤ 外界吹入的风可能携入污染杂质。若空气中的尘土（常含有 Na、K、Ca、Mg、Fe、Zn、Pb、Cu、Cd、Si 和 Al）落入试样溶液或黏附在移液管尖上再被带入溶液都会引起污染造成测量误差。

（17）铅的测定所用消解液为硝酸，每批次硝酸在使用前应进行验证，以保证不会对检测结果产生影响。如果硝酸中杂质含量过高，影响到检测结果，需要使用酸纯化器对硝酸进行纯化。一般在使用石墨炉和 ICP-MS 测定时，都需要对硝酸进行纯化。

（18）纯化后硝酸的验收标准一般为按照标准的规定做试剂空白，检测结果应小于方法检出限。

（19）其他注意事项见【试题 022】苹果中钾的测定——火焰原子发射光谱法中"6. 注意事项"的相关内容。

7. 原始记录

铅测定原始记录见表 7.2.32。

表 7.2.32　铅测定原始记录

考生编号：

样品名称		样品状态		标准溶液编号	
检测地点		室温 t/℃		相对湿度/%	
检测依据	GB 5009.12—2023 第一法		检测日期		
仪器名称、编号	电子天平		原子吸收分光光度计（石墨炉）		

续表

波长 λ/nm		狭缝宽度 l/mm		灯电流 I/mA	
干燥温度 $t/℃$		灰化温度 $t/℃$		原子化温度 $t/℃$	
定容体积 V_1/mL					

样品编号	样品质量 m/g	标准曲线查得样品质量浓度 $\rho/(\mu g/L)$	含量 $\omega/(mg/kg)$	平均值 $\omega/(mg/kg)$	精密度/%

空白值 $\rho_0/(\mu g/L)$	
线性方程及相关系数	
方法允许精密度	试样中铅含量>1 mg/kg（mg/L）时，相对相差≤10%： 0.1 mg/kg<试样中铅含量≤1 mg/kg 时，相对相差≤15%； 试样中铅含量≤0.1 mg/kg 时，相对相差≤20%。
计算公式	$\omega=\dfrac{(\rho-\rho_0)\times V}{m\times 1000}$
备注	当取样量为 0.5 g，定容体积为 10 mL 时，本方法的检出限为 0.02 mg/kg，定量限为 0.04 mg/kg。

考核人：　　　　　　　　　　　　　　　　　　　　　　　　　　　　年　月　日

8. 笔试题

（1）简述原子吸收分光光度计开机和关机的操作过程。（5分）

（2）简述用石墨炉检测时空白值偏高的原因和解决的方法。（5分）

【试题 027】　玉米中镉的测定——石墨炉原子吸收光谱法

（参考标准 GB 5009.15—2023 第一法）

（一）准备要求

1. 考场准备

（1）实验室应配有水、电、试验用气体，并配有试验工作台和通风橱。

（2）灯光照明应符合实验要求。

（3）考场场地整洁规范，无干扰，标识明显。

（4）仪器、设备及试验用品准备（表 7.2.33）。

表 7.2.33　仪器、设备及试验用品准备表

序号	名称	规格	单位	数量	备注
1	原子吸收分光光度计，石墨炉原子化器，镉灯		台	1	考核前 0.5 h 开机预热
2	电子天平	0.1 mg	台	1	
3	称量纸		张	1	
4	不锈钢样品粉碎机		台	1	
5	刷子		个	1	
6	消解炉/电热板		台	1	可共用
7	玻璃消解管/锥形瓶	50 mL/150 mL	个	3	

续表

序号	名称	规格	单位	数量	备注
8	容量瓶	25 mL	个	3	
9	容量瓶	100 mL	个	6	
10	玻璃棒		根	1	
11	刻度吸量管	10 mL	根	1	
12	刻度吸量管	1 mL	根	1	
13	吸耳球		个	1	
14	洗瓶		个	1	
15	称量勺		个	1	
16	滴管		个	1	
17	样品瓶/封口塑料袋装粉碎后的样品		个	2	
18	二级水				
19	硝酸	优级纯	mL	50	
20	高氯酸	优级纯	mL	5	
21	硝酸溶液	5＋95	mg/L	600	
22	镉标准溶液	1 mg/L	mg/L	10	
23	玉米		g	300	
24	植物内部质控样品		g	1	
25	样品瓶 上机进样		个	2	
26	记号笔		支	1	
27	废液杯	500 mL	个	1	
28	标签		个	2	
29	试样制备记录和检测原始记录表格		张	1	
30	GB 5009.15—2023 第一法 文本				
备注	调试原子吸收分光光度计，使其性能达到最优，并确认在方法提供的参数条件下，标准溶液能够得到良好的响应。				

2. 考生准备

工作服；钢笔或中性笔。

（二）考核内容与要求

1. 考核内容

（1）操作前准备：做好标准溶液配制前的准备工作。

（2）样品前处理：

① 试样制备按照 GB 5009.15—2023 中的要求进行。

② 样品消解按照 GB 5009.15—2023 中的要求进行。

（3）样品测定：

① 按照 GB 5009.15—2023 中的要求设置仪器工作条件。

② 按照 GB 5009.15—2023 中的要求进行标准工作曲线的制作。

③ 按照 GB 5009.15—2023 中 5.3 的要求进行样品测定。

④ 填写检测原始记录，并根据检测结果计算添加回收率和精密度。

⑤ 样品做平行试验，精密度按相对相差计算。

2. 考核方式

笔试＋现场实际操作。

3. 考核时间

考核时间为 180 min。

4. 考核要求

（1）在规定时间内完成操作，不得损坏仪器设备及试验用具。

（2）原始记录填写规范，计算准确，内容齐全。

（3）考核前统一抽签，按抽签顺序对考生进行考核。

（4）考生须穿工作服进入考场。

（5）若考生出现下列情况，则应及时终止考核，考生该试题成绩记为零分：

① 开机顺序及仪器条件选择严重错误。

② 未对样品进行净化直接进样分析。

③ 损坏仪器设备及配套设备。

（6）本题分值 100 分，其中笔试 10 分，实际操作 90 分。鉴定权重 75%。

5. 考评员要求

（1）人数不得少于 3 人。

（2）熟悉考核规则和评分标准。

（3）提前 15 min 到达考核现场，熟悉考核场所。

（4）按评分标准独立进行评分，不得随意涂改考核记录。

6. 注意事项

（1）元素检测前应对样品进行清洗，先用自来水冲洗，再用二级水冲洗，最后晾干、烘干或擦干。

（2）玉米在收获和运输过程中，沾上许多灰尘，影响检测结果的准确性，因此需要进行清洗。

（3）玉米样品放在尼龙筛中，首先用自来水冲洗，再用二级水冲洗，冲洗后放在塑料或木质盘中，放入烘箱中在 80 ℃ 左右的温度下烘干。

（4）烘干的样品用组织粉碎机进行粉碎，粉碎的样品要全部通过 0.425 mm 的尼龙筛。

（5）注意如果是测定铬和镍元素，不能用不锈钢粉碎机，因为不锈钢主要成分是铁、铬和镍，如果用不锈钢粉碎机进行处理，样品会被污染，建议使用钛合金的粉碎机。

（6）镉的消解有干灰化法、湿消解法、压力罐消解法和微波消解法四种方法，镉的消解建议使用湿消解法和微波消解法。

（7）其他注意事项见【试题 026】猪肉中铅的测定——石墨炉原子吸收光谱法中"6. 注意事项"的相关内容。

7. 原始记录

见表 7.2.32。

8. 笔试题

（1）简述原子吸收分光光度计开机和关机的操作过程。（5 分）

（2）简述克服化学干扰的方法。（5 分）

【试题 028】 固体饮料中霉菌和酵母计数
（参考标准 GB 4789.15—2016）

（一）准备要求

1. 考场准备

（1）实验室应配有水、电、试验用气体，并配有试验工作台和超净工作台。

（2）灯光照明应符合实验要求。

（3）考场场地整洁规范，无干扰，标识明显。

（4）仪器、设备及试验用品准备（表 7.2.34）。

表 7.2.34　仪器、设备及试验用品准备表

序号	名称	规格	单位	数量	备注
1	洁净工作台	洁净度：百级	台	1	
2	电子天平	0.1 g	台	1	
3	不锈钢镊子		个	1	
4	试管架	40 孔	个	1	
5	刻度移液管	1 mL（具 0.01 mL 刻度）	根	4	已灭菌
6	剪刀或开瓶器		个	1	
7	涡旋振荡器		台	1	
8	放大镜或显微镜		台	1	
9	酒精灯		个	1	
10	培养皿	90 mm	个	8	已灭菌
11	吸耳球		个	1	
12	记号笔		支	1	
13	废液杯	1000 mL	个	1	
14	白大褂		件	1	
15	一次性防护手套		双	1	
16	医用防护口罩		只	1	
17	恒温水浴锅		台	1	
18	普通废物垃圾桶	40 L	个	1	
19	医疗废物垃圾桶	40 L	个	1	
20	恒温培养箱		台	1	
21	称量勺		个	1	
22	含 75%酒精棉球		瓶	1	

续表

序号	名称	规格	单位	数量	备注
23	含 75%酒精喷壶	500 mL	个	1	
24	内装生理盐水的锥形瓶	225 mL	瓶	1	已灭菌
25	内装生理盐水的试管	9 mL	支	3	已灭菌
26	内装马铃薯葡萄糖琼脂的锥形瓶	200 mL	瓶	1	已灭菌
27	马铃薯-葡萄糖-琼脂平板	90 mm	个	8	按 GB 4789.15—2016 方法 已培养 5 d
28	仪器使用原始记录		份	1	
29	固体饮料	100 g	瓶	1	待检样品
30	检测原始记录				
31	GB 4789.15—2016 文本				

2. 考生准备

工作服；钢笔或中性笔。

（二）考核内容与要求

1. 考核内容

（1）操作前准备：做好标准溶液配制前的准备工作。

（2）操作过程：

① 根据考场提供的 1 份固体饮料样品、相关试剂、培养基、灭菌器具及耗材，完成移取合适的样品量进行稀释，选取 3 个稀释度（10^{-1}、10^{-2}、10^{-3}）接种平皿等操作。

② 根据考场提供的平板，对平板上菌落生长情况进行统计，记录原始数据，报告检验结果。

③ 在笔试中写出食品中霉菌和酵母计数的检测程序。

2. 考核方式

笔试＋现场实际操作。

3. 考核时间

考核时间为 50 min。

4. 考核要求

（1）在规定时间内完成操作，不得损坏仪器设备及试验用具。

（2）原始记录填写规范，计算准确，内容齐全。

（3）考核前统一抽签，按抽签顺序对考生进行考核。

（4）考生须穿工作服进入考场。

（5）若考生出现下列情况，则应及时终止考核，考生该试题成绩记为零分：

① 在笔试中抄袭他人记录。

② 在操作中损坏关键玻璃器皿。

（6）本题分值 100 分，其中笔试 20 分，实际操作 80 分。鉴定权重 75%。

5．考评员要求

（1）人数不得少于 3 人。

（2）熟悉考核规则和评分标准。

（3）提前 15 min 到达考核现场，熟悉考核场所。

（4）按评分标准独立进行评分，不得随意涂改考核记录。

6．注意事项

（1）样品取样时一定要注意避免污染。如果同时有微生物和其他指标样品，应先取微生物样品后，再取其他指标的样品。

（2）所用的玻璃器皿、枪头等均应消毒处理。

（3）样品加入无菌稀释液后要充分振荡，使提取完全。

（4）样品稀释时用无菌吸管反复吹吸或利用涡旋仪充分混匀。

（5）铺平板时为避免凝固，需将培养基置于（46±1）℃水浴中保温，避免使用电热板或电炉加热，避免温度过高。

（6）根据样品污染情况选择 2～3 个稀释度的样品进行培养。样品稀释液加入平板后，将培养基加入平板中，转动培养皿使样品与培养基混合均匀，放置在水平台面上待琼脂凝固。

（7）霉菌和酵母菌的培养温度为（28±1）℃，恒温培养箱进行仪器计量校准时应注意温度，如有校正因子要进行应用。

（8）菌落数按"四舍五入"原则修约，菌落数在 10 以内的，采用一位有效数字报告，在 10～100 的，采用两位有效数字报告，大于或等于 100 时，前 3 位修约后，取前 2 位有效数字，后面用 0 代替位数表示结果，也可以用 10 的指数形式表示，采用两位有效数字。

（9）测定样品同时需要做 2 个无菌稀释液空白，如空白对照平板有菌落出现，结果无效。

（10）培养过程中每天应观察培养箱的温度计菌落生长状况，记录培养至 5 d 的结果。

（11）肉眼观察，必要时可用放大镜，记录各稀释倍数和相应的霉菌和酵母数。选取菌落数在 10～150 CFU 的平板，根据菌落形态分别计霉菌和酵母数。

7．原始记录

霉菌和酵母计数原始记录见表 7.2.35。

表 7.2.35　霉菌和酵母计数原始记录

考生编号：

样品名称		样品编号	
样品状态		检测地点	
样品取样量 m/g（mL）		检测依据	
环境条件	温度　　℃；相对湿度　　%	检测日期	

续表

仪器设备及型号							
培养基	马铃薯-葡萄糖-琼脂						
霉菌［CFU/g 或 mL］				酵母菌［CFU/g 或 mL］			
培养温度__℃，培养时间__d							
稀释度	10^{-1}	10^{-2}	10^{-3}	稀释度	10^{-1}	10^{-2}	10^{-3}
重复 1 X_1/CFU				重复 1 X_1/CFU			
重复 2 X_2/CFU				重复 2 X_2/CFU			
空白/CFU				空白/CFU			
霉菌 X/（CFU/g 或 mL）				酵母菌 X/（CFU/g 或 mL）			
备注							

考核人：　　　　　　　　　　　　　　　　　　　　　　　　年　月　日

8. 笔试题

（1）请写出食品中霉菌和酵母计数的检测程序。（10 分）

（2）根据考场提供的平板，对平板上菌落生长情况进行统计，记录原始数据，报告检验结果。（10 分）

【试题 029】　果蔬汁饮料中霉菌和酵母计数
（参考标准 GB 4789.15—2016）

（一）准备要求

1. 考场准备

（1）实验室应配有水、电、试验用气体，并配有试验工作台和洁净工作台。

（2）灯光照明应符合实验要求。

（3）考场场地整洁规范，无干扰，标识明显。

（4）仪器、设备及试验用品准备（表 7.2.36）。

表 7.2.36　仪器、设备及试验用品准备表

序号	名称	规格	单位	数量	备注
1	洁净工作台	洁净度：百级	台	1	
2	不锈钢镊子		个	1	
3	试管架	40 孔	个	1	
4	刻度移液管	25 mL	根	1	已灭菌
5	刻度移液管	1 mL（具 0.01 mL 刻度）	根	4	已灭菌
6	剪刀或开瓶器		个	1	
7	漩涡混合器		台	1	
8	放大镜或显微镜		台	1	
9	酒精灯		个	1	
10	培养皿	90 mm	个	8	已灭菌

续表

序号	名称	规格	单位	数量	备注
11	吸耳球		个	1	
12	记号笔		支	1	
13	废物杯	1000 mL	个	1	
14	白大褂		件	1	
15	一次性防护手套		双	1	
16	医用防护口罩		只	1	
17	恒温水浴锅		台	1	
18	普通废物垃圾桶	40 L	个	1	
19	医疗废物垃圾桶	40 L	个	1	
20	恒温培养箱		台	1	
21	含 75%酒精棉球		瓶	1	
22	含 75%酒精喷壶	500 mL	个	1	
23	内装生理盐水的锥形瓶	225 mL	瓶	1	已灭菌
24	内装生理盐水的试管	9 mL	支	3	已灭菌
25	内装马铃薯-葡萄糖-琼脂的锥形瓶	200 mL	瓶	1	已灭菌
26	马铃薯-葡萄糖-琼脂平板	90 mm	个	8	按 GB 4789.15—2016 方法 已培养 5 d
27	检测原始记录		份	1	
28	果蔬汁饮料	100 mL	瓶	1	待检样品
29	GB 4789.15—2016 文本				

2. 考生准备

工作服；钢笔或中性笔。

（二）考核内容与要求

1. 考核内容

（1）操作前准备：做好标准溶液配制前的准备工作。

（2）操作过程

① 根据考场提供的 1 份果蔬汁饮料样品、相关试剂、培养基、灭菌器具及耗材，完成移取合适的样品量进行稀释，选取 3 个稀释度（10^{-1}、10^{-2}、10^{-3}）接种平皿等操作；

② 根据考场提供的平板，对平板上菌落生长情况进行统计，记录原始数据，报告检验结果；

③ 在笔试中写出食品中霉菌和酵母计数的检测程序。

2. 考核方式

笔试＋现场实际操作。

3. 考核时间

考核时间为 50 min。

4. 考核要求

（1）在规定时间内完成操作，不得损坏仪器设备及试验用具。

（2）原始记录填写规范，计算准确，内容齐全。

（3）考核前统一抽签，按抽签顺序对考生进行考核。

（4）考生须穿工作服进入考场。

（5）若考生出现下列情况，则应及时终止考核，考生该试题成绩记为零分：

① 在笔试中抄袭他人记录；

② 在操作中损坏关键玻璃器皿。

（6）本题分值 100 分，其中笔试 20 分，实际操作 80 分。鉴定权重 75%。

5. 考评员要求

（1）人数不得少于 3 人。

（2）熟悉考核规则和评分标准。

（3）提前 15 min 到达考核现场，熟悉考核场所。

（4）按评分标准独立进行评分，不得随意涂改考核记录。

6. 注意事项

见【试题 029】果蔬汁饮料中霉菌和酵母计数中"6. 注意事项"的相关内容。

7. 原始记录

见表 7.2.35。

8. 笔试题

（1）请写出食品中霉菌和酵母计数的检测程序。（10 分）

（2）根据考场提供的平板，对平板上菌落生长情况进行统计，记录原始数据，报告检验结果。（10 分）

【试题 030】　发酵乳中乳酸菌总数计数
（参考标准 GB 4789.35—2023）

（一）准备要求

1. 考场准备

（1）实验室应配有水、电、试验用气体，并配有试验工作台和洁净工作台。

（2）灯光照明应符合实验要求。

（3）考场场地整洁规范，无干扰，标识明显。

（4）仪器、设备及试验用品准备（表 7.2.37）。

表 7.2.37　仪器、设备及试验用品准备表

序号	名称	规格	单位	数量	备注
1	洁净工作台	洁净度：百级	台	1	
2	不锈钢镊子		个	1	
3	试管架	40 孔	个	1	
4	刻度移液管	25 mL	根	1	已灭菌
5	刻度移液管	1 mL（具 0.01 mL 刻度）	根	6	已灭菌
6	剪刀或开瓶器		个	1	
7	漩涡混匀仪		台	1	
8	酒精灯		个	1	
9	培养皿	90 mm	个	8	已灭菌
10	吸耳球		个	1	
11	记号笔		支	1	
12	废液杯	1000 mL	个	1	
13	白大褂		件	1	
14	一次性防护手套		双	1	
15	医用防护口罩		只	1	
16	恒温水浴锅		台	1	
17	普通废物垃圾桶	40 L	个	1	
18	医疗废物垃圾桶	40 L	个	1	
19	恒温培养箱		台	1	
20	含 75%酒精棉球		瓶	1	
21	含 75%酒精喷壶	500 mL	个	1	
22	内装生理盐水的锥形瓶	225 mL	瓶	1	已灭菌
23	内装生理盐水的试管	9 mL	支	5	已灭菌
24	内装 MRS 培养基的锥形瓶	200 mL	瓶	1	已灭菌
25	MRS 培养基平板	90 mm	个	8	按 GB 4789.35—2023 方法已培养 48 h
26	检测原始记录		份	1	
27	发酵乳	100 mL	瓶	1	待检样品，含乳杆菌属、双歧杆菌属细菌
28	厌氧培养装置		个	1	
29	GB 4789.35—2023 文本				

2. 考生准备

工作服；钢笔或中性笔。

（二）考核内容与要求

1. 考核内容

（1）操作前准备：做好标准溶液配制前的准备工作。

（2）操作过程：

① 根据考场提供的 1 份发酵乳样品、相关试剂、培养基、灭菌器具及耗材,完成移取合适的样品量进行稀释,选取 3 个稀释度（10^{-3}、10^{-4}、10^{-5}）接种平皿等操作。

② 根据考场提供的平板,对平板上菌落生长情况进行统计,记录原始数据,报告检验结果。

2. 考核方式

笔试＋现场实际操作。

3. 考核时间

考核时间为 50 min。

4. 考核要求

（1）在规定时间内完成操作,不得损坏仪器设备及试验用具。

（2）原始记录填写规范,计算准确,内容齐全。

（3）考核前统一抽签,按抽签顺序对考生进行考核。

（4）考生须穿工作服进入考场。

（5）若考生出现下列情况,则应及时终止考核,考生该试题成绩记为零分:

① 在笔试中抄袭他人记录;

② 在操作中损坏关键玻璃器皿。

（6）本题分值 100 分,其中笔试 20 分,实际操作 80 分。鉴定权重 75%。

5. 考评员要求

（1）人数不得少于 3 人。

（2）熟悉考核规则和评分标准。

（3）提前 15 min 到达考核现场,熟悉考核场所。

（4）按评分标准独立进行评分,不得随意涂改考核记录。

6. 注意事项

（1）样品取样和制备过程要注意避免污染。

（2）所用的玻璃器皿、枪头等均应消毒处理。

（3）冷冻样品应在 2~5 ℃条件下解冻,或不超过 45 ℃的条件解冻,时间不超过 15 min,解冻后混匀。

（4）样品稀释时用无菌吸管反复吹吸或利用涡旋仪充分混匀。

（5）本标准中主要涉及 3 种乳酸菌,分别为乳杆菌属、双歧杆菌属和嗜热链球菌属。由于 3 种乳酸菌的培养条件和特征各有不同,要检验出样品中乳酸菌的总数,需根据菌种的不同选择使用合适的培养基,对结果进行计数。

（6）乳酸菌的培养温度为（36±1）℃,培养时间为（72±2）h。

（7）培养基灭菌后,需冷却到 48 ℃下,方可倾注入平皿,为防止培养基凝固,可将其放入 48 ℃水浴中保温。从样品稀释到平板倾注要求在 15 min 内完成。

（8）可用肉眼观察,必要时可用放大镜或菌落计数器,记录各稀释倍数和相应的菌落数。选取菌落数在 30～300 CFU、无蔓延菌落生长的平板计数菌落总数。

7. 原始记录

食品中乳酸菌检验原始记录表见表 7.2.38。

表 7.2.38 食品中乳酸菌检验原始记录

考生编号：

检测编号				样品编号	
送检日期		检验日期		检止日期	
检测仪器	□恒温培养箱 □高压蒸汽灭菌器		□超净工作台 □生物安全柜		□电子天平 □厌氧培养装置
方法依据	1. 检测环境：温度 ℃，相对湿度 % 2. 具体方法：《食品安全国家标准 食品微生物学检验 乳酸菌检验》（GB 4789.35—2023）				
培养基	□MRS 培养基 □MC 培养基 □莫匹罗星锂盐和半胱氨酸盐酸盐改良 MRS 培养基			培养温度	□厌氧，（36±1）℃培养（48～72）h □需氧，（36±1）℃培养（48～72）h □厌氧，（36±1）℃培养（48～72）h
样品编号	稀释梯度	平板菌落数/CFU			结果/CFU
	10^{-3}				
	10^{-4}				
	10^{-5}				
	10^{-3}				
	10^{-4}				
	10^{-5}				
	10^{-3}				
	10^{-4}				
	10^{-5}				
	10^{-3}				
	10^{-4}				
	10^{-5}				
空白对照	10				
备注					

考核人： 年 月 日

8. 笔试题

（1）请写出食品中乳酸菌总数计数的检测程序。（10 分）

（2）根据考场提供的平板，对平板上菌落生长情况进行统计，记录原始数据，报告检验结果。（10 分）

参 考 文 献

人力资源和社会保障部教材办公室，2015．国家职业资格培训教程 食品检验工 基础知识［M］．北京：中国劳动社会保障
出版社．

人力资源和社会保障部教材办公室，2015．食品检验工 初级［M］．北京：中国劳动社会保障出版社．

人力资源和社会保障部职业技能鉴定中心，2014．食品检验工（初级）国家职业技能鉴定考核指导［M］．青岛：中国石油
大学出版社．

师邱毅，逯家富，2014．简明食品检验工手册［M］．北京：机械工业出版社．

王迎新，2004．新编化验员工作手册［M］．吉林：银声音像出版社．

夏玉宇，2012．化验员实用手册［M］．3版．北京：化学工业出版社．